Winfried Straub

# Der Einfluss von Gebirgswellen auf die Initiierung und Entwicklung konvektiver Wolken

Wissenschaftliche Berichte des Instituts für Meteorologie und
Klimaforschung der Universität Karlsruhe (TH)
Band 41

Herausgeber: Prof. Dr. Ch. Kottmeier

Institut für Meteorologie und Klimaforschung der Universität Karls-
ruhe (TH) (gemeinsam betrieben mit dem Forschungszentrum
Karlsruhe)
Kaiserstr. 12, 76128 Karlsruhe

# Der Einfluss von Gebirgswellen auf die Initiierung und Entwicklung konvektiver Wolken

von
Winfried Straub

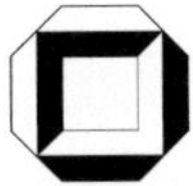

universitätsverlag karlsruhe

Dissertation, Universität Karlsruhe (TH)
Fakultät für Physik, 2007
Referent: Prof. Dr. K. D. Beheng
Korreferent: Prof. Dr. S. Jones

**Impressum**

Universitätsverlag Karlsruhe
c/o Universitätsbibliothek
Straße am Forum 2
D-76131 Karlsruhe
www.uvka.de

Dieses Werk ist unter folgender Creative Commons-Lizenz
lizenziert: http://creativecommons.org/licenses/by-nc-nd/2.0/de/

Universitätsverlag Karlsruhe 2008
Print on Demand

ISSN:   0179-5619
ISBN:   978-3-86644-226-9

# Kurzzusammenfassung

In der Dissertation werden Einflüsse orographisch induzierter Strömungssysteme auf die Entwicklung konvektiver Wolken untersucht. Basierend auf einer Vielzahl numerischer Simulationen mit dem mesoskaligen Atmosphärenmodell KAMM2 wird speziell der Einfluss von Gebirgswellen auf die Initiierung und Entwicklung hochreichender Konvektion analysiert.

Ausgehend von Simulationen, bei denen ebenes Gelände und idealisierte meteorologische Bedingungen vorgegeben werden, wird die Sensitivität der Strömungs- und Niederschlagsdynamik konvektiver Wolken auf Änderungen unterschiedlicher Parameter wie Windprofil, Temperatur- und Feuchteschichtung diskutiert.

Des weiteren werden Simulationen quasi-stationärer Gebirgswellen, die sich in Strömungen über zweidimensionalen Hügeln und Tälern unterschiedlicher Geometrien ausbilden, untersucht, die zum Zwecke der Modellvalidierung analytischen Lösungen der linearen, hydrostatischen Gebirgswellengleichung gegenübergestellt werden. Simulationen von Gebirgswellen bei Vorgabe komplexerer Konfigurationen liefern ferner den Rahmen zum Studium des Verhaltens von CAPE und CIN in hügeligem Gelände.

Schließlich werden Studien über die orographiebedingte Auslösung und Entwicklung hochreichender Konvektion vorgestellt. Diese zeigen, dass welleninduzierte Änderungen der Stabilität und der Windgeschwindigkeit in der bodennahen Atmosphäre zu deutlichen Unterschieden in der Ausbildung hochreichender Konvektion führen können.

# Abstract

In the present thesis, effects of orographically induced atmospheric flow on the development of convective clouds are investigated. Based on various numerical simulations with the mesoscale atmospheric model KAMM2, especially the influences of mountain waves on the initiation and development of deep convection are analyzed.

At first, highly idealized simulations of convective clouds over flat terrain are carried out to study the sensitivity of the cloud-dynamics particularly with regard to changes of different parameters such as the wind profile or the atmospheric temperature and moisture layering.

Furthermore, simulations of quasi-stationary mountain-waves in atmospheric flow over two-dimensional hills and valleys are carried out. For the purpose of model evaluation, these simulations are compared with analytical solutions of the linear, hydrostatic mountain-wave equation. Simulations of mountain-waves in more complex situations allow for studying some particular characteristics of CAPE and CIN in mountainous terrain.

Finally, studies on the initiation and development of convective clouds in complex terrain are presented. These studies show that mountain-wave-induced changes of windspeed and stability in the atmosphere near the ground may leed to striking differences in the formation of deep convection.

# Inhaltsverzeichnis

# Kapitel 1

# Einleitung

Wolken und Niederschlag sind zentrale Bestandteile des hydrologischen Zyklus, welcher den ständigen Austausch von Wasser zwischen Meer, Eis, Atmosphäre und Landoberflächen beschreibt. Die räumliche Verteilung von Wolken und Niederschlag ist sowohl auf globaler als auch auf regionaler Skala von erheblicher Bedeutung. Auf globaler Skala wird die Verteilung durch die großräumige atmosphärische Zirkulation bestimmt. Unterschiede in der Verteilung beeinflussen die klimatischen Bedingungen auf der Erde maßgeblich. Die vorherrschenden Klimate sind letztendlich entscheidend für die Entwicklung von Flora und Fauna und prägen die Lebensbedingungen von Menschen. Aus diesem Grund werden Wolkenbildung und Niederschlag sowie alle weiteren Komponenten des hydrologischen Zyklus auch in der Diskussion um Klimaveränderung in zunehmendem Maße beachtet. Eindeutige Aussagen über Veränderungen des hydrologischen Kreislaufs in Folge von Klimaveränderungen sind bisher jedoch kaum möglich. Es kann aber gezeigt werden, dass bereits geringe Variationen des mittleren Klimas oder der Klimavariabilität große Veränderungen in der Häufigkeit und Intensität von Extremereignissen zur Folge haben können (Hoff, 1998).

Extremereignisse wie Hochwasser und Starkregen treten vorwiegend auf regionaler Skala auf. Aufgrund des volkswirtschaftlichen Schadens, den sie durch Überschwemmungen, Sturzfluten, Sturm- oder Hagelschäden verursachen können, ziehen sie große Aufmerksamkeit auf sich. Während Hochwasser häufig aus langanhaltenden, flächendeckenden Niederschlägen resultieren, sind Starkregen in der Regel durch besonders kräftige lokale konvektive Wolkenbildung und Niederschlagstätigkeit gekennzeichnet. Optimale Bedingungen für die Entstehung von Wolken und Niederschlag ergeben sich dabei grundsätzlich aus der Wechselwirkung zwischen Prozessen auf der synoptischen Skala und der regionalen Topographie. Für die Ausbildung konvektiver

Wolken ist insbesondere das vertikale Profil der horizontalen Windgeschwindigkeit und -richtung sowie der Temperatur und die bodennahe Luftfeuchte in der näheren Umgebung der Wolken maßgebend (Weisman und Klemp, 1982, 1984). Diese atmosphärischen Größen weisen bereits über ebenem Gelände eine starke Variabilität auf der Mesoskala, also auf einer Größenskala auf, die zwischen den synoptischen Systemen und der kleinräumigen Turbulenz liegt. Ursachen für die mesoskaligen Variationen in der Ebene liegen vorwiegend in der unterschiedlichen Bodenbeschaffenheit und Landnutzung begründet. Mit einer horizontalen Ausdehnung in der Größenordnung von einigen 100 m bis zu einigen 10 km sind auch konvektive Wolken der Mesoskala zuzuordnen. Um ihre Sensitivität bezüglich der Umgebungsbedingungen besser zu verstehen, werden vor allem in jüngeren Arbeiten Modellstudien konvektiver Wolkenentwicklung durchgeführt, in denen die vertikale Windscherung, die Umgebungstemperatur sowie die Luftfeuchte und die Temperatur in der bodennahen Grenzschicht über einen breiten Parameterbereich variiert und die resultierenden Unterschiede der Wolkenentwicklung quantifiziert werden (McCaul Jr. und Weisman, 2001; McCaul Jr. und Cohen, 2002; McCaul Jr. et al., 2005).

Neben Wolkenphänomenen existiert ein breites Spektrum weiterer mesoskaliger Phänomene auch in Strömungen über orographisch gegliedertem Gelände. Der Einfluss von Hügeln und Tälern auf eine Strömung ist gekennzeichnet durch verschiedene Effekte, die nach Atkinson (1989) in thermisch und in mechanisch induzierte Strömungsphänomene unterteilt werden können. Zu ersteren gehören Berg- und Talwindsysteme sowie Hangauf- und -abwinde, die hauptsächlich durch lokale Variationen der Temperatur über inhomogenem Gelände verursacht werden. Mechanisch induziert sind Phänomene, die durch Um- oder Überströmung von Hindernissen entstehen. So können sich durch vertikale Auslenkung der Luft an Hindernissen Gebirgswellen ausbilden, die Strömung kann luvseitig von Bergrücken blockiert werden, desweiteren können Kanalisierungseffekte und andere nichtlineare Strömungsmuster wie Rotorströmungen oder turbulente Nachlaufströmungen auftreten. Oftmals sind Gebirgswellen von besonderem Interesse, da sie vor allem im Winter eine Ursache starker Leestürme darstellen (Klemp und Lilly, 1975). Eigenschaften von Gebirgswellen werden vorwiegend bei Vorgabe idealisierter Geländegeometrien, beispielsweise an einzelnen zwei- oder dreidimensionalen, glockenförmigen Hügeln untersucht. Ergänzend dazu findet man bei Mayr und Gohm (2000) auch eine Beschreibung von Gebirgswellenphänomenen über mehreren hintereinander angeordneten Hügeln.

Gebirgswellen sind nicht nur eine häufige Ursache starker Leestürme, sondern können durch Hebung gesättigter Luftmassen hauptsächlich im Luv orographischer Hindernisse auch zu einer regionalen Verstärkung stratiformen Niederschlags beitragen. Die orographisch verursachte Niederschlagszunahme wird von operationellen Beobachtungs- und Vorhersagesystemen oftmals nicht ausreichend erfasst. Um regionale Extremereignisse zu diagnostizieren, werden daher Modelle entwickelt, die die hochaufgelöste Interpolation von Wolken- und Niederschlagsdaten unter Berücksichtigung der Wirkung der Orographie auf die Niederschlagtätigkeit ermöglichen (z. B. Kunz, 2003). Aufgrund stark nichtlinearer Wechselwirkungen in gesättigten Gebirgsströmungen bereitet die Niederschlagsprognose in hügeligem Gelände jedoch weiterhin Schwierigkeiten. Solange die physikalischen Vorgänge bei den Wechselwirkungen auf der Mesoskala nicht bekannt sind, lassen sich Schwankungen in Messwerten und Modellrechnungen nur durch statistische Methoden erfassen. Da diese weder eine eindeutige Interpretation, noch eine Zuordnung physikalischer Phänomene zu orographischen oder synoptischen Gegebenheiten ermöglichen, werden in neueren Arbeiten verstärkt Anstrengungen zur Klärung der detaillierten Wechselwirkung von Gebirgs- und speziell von Gebirgswellenströmungen mit stratiformer Wolken- und Niederschlagsbildung unternommen (Colle, 2004; Miglietta und Rotunno, 2005, 2006; Zängl, 2005).

Noch vielfältiger und weniger bekannt sind die Wechselwirkungen zwischen Gebirgsströmungen und konvektiver Wolken- und Niederschlagsbildung. Die Vielzahl der Wechselwirkungen entsteht dadurch, dass die Entwicklung konvektiver Wolken außer durch mechanisch induzierte Prozesse verstärkt auch durch thermisch induzierte Phänomene beeinflusst wird. Bisherige Arbeiten beschränken sich oftmals darauf, die Bedeutung von Gebirgsströmungen besonders bei der Auslösung konvektiver Wolken zu untersuchen. Zusammenfassungen und einfache konzeptionelle Überlegungen dazu findet man beispielsweise bei Banta (1990) oder bei Houze (1993). In neueren Arbeiten wird die Entwicklung konvektiver Wolken anhand numerischer Simulationen bevorzugt für Fälle untersucht, in denen einzelne orographisch induzierte Effekte isoliert auftreten, so dass ihr Einfluss auf den gesamten Wolkenzyklus gezielt beurteilt werden kann. Ausgehend von Arbeiten zur stratiformen Wolkenentwicklung in Gebirgswellenströmungen untersuchen z. B. Kirshbaum und Durran (2004, 2005b,a) sowie Fuhrer und Schär (2005) die Ausbildung von in stratiformer Bewölkung eingelagerter Konvektion, die speziell in Gebirgswellenströmungen auftritt.

Auch die vorliegende Arbeit widmet sich dem Studium von Wechselwirkungen zwischen Gebirgs- und speziell Gebirgswellenströmungen mit konvektiver Wolken- und Niederschlagsbildung. Der Gebirgswelleneffekt ist relevant, wenn in Wellenströmungen über Hügeln und Tälern Windgeschwindigkeit, Temperatur und Luftfeuchte derart variiert werden, dass sich die lokalen Umgebungsbedingungen für eine konvektive Wolkenentwicklung gegenüber dem ungestörten Zustand der Atmosphäre merklich verändern. Um den Gebirgswelleneffekt herauszuarbeiten, ist als erstes die Frage zu klären, in welchen Strömungsregimen sowohl konvektive Wolken als auch Gebirgswellen entstehen können. Für solche Regime ist dann die Ausbildung von konvektiven Wolken zunächst über ebenem Gelände darzustellen. Außerdem ist das Verhalten von Gebirgswellen über Hügeln und Tälern detailliert zu untersuchen. Es ist zu prüfen, wie sich typische Parameter zur Charakterisierung konvektiver Wolkenbildung in Gebirgswellenströmungen verhalten. Zu diesen Parametern gehören die konvektiv verfügbare potentielle Energie, die konvektive Hemmung, die vertikale Windscherung und die Luftfeuchte in Bodennähe. Aus ihrem Verhalten lassen sich dann bereits erste Aussagen über den Einfluss von Gebirgswellen auf eine konvektive Wolkenbildung ableiten, die schließlich in Modellsimulationen konvektiver Wolken über hügeligem Gelände zu überprüfen sind. Es kann erwartet werden, dass Simulationen zur Konvektion in Gebirgswellenströmungen auch Erkenntnisse über Auslösemechanismen in den gewählten Regimen liefern.

Die Arbeit gliedert sich in fünf Kapitel. In Kapitel 2 werden Simulationen konvektiver Wolkenentwicklung für ausgewählte Strömungsregime über ebenem Gelände dargestellt und Sensitivitäten der Wolken- und Niederschlagsbildung auf eine Variation der Umgebungsparameter diskutiert. In Kapitel 3 wird die Ausbildung von Gebirgswellen in den Strömungsregimen untersucht, wobei einfache Geländegeometrien wie einzelne oder mehrere, hintereinander angeordnete glockenförmige Hügel und Täler zugrunde gelegt werden. Anhand analytischer Lösungen sowie auf der Basis idealisierter Modellsimulationen werden Parameter abgeleitet, welche bei einer Analyse der Entwicklung konvektiver Wolken in Gebirgswellenströmungen verwendet werden können. In Kapitel 4 wird schließlich auf Wechselwirkungen zwischen Gebirgswellenströmungen und konvektiven Wolken eingegangen. Die Ergebnisse werden in Kapitel 5 zusammengefasst.

# Kapitel 2

# Konvektive Wolken über ebenem Gelände

In diesem Kapitel wird ein Überblick über die Grundlagen der atmosphärischen Konvektion sowie der Dynamik konvektiver Wolken gegeben. Anhand idealisierter Modellsimulationen werden einfache Fälle konvektiver Wolken- und Niederschlagsbildung über ebenem Gelände dargestellt. Die Sensitivität der simulierten Wolken auf eine Variation verschiedener Umgebungsparameter wird diskutiert und die Strömungsdynamik wird näher betrachtet. Die Arbeiten im vorliegenden Kapitel bilden außerdem den Ausgangspunkt zur Simulation und Analyse konvektiver Wolken über orographisch gegliedertem Gelände, worauf in Kapitel 4 eingegangen wird.

## 2.1 Grundlagen

### 2.1.1 Atmosphärische Konvektion

Konvektion bezeichnet im Allgemeinen jeden stoffgebundenen Transport von Energie und Impuls. Ein solcher Transport kann in allen Fluiden auftreten, die makroskopische Strömungen ausbilden. Man unterscheidet grundsätzlich zwischen erzwungener und freier oder natürlicher Konvektion. Bei erzwungener Konvektion wird ein Fluid durch äußere Kräfte in Bewegung versetzt. Freie Konvektion resultiert dagegen aus Ausgleichsbewegungen, die Luftmassen unterschiedlicher Dichte im Schwerefeld der Erde durchführen. Dichteunterschiede ergeben sich zum Beispiel aus Temperaturschwankungen, die in der Atmosphäre auf allen Größenskalen auftreten. Demzufolge schließt der Begriff der freien oder natürlichen Konvektion eine fast unüberschaubare Vielfalt atmosphärischer Prozesse ein. Als Konvektion bezeichnet man in der Meteorologie daher nur eine Klasse relativ kleinskaliger Prozesse direkter thermischer Zirkulation, die aus der Auswirkung der Gravitation auf eine vertikal instabile Luftmasse resultiert (Emanuel, 1994).

Gemessen an der Raumskala von Orlanski (1975) liegen die häufigsten konvektiven Strukturen der Atmosphäre in etwa zwischen der Mikro-$\gamma$ und der Meso-$\beta$ Skala. Unter trockenen oder feuchten, aber ungesättigten Bedingungen findet man Konvektion hauptsächlich in der planetaren Grenzschicht. Ungeordnete Konvektion tritt dabei typischerweise in Form von Thermikschläuchen oder -blasen mit einem Durchmesser von einigen Metern bis zu einigen 100 m auf. Bei ausreichend feuchter Atmosphäre können sich konvektive Wolken oder Wolkensysteme ausbilden, die von flachen Cumuli mit einer horizontalen und vertikalen Ausdehnung von etwa 1 km über hochreichende Cumulonimben mit etwa 10 km horizontaler und vertikaler Erstreckung bis hin zu mesoskaligen konvektiven Systemen oder Komplexen reichen, welche sich horizontal über mehrere 100 km ausbreiten.

## 2.1.2 Auftrieb in der Atmosphäre

Die Auswirkung der Gravitation auf Luftmassen unterschiedlicher Dichte lässt sich aus den Euler'schen Bewegungsgleichungen ableiten. Diese lauten unter Vernachlässigung von Effekten durch die Corioliskraft

$$\frac{d\mathbf{v}}{dt} + \frac{1}{\rho}\nabla p + g\mathbf{k} = 0 \tag{2.1}$$

Dabei bezeichnet $\mathbf{v} = (u, v, w)$ den Geschwindigkeitsvektor mit den Komponenten $u$, $v$ und $w$, $\rho$ die Dichte, $p$ den Druck, $g$ die Schwerebeschleunigung und $\mathbf{k}$ den vertikalen Einheitsvektor. Druck und Dichte werden nun als Summe aus ungestörtem Grundzustand und Perturbation dargestellt, wobei die Grundzustandsgrößen ausschließlich Funktionen der Höhe sind. Es ist also $p = p_0(z) + p'$ und $\rho = \rho_0(z) + \rho'$. Für Störungen, die klein gegen die Grundzustandsgrößen sind, entwickelt man

$$\frac{1}{\rho_0 + \rho'} = \frac{1}{\rho_0}\left(\frac{1}{1 + \rho'/\rho_0}\right) = \frac{1}{\rho_0}\left(1 - \frac{\rho'}{\rho_0} + \cdots\right)$$

und erhält unter Vernachlässigung von Produkten aus Störgrößen und unter Berücksichtigung der hydrostatischen Grundgleichung $dp_0/dz = -\rho_0 g$

$$\frac{d\mathbf{v}}{dt} + \frac{1}{\rho_0}\nabla p' - B\mathbf{k} = 0 \tag{2.2}$$

mit dem gesuchten Term $B$, der den Auftrieb eines Luftvolumens im Gravitationsfeld der Erde beschreibt und definiert ist als

$$B \equiv -g\frac{\rho'}{\rho_0} \tag{2.3}$$

Es ist im Folgenden ausreichend, den Term $B$ für feuchte, aber ungesättigte Luft näher zu spezifizieren. In diesem Fall gilt für die Zustandsgleichung $p = \rho R_l T_v$, mit der spezifischen Gaskonstanten trockener Luft $R_l$ und der virtuellen Temperatur $T_v = T(1+(R_d/R_l-1)q)$. $T$ ist die Temperatur, $q$ die spezifische Feuchte und $R_d$ die spezifische Gaskonstante von Wasserdampf. Stellt man Druck und Dichte wie oben und die virtuelle Temperatur als $T_v = T_{v,0}(z) + T_v'$ dar, erhält man unter Vernachlässigung von Produkten aus Störgrößen $\rho'/\rho_0 = p'/p_0 - T_v'/T_{v,0}$ und der Auftrieb ist

$$B = g\left(\frac{T_v'}{T_{v,0}} - \frac{p'}{p_0}\right) \tag{2.4}$$

Unter der Annahme, dass ein individuelles Luftvolumen im ungesättigten Fall einer adiabatisch reversiblen Prozessführung genügt, bleibt die potentielle Temperatur $\theta = T(p_{00}/p)^{R_l/c_{pl}}$ mit der spezifischen Wärme trockener Luft bei konstantem Druck $c_{pl}$ und einem Referenzdruck $p_{00}$ konstant. Die Abhängigkeit des Exponenten von Temperatur und Luftfeuchte wird hier nicht berücksichtigt. Für die potentielle Temperatur gilt also die Erhaltungsgleichung $d\theta/dt = 0$, auch Adiabatengleichung genannt. Um den Feuchte-Effekt zu erfassen, definiert man auch eine virtuelle potentielle Temperatur $\theta_v \equiv \theta(1 + (R_d/R_l - 1)q)$ (Houze, 1993). Damit gilt ebenfalls $\theta_v = T_v(p_{00}/p)^{R_l/c_{pl}}$ (Emanuel, 1994) und mit $\theta_v = \theta_{v,0} + \theta_v'$ lässt sich der Term $B$ umschreiben zu

$$B = g\left(\frac{\theta_v'}{\theta_{v,0}} + (\kappa - 1)\frac{p'}{p_0}\right) \tag{2.5}$$

mit $\kappa = R_l/c_{pl}$. Da bei adiabatisch reversiblen Prozessen in ungesättigten Strömungen auch die spezifische Feuchte $q$ konstant bleibt, ist die virtuelle potentielle Temperatur $\theta_v$ ebenfalls (nahezu) eine Erhaltungsgröße (Emanuel, 1994). Vor diesem Hintergrund kann man die Adiabatengleichung in der Form $d\theta_v/dt = 0$ schreiben.

### 2.1.3 Statische Stabilität

Die statische Stabilität der Atmosphäre wird in der vorliegenden Arbeit häufig zur Charakterisierung trockener oder feuchter, aber ungesättigter Strömungen verwendet. Um die Stabilität zu quantifizieren, betrachtet man die Situation, dass sich ein individuelles Luftvolumen in einer irgendwie geschichteten Umgebung befindet, und untersucht, wie sich das Luftvolumen bei einer vertikalen virtuellen Verrückung verhält. Dabei nimmt man an, dass sich in jedem Niveau die Temperaturen von Umgebung und Luftvolumen unterscheiden können, die Drücke aber gleichbleiben. Letzteres bezeichnet man als quasistatische Annahme. Sie resultiert darin, dass in den Gln. (2.4) bzw. (2.5) $p' = 0$ gesetzt wird. Dann erhält man für die dritte Komponente der Gl. (2.2)

$$\frac{dw}{dt} = B \tag{2.6}$$

Außerdem lautet die lineare Form der Adiabatengleichung nun

$$\frac{dB}{dt} + N^2 w = 0 \tag{2.7}$$

wobei an dieser Stelle die Brunt-Väisälä-Frequenz

$$N^2 = \frac{g}{\theta_{v,0}} \frac{d\theta_{v,0}}{dz} \tag{2.8}$$

als ein Stabilitätsmaß der Atmosphäre eingeführt wird. Die Gln. (2.6) und (2.7) lassen sich zu einer gewöhnlichen Differentialgleichung der Form

$$\frac{d^2 w}{dt^2} + N^2 w = 0 \tag{2.9}$$

zusammenfassen. Für eine kleine, beschleunigungsfreie Vertikalbewegung zum Zeitpunkt $t = 0$ sind die Anfangsbedingungen durch $w(t = 0) = w_0$ und $dw/dt\,(t = 0) = 0$ gegeben. Die Lösungen der Gl. (2.9) für die Vertikalgeschwindigkeit lauten nach einer Fallunterscheidung

$$w(t) = \begin{cases} w_0 \cosh(|N|t) & \text{für } N^2 < 0 \\ w_0 & \text{für } N^2 = 0 \\ w_0 \cos(Nt) & \text{für } N^2 > 0 \end{cases} \tag{2.10}$$

Für $N^2 < 0$ erhält man also eine mit der Zeit zunehmende Vertikalgeschwindigkeit, so dass sich ein individuelles Luftvolumen im Sinne einer konvektiven Bewegung immer schneller von seinem Bezugsniveau entfernt, die Atmosphäre ist labil geschichtet. Bei $N^2 = 0$ bewegt sich das Luftvolumen unbeschleunigt mit seiner Anfangsgeschwindigkeit weiter. Die Schichtung ist neutral. Für $N^2 > 0$ beschreibt die Lösung eine harmonische Oszillation der Vertikalgeschwindigkeit mit der Frequenz $N$, ein Luftvolumen schwingt folglich um ein Bezugsniveau, die Atmosphäre ist stabil geschichtet.

## 2.1.4 Konvektive Grenzschicht

Wie bereits dargestellt, tritt Konvektion unter trockenen oder feuchten, aber ungesättigten Bedingungen vorwiegend in der planetaren Grenzschicht auf. Hier trägt sie wesentlich zur Produktion turbulenter kinetischer Energie bei, so dass die Luft in einer konvektiven Grenzschicht aufgrund turbulenter Diffusion horizontal wie vertikal gut durchmischt ist. In diesem Fall weisen die Vertikalprofile der potentiellen Temperatur $\theta$ sowie der spezifischen Feuchte $q$ nur sehr geringe Gradienten auf, $N^2$ liegt damit etwa bei Null.

In der vorliegenden Arbeit stellt die Grenzschichthöhe $z_i$ eine wichtige Größe dar. Das Wachstum der Grenzschicht im Tagesverlauf kann über homogenem Gelände durch die Wachstumsrate

$$\frac{\partial z_i}{\partial t} = w_e + w_{z_i} \tag{2.11}$$

approximiert werden (Stull, 1988). Dabei ist $w_{z_i}$ eine mittlere Vertikalgeschwindigkeit in der Höhe $z_i$, die durch großräumige Hebungs- oder Absinkprozesse verursacht wird und $w_e$ die Entrainmentgeschwindigkeit, die das Grenzschichtwachstum durch eine vom Boden ausgehende Erwärmung der Grenzschichtluft und durch Einmischung von Luft aus dem Bereich oberhalb der Grenzschicht beschreibt. Nach Kossmann (1998) erhält man eine Parametrisierung von $w_e$, die beobachtete Wachstumsraten gut wiedergibt, auf der Basis einer Arbeit von Driedonks (1982) in der Form

$$w_e = \frac{(1 + A_e)\,\overline{w'\theta_b'}}{\gamma_0 z_i} \tag{2.12}$$

Hierbei ist $\overline{w'\theta_b'}$ der turbulente kinematische Strom fühlbarer Wärme am Boden, $A_e$ ein Entrainmentkoeffizient, welcher Driedonks (1982) zufolge in einer gut entwickelten Grenzschicht bei $A_e = 0,2$ liegt und $\gamma_0$ der vertikale Gradient der potentiellen Temperatur oberhalb der Grenzschicht.

Neben einer tageszeitlichen Änderung zeigt eine konvektive Grenzschicht über inhomogenem Gelände auch starke horizontale Schwankungen. Diese ergeben sich über ebenem Gelände, wenn die turbulenten Flüsse fühlbarer oder latenter Wärme am Boden aufgrund unterschiedlicher Bodeneigenschaften oder verschiedener Landnutzung auf einer Längenskala variieren, auf der die induzierten Variationen der Temperatur und/oder der Feuchte durch die dreidimensionale turbulente Diffusion nicht mehr effektiv ausgeglichen werden können. Typische Werte einer solchen Längenskala hängen unter anderem von der Höhe der Grenzschicht ab, liegen jedoch im Allgemeinen oberhalb von 5 bis 10 km (Avissar und Schmidt, 1998; Gopalakrishnan et al., 2000). Hinreichend große horizontale Unterschiede der Grenzschicht äußern sich in mesoskaligen konvektiven Sekundärzirkulationen (z. B. Souza und Rennó, 2000; Roy et al., 2003), die die Organisation flacher konvektiver Wolken (Chen und Avissar, 1994; Avissar und Liu, 1996) ebenso wie die Ausbildung hochreichender Konvektion (Lynn et al., 1998, 2001; Lynn und Tao, 2001) beeinflussen können.

Über orographisch gegliedertem Gelände ist die räumliche und tageszeitliche Entwicklung einer konvektiven Grenzschicht außerordentlich komplex. Eine Diskussion entsprechender Phänomene, die auf der Analyse von Feldmessungen im Südschwarzwald und dem angrenzenden Oberrheingraben basieren, findet man beispielsweise bei Kalthoff et al. (1998), Kossmann (1998) und Kossmann et al. (1998). Die Arbeiten zeigen einen oftmals dokumentierten Ablauf der Grenzschichtentwicklung über orographisch strukturiertem Gelände. Demnach erfolgt mit einsetzender Erwärmung der Luft in Vormittagsstunden ein Wachstum der Grenzschicht hauptsächlich über Bergrücken. Nach Auflösung nächtlicher Inversionen bildet sich im weiteren Tagesverlauf auch über Tälern eine rasch anwachsende Grenzschicht aus, wodurch sich in Mittagsstunden typischerweise eine dem Gelände folgende Grenzschichtobergrenze einstellt. Im Laufe des Nachmittags kann die Grenzschicht über den Tälern stärker anwachsen als über den Bergrücken, so dass die Grenzschichtobergrenze gegen Nachmittag oder Abend nahezu horizontal verläuft. Im Tagesverlauf entstehen oftmals Hangwinde, welche eine horizontale Luftmassenkonvergenz im Bereich orographischer Erhebungen mit sich bringen. Anhand idealisierter Modellsimulationen untersuchen beispielsweise Tian und Parker (2003) die Bedeutung solcher Luftmassenkonvergenzen für die Initiierung konvektiver Wolken.

Ungeachtet der Sekundärzirkulationen interessiert hier zunächst nur die Initiierung konvektiven Wolken durch lokale Überwärmungen in der Ebene. Eine Abschätzung der Größe einer initialen Überwärmung sowie der Amplitude ihrer Temperaturstörung leiten McNider und Kopp (1990) aus einem Ähnlichkeitsansatz zur konvektiven Grenzschicht ab. In diesem Ansatz gehen die Autoren davon aus, dass eine lokale Überwärmung $\theta'_v$ in einer Richtung $x$ als gaußförmig angenommen werden kann. Die Amplitude der Temperaturstörung einer solchen Überwärmung wird in Abhängigkeit der Höhe $z$ über Grund mit $A(z)$ angegeben. Es ist also

$$\theta'_v(x, z) = A(z) \exp\left( -\left( \frac{x - x_0}{0,5\,\lambda_m} \right)^2 \right) \tag{2.13}$$

wobei $x_0$ das Zentrum der Überwärmung angibt und $\lambda_m$ eine charakteristische Längenskala der thermischen Fluktuationen darstellt. Die Amplitude $A(z)$ wird in der Form $A(z) = B\sigma_\theta(z)$ gegeben, mit der Standardabweichung $\sigma_\theta(z)$ der Amplituden thermischer Fluktuationen; der Parameter $B$ dient dazu, eine Störung $\theta'_v$ mit einer speziellen Stärke auszuwählen. Mit $B = 2$ wählt man beispielsweise eine Fluktuation aus, die zwei Standardabweichungen vom ungestörten Zustand entfernt liegt und daher zu den 5% aller Fluktuationen mit den größten Amplituden gehört. Die horizontale Ausdehnung konvektiver Elemente in einer Grenzschicht ist proportional zur Grenzschichthöhe $z_i$ mit

$$\lambda_m = 1,5\,z_i \tag{2.14}$$

Die Standardabweichung wird in der Form

$$\sigma_\theta(z) = 1,34\,z^{-1/3}\,(\overline{w'\theta'_b})^{2/3} \left( \frac{\theta_0}{g} \right)^{1/3} \tag{2.15}$$

angegeben. Zur Berechnung von $\theta'_v(x, z)$ ist es also notwendig, den Fluss fühlbarer Wärme $H_b = \rho c_{pl} \overline{w'\theta'_b}$ am Boden, die Grenzschichthöhe $z_i$, die potentielle Temperatur $\theta_0$ und die Luftdichte $\rho$ zu kennen. Diese Darstellung lässt sich leicht auf drei Dimensionen erweitern.

In der bisherigen Darstellung werden konvektive Prozesse, die in einer wasserdampfgesättigten Atmosphäre ablaufen, noch weitestgehend ausgeklammert. Soweit sie in der vorliegenden Arbeit von unmittelbarer Bedeutung sind, werden diese nun aufgeführt.

## 2.1.5 Konvektion in gesättigter Luft

Kühlt sich ein Luftvolumen mit der Temperatur $T$ und dem Wasserdampfdruck $e$ im Ausgangsniveau während eines Hebungsprozesses adiabatisch reversibel ab, ist es ab dem Hebungskondensationsniveau (HKN) gesättigt. Nach Bolton (1980) ist die Temperatur $T_{\mathrm{HKN}}$ des Luftvolumens im Hebungskondensationsniveau gegeben zu

$$T_{\mathrm{HKN}} = \frac{2840}{3,5 \ln T - \ln e - 4,805} + 55 \tag{2.16}$$

Die Temperaturen sind in der Einheit K und der Wasserdampfdruck $e$ in hPa anzugeben. Bei weiterer Hebung des Luftvolumens über das Hebungskondensationsniveau hinaus geht man häufig davon aus, dass der enthaltene Wasserdampf nach und nach auskondensiert und das Luftvolumen in Form von Niederschlag verlässt. Das wasserdampfgesättigte Luftvolumen ist dann durch die Erhaltung der pseudopotentiellen Temperatur $\theta_{ps}$ charakterisiert. Diese wird von Bolton (1980) durch die Zahlenwertgleichung

$$\theta_{ps} = T \left( \frac{p_{00}}{p} \right)^{0,2854(1-0,28r)} \exp\left( r(1 + 0,81r)\left( \frac{3376}{T_{\mathrm{HKN}}} - 2,54 \right) \right) \tag{2.17}$$

angegeben, in der im Ausgangsniveau die Temperatur $T$ in K, der Druck $p$ in hPa und das Mischungsverhältnis $r$ in kg/kg anzugeben sind.

Durch die Erhaltung der virtuellen potentiellen Temperatur unterhalb des Hebungskondensationsniveaus und der pseudopotentiellen Temperatur oberhalb davon ist ein Luftvolumen für die folgenden Betrachtungen hinreichend charakterisiert, denn aus der Temperatur, dem Druck und der Feuchte eines Luftvolumens im Ausgangsniveau bestimmt man nun leicht die virtuelle Temperatur des Luftvolumens in jeder Höhe. Letztere sei mit $T_{v,p}(p)$ bezeichnet. Ein Beispiel ist in Abb. 2.1 gegeben. Die Abbildung zeigt ein Skew-T-log-p-Diagramm, in dem ein Vertikalprofil der virtuellen Temperatur einer Umgebung $T_{v,0}(p)$ als schwarze Kurve, eine Taupunktstemperatur (mit × gekennzeichnet) im Ausgangsniveau und ein Vertikalprofil der virtuellen Temperatur eines konvektiv aufsteigenden Luftvolumens $T_{v,p}(p)$ als blaue Kurve eingetragen ist. Unterhalb des Hebungskondensationsniveaus folgt die blaue Kurve einer Feuchtadiabaten, oberhalb davon einer Pseudoadiabaten.

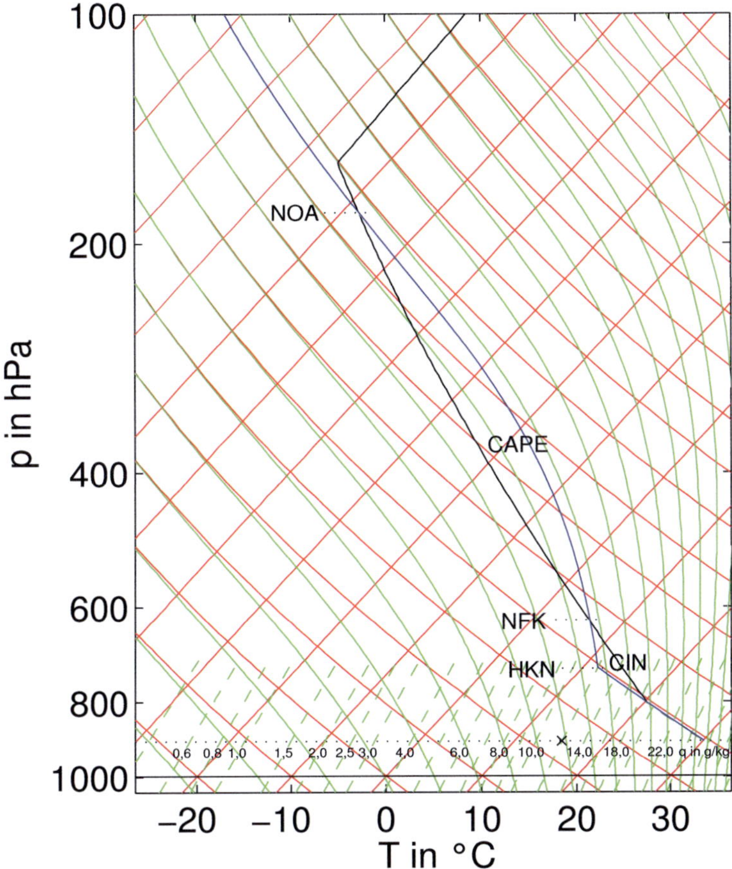



Abbildung 2.1: Skew-T-log-p-Diagramm. Eingetragen ist das Vertikalprofil $T_{v,0}(p)$ einer virtuellen Umgebungstemperatur (schwarz), eine Taupunktstemperatur (mit × gekennzeichnet) im Ausgangsniveau und ein Vertikalprofil der virtuellen Temperatur $T_{v,p}(p)$ eines unterhalb des Hebungskondensationsniveaus (HKN) feuchtadiabatisch und oberhalb davon pseudoadiabatisch aufsteigenden Luftpakets (blau). Ferner ist das Niveau freier Konvektion (NFK) und das Niveau ohne Auftrieb (NOA) angegeben.

## 2.1.6 CAPE und CIN

Die Kurven $T_{v,0}(p)$ und $T_{v,p}(p)$ in Abb. 2.1 schließen zwei Flächen ein, die mit CAPE (engl. convective available potential energy) und CIN (engl. convective inhibition) bezeichnet sind. Die mit CIN bezeichnete Fläche liegt zwischen dem Ausgangsniveau (AN) eines individuellen Luftvolumens und dem Niveau freier Konvektion (NFK). Hier ist $T_{v,p}(p) \leq T_{v,0}(p)$, d. h. es muss Arbeit geleistet werden, um das Luftvolumen auf das Niveau freier Konvektion anzuheben. Die Energie, die dafür aufgebracht werden muss, ist proportional zu der dargestellten Fläche. Sie ist gegeben durch

$$\text{CIN} = -R_l \int_{p_{\text{AN}}}^{p_{\text{NFK}}} (T_{v,0} - T_{v,p}) \, d\ln p \tag{2.18}$$

Zwischen dem Niveau freier Konvektion (NFK) und dem Niveau ohne Auftrieb (NOA) ist $T_{v,p}(p) \geq T_{v,0}(p)$. Die potentielle Energie, die hier für Konvektion zur Verfügung steht, ist wiederum proportional zur dargestellten Fläche. Sie ist analog zur CIN durch

$$\text{CAPE} = -R_l \int_{p_{\text{NFK}}}^{p_{\text{NOA}}} (T_{v,p} - T_{v,0}) \, d\ln p \tag{2.19}$$

gegeben. Wenn man hydrostatische Bedingungen zugrunde legt, erhält man für CAPE und CIN auch die folgende Darstellung

$$\text{CAPE} = g \int_{z_{\text{NFK}}}^{z_{\text{NOA}}} \frac{T_{v,p} - T_{v,0}}{T_{v,0}} \, dz \tag{2.20}$$

$$\text{CIN} = g \int_{z_{\text{AN}}}^{z_{\text{NFK}}} \frac{T_{v,0} - T_{v,p}}{T_{v,0}} \, dz \tag{2.21}$$

Unter der Annahme, dass die gesamte potentielle Energie in kinetische Energie umgewandelt wird, d. h. mit $w^2/2 = \text{CAPE}$, resultiert als Vertikalgeschwindigkeit $w = \sqrt{2\text{CAPE}}$. Diese Geschwindigkeit stellt eine obere Grenze für die tatsächlich auftretende, maximale Vertikalgeschwindigkeit $w_{max}$ in einer Wolke dar. Nach Weisman und Klemp (1982) wird die Effektivität $S$ eines konvektiven Ereignisses definiert durch

$$S = \frac{w_{max}}{\sqrt{2\text{CAPE}}} \tag{2.22}$$

Typische Werte von $S$ liegen zwischen 0,3 und 0,6. Faktoren, die im Allgemeinen zu einer Reduzierung der Vertikalgeschwindigkeit in einer konvektiven Wolke beitragen, sind

1. das Einmischen ungesättigter Umgebungsluft in eine konvektive Wolke über die seitlichen Ränder und die Wolkenbasis (engl. entrainment),

2. die Tatsache, dass die pseudoadiabatische Approximation auf der Annahme beruht, dass das Kondensat einer konvektiven Wolke instantan ausfällt. Eine Reduzierung der Vertikalgeschwindigkeit aufgrund von einem Impulsübertrag von Hydrometeoren auf die Wolkenluft (engl. liquid water drag) wird folglich nicht berücksichtigt,

3. weitere dynamisch induzierte Effekte in konvektiven Wolken. Siehe dazu auch den folgenden Abschnitt.

### 2.1.7 Wolkendynamik

Wie bereits angesprochen, gehört ein großer Teil der konvektiven Wolken den Gattungen Cumulus und Cumulonimbus an. Zu diesen Gattungen gehören insbesondere die nichtregnenden Schönwettercumuli Cumulus humilis und Cumulus mediocris mit $\sim 1\,$km horizontaler und vertikaler Ausdehnung sowie die hochreichenden Schauer- oder Gewitterwolken Cumulus congestus und Cumulonimbus mit $\sim 10\,$km horizontaler und vertikaler Erstreckung. Konvektive Wolken in organisierter Form findet man ferner in mesoskaligen konvektiven Systemen oder Komplexen, die sich über einige 100 km horizontaler Länge erstrecken können. Siehe dazu z. B. Houze (1993).

In der vorliegenden Arbeit werden hauptsächlich konvektive Wolken aus der Gattung der Cumulonimben betrachtet. Diese werden hinsichtlich ihrer Strömungs- und Niederschlagsdynamik häufig in drei Grundtypen eingeteilt, die als Einzelzellen, Multizellen und Superzellen bezeichnet werden (z. B. Houze, 1993). Neben spezifischer CAPE-Werte ist für eine solche Einteilung die vertikale Windscherung der Umgebung von ausschlaggebender Bedeutung. Weisman und Klemp (1982, 1984) geben als Scherungsmaß die kinetische Energie $\frac{1}{2}((\Delta\bar{u})^2 + (\Delta\bar{v})^2)$ an, wobei $\Delta\bar{u}$ und $\Delta\bar{v}$ Differenzen zwischen den dichtegewichteten mittleren Komponenten des horizontalen Windvektors über die untersten 6 km der Atmosphäre und den dichtegewichteten mittleren Komponenten des horizontalen Windvektors aus einer bodennahen, 500 m mächtigen Schicht darstellen. Den Quotienten von konvektiv verfügbarer potentieller Energie und kinetischer Energie der vertikalen Windscherung definieren Weisman und Klemp (1982, 1984) als Bulk-Richardson-Zahl $Ri$ in der Form

$$Ri = \frac{\text{CAPE}}{\frac{1}{2}((\Delta \bar{u})^2 + (\Delta \bar{v})^2)} \tag{2.23}$$

Bei geringer vertikaler Windscherung und mäßiger konvektiv verfügbarer potentieller Energie treten bevorzugt Einzelzellen auf. Diese durchlaufen typischerweise drei Entwicklungsstadien, wobei die Zeitspanne vom Einsetzen der konvektiven Wolkenbildung über die Reifephase bis zum Zerfall des Cumulonimbus in der Größenordnung von einer Stunde liegt. Nach anfänglicher Ausbildung von Wolkentropfen und Eispartikeln entsteht in der Reifephase des Cumulonimbus hauptsächlich über den Bergeron-Findeisen-Prozess großtropfiger Niederschlag und möglicherweise Hagel. Aufgrund ausfallender Niederschlagspartikel und durch Verdunstungsabkühlung auch im Aufwindbereich des Cumulonimbus wird dessen fortschreitendes Wachstum jedoch unterbunden. Außerdem breitet sich mit dem Niederschlag absinkende Kaltluft als Böenfront am Fuß des Gewitters aus und verhindert damit einen Nachschub an feuchter Warmluft für den Auftrieb, so dass der Cumulonimbus schließlich zerfällt (vgl. Houze, 1993).

Multizellen entstehen bei hoher konvektiv verfügbarer Energie und relativ starker vertikaler Windscherung, wobei die Bulk-Richardson-Zahl nicht kleiner als 35 ist (Weisman und Klemp, 1982). Sie stellen ein System aus mehreren gewöhnlichen Einzelzellen dar, die in rascher zeitlicher Abfolge auseinander hervorgehen. Die Initiierung neuer konvektiver Wolken aus vorherigen Cumulonimben wird anhand der Abb. 2.2 von Browning et al. (1976) verdeutlicht. Die Abbildung zeigt unter Anderem Stromlinien einer Luftströmung relativ zum bewegten System. Man erkennt vorderseitig der Cumulonimben (n–2) bzw. (n–1), die sich bereits im Zerfalls- bzw. noch im Reifestadium befinden, böenartig ausfließende Kaltluft, die einen durch die vertikale Windscherung verstärkten bodennahen Luftstrom in einer Konvergenzzone zum Aufsteigen zwingt, so dass sich neue Gewitterzellen (n) und (n+1) ausbilden. Anhand numerischer Simulationen erarbeiteten Lin et al. (1998) sowie Lin und Joyce (2001) ein sehr detailliertes Bild dieses Vorgangs. Auch Schwerewellen, die von Einzelzellen ausgelöst werden (Lane et al., 2001; Beres, 2004), können lokale Umgebungsbedingungen konvektiver Wolken wie beispielsweise die CIN derart verändern, dass neue Gewitterzellen entstehen (Lane und Reeder, 2001). Abhängigkeiten der Multizellenbildung

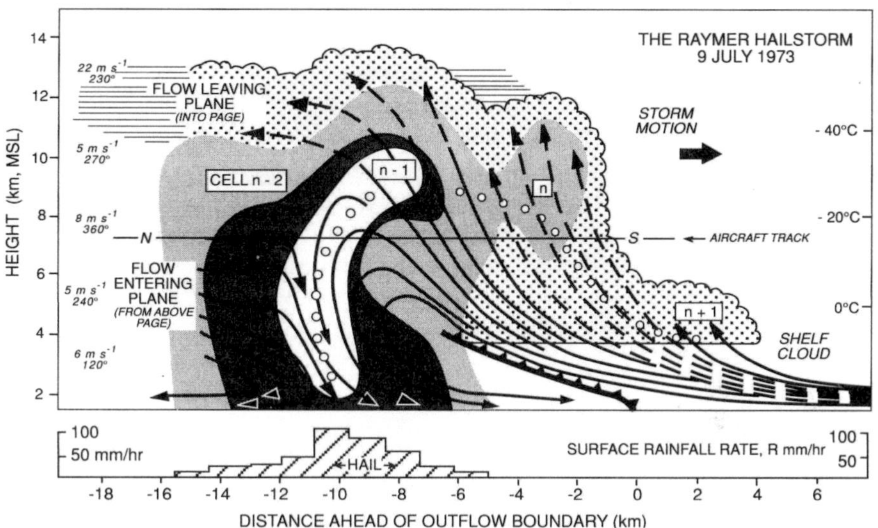


Abbildung 2.2: Querschnitt eines Multizellengewitters mit den einzelnen Gewitterzellen (n–2) bis (n+1) nach Browning et al. (1976). Die Abbildung zeigt neben den Stromlinien für die Luftbewegung relativ zum System die Querschnittsfläche der nichtregnenden Wolken (gepunktet) sowie die Radarreflektivitäten mit 30 dBZ (grau), 45 dBZ (schwarz) und 50 dBZ (weiß). Der Verlauf der Böenfront ist durch ein Kaltfrontsymbol gekennzeichnet. Im unteren Teil der Abbildung ist die Niederschlagsrate dargestellt.

durch Schwerewellen von Umgebungsparametern wie der Bulk-Richardson-Zahl sind bisher noch nicht untersucht worden.

Als Superzellen bezeichnet man besonders langlebige Cumulonimben, die unter bestimmten Bedingungen zur Ausbildung von Tornados neigen. Der entscheidende Unterschied zu Einzelzellen resultiert aus einer der Strömung aufgeprägten Rotation in der Superzelle. In diesem Sinne definiert Doswell III (1996) eine Superzelle als konvektive Wolke, die eine Rotation um eine vertikale Achse aufweist. Die Einführung eines Schwellenwertes der Rotation zur Abgrenzung der Superzellen von Einzelzellen ist jedoch schwierig, nicht zuletzt deshalb, weil die Rotation der Beobachtung normalerweise nicht zugänglich ist. Optimale Bedingungen für die Entstehung von Superzellen findet man bei hoher konvektiv verfügbarer Energie und starker Windscherung, wobei die Bulk-Richardson-Zahlen im günstigsten Fall zwischen 15 und 35 liegen. Bei $Ri < 10$ ist die Windscherung in der Regel so stark, dass keine konvektiven Wolken entstehen, bei $Ri > 50$ ist der Auftrieb im Verhältnis zur Windscherung so groß, dass sich eine charakteristische Superzellendynamik nicht ausbildet (Weisman und Klemp, 1982). Die Strömungsdynamik einer idealtypischen Superzelle wird ausführlich in Klemp (1987) dargestellt. Da ein Verständnis dieser Dynamik zur Bewertung späterer Simulationsergebnisse unerlässlich ist, wird im Folgenden eine Zusammenfassung ihrer wesentlichen Bestandteile wiedergegeben.

## 2.1.8 Superzellendynamik

Ein Maß für die Rotation des Geschwindigkeitsfeldes um eine vertikale Achse ist durch die relative Vorticity $\zeta = \mathbf{k} \cdot (\nabla \times \mathbf{v})$ gegeben. Durch Anwendung der Operation $\nabla \times \ldots$ auf Gl. (2.2) und einfache Umformung erhält man eine Gleichung für die relative Vorticity $\zeta$ in der individuellen Form

$$\frac{d\zeta}{dt} = -\zeta(\nabla \cdot \mathbf{v}_h) - \mathbf{k} \cdot \left( \nabla w \times \frac{\partial \mathbf{v}}{\partial z} \right) \tag{2.24}$$

mit $\mathbf{v}_h = (u, v)$. Den ersten Term auf der rechten Seite bezeichnet man als Divergenzterm, den zweiten als Drehterm. Für eine erste Analyse werden die Komponenten des horizontalen Windvektors nun als Summe aus horizontal homogenem Grundzustand und Abweichungen dargestellt: $u = U(z) + u'$ und $v = V(z) + v'$. Die Vertikalgeschwindigkeit ist $w = w'$. Mit dem Windvektor $\mathbf{V} = (U, V)$ der Grundströmung bildet man nun den Vektor der vertikalen Windscherung $\mathbf{S} = d\mathbf{V}/dz$. Für Störungen, die klein gegen die Grundzustandsgrößen sind, erhält man unter Vernachlässigung von Produkten aus Störgrößen die linearisierte Vorticitygleichung

$$\frac{D\zeta}{Dt} = -\mathbf{k} \cdot (\nabla w \times \mathbf{S}) \tag{2.25}$$

mit $D/Dt = \partial/\partial t + U\partial/\partial x + V\partial/\partial y$. Dieser Gleichung entsprechend wird vertikale Vorticity zunächst nur durch den linearen Drehterm erzeugt.

Als erstes wird jetzt der Spezialfall einer reinen Westanströmung ($V = 0$) betrachtet. In diesem Fall ist nur eine Geschwindigkeitsscherung des Grundstroms gegeben, eine Richtungsscherung entfällt. Aus Gl. (2.25) folgt

$$\frac{D\zeta}{Dt} = \frac{dU}{dz}\frac{\partial w}{\partial y} \tag{2.26}$$

mit dem Operator $D/Dt = \partial/\partial t + U\partial/\partial x$. Da das Maximum der Vertikalgeschwindigkeit im Zentrum einer Wolke liegt, findet anfänglich mit $dU/dz > 0$ an der Südflanke der Wolke ($\partial w/\partial y > 0$) eine Produktion positiver Vorticity und an der Nordflanke ($\partial w/\partial y < 0$) eine Produktion negativer Vorticity statt, so dass ein Vorticitydipol entsteht. Vergleiche dazu auch Abb. 2.3. Die stärksten horizontalen Gradienten der Aufwindgeschwindigkeit liegen in mittleren bis oberen Schichten der Wolke, die stärkste Windscherung liegt vorwiegend in unteren bis mittleren Schichten, so dass die Produktion der Vorticity hauptsächlich in mittleren Schichten erfolgt.

Beim weiteren Anwachsen der Wolke gilt Gl. (2.26) nicht mehr, da der nichtlineare Divergenzterm erfahrungsgemäß so groß wird, dass er berücksichtigt werden muss. Es ist also auf Gl. (2.24) zurückzugreifen. Da in einer konvektiven Wolke anfangs in unteren und mittleren Höhen $\nabla \cdot \mathbf{v}_h < 0$ vorausgesetzt werden kann, wirkt der Divergenzterm im Sinne der ursprünglichen Drehrichtung und führt zu einer erheblichen Verstärkung der Vorticity (Wilhelmson und Klemp, 1978; Rotunno, 1981). Über den Zusammenhang

$$p' \sim -\zeta^2 \tag{2.27}$$

(Rotunno und Klemp, 1982) kommt es speziell in mittleren Höhen zu einem dynamisch induzierten Druckabfall an den südlichen und nördlichen Flanken der konvektiven Wolke, der an diesen Flanken zu verstärkter Aufwärtsbewegung und Wolkenbildung führt. Durch sedimentierenden Niederschlag wird der Auftrieb im Zentrum der Wolke hingegen verringert. Daher teilt sich die Gewitterzelle schließlich in zwei Zellen auf, die mit einer Komponente senkrecht zum Grundstrom in entgegengesetzte Richtungen auseinander laufen (vgl. auch Fujita und Grandoso, 1968).

Im weiteren Verlauf der Gewitterentwicklung beobachtet man vor allem in numerischen Simulationen, dass die Aufwindzentren der Gewitterzellen mit den Extrema der Vorticity zusammenfallen. Auf die Bedeutung einer solchen Korrelation von Vorticity und Vertikalbewegung für die Ausbildung stark rotierender Superzellen weist beispielsweise Davies-Jones (1984) hin. Eine mögliche Erklärung dieses Vorgangs wird von Lilly (1986) gegeben. Man betrachte dazu eine der beiden Zellen, die wie oben erläutert durch

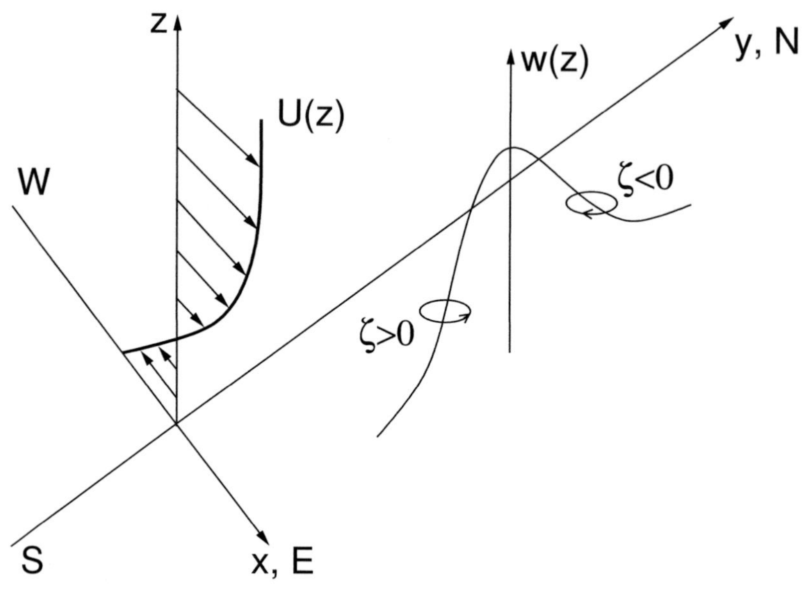


Abbildung 2.3: Bei reinem Westwind $U(z)$ findet mit $dU/dz > 0$ an der Südflanke eines Aufwindes mit der Vertikalgeschwindigkeit $w(z)$ eine Produktion positiver Vorticity und an der Nordflanke eine Produktion negativer Vorticity statt.

einen Zellteilungsvorgang aus der ursprünglichen Gewitterzelle entstanden sind. Die in Strömungsrichtung rechtsgelegene Zelle beispielsweise bewegt sich mit einer Geschwindigkeitskomponente $c_y$ nach Süden. In einem relativ zu dieser Zelle festen Koordinatensystem lautet die linearisierte Vorticitygleichung $-c_y \partial \zeta / \partial y \approx (dU/dz) \partial w / \partial y$. Integration liefert (Lilly, 1986)

$$\zeta \approx \frac{dU}{dz} \frac{w}{(-c_y)} \tag{2.28}$$

Wie man sieht, ist die Vorticity hier direkt proportional und in Phase zur Vertikalgeschwindigkeit in der Wolke.

Nun wird häufig beobachtet, dass aus einem primären Gewitter nicht ein Paar auseinander laufender Zellen, sondern nur eine einzige rotierende Superzelle entsteht, die sich mit einer Geschwindigkeitskomponente senkrecht zum Grundstrom fortbewegt. Zur Erklärung dieses Vorgangs sind die bisherigen Betrachtungen nicht ausreichend. Um die Dynamik des Phänomens darzustellen, muss etwas ausgeholt werden. Man führe dazu für Gl. (2.2) die Euler-Entwicklung durch, multipliziere mit $\rho_0$ und wende den Divergenzoperator an. Fordert man ferner die Gültigkeit der anelastischen Approximation für hochreichende Konvektion $\nabla \cdot \rho_0 \mathbf{v} = 0$, folgt der diagnostische Ausdruck

$$\nabla^2 p' - \frac{\partial}{\partial z}(\rho_0 B) + \nabla \cdot (\rho_0 \mathbf{v} \cdot \nabla \mathbf{v}) = 0 \tag{2.29}$$

Nach Zerlegung des Störrucks in einen dynamischen und einen thermischen Beitrag $p' = p'_D + p'_B$ lässt sich Gl. (2.29) in einen dynamischen Anteil

$$\nabla^2 p'_D = -\nabla \cdot (\rho_0 \mathbf{v} \cdot \nabla \mathbf{v}) \tag{2.30}$$

und in einen thermischen Anteil

$$\nabla^2 p'_B = \frac{\partial}{\partial z}(\rho_0 B) \tag{2.31}$$

separieren. Durch Linearisierung der Gleichung für den dynamischen Anteil folgt $\nabla^2 p'_D \sim -2\rho_0 \mathbf{S} \cdot \nabla_h w$ und aus dem qualitativen Zusammenhang $\nabla^2 p'_D \sim -p'_D$ resultiert

$$p'_D \sim \mathbf{S} \cdot \nabla_h w \tag{2.32}$$

(Rotunno und Klemp, 1982, 1985). Wie bisher wird zunächst eine reine Westanströmung betrachtet, es ist also weiterhin $V = 0$. Damit ist

$$p'_D \sim \frac{dU}{dz}\frac{\partial w}{\partial x} \tag{2.33}$$

Wenn ein Aufwind mit einer Scherströmung interagiert, bildet sich also ein horizontaler Druckgradient aus. Bei $dU/dz > 0$ liegt erhöhter Druck auf der windzugewandten Seite des Aufwindes ($\partial w/\partial x > 0$) und verminderter Druck auf der windabgewandten Seite ($\partial w/\partial x < 0$). Der Druckgradient erreicht in mittleren Schichten der Wolke sein Maximum. Durch den verminderten Druck in mittleren Höhen auf der windabgewandten Seite des Aufwindes wird ein zusätzlicher vertikaler Druckgradient induziert, der eine vorderseitige Neubildung der Gewitterwolke fördert. Auf der windzugewandten Seite des Cumulonimbus führt der zusätzliche Druckgradient zu einer Wolkenauflösung. Siehe auch Abb. 2.4 (a).

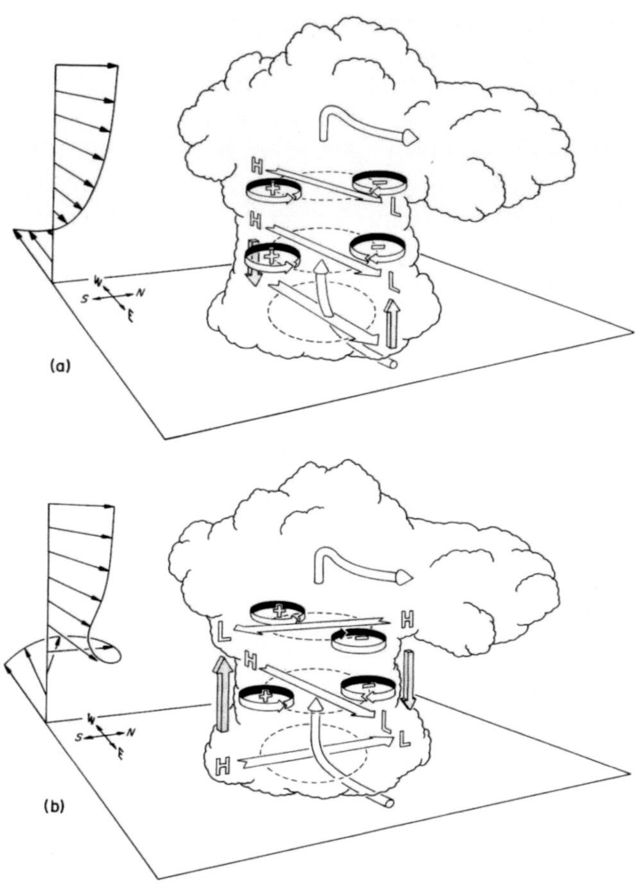

Abbildung 2.4: Skizze zu vertikaler Vorticity und Druckstörung in einer Gewitterzelle bei reiner Windgeschwindigkeitsscherung (a) bzw. bei rechtsdrehender Windscherung (b). Die Druckgradienten von hohem (H) zu niedrigem (L) Druck parallel zum Windschervektor sind mit weißen Pfeilen markiert, außerdem sind die Zentren hoher zyklonaler (+) und antizyklonaler (−) Vorticity angegeben. Die grauen Pfeile markieren die resultierenden zusätzlichen vertikalen Druckgradienten. Nach Klemp (1987).

Aufschluss über eine selektive Verstärkung einer der beiden auseinanderlaufenden Gewitterzellen erhält man, wenn man eine Drehung des horizontalen Windschervektors mit der Höhe in die Betrachtung einbezieht. In diesem Fall gilt die Gl. (2.32) für die dynamisch induzierte Druckstörung. Auch hier wird, wenn ein Aufwind mit einer Scherströmung interagiert, in jeder Höhe ein horizontaler Druckgradient in Richtung des Windschervektors $\mathbf{S}$ ausgebildet. Die resultierende Druckverteilung bei einer Rechtsdrehung des Schervektors $\mathbf{S}$ mit der Höhe ist in Abb. 2.4 (b) dargestellt. Die Abbildung zeigt ebenfalls die resultierenden zusätzlichen vertikalen Druckgradienten. Wie man sieht, fördern die dynamisch induzierten Druckgradienten in dieser Situation ein Aufsteigen von Wolkenluft auf der Südseite des Gewitters und unterdrücken die Konvektion an der nördlichen Flanke, so dass sich die zyklonal rotierende Gewitterzelle verstärkt und die antizyklonal rotierende Zelle abschwächt. Die Generierung vertikaler Vorticity durch den Drehterm verläuft nun in linearer Näherung nach Gl. (2.25). Auf diese Weise entsteht eine einzelne rotierende Gewitterzelle, die sich mit einer Komponente senkrecht zum Grundstrom südwärts bewegt (Weisman und Klemp, 1984). Die in Abb. 2.4 (b) skizzierte Form des Grundstroms mit einer Drehung des Schervektors im Uhrzeigersinn ist weitaus häufiger als die im Gegenuhrzeigersinn. Dieser Umstand erklärt die Beobachtung, dass sich nach einem Zellteilungsvorgang die in Richtung des Grundstroms rechte Zelle weiterentwickelt, während sich die linke Zelle meist auflöst.

Der Übergang einer rotierenden Gewitterzelle in ein Stadium, welches die Tornadobildung ermöglicht, ist mit einigen weiteren grundlegenden Änderungen der Strömungs- und Niederschlagsdynamik in einer Superzelle verknüpft, die in der Literatur ausführlich geschildert werden (siehe z. B. Lemon und Doswell III, 1979; Klemp und Rotunno, 1983; Lilly, 1983; Klemp, 1987; Houze, 1993; Wicker und Wilhelmson, 1995; Bluestein und Weisman, 2000). Die Anordnung der wichtigsten Auf- und Abwindregionen sowie des Strömungsfeldes für eine solche Superzelle zeigt Abb. 2.5 nach Lemon und Doswell III (1979). Auf eine detaillierte Darstellung der Dynamik solcher Systeme wird hier jedoch nicht weiter eingegangen.

In den folgenden Abschnitten wird die Entwicklung konvektiver Wolken anhand numerischer Simulationen mit dem mesoskaligen Atmosphärenmodell KAMM2 dargestellt, welches zusammen mit Grundlagen der Wolkenmikrophysik im Anhang A beschrieben wird. KAMM2 ist ein vollkompressibles, nicht-hydrostatisches Modell, dessen Gleichungssystem für ein geländefolgendes Koordinatensystem formuliert ist. Die prognostischen Gleichun-

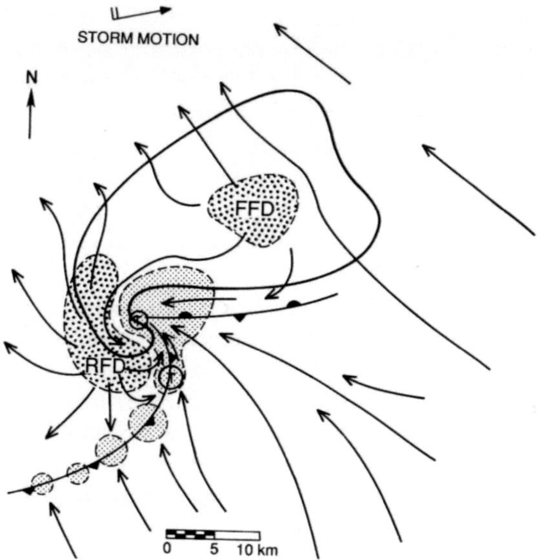


Abbildung 2.5: Skizze eines bodennahen Horizontalschnittes durch eine Superzelle nach Lemon und Doswell III (1979). Die Pfeile geben das Windfeld relativ zur Bewegung der Superzelle wieder. Durch die leicht schattierten Flächen sind Aufwindregionen gekennzeichnet, die gepunkteten Flächen geben Abwindregionen (FFD: vorderseitiger Abwind, RFD: rückseitiger Abwind) wieder. Die Kalt- bzw. Warmfrontsymbole kennzeichnen Grenzen zwischen ausfließender Kaltluft und einströmender Warmluft. Die mit T gekennzeichneten Stellen geben Orte möglicher Tornadobildung an.

gen von KAMM2 beschreiben die zeitliche Entwicklung der Abweichungen von Temperatur, Druck und den Komponenten des Windvektors von einem quasi-stationären, geostrophischen Referenzzustand. Neben Temperatur, Druck und Windvektor werden in einem von Seifert (2002) neu entwickelten Modul für die Wolkenmikrophysik, welches in KAMM2 integriert ist, auch prognostische Gleichungen für die Partialdichte von Wasserdampf sowie die Massen- und Anzahldichten von Wolken- und Regentropfen, Graupeln, Schnee und Wolkeneis gelöst (siehe auch Seifert und Beheng, 2006). Für die Turbulenzparametrisierung wird in KAMM2 eine Schließung 1,5ter Ordnung verwendet, für die zusätzlich noch die Berechnung einer prognostischen Gleichung für die turbulente kinetische Energie notwendig ist. Die folgenden Simulationen finden bei verschiedener Grundströmung über ebenem Gelände statt. Sie werden als Referenz für weitere Studien konvektiver Wolken über orographisch gegliedertem Gelände verwendet, welche in Kapitel 4 besprochen werden.

## 2.2 Simulationen bei konstantem Grundstrom

Um Ergebnisse numerischer Simulationen hochreichender Konvektion vergleichen zu können, werden in vielen idealisierten Studien Grundzustands- und Anfangsbedingungen nach Weisman und Klemp (1982, 1984) verwendet. Dabei handelt es sich im Wesentlichen um Vorgaben von Vertikalprofilen der potentiellen Temperatur und der relativen Luftfeuchte sowie des Horizontalwindes. Um die Sensitivität der Entwicklung hochreichender Konvektion in Abhängigkeit von anderen Bedingungen herauszuarbeiten, werden vor allem in jüngeren Arbeiten ergänzende Modellstudien durchgeführt, wobei Auftrieb und Windscherung (McCaul Jr. und Weisman, 2001), Temperatur und Feuchte in der Grenzschicht (McCaul Jr. und Cohen, 2002) und die Umgebungstemperatur (McCaul Jr. et al., 2005) variiert und die Auswirkungen der Variationen auf die konvektiven Wolken analysiert werden.

In den bisherigen Modellstudien zur Entwicklung hochreichender Konvektion über ebenem Gelände werden jedoch keinesfalls alle Bedingungen erfasst, unter denen sich Gewitterwolken ausbilden können. Ziel dieses Abschnittes ist es daher, Simulationen konvektiver Wolken unter Bedingungen durchzuführen, für die noch keine Kenntnisse über eine Wolkenentwicklung vorliegen und die Ergebnisse dieser Simulationen aufzuzeigen. Wichtigste Einschränkung dabei ist, dass in allen Simulationen eine höhenkonstante Windgeschwindigkeit und -richtung des Grundstroms vorausgesetzt wird. Erst in Abschnitt 2.3 wird die Entwicklung konvektiver Wolken in einem Grundstrom mit vertikaler Geschwindigkeitsscherung dargestellt. Die Grundzustandsbedingungen sollen ferner in den Kapiteln 3 und 4 zur Simulation von Gebirgswellen und konvektiver Wolkenentwicklung in Gebirgswellenströmungen aufgegriffen werden. Wie in Kapitel 3 gezeigt wird, erhält man einfache Lösungen für Gebirgswellen, wenn die Brunt-Väisälä-Frequenz $N$ über die gesamte Höhe der freien Troposphäre konstant ist. Im Tropopausenbereich wird die Brunt-Väisälä-Frequenz, hier um Verwechslungen zu vermeiden mit $\alpha$ bezeichnet, ebenfalls konstant angenommen. Unter diesen Voraussetzungen erhält man durch Integration der Gl. (2.8) Vertikalprofile der potentiellen Temperatur $\theta_0(z)$ des Grundzustandes, wobei auf den virtuellen Temperaturzuschlag verzichtet wird. Im Detail lautet das Grundzustandsprofil der potentiellen Temperatur

$$
\theta_0(z) = \begin{cases} \theta_0(z_0)\exp\left(N^2/g\,(z - z_0)\right) & \text{für } z \leq z_{tr} \\ \theta_0(z_{tr})\exp\left(\alpha^2/g\,(z - z_{tr})\right) & \text{für } z > z_{tr} \end{cases}
\tag{2.34}
$$

mit $z_0 = 900\,\text{m}$, $\theta_0(z_0) = 309\,\text{K}$ und $p_0(z_0) = 900\,\text{hPa}$. Für die Höhe der Untergrenze der Tropopause $z_{tr}$ wird 12,9 km und für die Stabilität $\alpha$ in der Tropopausenregion $0{,}021\,\text{s}^{-1}$ vorgegeben. Das Vertikalprofil der relativen Feuchte $R_f$ wird nach Weisman und Klemp (1982) in der Form

$$
R_f(z) = \begin{cases} R_{f,max} - (R_{f,max} - R_{f,min})\,(z/z_{tr})^{5/4} & \text{für } z \leq z_{tr} \\ R_{f,min} & \text{für } z > z_{tr} \end{cases}
\tag{2.35}
$$

verwendet, mit $R_{f,max} = 1{,}0$ und $R_{f,min} = 0{,}25$. In Bodennähe wird das Mischungsverhältnis mit $r \leq r_{max}$ durch ein Maximum $r_{max}$ nach oben hin beschränkt und die Temperatur innerhalb einer konvektiven Grenzschicht derart erhöht, dass die potentielle Temperatur in dieser Schicht konstant ist. Damit entsprechen die Profile denjenigen, die in einer gut durchmischten konvektiven Grenzschicht angetroffen werden.

Die Brunt-Väisälä-Frequenz $N$ in der freien Troposphäre, das maximale Mischungsverhältnis $r_{max}$ in Bodennähe, die Höhe $z_i$ der konvektiven Grenzschicht und eine höhenkonstante Westanströmung $U$ werden in verschiedenen Simulationen variiert. Es sei angemerkt, dass am Boden eine Haftbedingung angewendet wird. Die Parameter $N$ und $r_{max}$ werden dazu verwendet, die Simulationen in drei Gruppen verschieden starker Konvektion einzuteilen. In der ersten Gruppe ist $N = 0{,}012\,\text{s}^{-1}$ und $r_{max} \approx 18\,\text{g/kg}$.

Die CAPE-Werte liegen etwas oberhalb von $1\,000\,\mathrm{J/kg}$, es handelt sich um Bedingungen, in denen mit mäßiger Konvektion zu rechnen ist. In der zweiten Gruppe ist $N = 0,010\,\mathrm{s}^{-1}$ und $r_{max} \approx 14\,\mathrm{g/kg}$. In dieser Gruppe liegen die CAPE-Werte oberhalb von $2\,000\,\mathrm{J/kg}$, es kann mäßige bis starke Konvektion erwartet werden. In der dritten Gruppe ist $N = 0,008\,\mathrm{s}^{-1}$ und $r_{max} \approx 12\,\mathrm{g/kg}$, mit CAPE-Werten um $4\,000\,\mathrm{J/kg}$. Es ist von sehr starker Konvektion auszugehen. Durch diese Einteilung kann mit wenigen Simulationen ein breiter Bereich von mäßiger bis hin zu sehr starker Konvektion abgedeckt werden. Aufgrund der höhenkonstanten Anströmung ist für alle Simulationen $Ri \to \infty$, es ist also Einzel- oder Multizellenbildung zu erwarten. Die genauen Werte der Parameter sind in Tab. 2.1 angegeben.

Tabelle 2.1: Parameter für die Simulationen 2A bis 2F aus Abschnitt 2.2 sowie für die Simulationen 2G bis 2M aus Abschnitt 2.3.

| Bez. | $N$ $\mathrm{s}^{-1}$ | $U$ $\mathrm{m\,s}^{-1}$ | $r_{max}$ $\mathrm{g\,kg}^{-1}$ | $z_i$ $\mathrm{m}$ | CAPE $\mathrm{J\,kg}^{-1}$ | CIN $\mathrm{J\,kg}^{-1}$ | $Ri$ |
|---|---|---|---|---|---|---|---|
| 2A / 2G | 0,012 | 12 | 18,5 | 600 | 1260 | 40 | $\infty$ / 49 |
| 2B / 2H | | 18 | 17,5 | 900 | 1110 | 30 | $\infty$ / 20 |
| 2C / 2J | 0,010 | 10 | 14,5 | 600 | 2490 | 70 | $\infty$ / 136 |
| 2D / 2K | | 15 | 13,5 | 900 | 2120 | 60 | $\infty$ / 56 |
| 2E / 2L | 0,008 | 08 | 12,5 | 600 | 4300 | 50 | $\infty$ / 356 |
| 2F / 2M | | 12 | 11,5 | 900 | 3780 | 40 | $\infty$ / 150 |

Die Initiierung der konvektiven Wolken erfolgt in allen Simulationen nach jeweils 12 Stunden Vorlaufzeit entsprechend Gl. (2.13), mit $H_b = 650\,\mathrm{W\,m}^{-2}$ in der Mitte des Modellgebietes. Die Simulationen werden mit einem horizontalen Gitterabstand von jeweils $1\,000\,\mathrm{m}$ und einem vertikalen Gitterabstand von $500\,\mathrm{m}$ durchgeführt, wobei die erste Rechenfläche etwa $50\,\mathrm{m}$ über dem Boden liegt. Die Anzahl der Gitterpunkte beträgt $201 \times 51 \times 41$.

In den folgenden drei Unterabschnitten werden die einzelnen Simulationen zu mäßiger bis sehr starker Konvektion diskutiert. In jedem Unterabschnitt werden zwei Simulationen aufgeführt, die sich in $U$, $r_{max}$ und $z_i$ und damit in den Werten von CAPE und CIN geringfügig unterscheiden.

## 2.2.1 Simulationen mäßiger Konvektion

Die Simulationen 2A und 2B gehören entsprechend ihrer CAPE-Werte von etwas mehr als $1\,000\,\mathrm{J/kg}$ zu derjenigen Gruppe, in der mit mäßiger Konvektion zu rechnen ist. Die Grundzustandsbedingungen der virtuellen Temperatur und der Taupunktstemperatur sind zur Illustration der obigen Angaben in Skew-T-log-p-Diagrammen in den Abbildungen 2.6 und 2.7 dargestellt. Es wurde bereits darauf hingewiesen, dass sich die Konfigurationen in den Parametern $U$, $r_{max}$ und $z_i$ leicht unterscheiden. In der Konfiguration 2B ist die Grenzschicht $300\,\mathrm{m}$ höher als in der Konfiguration 2A. Wie man den Skew-T-log-p-Diagrammen entnimmt, ist die höhere Grenzschicht mit einer leicht erhöhten potentiellen Temperatur in der Grenzschicht verknüpft. Während in der Konfiguration 2B die Grenzschichttemperatur gegenüber der Konfiguration 2A erhöht ist, ist das Mischungsverhältnis um $1\,\mathrm{g/kg}$ geringer. CAPE und CIN sind für die Konfiguration 2B mit $1\,110\,\mathrm{J/kg}$ und $30\,\mathrm{J/kg}$ geringer als für die Konfiguration 2A mit Werten von $1\,260\,\mathrm{J/kg}$ und $40\,\mathrm{J/kg}$. Bezüglich der CAPE überwiegt hier also der Feuchteunterschied, bezogen auf die CIN macht sich der Temperaturunterschied stärker bemerkbar.

Der Unterschied zwischen den Konfigurationen 2A und 2B wirkt sich auf die Simulationsergebnisse nur unwesentlich aus. Die Ergebnisse zeigen in beiden Simulationen jeweils 10 Minuten nach Initiierung der Konvektion erste Wolkentropfen, die duch Kondensation oberhalb des Hebungskondensationsniveaus entstanden sind. Dieses Stadium der Wolkenbildung ist in Abb. 2.8 dargestellt. Die Abbildung zeigt die Massendichten der Wolkentropfen sowohl für die Simulation 2A (oben) als auch für die Simulation 2B (unten), jeweils in einem $x$–$z$-Schnitt in der Fläche[1] $y = 0$. In den Simulationen ist die freigesetzte Kondensationswärme und damit der Auftrieb so gering, dass sich keine hochreichende Konvektion entwickelt. In den folgenden 10 Minuten Integrationszeit verdunsten die Wolkentropfen vollständig.

## 2.2.2 Simulationen mäßiger bis starker Konvektion

Mäßige bis starke Konvektion ist in den Simulationen 2C und 2D zu erwarten. Für diese Simulationen liegen die CAPE-Werte des Grundzustandes oberhalb von $2\,000\,\mathrm{J/kg}$. Die Grundzustandsbedingungen der virtuellen

---

[1]Der Ursprung des kartesischen Koordinatensystems liege in der Höhe $z = 0$ in der Mitte des Modellgebietes. Die $x$-Achse zeige nach Osten, die $y$-Achse nach Norden.

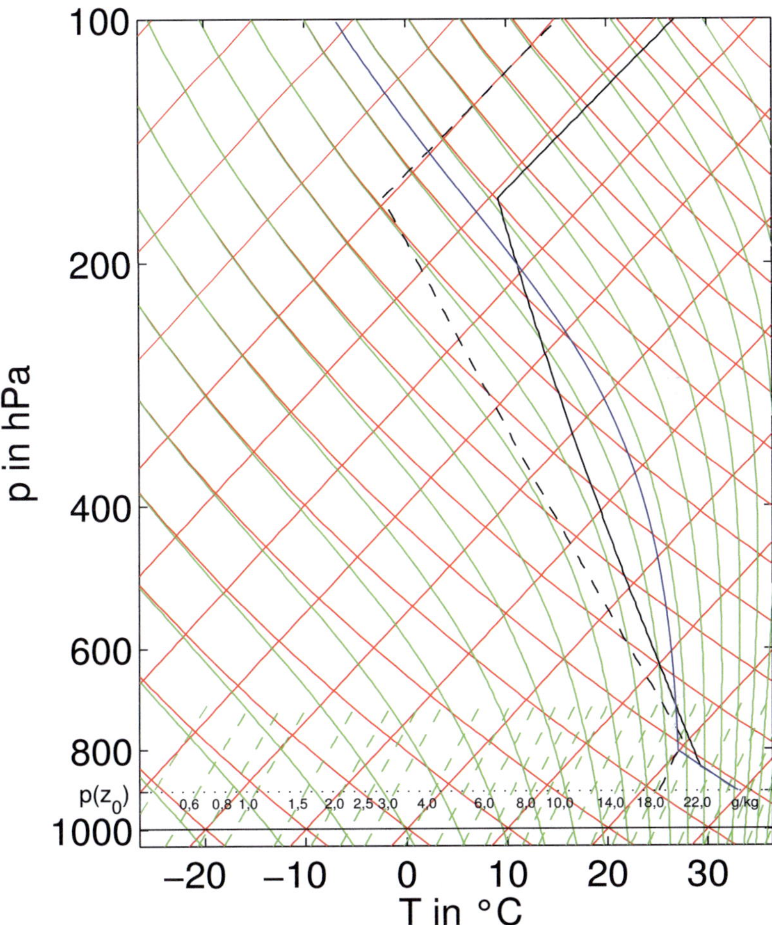


Abbildung 2.6: Skew-T-log-p-Diagramm der Temperatur (—) und der Taupunktstemperatur (− −) entsprechend den Angaben im Text für die Konfiguration 2A. Außerdem ist der Temperaturverlauf für ein trocken- bzw. pseudoadiabatisch aufsteigendes Luftpaket in blauer Farbe eingetragen.

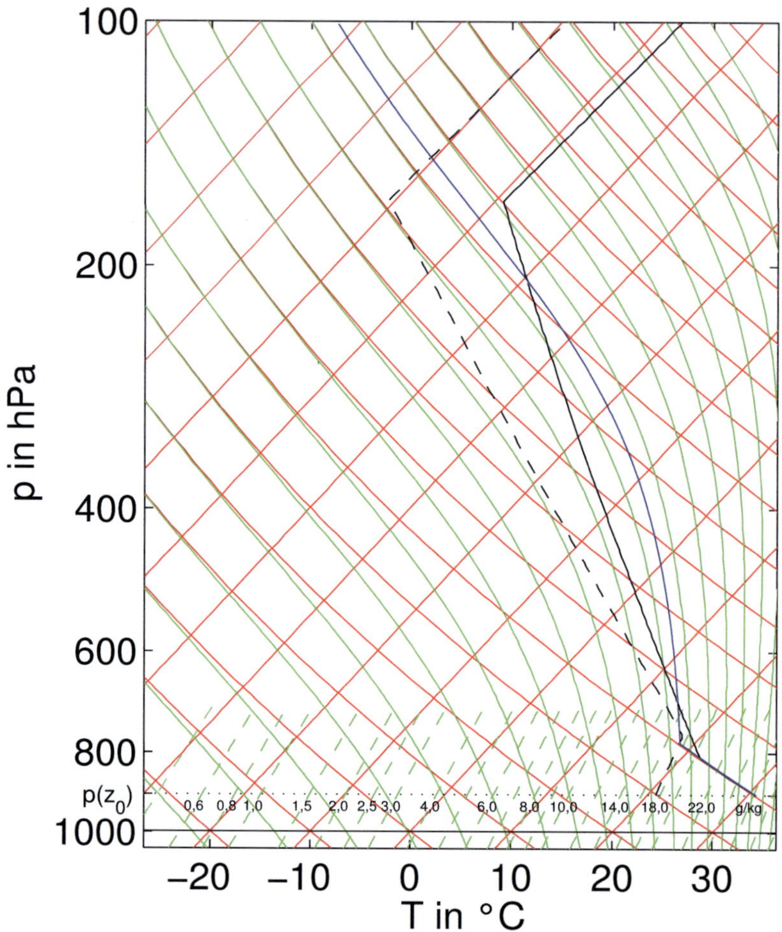


Abbildung 2.7: Wie Abb. 2.6, hier für die Konfiguration 2B.

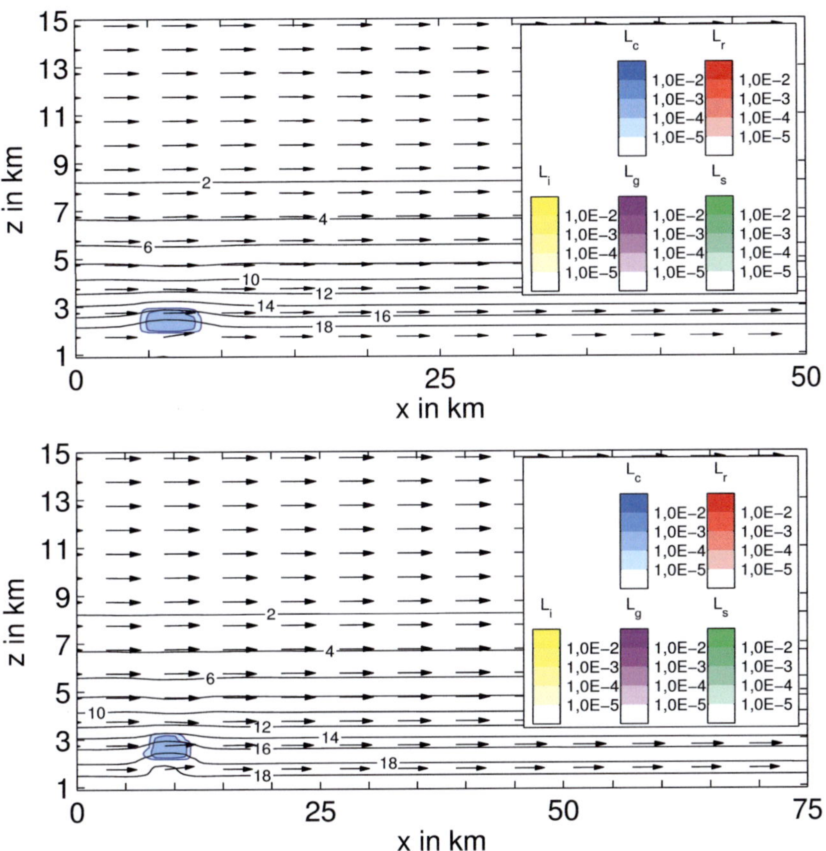

Abbildung 2.8: Massendichten $L_x$ der Hydrometeore in $\mathrm{kg\,m^{-3}}$ ($L_c$ (blau) = Wolkentropfen, $L_r$ (rot) = Regentropfen, $L_i$ (gelb) = Wolkeneis, $L_g$ (magenta) = Graupel und $L_s$ (grün) = Schnee) und Isolinien der spezifischen Feuchte (——) in $\mathrm{g\,kg^{-1}}$ für die Simulationen 2A (oben) und 2B (unten), 10 Minuten nach Initiierung der Thermikblase in einem $x$–$z$-Schnitt in der Fläche $y = 0$. Die Pfeile geben den Windvektor an. Ihre Länge ist in $x$-Richtung mit $5\,\mathrm{m\,s^{-1}} \simeq 1\,\mathrm{km}$ und in $z$-Richtung mit $10\,\mathrm{m\,s^{-1}} \simeq 1\,\mathrm{km}$ normiert.

Temperatur sowie der Taupunktstemperatur sind in den Abbildungen 2.9 und 2.18 wiedergegeben. Wie bereits die Konfigurationen 2A und 2B, unterscheiden sich auch die Konfigurationen 2C und 2D in den Parametern $U$, $r_{max}$ und $z_i$. Auch hier beträgt der Unterschied der Grenzschichthöhe $z_i$ 300 m und der spezifischen Feuchte $r_{max}$ 1 g/kg. CAPE und CIN sind für die Konfiguration 2D mit 2120 J/kg und 60 J/kg geringer als für die Konfiguration 2C mit 2490 J/kg und 70 J/kg. Die Variation der CAPE wird wiederum vorwiegend durch den Feuchteunterschied bestimmt, auf die Unterschiede der CIN hat der Temperaturunterschied in der Grenzschicht einen größeren Einfluss. Die Geschwindigkeit $U$ des Grundstroms ist in den Simulationen 2C und 2D von untergeordneter Bedeutung. Da sie höhenkonstant ist, wirkt sie sich in der Hauptsache auf die Geschwindigkeit aus, mit der sich die Wolken fortbewegen. Erst bei sehr starker Konvektion und in Zusammenhang mit einer vertikalen Windscherung bekommt die Geschwindigkeit des Grundstroms größeren Einfluss auf die Wolkenentwicklung. Ihre Bedeutung wird also erst später ausführlicher diskutiert.

Nachfolgend wird zunächst die Wolkenentwicklung in der Simulation 2C im Einzelnen diskutiert. Die Ergebnisse der Simulation 2C in den Abbildungen 2.10 bis 2.16 zeigen die typische Entwicklung einer Einzelzelle, wobei für die Abbildungen dieselbe Darstellung wie in der Abb. 2.8 gewählt wurde. Abb. 2.17 gibt Zeitreihen der Extrema der Vertikalgeschwindigkeit in der Wolke und der Niederschlagssumme am Boden an.

Wie bereits in Abschnitt 2.2 erläutert, erfolgt die Initialisierung der Wolke nach Gl. (2.13) mit $H_b = 650\,\mathrm{W\,m^{-2}}$. Dies entspricht in der gegebenen Konfiguration des mesoskaligen Modells KAMM2 einer lokalen Überwärmung von ca. 2,4 K. Bereits 10 Minuten nach Initialisierung der Thermikblase hat sich oberhalb des Hebungskondensationsniveaus eine Wolke gebildet, die Vertikalgeschwindigkeit erreicht $4\,\mathrm{m\,s^{-1}}$. Nach 20 Minuten erstreckt sich die Wolke bis in eine Höhe von 9 km. Sie besteht größtenteils aus Wolkentropfen, durch Autokonversion und Akkreszenz haben sich auch schon Regentropfen gebildet, die im Aufwind nach oben transportiert werden und im oberen Teil der Wolke entsteht erstes Wolkeneis. Die maximale Vertikalgeschwindigkeit beträgt 24 m/s. Nach 30 Minuten sind die Vertikalgeschwindigkeiten in der Wolke mit bis zu $35\,\mathrm{m\,s^{-1}}$ am höchsten. Die Effektivität des konvektiven Ereignisses ist nach Gl. (2.22) zu $S = 0,50$ gegeben. Ein Teil des Wolkeneises ist zu Schnee aggregiert und bildet einen Amboss, der sich mit aus der Wolke ausfließender Luft in Höhen zwischen etwa 10 bis 13 km, also direkt unterhalb der Tropopause, flächig um die Wolke ausbreitet. Im Zentrum reicht die Wolke bis in eine Höhe von 15 km. Die häufigste Hydrometeorart ist Graupel, der vor allem aus bereifenden Wolkentropfen, bereifendem Wolkeneis und Schnee sowie aus gefrierenden Regentropfen entsteht. Die Regentropfen beginnen auszufallen. Durch den einsetzenden Regen wird der Übergang der Einzelzelle vom Entwicklungs- in das Reifestadium charakterisiert. In der Reifephase zwischen 30 und 50 Minuten nach Initialisierung der Wolke fällt fast der gesamte Niederschlag aus. Dabei entstehen nach 40 Minuten Abwindgeschwindigkeiten im unteren Wolkenbereich von bis zu $8\,\mathrm{m\,s}^{-1}$. Die meisten Regentropfen entstehen zu diesem Zeitpunkt aus schmelzendem Graupel. In Abb. 2.12 erkennt man, dass der Niederschlag eher auf der windzugewandten Seite der Wolke ausfällt. Wie man der Abb. 2.13 entnimmt, findet in der absinkenden Kaltluft im Bereich ausfallenden Niederschlags eine merkliche Abtrocknung der Wolkenluft statt. Das Hauptaufwindgebiet liegt in diesen Abbildungen in mittleren bis oberen Höhen auf der windabgewandten Seite der Wolke. Nach 50 Minuten hat sich der Niederschlag auch vorderseitig der Wolke ausgebreitet und die Wolkenluft ist im unteren Teil der Wolke merklich abgetrocknet. Die Masse von Graupeln und Wolkentropfen ist bereits deutlich reduziert, die Wolke tritt in die Zerfallsphase ein. Nach 60 Minuten findet man noch einen ausgedehnten Amboss, bestehend aus Wolkeneis und Schnee, sowie im unteren Wolkenteil Regentropfen vor, die Vertikalbewegung kommt langsam zur Ruhe. Nach 70 Minuten kann man beobachten, wie der restliche Schnee aus dem Amboss sedimentiert und schmilzt. Zu diesem Zeitpunkt beträgt die Niederschlagssumme entsprechend der Abb. 2.17 etwa $22 \times 10^4\,\mathrm{m}^3$.

Ein wichtiger Unterschied zwischen den Konfigurationen 2C und 2D liegt in der merklich kleineren CAPE der Konfiguration 2D. Dieser Unterschied resultiert aus der etwas kleineren bodennahen Feuchte in der Konfiguration 2D. Wie die Simulation 2C, zeigt die Simulation 2D in den Abbildungen 2.19 bis 2.25 den typischen Entwicklungszyklus einer Einzelzelle. Die Zeitreihen der Extrema der Vertikalgeschwindigkeit in der Wolke und der Niederschlagssumme am Boden sind in Abb. 2.26 dargestellt.

In der Simulation 2D beträgt die lokale Überwärmung, mit der die konvektive Wolke initialisiert wird, wiederum ca. 2,4 K. Wie in der Simulation 2C hat sich 10 Minuten nach der Initialisierung bereits eine Wolke gebildet, in der Simulation 2D fällt die Massendichte der Wolkentropfen allerdings deutlich kleiner aus. Dieser Unterschied ist auf die geringere Feuchte in Bodennähe zurückzuführen. Die Vertikalgeschwindigkeit ist mit $3\,\mathrm{m\,s}^{-1}$ in der Simulation 2D ebenfalls etwas kleiner als in der Simulation 2C. 20

Minuten nach Initialisierung besteht die Wolke weiterhin ausschließlich aus Wolkentropfen, sie erstreckt sich bis in eine Höhe von $7\,\text{km}$ und erreicht Vertikalgeschwindigkeiten von $12\,\text{m/s}$. Erst nach 30 Minuten sind Wolkeneis, Schnee und Graupeln sowie Regentropfen im oberen Teil der Wolke festzustellen. Die maximale Vertikalgeschwindigkeit beträgt $26\,\text{m s}^{-1}$. Damit ist die Effektivität des konvektiven Ereignisses zu $S = 0,40$ bestimmt. Niederschlagstätigkeit setzt in der Simulation 2D erst nach mehr als 35 Minuten nach der Initialisierung ein. Nach 40 Minuten erreicht die Wolke dann ihre maximale Höhe von $13,5\,\text{km}$. Wie in der Simulation 2C entstehen die Regentropfen zu diesem Zeitpunkt unter anderem durch Koagulation, hauptsächlich jedoch durch schmelzenden Graupel und fallen tendentiell eher auf der windzugewandten Seite der Wolke aus, während die Konvektion im mittleren und oberen Teil vermehrt auf der windabgewandten Seite der Wolke aufrecht erhalten bleibt. Im Gegensatz zur Simulation 2C findet insgesamt eine geringere Niederschlagstätigkeit statt und die Wolkenluft trocknet im Niederschlagsgebiet nur geringfügig ab. Nach 50 Minuten hat sich der Niederschlag dann unter der gesamten Wolke ausgebreitet. 70 Minuten nach Initialisierung der Konvektion beträgt die Niederschlagssumme in der Simulation 2D etwa $5 \times 10^4\,\text{m}^3$. Dies entspricht etwas weniger als einem Viertel der Niederschlagssumme von etwa $22 \times 10^4\,\text{m}^3$ aus der Simulation 2C.

Die Simulationen 2C und 2D zeigen, dass für ausreichend große CAPE-Werte auch bei den hier gewählten Grundzustandsbedingungen hochreichende Konvektion entsteht. Die Effektivität der simulierten Einzelzellen liegt mit Werten von 0,5 und 0,4 unterhalb eines Wertes von 0,6, den Weisman und Klemp (1982) für sehr großen Bulk-Richardson-Zahlen ($Ri > 500$) erhalten. Wegen der unterschiedlichen Grundzustands- und Anfangsbedingungen sowie verschiedener Modell- und Wolkenmikrophysik kann die Abweichung der hier erzielten Ergebnisse von den Resultaten von Weisman und Klemp (1982) nicht bewertet werden. Die Simulationen 2C und 2D zeigen jedoch, dass die Effektivität der Konvektion empfindlich auf kleine Änderungen der bodennahen Temperatur und Luftfeuchte reagiert.

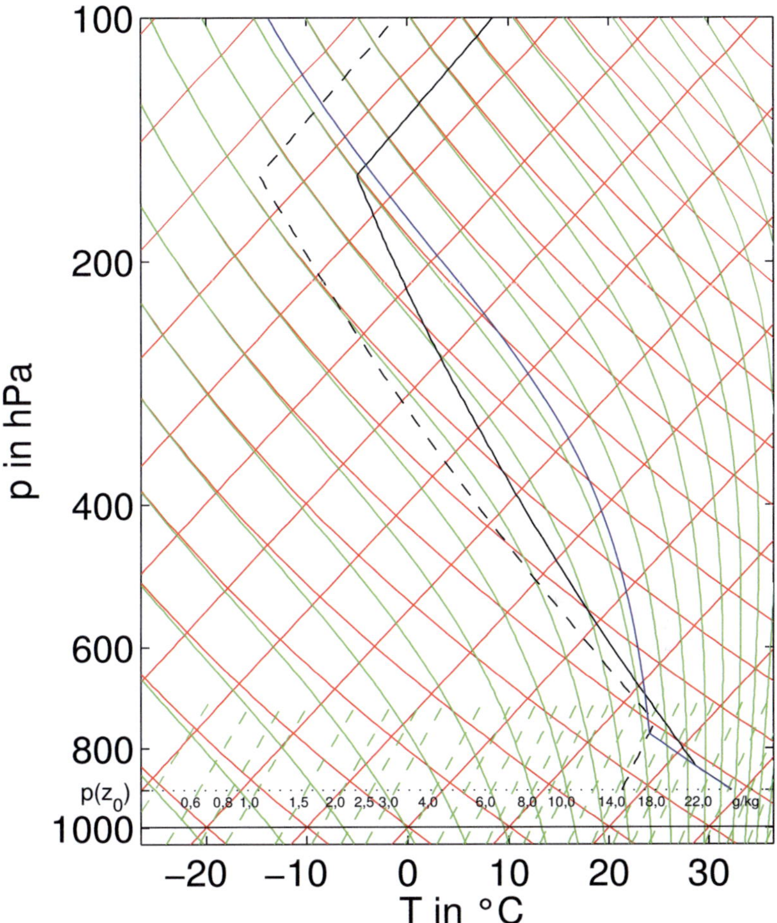


Abbildung 2.9: Wie Abb. 2.6, hier für die Konfiguration 2C.

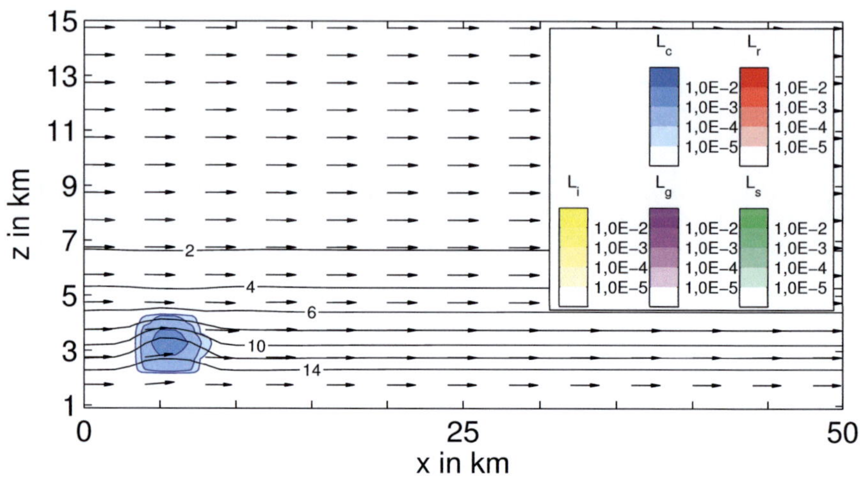

Abbildung 2.10: Wie Abb. 2.8, hier für Simulation 2C, 10 Minuten nach Initialisierung der Thermikblase in einem $x$–$z$-Schnitt in der Fläche $y = 0$.

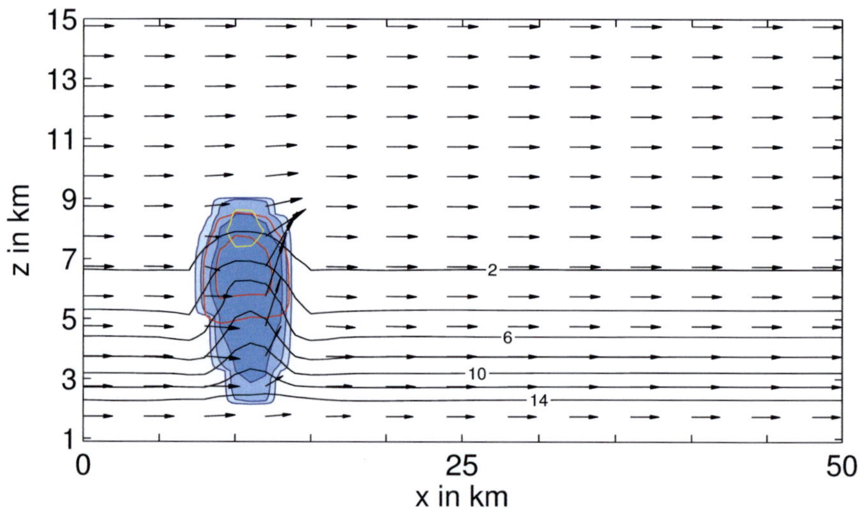

Abbildung 2.11: Wie Abb. 2.10, jedoch nach 20 Minuten.

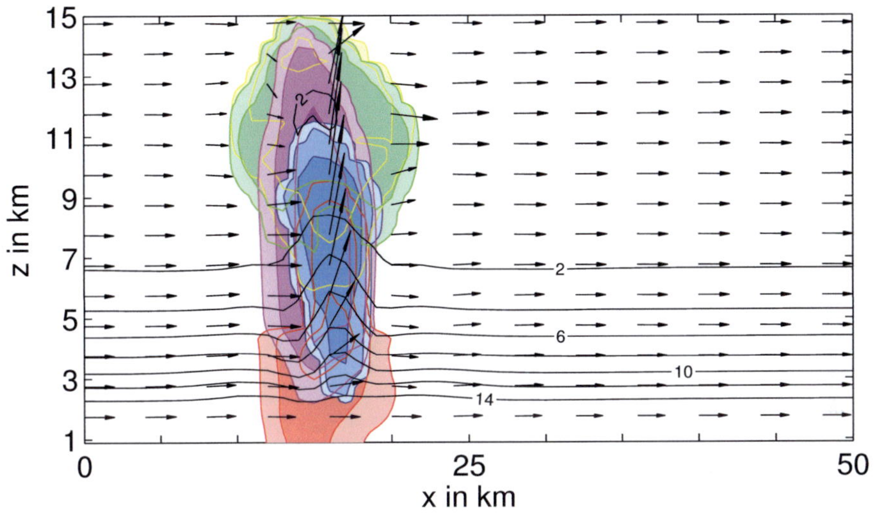

Abbildung 2.12: Wie Abb. 2.10, jedoch nach 30 Minuten.

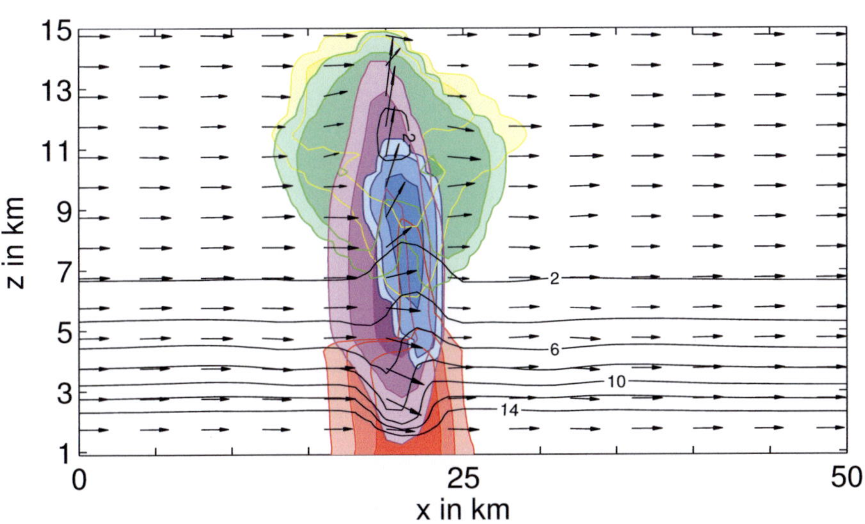

Abbildung 2.13: Wie Abb. 2.10, jedoch nach 40 Minuten.

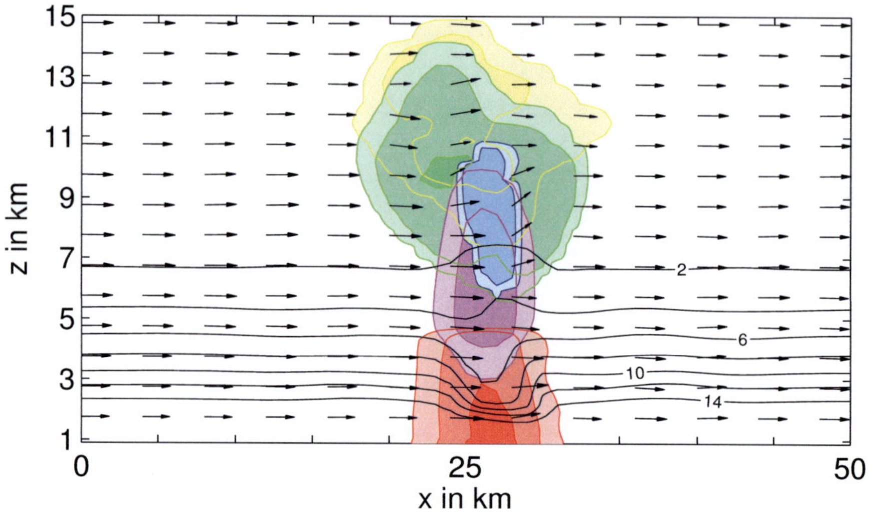

Abbildung 2.14: Wie Abb. 2.10, jedoch nach 50 Minuten.

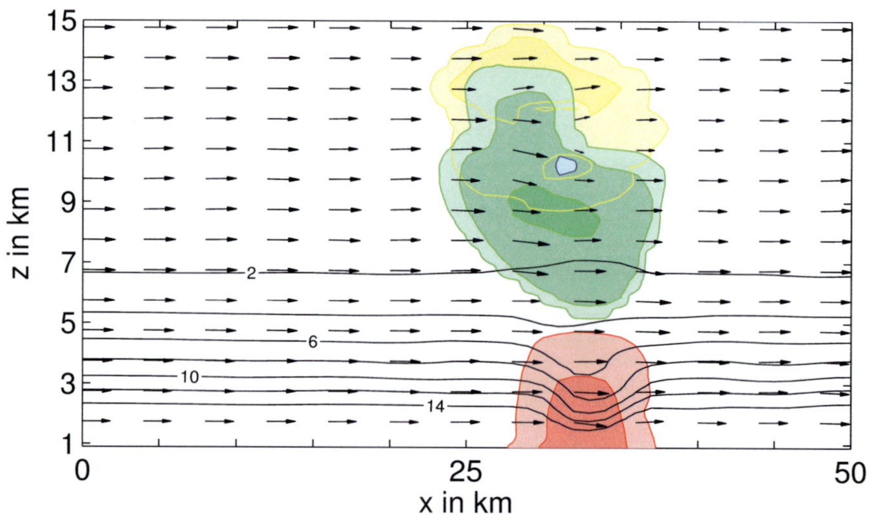

Abbildung 2.15: Wie Abb. 2.10, jedoch nach 60 Minuten.

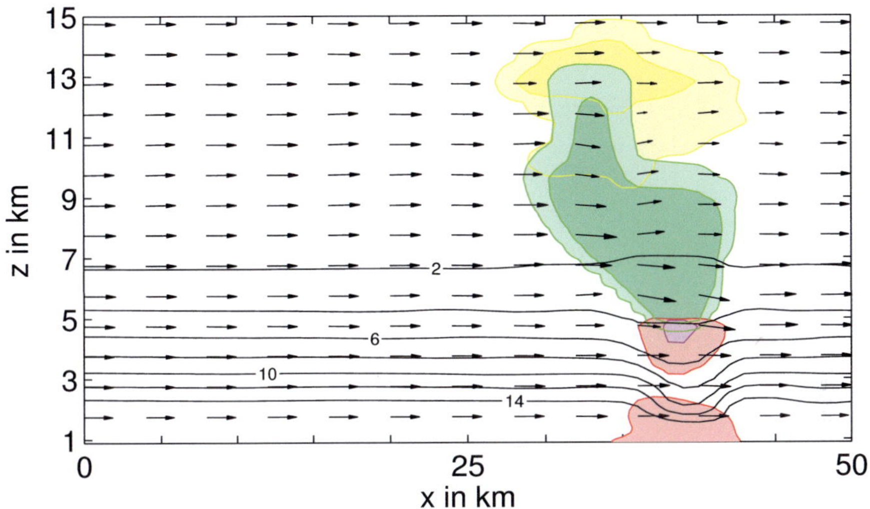

Abbildung 2.16: Wie Abb. 2.10, jedoch nach 70 Minuten.

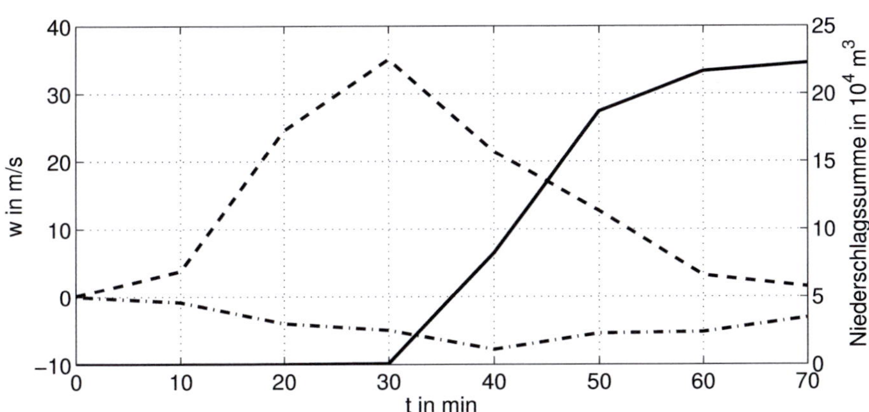

Abbildung 2.17: Zeitreihen der Maxima (– –) und der Minima (– ·) der Vertikalgeschwindigkeit sowie der Niederschlagssumme am Boden (—) im gesamten Modellgebiet für die Simulation 2C.

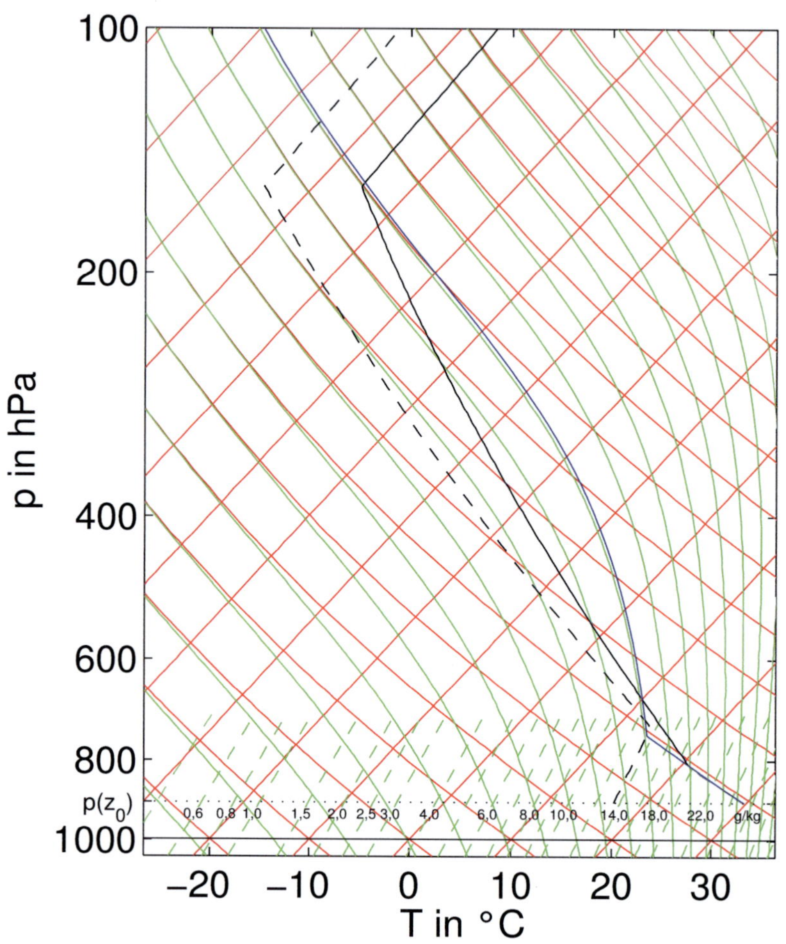



Abbildung 2.18: Wie Abb. 2.6, hier für die Konfiguration 2D.

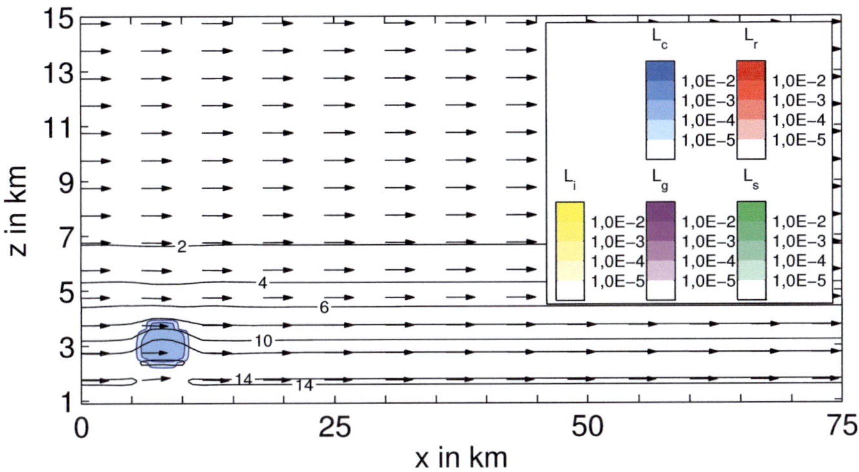

Abbildung 2.19: Wie Abb. 2.8, hier für Simulation 2D, 10 Minuten nach Initialisierung der Thermikblase in einem $x$–$z$-Schnitt in der Fläche $y = 0$.

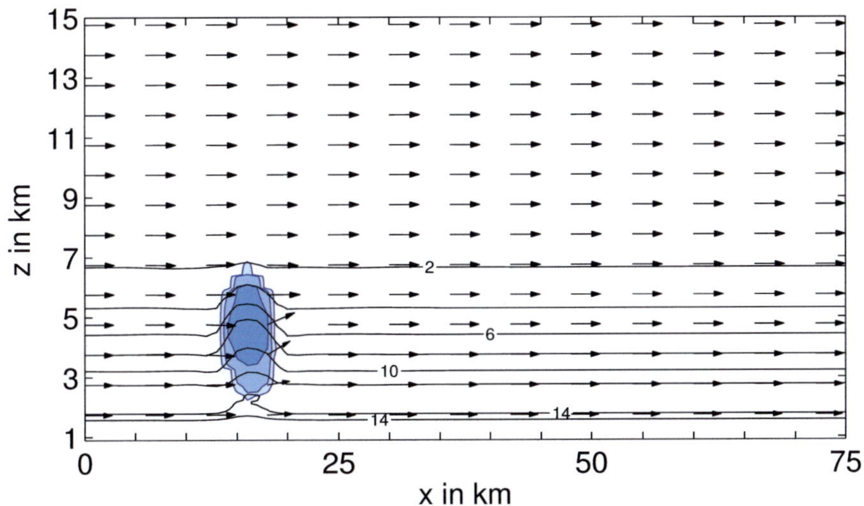

Abbildung 2.20: Wie Abb. 2.19, jedoch nach 20 Minuten.

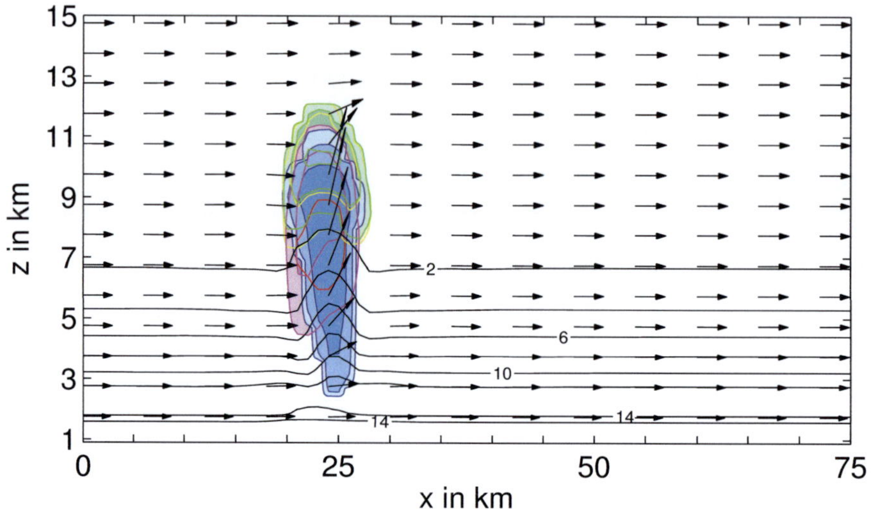

Abbildung 2.21: Wie Abb. 2.19, jedoch nach 30 Minuten.

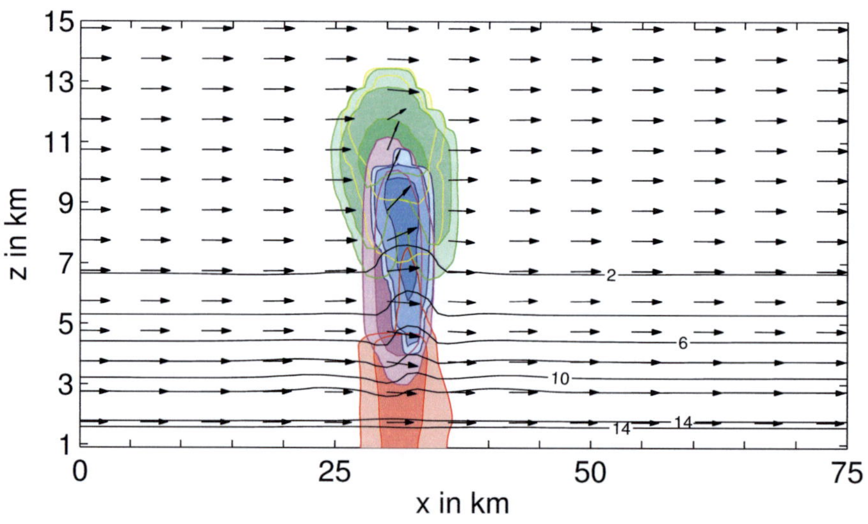

Abbildung 2.22: Wie Abb. 2.19, jedoch nach 40 Minuten.

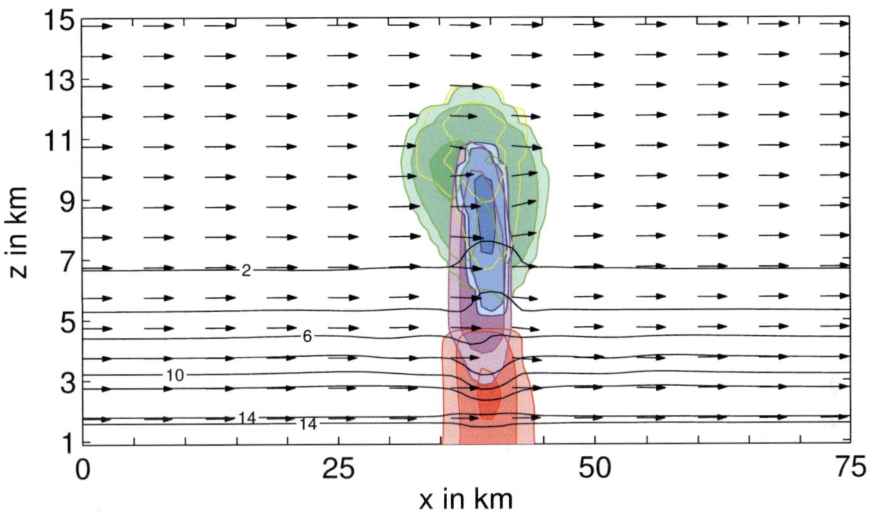

Abbildung 2.23: Wie Abb. 2.19, jedoch nach 50 Minuten.

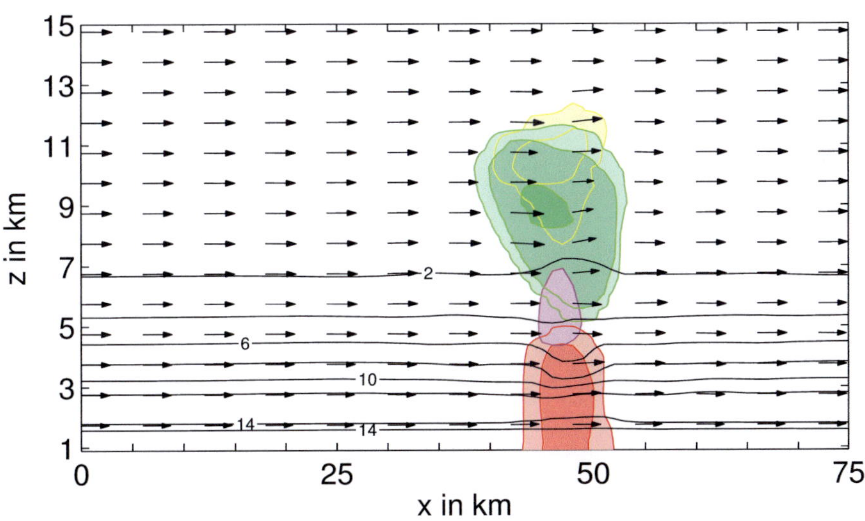

Abbildung 2.24: Wie Abb. 2.19, jedoch nach 60 Minuten.

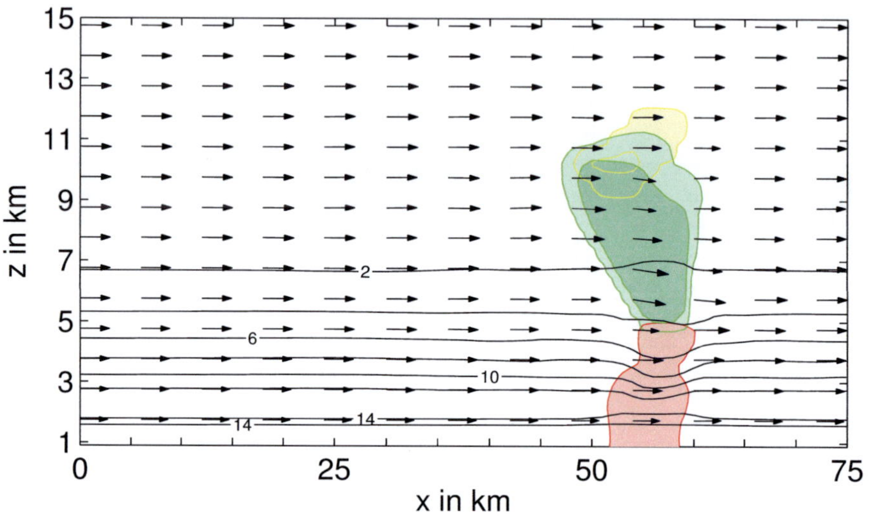



Abbildung 2.25: Wie Abb. 2.19, jedoch nach 70 Minuten.

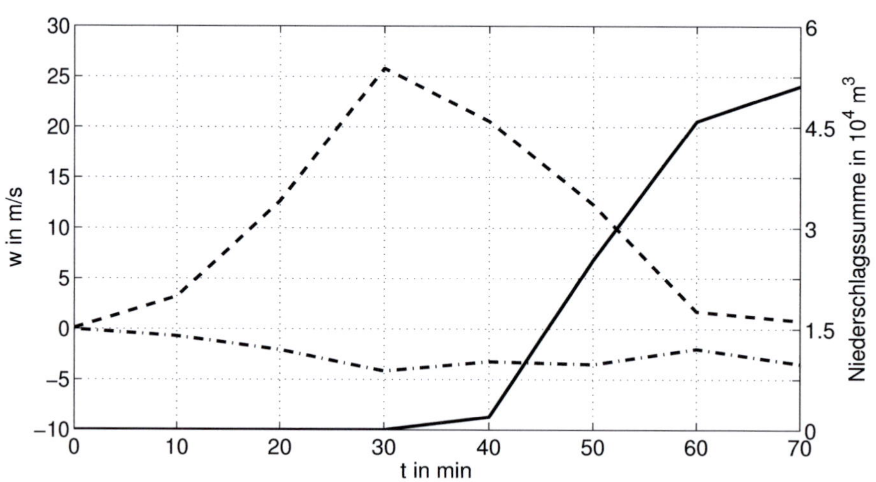



Abbildung 2.26: Wie Abb. 2.17, jedoch für Simulation 2D.

## 2.2.3 Simulationen sehr starker Konvektion

In den Simulationen 2E und 2F liegt die CAPE im oberen Bereich der Skala beobachteter Werte. Die Grundzustandsbedingungen der virtuellen Temperatur und der Taupunktstemperatur sind in den Abbildungen 2.27 und 2.36 gegeben. Die lokale Überwärmung zur Initiierung der konvektiven Wolken beträgt, wie in den Simulationen 2C und 2D, jeweils etwa 2,4 K. Im Einzelnen betragen CAPE und CIN in der Simulation 2E 4 300 J/kg und 50 J/kg und in der Simulation 2F 3 780 J/kg und 40 J/kg. Wie in den vorherigen Simulationen ergeben sich die Unterschiede der Werte von CAPE und CIN zwischen den beiden Simulationen aus dem Feuchteunterschied von 1 g/kg und dem Temperaturunterschied in der Grenzschicht, der sich aus der Variation der Grenzschichthöhe um 300 m ergibt. Den Ergebnissen aus den Simulationen 2C und 2D zufolge wäre zu erwarten, dass die Simulation 2F mit der etwas trockeneren Grenzschicht und der geringeren CAPE gegenüber der Simulation 2E zu einer schwächeren Wolkenentwicklung und geringeren Niederschlagstätigkeit führt. Es zeigt sich jedoch, dass sich unter den Bedingungen 2E und 2F Multizellen entwickeln, die ein komplexeres Verhalten aufweisen. Die Vorgänge, die zur Multizellenbildung führen, werden daher eingehend analysiert und diskutiert.

Die Simulation 2E ist durch die Abbildungen 2.28 bis 2.34 dokumentiert. Abb. 2.35 gibt Zeitreihen der Extrema der Vertikalgeschwindigkeit in der Wolke und der Niederschlagssumme am Boden wieder. Wie zu erwarten ist, bildet sich bei dem hohen CAPE-Wert der Simulation 2E rasch eine starke konvektive Zelle aus. Die maximale Aufwindgeschwindigkeit im Cumulonimbus wird mit 49 m/s bereits nach 20 Minuten erreicht, so dass die Effektivität des konvektiven Ereignisses nach Gl. (2.22) zu $S = 0,53$ angegeben werden kann. Zum dargestellten Zeitpunkt erstreckt sich die Wolke bereits etwa 3 km in die Tropopause hinein. Wolkentropfen findet man bis in eine Höhe von 10 km, oberhalb von 7 km haben sich Wolkeneis und Schnee gebildet, zwischen 4 und 14 km sind Hydrometeore gefroren und bereift, so dass man Graupeln vorfindet. Unterhalb von 9 km haben sich erste Regentropfen gebildet. In unteren und mittleren Höhen ist eine horizontale Luftmassenkonvergenz zu beobachten, horizontal ausströmende Luft im Bereich der Untergrenze der Tropopause führt bereits zu Ansätzen eines Ambosses.

Wie in den vorhergehenden Simulationen erreicht die Wolke etwa 30 Minuten nach ihrer Initialisierung das Reifestadium. Erster Niederschlag fällt aus. Mit den sedimentierenden Hydrometeoren einhergehend findet man Abwindgeschwindigkeiten von bis zu $18\,\mathrm{m\,s^{-1}}$ vor, die in der Abb. 2.30 nicht zu erkennen sind, da sie nördlich der dargestellten Schnittfläche auftreten[2]. Man erkennt ferner an den Isolinien der spezifischen Feuchte, die in der Umgebung des Gewitters in guter Näherung in den Flächen konstanter potentieller Temperatur liegen, eine vom Gewitterzentrum ausgehende Schwerewelle in mittleren Höhen. Die Schwerewelle setzt sich jedoch nur schwach bis in das Niveau der Wolkenbasis durch.

Ein $x$–$z$-Schnitt in der weiter nördlich gelegenen Fläche $y = 3\,\mathrm{km}$, 60 Minuten nach Initialisierung der konvektiven Wolke, zeigt in Abb. 2.31 die vorwiegend auf der windabgewandten Seite der Wolke ausfließende trockenere Kaltluft. Die Kaltluft hat zu dem dargestellten Zeitpunkt bereits den Boden erreicht. Sie führt in der konvektiven Grenzschicht zu einem lokalen Rückgang der spezifischen Feuchte um bis zu $4\,\mathrm{g\,kg^{-1}}$ und zu einem lokalen Rückgang der potentiellen Temperatur um $2\,\mathrm{K}$. Die Temperaturänderung ist nicht dargestellt. Durch die vorderseitig des Gewitters böenartig ausfließende Kaltluft wird feuchte Grenzschichtluft bis zum Niveau freier Konvektion angehoben, wobei sich durch Kondensation eine vorgelagerte kleine Wolke im Bereich horizontaler Luftmassenkonvergenz in der Nähe des Aufwindbereichs des Gewitters bildet. Außerdem fließt feuchte Grenzschichtluft in den Hauptaufwindbereich ein. In Folge dessen nimmt die Vertikalbewegung in der Gewitterzelle nochmals zu (siehe Abb. 2.35). Während sich die initiale Schwerewelle nach 60 Minuten etwa $20\,\mathrm{km}$ vom Gewitterzentrum entfernt hat, wird weitere Hebung in der Höhe der Wolkenbasis $8\,\mathrm{km}$ stromabwärts des Gewitterzentrums angeregt. Aufgrund der bei der Initialisierung vorgegebenen hohen relativen Luftfeuchte im Niveau der Wolkenbasis erreicht die angehobene Luft ihr Niveau freier Konvektion, so dass sich die bereits vorhandene sekundäre konvektive Wolke intensiviert. Abb. 2.32 zeigt, dass sich nach 70 Minuten die Kaltluft unter die sekundäre Zelle geschoben hat, die primäre Gewitterzelle ist von weiterem Nachschub an Grenzschichtluft abgekoppelt und geht in ihre Zerfallsphase über. 80 Minuten nach Initialisierung der primären Gewitterzelle wächst die sekundäre Wolke in den Amboss des primären Gewitters. Ein Teil der Wolkentropfen der sekundären Wolke gefriert, so dass sich Wolkeneis und Schnee bilden. Wie Abb. 2.33 zeigt, findet keine bodennahe Neubildung der sekundären Wolke mehr statt. Aufgrund abnehmender Vertikalbewegung in Bodennähe bleibt auch hier ein

---

[2]Wie zuvor erfolgt die Darstellung der Modellergebnisse in einem kartesischen Koordinatensystem, dessen Ursprung in der Höhe $z = 0$ in der Mitte des Modellgebietes liegt. Die $x$-Achse zeigt nach Osten und die $y$-Achse nach Norden.

weiterer Nachschub feuchter Grenzschichtluft aus, so dass sich die sekundäre Gewitterzelle nicht weiter ausbilden kann. 90 Minuten nach Initiierung der Thermikblase befindet sich die Multizelle insgesamt im Zerfallsstadium. Die Niederschlagssumme liegt zu diesem Zeitpunkt bei knapp $40 \times 10^4\,\mathrm{m}^3$.

Die Simulation 2F zeigt gegenüber der Simulation 2E teilweise deutliche Unterschiede in der Multizellenenwicklung. Die Ergebnisse der Simulation 2F sind in den Abbildungen 2.37 bis 2.43 und in Abb. 2.44 dargestellt. Innerhalb der ersten 30 Minuten nach Initialisierung der Thermikblase verläuft die Entwicklung der konvektiven Wolke vergleichbar der Entwicklung aus der Simulation 2E. Wie in der Simulation 2E liegt der Zeitraum stärkster Niederschlagstätigkeit zwischen 40 und 80 Minuten nach der Initialisierung. Die maximale Vertikalgeschwindigkeit wird allerdings erst nach 30 Minuten erreicht, sie beträgt ebenfalls $49\,\mathrm{m\,s^{-1}}$, so dass die Effektivität des konvektiven Ereignisses mit $S = 0,56$ angegeben werden kann. 20 Minuten nach der Initialisierung hat sich noch deutlich weniger Regen gebildet als in der Simulation 2E. Auch nach 30 Minuten ist noch deutlich weniger Regen vorhanden, die maximale Abwindgeschwindigkeit beläuft sich auf $9\,\mathrm{m\,s^{-1}}$. Der Verlauf der Isolinien der spezifischen Feuchte zeigt ebenfalls, dass sich vom Zentrum der Gewitterzelle ausgehend eine Schwerewelle ausbreitet. In den nachfolgenden 20 Minuten fällt die maximale Vertikalgeschwindigkeit in der Gewitterwolke auf $28\,\mathrm{m\,s^{-1}}$ ab.

Abb. 2.40 zeigt abermals einen $x$–$z$-Schnitt in der Fläche $y = 3\,\mathrm{km}$ nach 60 Minuten. In mittleren Höhen erkennt man deutlich reduzierte Horizontalgeschwindigkeiten vorderseitig des Gewitters, die auf ausgeprägtes Entrainment hinweisen. Im Bereich des Amboss strömt die Wolkenluft, begleitet von leichtem Absinken, aus. Auch in dieser Abbildung deuten die Isolinien der spezifischen Feuchte den Verlauf der bodennahen Böenfront vorderseitig des Gewitters an. Die potentielle Temperatur in der Böenfront ist in Bodennähe um etwa $2,5\,\mathrm{K}$ kleiner und die spezifische Feuchte um $3\,\mathrm{g\,kg^{-1}}$ geringer als in der Umgebung. Der Abb. 2.41 entnimmt man, dass die spezifische Feuchte im Zentrum des Niederschlagsgebietes hingegen leicht ansteigt. Ausgelöst durch die Böenfront bildet sich nun vorderseitig des Gewitters eine neue konvektive Wolke aus. Während die primäre Gewitterzelle nach 70 Minuten in ihr Zerfallsstadium übergeht, bildet sich die zweite Zelle zu einer hochreichenden konvektiven Wolke aus. Von der primären Zelle sind 90 Minuten nach ihrer Initialisierung nur noch Wolkeneis und Schnee im Amboss zurückgeblieben, die restlichen Wolkentropfen sind zu Regen koaguliert und zu Wolkeneis gefroren, Graupeln und Regentropfen sind sedimentiert. Die sekundäre Zelle hat hingegen ihr Reifestadium erreicht. Die maximale Vertikalgeschwindigkeit in der sekundären Zelle erzielt allerdings nur noch etwa $31\,\mathrm{m\,s^{-1}}$. Auffallend an dieser Simulation ist auch, dass in der sekundären Zelle der Bereich der Neubildung von Wolkentropfen im Aufwind vorderseitig des Gewitters vom Bereich stärkster Ausbildung von Regentropfen im Zentrum des Gewitters abgetrennt ist. Die horizontale Luftmassenkonvergenz im Bereich der Neubildung der Wolke fällt allerdings zu schwach aus, um den Kreislauf von Neubildung und Niederschlagsbildung über einen längeren Zeitraum aufrecht zu erhalten, so dass die sekundäre Zelle ebenfalls in ihr Zerfallsstadium übergeht. Wiederholt wird jedoch östlich, also stromabwärts der sekundären Gewitterzelle sowie an ihrer nördlichen Flanke neue Konvektion initiiert, was hier nicht mehr dargestellt ist. Die neuen Wolken entstehen teilweise an den Modellrändern, weshalb von einer weiteren Analyse abgesehen wird. Nach 120 Minuten beträgt die Niederschlagssumme in der Simulation 2F knapp $60 \times 10^4\,\mathrm{m^3}$.

Die Ergebnisse der Simulationen 2E und 2F zeigen, dass bei sehr großen Bulk-Richardson-Zahlen und ausreichenden CAPE-Werten in den hier vorgegebenen Konfigurationen Multizellen unterschiedlicher Stärke entstehen. Die Effektivität der primären Gewitterzellen liegt in den Simulationen 2E und 2F mit Werten von 0,53 und 0,56 näher an dem von Weisman und Klemp (1982) für sehr große Bulk-Richardson-Zahlen angegebenen Wert von 0,6 als in den Simulationen 2C und 2D. In der Simulation 2F ist die Effektivität größer als in der Simulation 2E. Möglicherweise liegt dieses zu den Ergebnissen der Simulationen 2C und 2D gegensätzliche Verhalten an einem wolkendynamischen Effekt, der sich aus der unterschiedlichen Geschwindigkeit des horizontalen Grundstroms ergibt: In der Simulation 2E beträgt die Windgeschwindigkeit 10 m/s, in der Simulation 2F 15 m/s. Beide Simulationen zeigen verstärkte horizontale Luftmassenkonvergenz auf den windabgewandten Seiten der Wolken, die den Auftrieb in den primären Zellen verstärkt. Da in den Simulationen eine Haftbedingung am Boden vorgegeben ist, besteht eine vertikale Windscherung in Bodennähe, die durch die Bulk-Richardson-Zahl nicht erfasst wird. Die Windscherung ist in der Simulation 2F aufgrund der höheren Geschwindigkeit des Grundstroms größer als in der Simulation 2E. Daher ist die horizontale Luftmassenkonvergenz vorderseitig des unteren Teils der Wolke in der Simulation 2F ebenfalls etwas größer als in der Simulation 2E. In Folge davon fällt auch der Auftrieb in der primären Zelle der Simulation 2F und damit die Vertikalgeschwindigkeit stärker aus.

Für die sekundäre Gewitterzelle aus der Simulation 2F erhält man für den

Parameter $S$ einen Wert von 0,36. Dieser Wert entspricht den für sekundäre Zellen angegebenen Werten von Weisman und Klemp (1982), die bei hohen Bulk-Richardson-Zahlen zwischen 0,3 und 0,4 liegen, sehr gut. Während die maximalen Vertikalgeschwindigkeiten der primären Zellen insgesamt also etwas kleiner ausfallen als nach Weisman und Klemp (1982) zu erwarten ist, wird die erwartete Vertikalgeschwindigkeit in der sekundären Zelle der Simulation 2F sehr gut wiedergegeben.

Die erzielten Niederschlagssummen der Multizellen sind mit insgesamt $40 \times 10^4\,\mathrm{m}^3$ (Simulation 2E) und $60 \times 10^4\,\mathrm{m}^3$ (Simulation 2F) erwartungsgemäß deutlich größer als diejenigen der Einzelzellen. In der Simulation 2E zeigt die sekundäre Zelle nur sehr schwache Niederschlagtätigkeit, d. h. der Niederschlag von $40 \times 10^4\,\mathrm{m}^3$ ist fast vollständig der primären Zelle zuzurechnen. In der Simulation 2F setzt die Niederschlagtätigkeit der sekundären Zelle nach etwa 90 Minuten ein. Bis zu diesem Zeitpunkt beträgt die Niederschlagssumme bereits $50 \times 10^4\,\mathrm{m}^3$. Auch hier fällt also ein Großteil des Niederschlags aus der primären Zelle. Eine deutlich schwächere Niederschlagtätigkeit der primären Zelle bei etwas kleinerer CAPE, wie sie in den Simulationen mäßiger bis starker Konvektion zu beobachten war, ist hier nicht festzustellen. Dieses Ergebnis zeigt, dass die Niederschlagstätigkeit empfindlich auf das dynamische Verhalten von Gewitterwolken reagiert, welches auch von der Windgeschwindigkeit des Grundstroms abhängt.

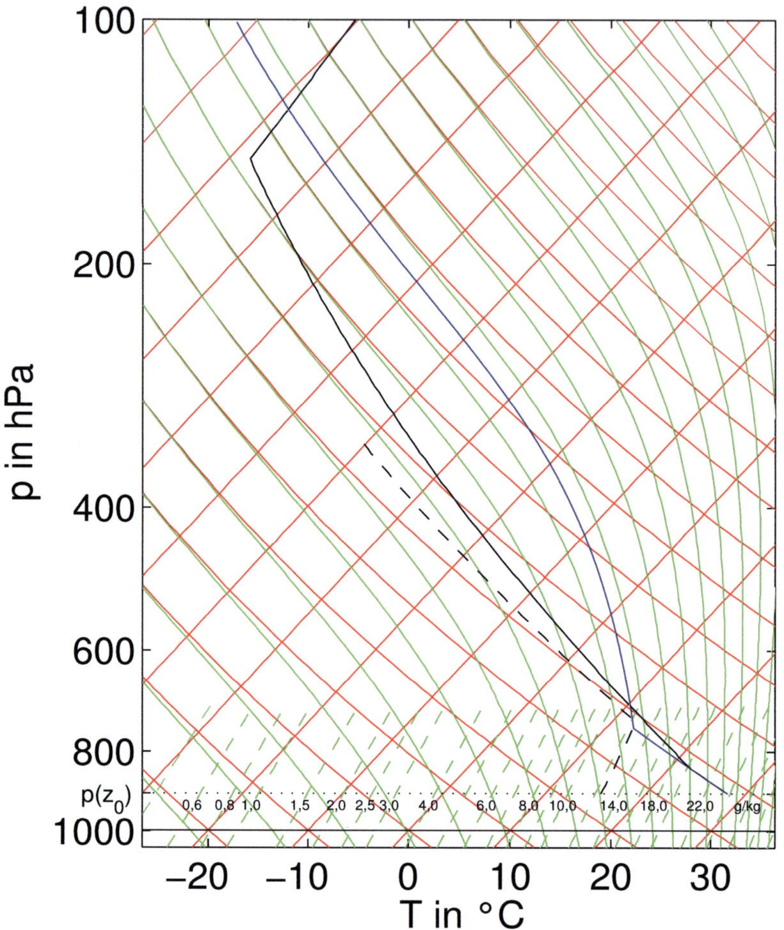


Abbildung 2.27: Wie Abb. 2.6, hier für die Konfiguration 2E.

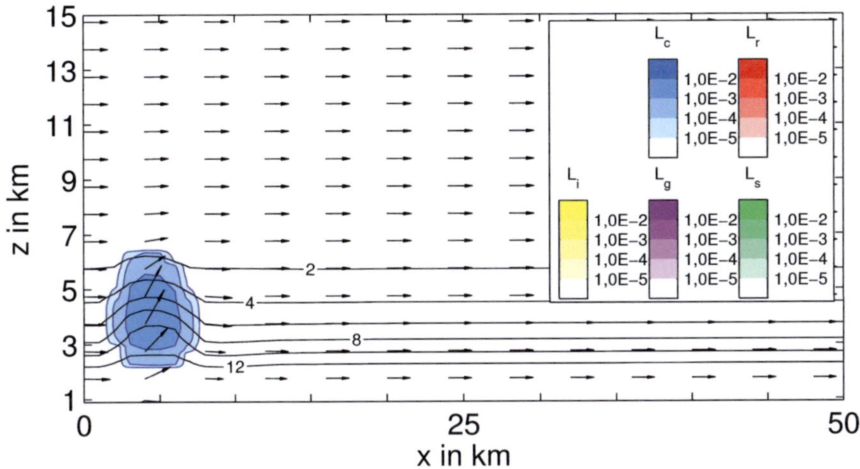

Abbildung 2.28: Wie Abb. 2.8, hier für Simulation 2E, 10 Minuten nach Initialisierung der Thermikblase in einem $x$–$z$-Schnitt in der Fläche $y = 0$.

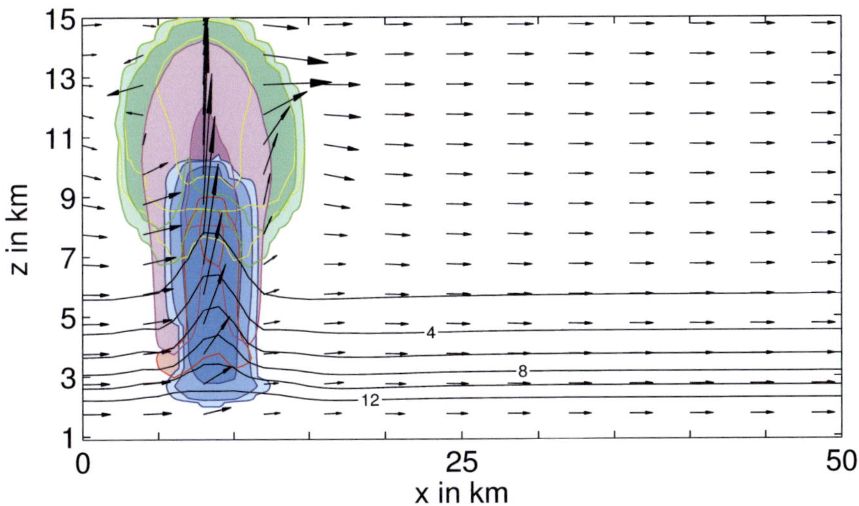

Abbildung 2.29: Wie Abb. 2.28, jedoch nach 20 Minuten.

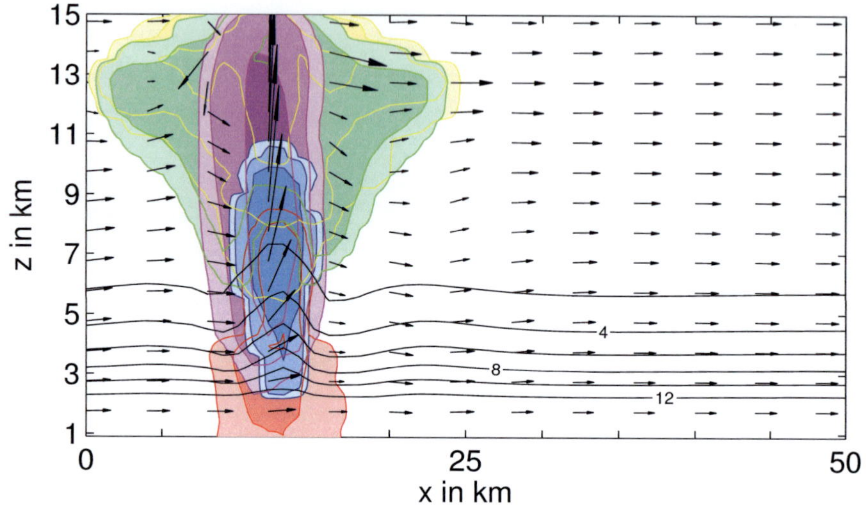

Abbildung 2.30: Wie Abb. 2.28, jedoch nach 30 Minuten.

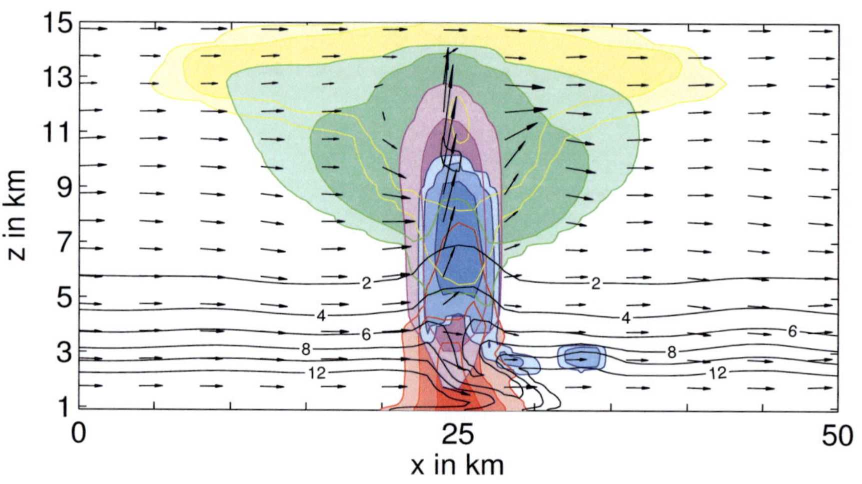

Abbildung 2.31: Wie Abb. 2.28, jedoch für einen $x$–$z$-Schnitt in der Fläche $y = 3\,\mathrm{km}$ nach 60 Minuten.

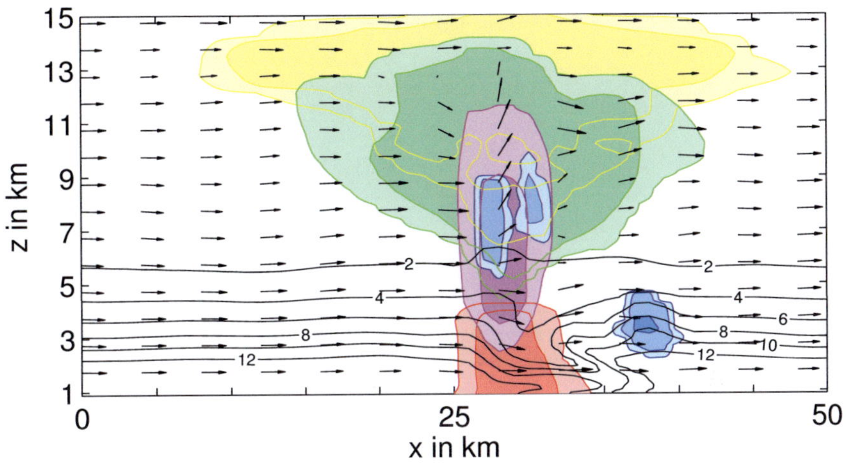

Abbildung 2.32: Wie Abb. 2.28, jedoch für einen $x$–$z$-Schnitt in der Fläche $y = 3$ km nach 70 Minuten.

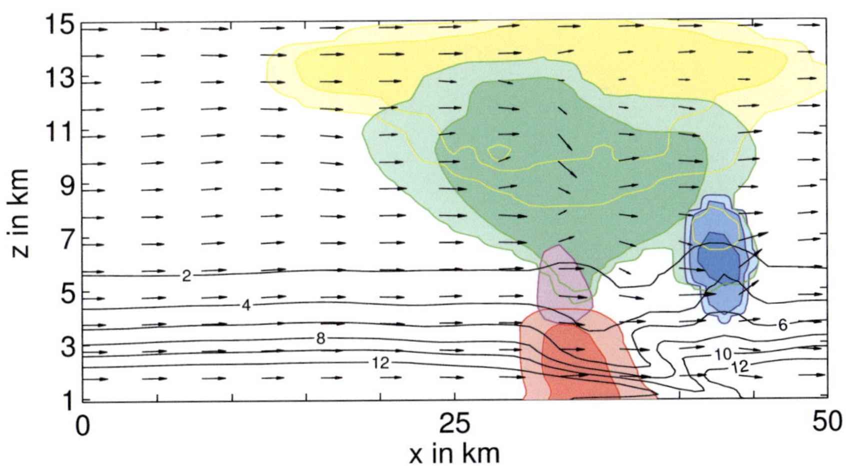

Abbildung 2.33: Wie Abb. 2.28, jedoch für einen $x$–$z$-Schnitt in der Fläche $y = 3$ km nach 80 Minuten.

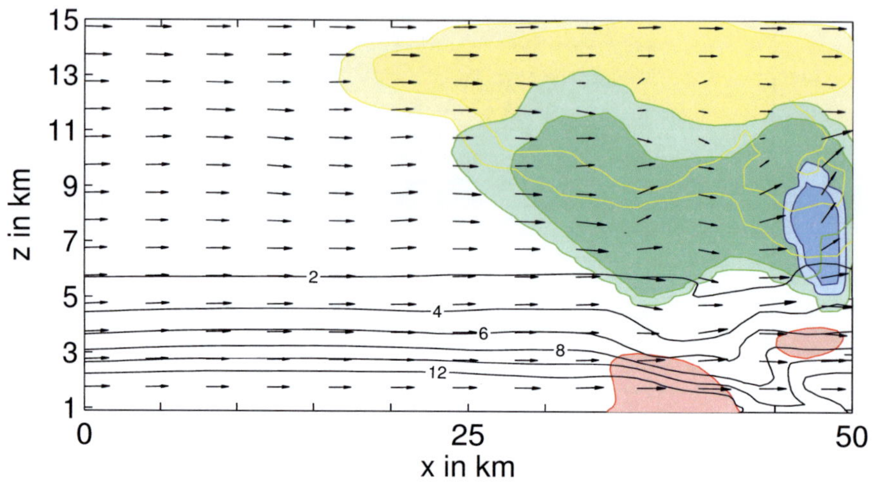



Abbildung 2.34: Wie Abb. 2.28, jedoch für einen $x$–$z$-Schnitt in der Fläche $y = 3\,\mathrm{km}$ nach 90 Minuten.

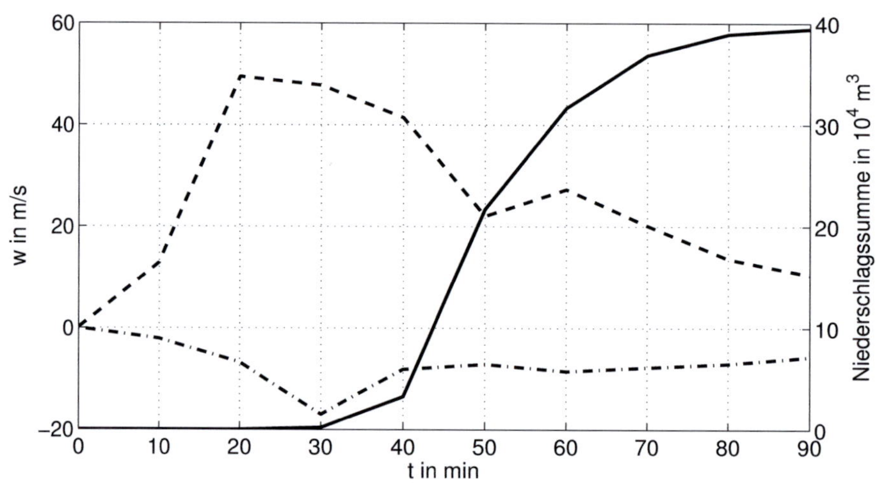



Abbildung 2.35: Wie Abb. 2.17, jedoch für Simulation 2E.

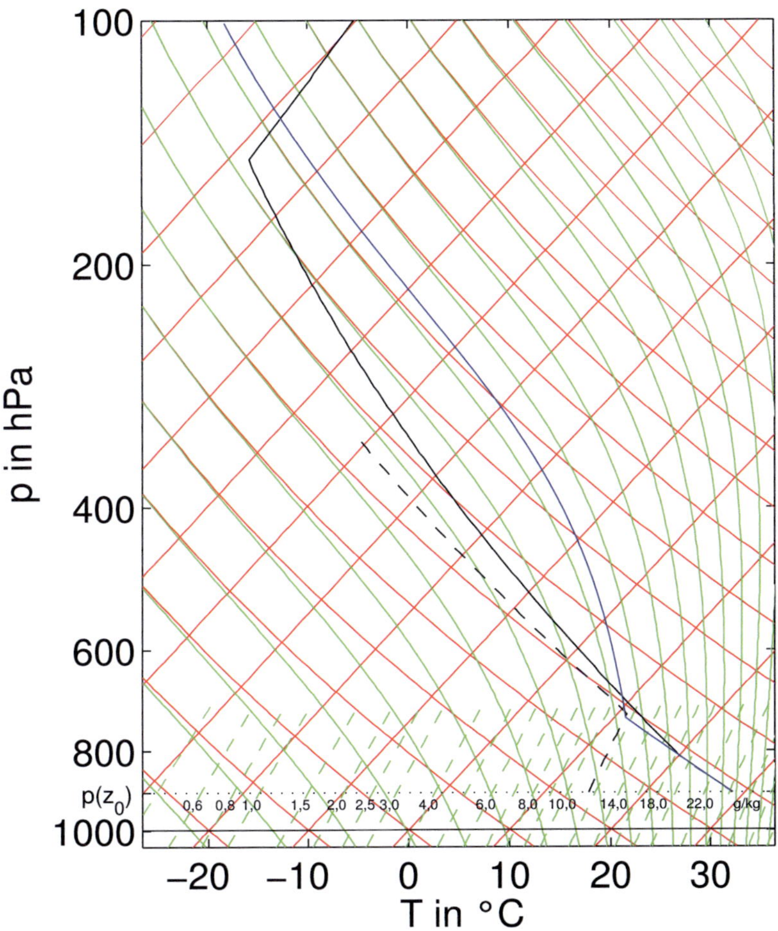



Abbildung 2.36: Wie Abb. 2.6, hier für die Konfiguration 2F.

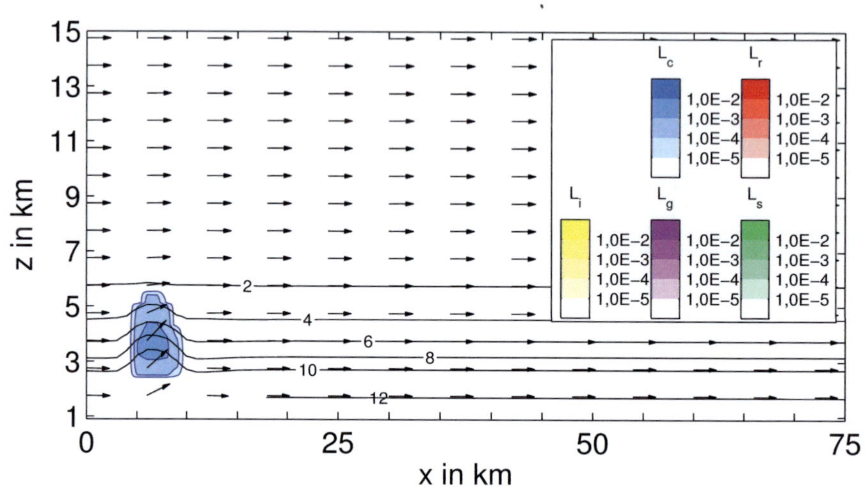

Abbildung 2.37: Wie Abb. 2.8, hier für Simulation 2F, 10 Minuten nach Initialisierung der Thermikblase in einem $x$–$z$-Schnitt in der Fläche $y = 0$.

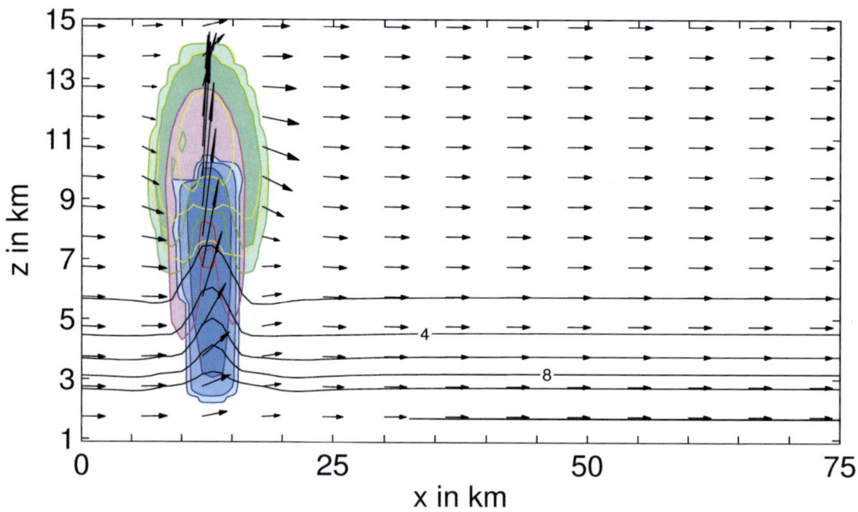

Abbildung 2.38: Wie Abb. 2.37, jedoch nach 20 Minuten.

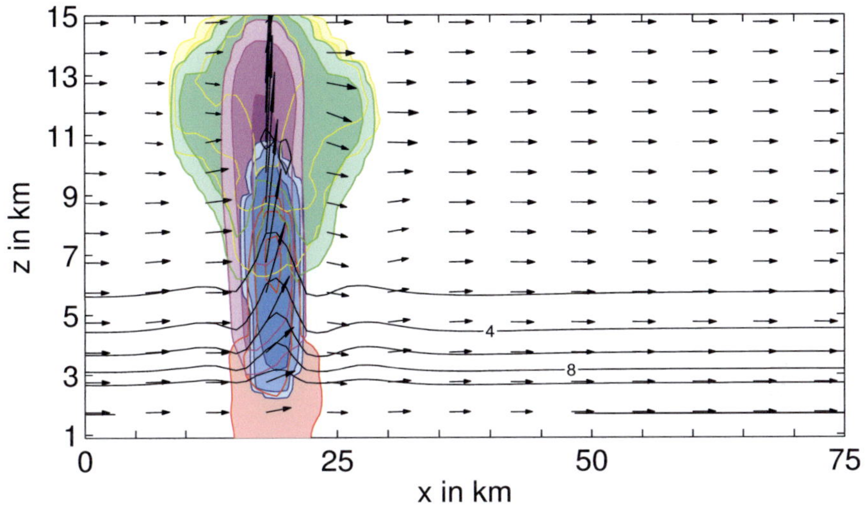

Abbildung 2.39: Wie Abb. 2.37, jedoch nach 30 Minuten.

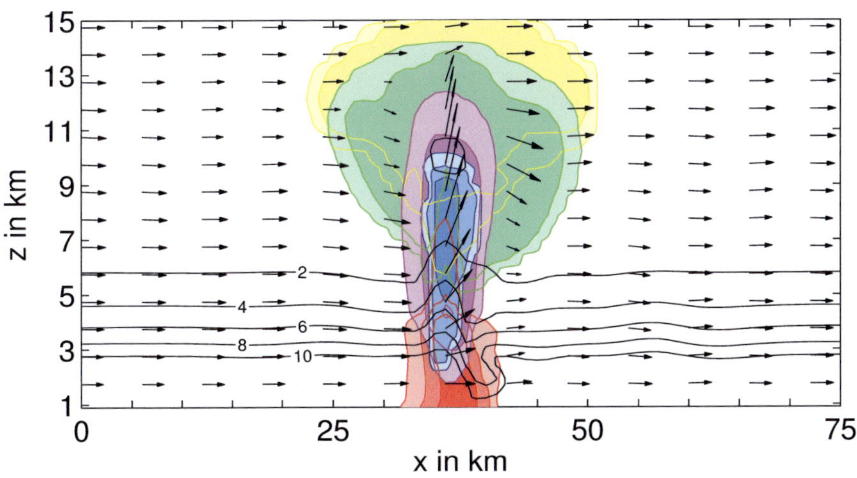

Abbildung 2.40: Wie Abb. 2.37, jedoch für einen $x$–$z$-Schnitt in der Fläche $y = 3\,\mathrm{km}$ nach 60 Minuten.

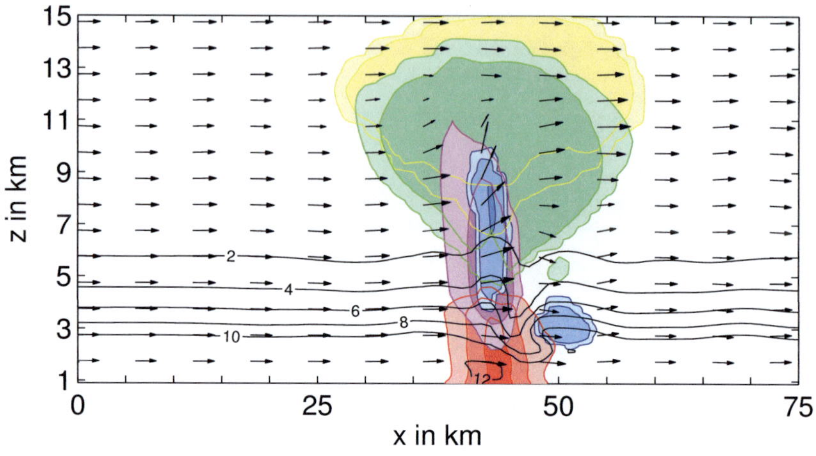

Abbildung 2.41: Wie Abb. 2.37, jedoch für einen $x$–$z$-Schnitt in der Fläche $y = 3\,$km nach 70 Minuten.

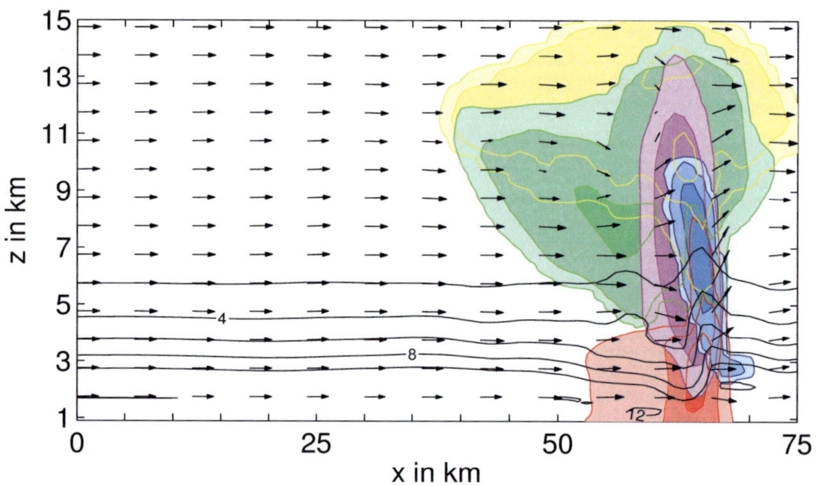

Abbildung 2.42: Wie Abb. 2.37, jedoch für einen $x$–$z$-Schnitt in der Fläche $y = 3\,$km nach 90 Minuten.

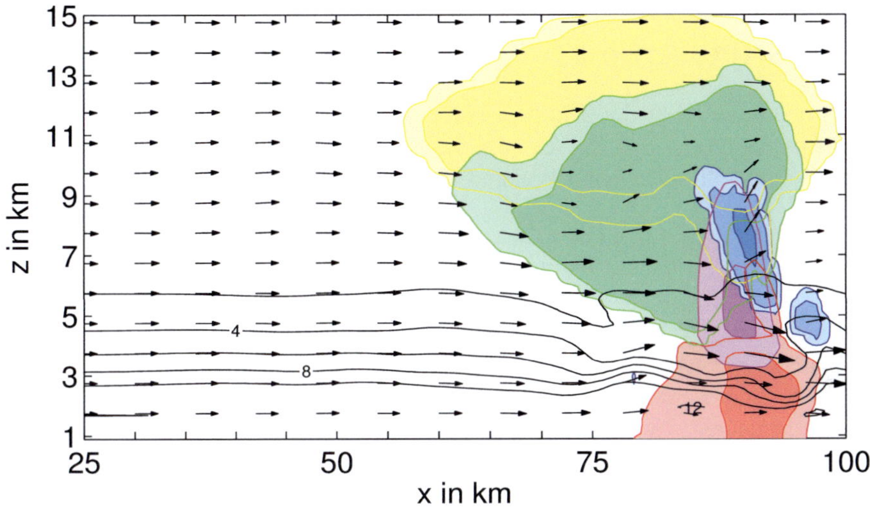

Abbildung 2.43: Wie Abb. 2.37, jedoch für einen $x$–$z$-Schnitt in der Fläche $y = 3\,\mathrm{km}$ nach 120 Minuten.

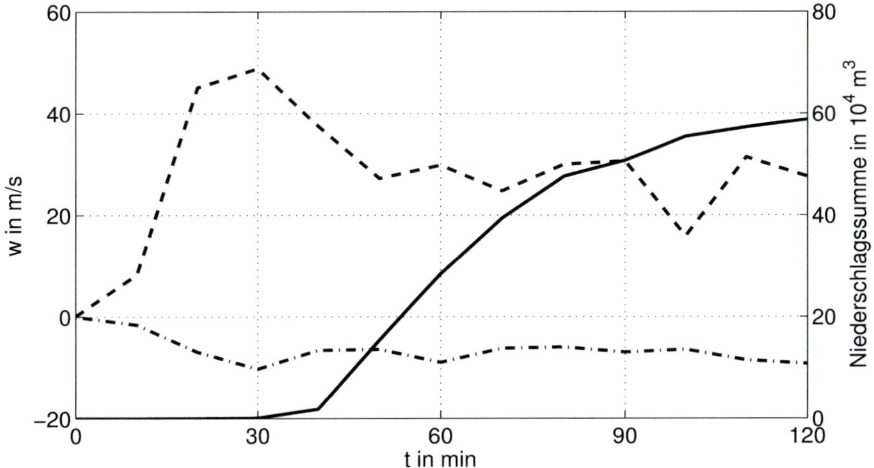

Abbildung 2.44: Wie Abb. 2.17, jedoch für Simulation 2F.

# 2.3 Simulationen bei vertikaler Scherung des Grundstroms

Im Folgenden wird der Einfluss einer vertikalen Geschwindigkeitsscherung des Grundstroms auf die Entwicklung von Konvektionszellen untersucht. Das Windprofil wird nach Weisman und Klemp (1982) durch

$$U(z) = U_\infty \tanh\left(\frac{z - z_0}{z_s}\right) \tag{2.36}$$

mit $z_s = 3\,\text{km}$ und $z_0 = 900\,\text{m}$ initialisiert, alle anderen Bedingungen sind identisch mit den Fällen 2A bis 2F. Für die Windgeschwindigkeit $U_\infty$ werden die vormals konstanten Werte aus Tab. 2.1 eingesetzt. Die Windprofile sind in Abb. 2.45 dargestellt. Die Konfigurationen werden analog zu den obigen Konfigurationen 2A bis 2F mit den Bezeichnungen 2G bis 2M versehen, der Buchstabe I wird bei der Aufzählung ausgelassen.

## 2.3.1 Simulationen mäßiger bis starker Konvektion

Entsprechend der Darstellung im Abschnitt 2.1 erhält man für die Konfiguration 2G eine Bulk-Richardson-Zahl von $Ri = 49$, für die Konfiguration 2H ist $Ri = 20$. Diesen Werten zufolge liegen die Konfigurationen im Bereich der Superzellenbildung, die CAPE ist für Superzellensysteme jedoch deutlich zu klein. Die Ergebnisse aus den Simulationen 2G und 2H unterscheiden sich nur unwesentlich von den Ergebnissen aus den Simulationen 2A und 2B, weshalb hier von einer weiteren Darstellung abgesehen wird.

Für die Konfigurationen 2J und 2K betragen die Bulk-Richardson-Zahlen 136 und 56. Sie liegen oberhalb typischer Werte des Superzellenregimes, Multizellenbildung ist durch die Bulk-Richardson-Zahlen nicht ausgeschlossen (siehe Kapitel 2.1). Die CAPE-Werte der Simulationen 2J und 2K sind identisch mit denjenigen der Simulationen 2C und 2D, welche die Entwicklung typischer Einzelzellen zeigen. Für Multizellen sind die CAPE-Werte offenbar noch zu gering. In den Simulationen 2J und 2K ist daher ebenfalls von Einzelzellenentwicklung auszugehen.

Die Ergebnisse der Simulation 2J sind analog zu den Ergebnissen der Simulation 2C in den Abbildungen 2.46 bis 2.52 und in der Abb. 2.53 dargestellt. Ein Vergleich der Simulationen zeigt nur geringe Unterschiede in der Entwicklung der Einzelzellen. So hat sich in der Simulation 2J 20 Minuten nach Initialisierung der Thermikblase weniger Regen gebildet als in der

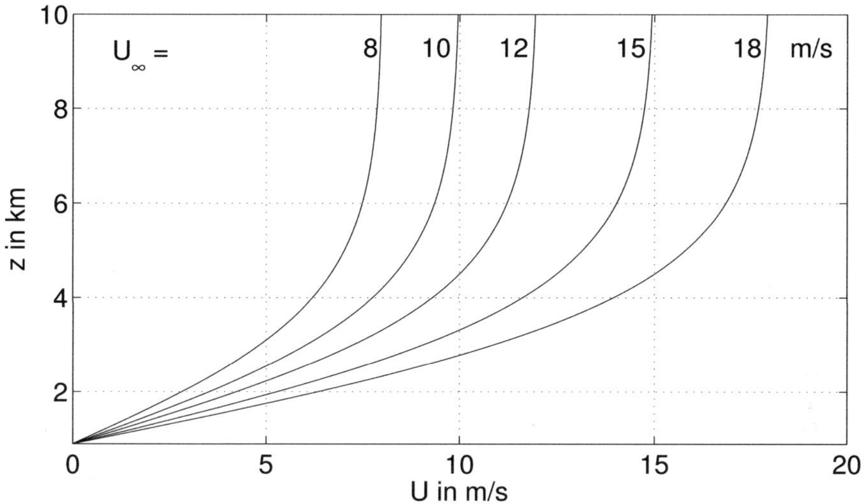



Abbildung 2.45: Windprofile nach Gl. (2.36).

Simulation 2C, die maximale Aufwindgeschwindigkeit beträgt in der Simulation 2J nach 30 Minuten $32\,\mathrm{m\,s^{-1}}$, so dass die Effektivität des konvektiven Ereignisses zu $S = 0,45$ angegeben werden kann. Die Niederschlagstätigkeit setzt etwas später ein und Wolkeneis und Schnee breiten sich im Amboss vorwiegend stromabwärts aus. Der sedimentierende Graupel schmilzt nicht vollständig auf, bevor er nach 40 Minuten den Boden erreicht. Auch die maximale Abwindgeschwindigkeit fällt in der Simulation 2J etwas geringer aus als in der Simulation 2C. Die Gewitterzelle hat nach etwa 30 Minuten ihre Reifephase erreicht und geht nach etwa 50 Minuten in ihre Zerfallsphase über. Mit $19 \times 10^4\,\mathrm{m^3}$ fällt die Niederschlagssumme in der Simulation 2J insgesamt geringfügig kleiner aus als in der Simulation 2C.

Analog zu den Ergebnissen aus der Simulation 2D sind die Ergebnisse der Simulation 2K in den Abbildungen 2.54 bis 2.60 und in der Abb. 2.61 dargestellt. Obwohl die maximale Vertikalgeschwindigkeit in der Simulation 2K 20 Minuten nach Initialisierung der Thermikblase mit $10\,\mathrm{m\,s^{-1}}$ nur geringfügig unterhalb der maximalen Vertikalgeschwindigkeit von $13\,\mathrm{m\,s^{-1}}$ in der Simulation 2D liegt, werden in der Simulation 2K nach 30 Minuten maximal $18\,\mathrm{m\,s^{-1}}$ erreicht, womit die Effektivität der konvektiven Zelle zu

$S = 0,28$ gegeben ist. Sie fällt damit deutlich kleiner aus als in der Simulation 2D. In der Simulation 2K findet man nach 30 Minuten erste Anzeichen einer Ausbildung von Wolkeneis, Schnee und Graupeln im oberen Drittel der Wolke. Regen hat sich im Unterschied zur Simulation 2D noch nicht gebildet. Die Reifephase wird nach etwa 40 Minuten erreicht. Zu diesem Zeitpunkt hat sich wenig Regen gebildet, der als Fallstreifen absinkt. Bereits nach 50 Minuten geht die konvektive Wolke in ihre Zerfallsphase über. Die Niederschlagstätigkeit erreicht zwischen 50 und 60 Minuten nach Initialisierung ihr Maximum, nach 70 Minuten ist der Niederschlag vollständig ausgefallen. In Höhen zwischen 5 und 11 km befinden sich noch Reste des Schnees aus dem Amboss. Insgesamt wird in der Simulation 2K eine Niederschlagssumme von etwa $1,3 \times 10^4 \, \mathrm{m}^3$ erreicht. Dies entspricht etwa einem Viertel der Niederschlagssumme von $5 \times 10^4 \, \mathrm{m}^3$ aus der Simulation 2D.

Nach Weisman und Klemp (1982) ist der Rückgang der Effektivität $S$ von Gewitterzellen von Werten um 0,6 bei sehr großen Bulk-Richardson-Zahlen ($Ri > 500$) über Werte um 0,55 bei Bulk-Richardson-Zahlen um 100 und Werte um 0,5 bei Bulk-Richardson-Zahlen um 50 charakteristisch für Einzelzellen und primäre Zellen aus Multizellenregimen. Im Superzellenregime, also zwischen Bulk-Richardson-Zahlen von 50 bis 10, nimmt $S$ von 0,5 auf 0,3 weiter ab. Unterhalb einer Bulk-Richardson-Zahl von 10 treten aufgrund zu hoher vertikaler Windscherung kaum mehr konvektive Wolken auf, die Effektivität fällt sehr schnell weiter ab. Auch in den Simulationen 2J und 2K wird gegenüber den Simulationen 2C und 2D mit abnehmenden Bulk-Richardson-Zahlen eine abnehmende Effektivität der Konvektion beobachtet: In den Simulationen 2C und 2D mit $Ri \to \infty$ beträgt $S$ 0,5 und 0,4. In den Simulationen 2J und 2K mit Bulk-Richardson-Zahlen von 136 und 56 liegt $S$ noch bei 0,45 und 0,28. Tendenziell werden in den vorliegenden Simulationen also die Beobachtungen von Weisman und Klemp (1982) nachvollzogen, dass mit zunehmender Windscherung die Aufwinde in einer konvektiven Wolke schwächer werden. In den Simulationen 2J und 2K fallen die maximalen Vertikalgeschwindigkeiten jedoch deutlich kleiner aus, als nach Weisman und Klemp (1982) bei entsprechender CAPE zu erwarten wäre. Man erkennt durch einen Vergleich der Simulationen 2C und 2J sowie der Simulationen 2D und 2K auch, dass bei gleicher CAPE aber merklich kleinerer Effektivität deutlich weniger Niederschlag entsteht.

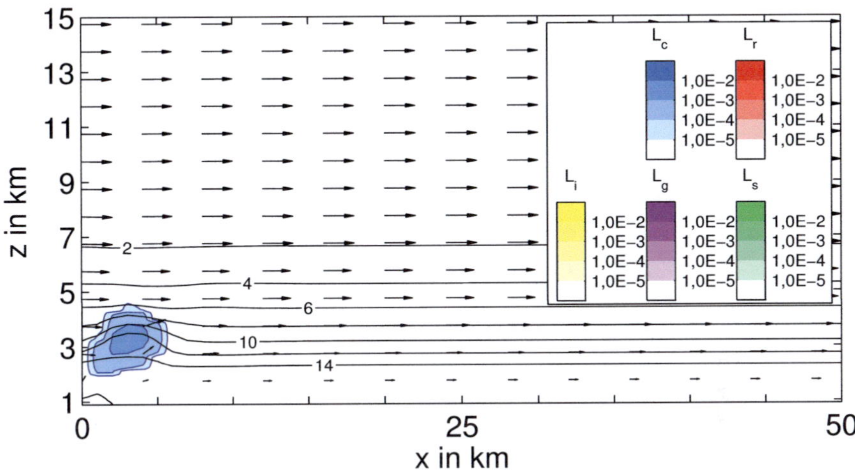

Abbildung 2.46: Wie Abb. 2.8, hier für Simulation 2J, 10 Minuten nach Initialisierung der Thermikblase in einem $x$–$z$-Schnitt in der Fläche $y = 0$.

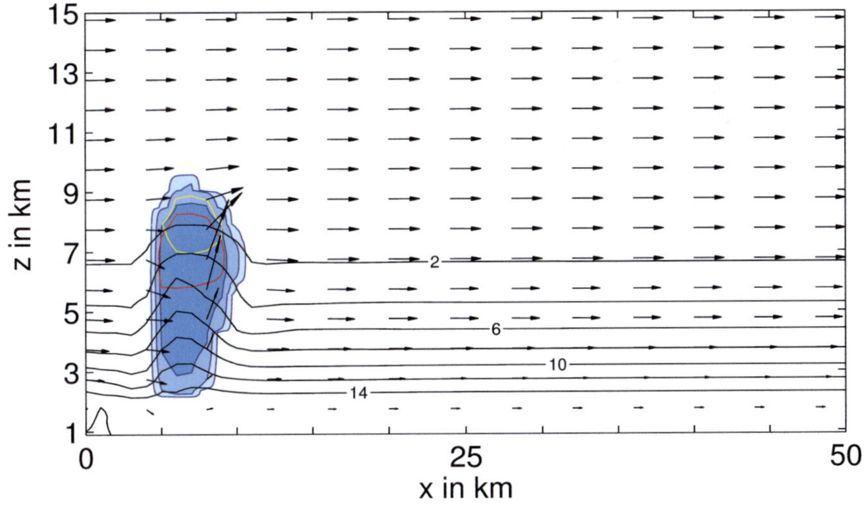

Abbildung 2.47: Wie Abb. 2.46, jedoch nach 20 Minuten.

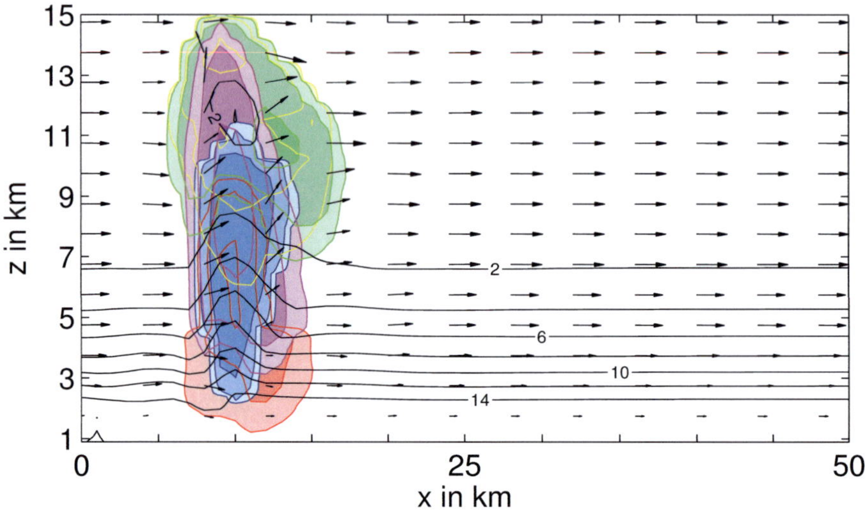

Abbildung 2.48: Wie Abb. 2.46, jedoch nach 30 Minuten.

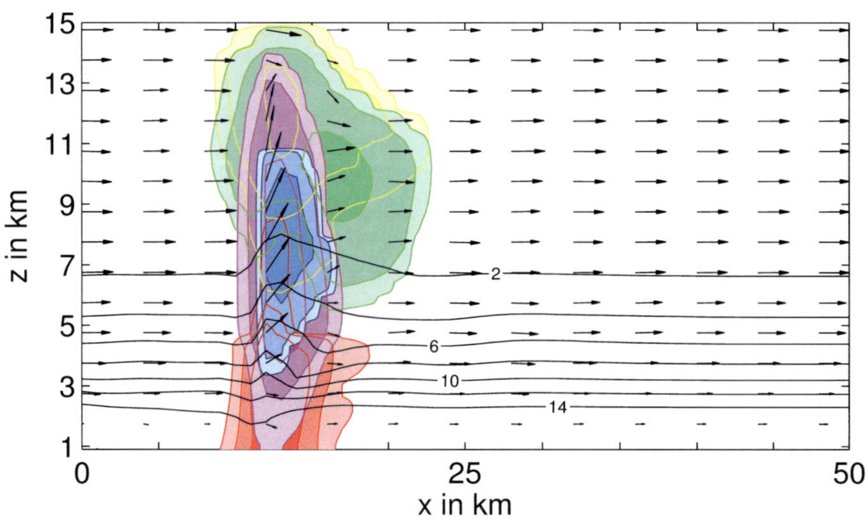

Abbildung 2.49: Wie Abb. 2.46, jedoch nach 40 Minuten.

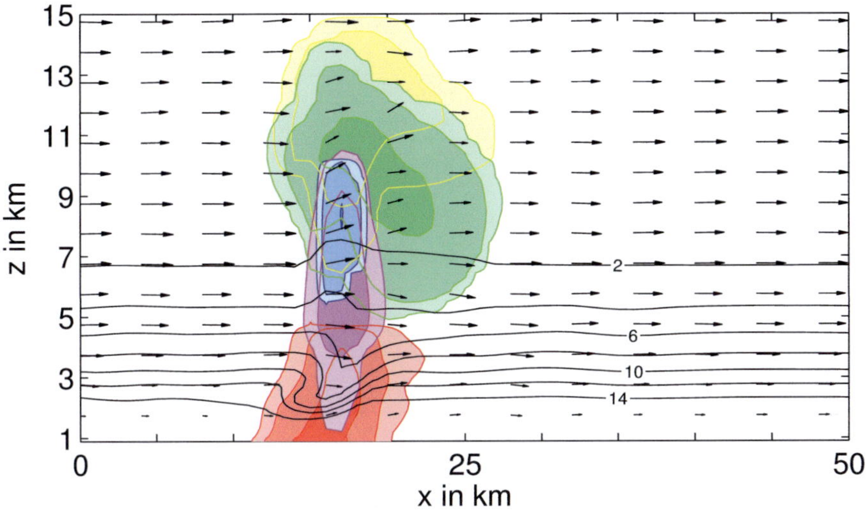

Abbildung 2.50: Wie Abb. 2.46, jedoch nach 50 Minuten.

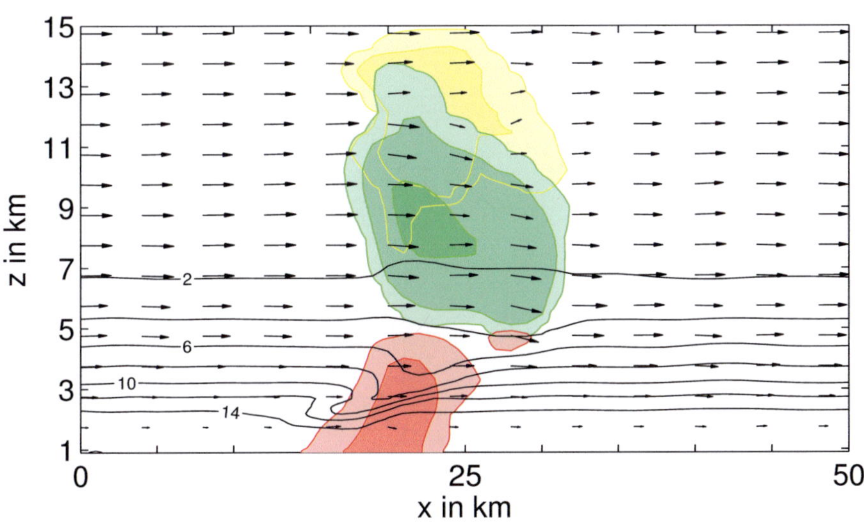

Abbildung 2.51: Wie Abb. 2.46, jedoch nach 60 Minuten.

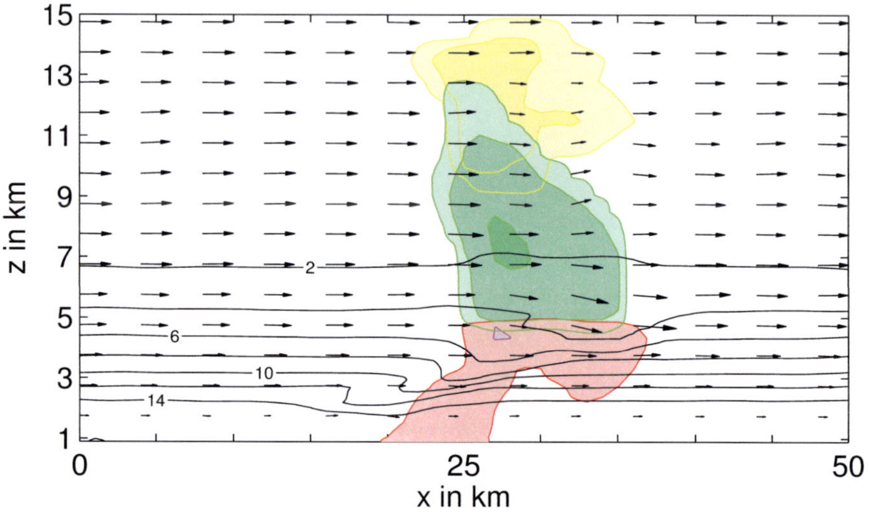

Abbildung 2.52: Wie Abb. 2.46, jedoch nach 70 Minuten.

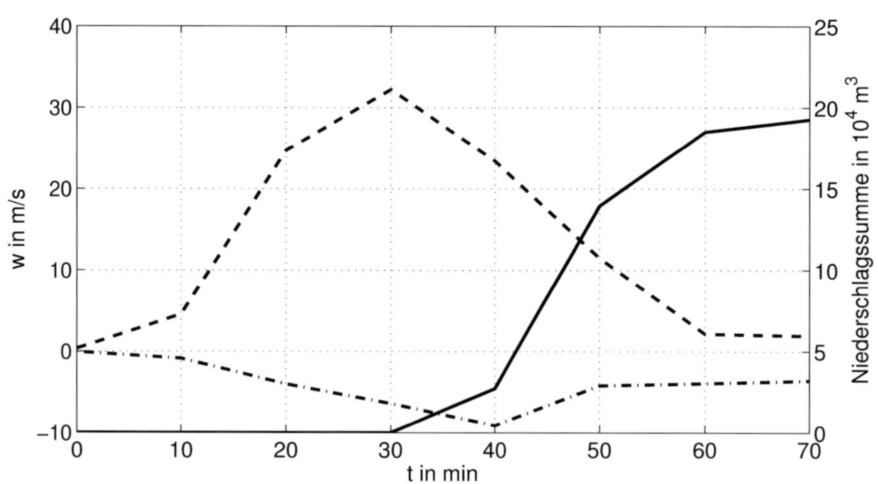

Abbildung 2.53: Wie Abb. 2.17, jedoch für Simulation 2J.

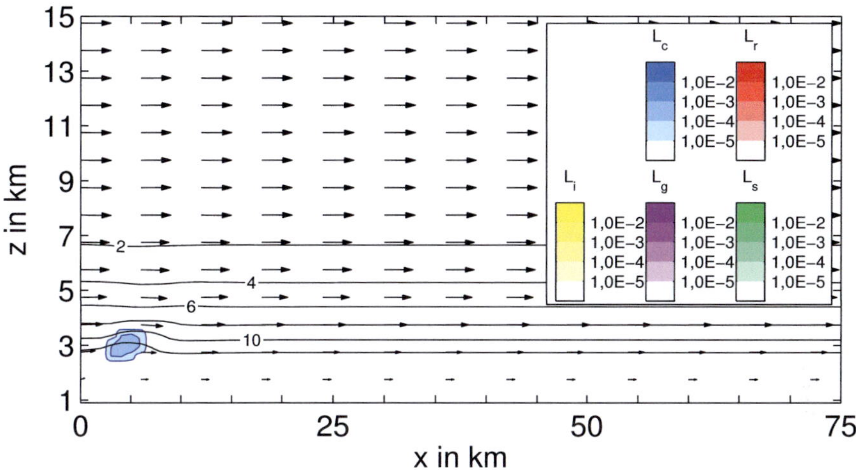

Abbildung 2.54: Wie Abb. 2.8, hier für Simulation 2K, 10 Minuten nach Initialisierung der Thermikblase in einem $x$–$z$-Schnitt in der Fläche $y = 0$.

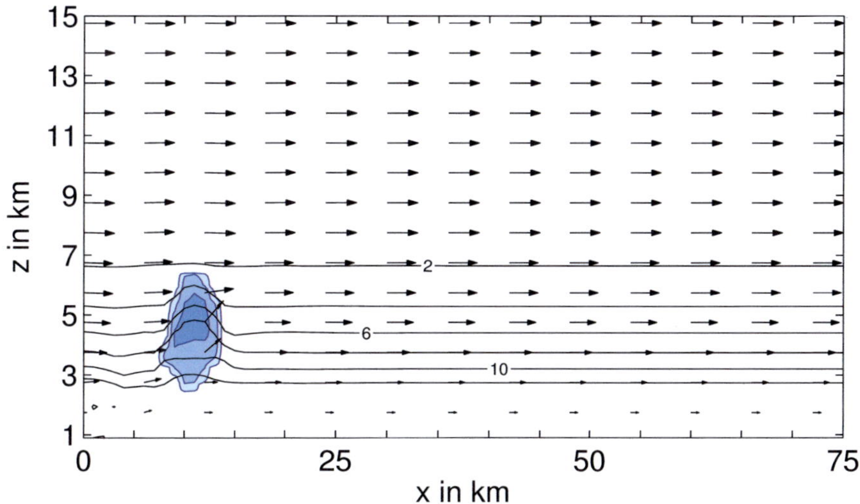

Abbildung 2.55: Wie Abb. 2.54, jedoch nach 20 Minuten.

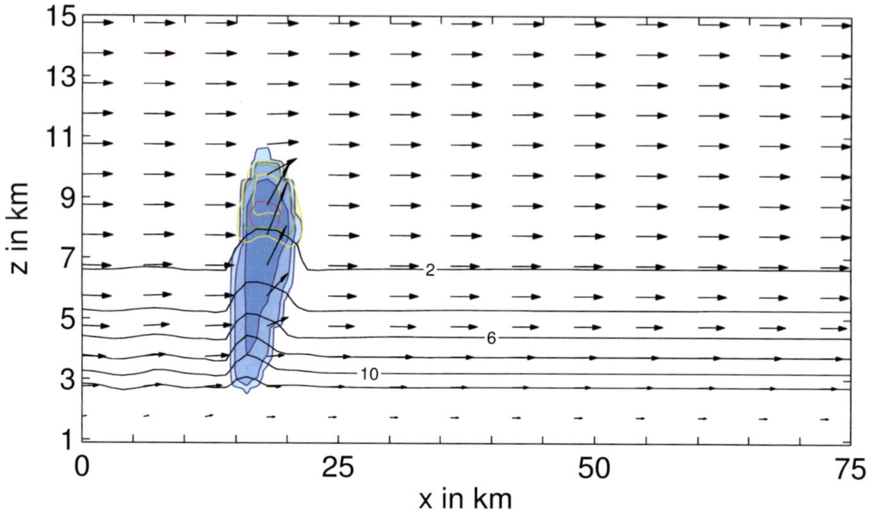

Abbildung 2.56: Wie Abb. 2.54, jedoch nach 30 Minuten.

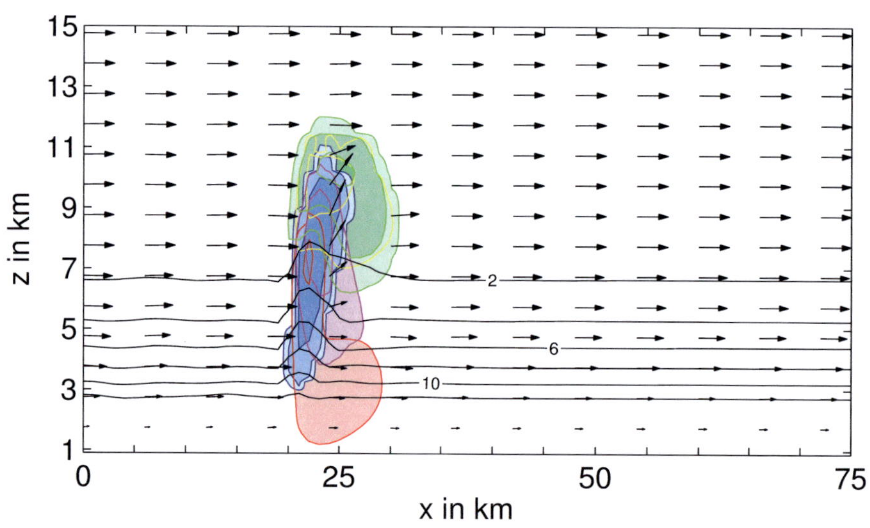

Abbildung 2.57: Wie Abb. 2.54, jedoch nach 40 Minuten.

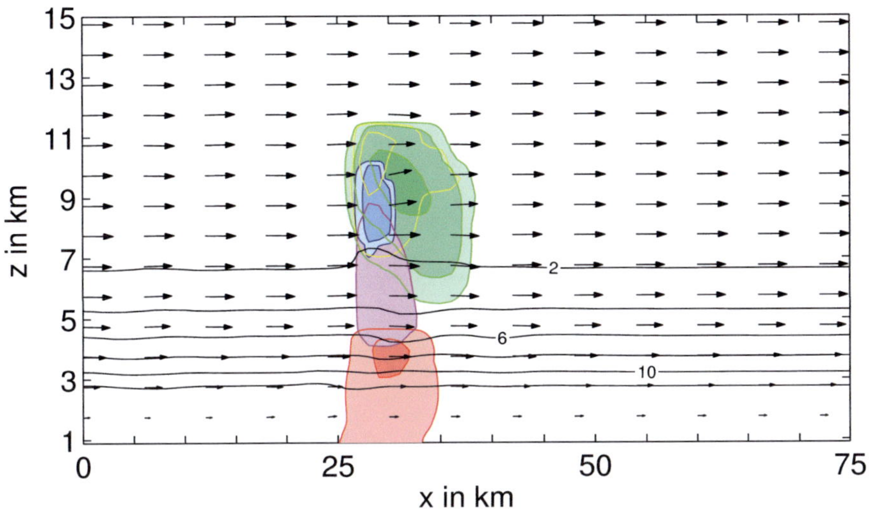

Abbildung 2.58: Wie Abb. 2.54, jedoch nach 50 Minuten.

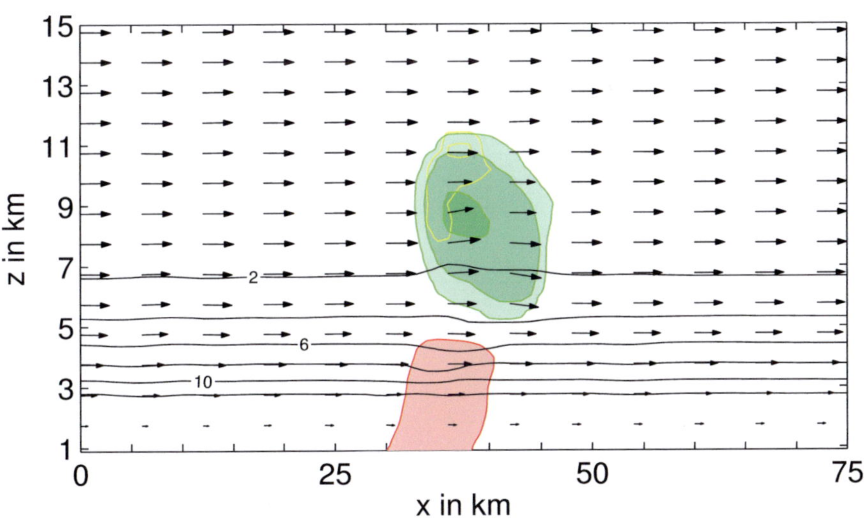

Abbildung 2.59: Wie Abb. 2.54, jedoch nach 60 Minuten.

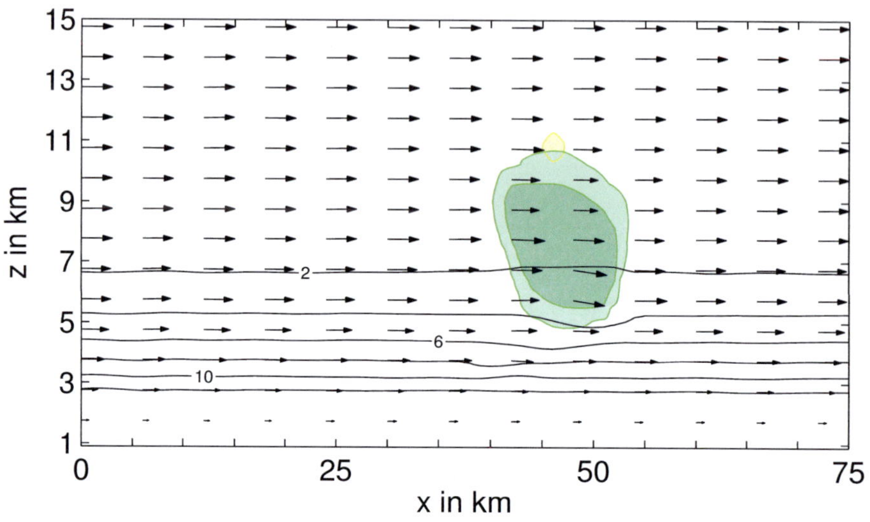



Abbildung 2.60: Wie Abb. 2.54, jedoch nach 70 Minuten.

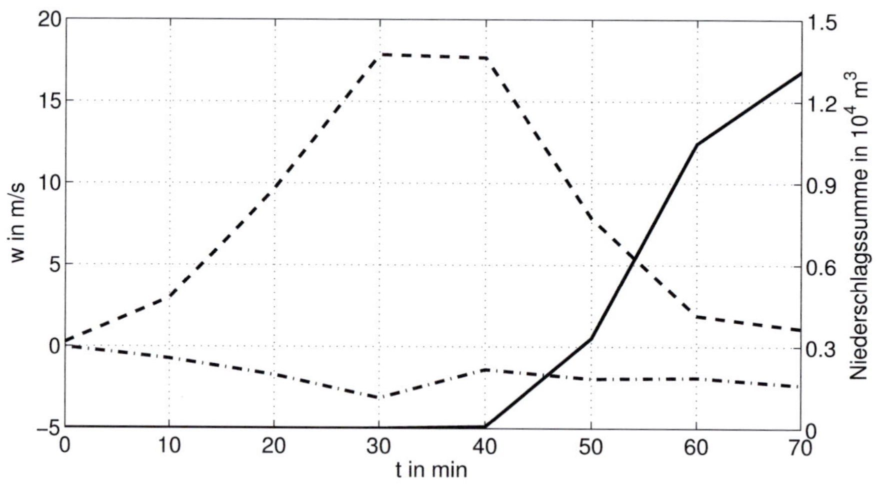



Abbildung 2.61: Wie Abb. 2.17, jedoch für Simulation 2K.

## 2.3.2 Simulationen sehr starker Konvektion

Deutliche Unterschiede zu den bisher dargestellten Ereignissen zeigen sich
bei der Gewitterbildung in den Simulationen 2L und 2M. Den Konfigurationen lassen sich Bulk-Richardson-Zahlen von $Ri = 356$ (Simulation 2L)
und $Ri = 150$ (Simulation 2M) zuordnen. Sie liegen oberhalb von Bulk-
Richardson-Werten, die auf ein Superzellenregime hinweisen, weshalb bei
den gewählten hohen CAPE-Werten vorwiegend mit Multizellenbildung zu
rechnen ist. Die Ergebnisse der Simulationen zeigen jedoch, dass der Vorticitydynamik, die durch die Bulk-Richardson-Zahl nicht explizit erfasst wird,
ebenfalls eine erhebliche Bedeutung zukommt.

Die Ergebnisse der Simulation 2L sind anhand der Abbildungen 2.62 bis
2.73 dokumentiert. 10 Minuten nach Initialisierung der Thermikblase hat
sich ein Cumulus aus Wolkentropfen ausgebildet (Abb. 2.62), nach weiteren
10 Minuten (Abb. 2.63) findet man eine hochreichende konvektive Wolke
vor, die Hydrometeore aller Partikelklassen sowie einen Ansatz zur Ausbildung eines Ambosses aufweist. Zu diesem Zeitpunkt ist im Cumulonimbus
die Vertikalgeschwindigkeit mit $51\,\mathrm{m\,s^{-1}}$ am höchsten (Abb. 2.73). Die Effektivität des konvektiven Ereignisses beträgt $S = 0,55$, sie liegt damit etwas
unterhalb des Wertes von etwa 0,58, den Weisman und Klemp (1982) bei
der angegebenen Bulk-Richardson-Zahl vorfinden. Etwa 30 Minuten nach
Initialisierung erreicht der erste ausfallende Niederschlag vorderseitig des
Aufwindbereichs den Boden (Abb. 2.64). Die mit dem Niederschlag ein-
hergehende Kaltluftböe bildet maximale Abwindgeschwindigkeiten von bis
zu $15\,\mathrm{m\,s^{-1}}$ aus (siehe ebenfalls Abb. 2.73). In den Isolinien der spezifischen
Feuchte erkennt man wiederum eine Schwerewelle in mittlerer Höhe der Wol-
ke. Wie die Abbildungen 2.66 und 2.67 zeigen, erreicht die Vertikalgeschwin-
digkeit in einer Höhe von $3\,\mathrm{km}$ etwas mehr als $5\,\mathrm{m\,s^{-1}}$, in $11\,\mathrm{km}$ werden im
zentralen Aufwindbereich Vertikalgeschwindigkeiten von über $45\,\mathrm{m\,s^{-1}}$ erzielt. Man erkennt ferner zyklonale Vorticity an der südlichen Flanke und
antizyklonale Vorticity an der nördlichen Flanke der Aufwindzone. Nach 40
Minuten (Abb. 2.65) hat sich der Amboss erkennbar stromabwärts der Wolke
ausgebreitet, die Massendichte des Regens im Zentrum des unteren Teils der
Wolke ist deutlich erhöht. Etwa zu diesem Zeitpunkt werden die höchsten
Niederschlagsraten erzielt, die erst nach weiteren 20 Minuten wieder merklich zurückgehen. Ein $y$–$z$-Schnitt in der Fläche $x = 8\,\mathrm{km}$ in Abb. 2.68 zeigt,
dass sich vermehrt Wolken- und Regentropfen im Bereich der maximalen
zyklonalen sowie antizyklonalen Vorticity bilden, d. h. die Aufwindzone hat

sich seitlich in Richtung der Vorticityextrema ausgedehnt. Im Wolkenbasisniveau reichen die Aufwindzonen bis an die seitlichen Flanken des Gewitters, die außerhalb des Niederschlagsfeldes liegen. Durch fortgesetzte Kondensation an den Flanken bleiben die Aufwindbereiche für weitere zwanzig Minuten erhalten.

Wie man der Abb. 2.69 entnimmt, ist nach 60 Minuten die Grenzschichtluft unterhalb des Gewitters zum Ende der stärksten Niederschlagstätigkeit deutlich trockener als die der Umgebung. Die spezifische Feuchte ist um bis zu $6\,\mathrm{g\,kg^{-1}}$ reduziert, die potentielle Temperatur ist bis um $2,5\,\mathrm{K}$ geringer als in der Umgebung. Vorderseitig der Niederschlagszone besteht kräftige horizontale Konvergenz, die im Vergleich zu der Simulation 2E ohne Windscherung hier durch die gegenüber der mittleren Geschwindigkeit der konvektiven Wolke deutlich reduzierte Windgeschwindigkeit in Bodennähe unterstützt wird. Die durch die Konvergenz verursachte Hebung initiiert einen Cumulus aus Wolkentropfen vorderseitig des primären Gewitters, der nach 20 Minuten bereits etwas angewachsen ist, wobei durch Koagulation erste Regentropfen entstanden sind. Zu diesem Zeitpunkt befindet sich die primäre Gewitterzelle bereits in der Auflösungsphase (Abb. 2.70). In der sekundären Zelle ist die Vertikalgeschwindigkeit etwa 100 Minuten nach Initialisierung des primären Gewitters maximal mit $40\,\mathrm{m\,s^{-1}}$. Die Wolke erreicht damit eine Effektivität von $S = 0,43$. Im Vergleich dazu erreichen die sekundären Gewitterzellen aus den Simulationen von Weisman und Klemp (1982) bei der gegebenen Bulk-Richardson-Zahl Effektivitäten um 0,35. Die Vertikalgeschwindigkeit der sekundären Zelle ist also etwas größer als die Literaturwerte erwarten lassen. Nach 110 Minuten (Abb. 2.71) beginnt erneut eine Phase verstärkter Niederschlagstätigkeit, die sekundäre Gewitterzelle hat ihr Reifestadium erreicht. Der Aufwindbereich mit Wolkentropfen zwischen etwa 3 bis 11 km Höhe liegt nun im vorderen Teil des Ambosses und stromabwärts der Region mit den höchsten Massendichten von Graupeln und Regentropfen. Wie man an einem $y$–$z$-Schnitt durch die sekundäre Gewitterzelle 120 Minuten nach Initialisierung der primären Wolke in Abb. 2.72 erkennt, teilt sich der Bereich stärkster Aufwinde zum Innern der Wolke, so dass vermehrte Kondensation im nördlichen und südlichen Wolkenbereich stattfindet. Die Aufwindregionen fallen, wie bereits bei der primären Zelle beobachtet werden konnte, in etwa mit den Zonen erhöhter zyklonaler und antizyklonaler Vorticity an den Flanken der ursprünglichen Zone stärkster Vertikalbewegung zusammen. Im weiteren Verlauf bilden sich neue Cumuli auch in einiger Entfernung von den Flanken des Gewitters aus, die zum Teil in der Nähe der Modellränder liegen, so dass die Analyse der Wolkenentwicklung an dieser Stelle abgebrochen wird. 120 Minuten nach Initialisierung der Thermikblase beläuft sich die Niederschlagssumme auf $50 \times 10^4\,\mathrm{m}^3$.

Ein zweiter Fall kombinierter Vorticity- und Multizellendynamik ist durch die Simulation 2M gegeben. Die ersten 30 Minuten der Gewitterbildung sind durch die Abbildungen 2.74 bis 2.76 dokumentiert. Entsprechend der Abbildung 2.87 wird die höchste Vertikalgeschwindigkeit in der Gewitterwolke mit $45\,\mathrm{m\,s}^{-1}$ nach 20 Minuten erreicht, die Effektivität der primären Zelle beträgt damit $S = 0,52$. Sie fällt etwas kleiner aus als der von Weisman und Klemp (1982) angegebene Wert von 0,55. Nach 30 Minuten beträgt die Vertikalgeschwindigkeit im Aufwind der Zelle in $4\,\mathrm{km}$ Höhe etwas mehr als $10\,\mathrm{m\,s}^{-1}$, in $11\,\mathrm{km}$ Höhe etwas mehr als $40\,\mathrm{m\,s}^{-1}$. Wie bereits in der Simulation 2L hat sich an der südlichen Flanke des Aufwindes zyklonale und an der nördlichen Flanke antizyklonale Vorticity gebildet. Siehe dazu die Abbildungen 2.78 und 2.79. Nach 40 Minuten beginnt eine lang anhaltende Phase starker Niederschlagstätigkeit. Wie in der Simulation 2L erreichen dabei auch Graupeln den Boden. Diesen Zeitpunkt stellen die Abbildungen 2.77 und 2.80 dar. Nach 70 Minuten (Abbildungen 2.81 und 2.82) besteht die Gewitterwolke im Zentrum nur noch aus Graupeln, Regentropfen und den Hydrometeoren des Ambosses, die Wolkentropfen enthaltenden Regionen verstärkter Vertikalbewegung haben sich vollständig getrennt und befinden sich in den Zonen erhöhter Vorticity an den seitlichen Flanken des Gewitters. Im Zentrum der Wolke herrscht Absinkbewegung vor. Abb. 2.82 zeigt ferner, dass die Vorticity und die Massendichte der Wolkentropfen im nördlichen Aufwindbereich etwas größer ausfallen als im südlichen Aufwind. In der Zone bodennaher horizontaler Konvergenz vorderseitig der primären Zelle hat sich wieder ein Cumulus gebildet, der sich zu einer sekundären Gewitterzelle entwickelt, welche 100 Minuten nach Initialisierung der primären Zelle ihre Reifephase erreicht. Die Abbildungen 2.83 und 2.84 zeigen, dass sich die sekundäre Gewitterzelle vorderseitig und die beiden primären Zellen weiterhin an den Flanken der Region stärkster Niederschlagsbildung befinden. Während die südliche primäre Zelle im weiteren Verlauf der Wolkenentwicklung zerfällt, kann die nördliche Zelle durch seitlich einfließende Grenzschichtluft weiter aufrecht erhalten bleiben. Sie verlagert sich in Richtung Süden, so dass 120 Minuten nach Initialisierung der ersten Thermikblase eine Multizelle mit zwei aktiven Aufwindregionen entstanden ist, die in den Abbildungen 2.85 und 2.86 dargestellt ist. Bis zu diesem Zeitpunkt beträgt die Niederschlagssumme insgesamt $60 \times 10^4\,\mathrm{m}^3$.

In allen Simulationen sehr starker Konvektion ist eine Multizellenbildung zu beobachten. Bei Windscherung führt die Multizellenbildung aufgrund der verstärkten horizontalen Luftmassenkonvergenz vorderseitig der primären Gewitterzellen zu stärker ausgeprägten sekundären Zellen als in den scherungsfreien Strömungen. Der Hauptunterschied in der Wolkenentwicklung bei hohen CAPE-Werten liegt jedoch darin, dass in der gescherten Grundströmung die Vorticitydynamik zum Tragen kommt, die in der scherungsfreien Strömung nicht zu beobachten ist. Die Vorticitydynamik führt vor allem in der Simulation 2M zu einer gegenüber der Simulation 2F deutlich längeren Aktivität der primären Gewitterzelle, die Ansätze eines Zellsplittings aufweist. Wie bei den hohen Bulk-Richardson-Zahlen zu erwarten ist, teilen sich die Gewitterzellen jedoch nicht vollständig auf.

Die Simulationen 2L und 2M zeigen, wie bereits in allen vorhergehenden Simulationen festgestellt werden konnte, dass die Effektivität $S$ der primären Gewitterzellen kleiner ausfällt als in entsprechenden Fällen bei Weisman und Klemp (1982). Das bedeutet, dass die Vertikalgeschwindigkeiten in den primären Zellen der vorliegenden Simulationen insgesamt kleiner sind als bei Weisman und Klemp (1982). Der Unterschied fällt in den Simulationen sehr starker Konvektion jedoch nicht so stark aus wie in den Simulationen mäßiger bis starker Konvektion. Etwas größere Vertikalgeschwindigkeiten als bei Weisman und Klemp (1982) weisen hingegen die sekundären Gewitterzellen auf, die bei sehr großen CAPE-Werten entstanden sind.

Zur Niederschlagssumme in den Simulationen mäßiger bis starker Konvektion ist festzustellen, dass insgesamt eine deutliche Zunahme der Niederschlagssumme mit zunehmender CAPE und eine deutliche Abnahme der Niederschlagssumme mit zunehmender Windscherung erfolgt. Die Abnahme der Niederschlagssumme mit zunehmender Windscherung geht mit einer Abnahme der Vertikalgeschwindigkeiten in den Gewitterzellen einher, die bereits von Weisman und Klemp (1982) festgestellt wurde. Anders verhält es sich bei sehr starker Konvektion. Hier entstehen gerade in den Simulationen mit etwas kleineren CAPE-Werten und größeren Geschwindigkeiten des Grundstroms besonders starke primäre und sekundäre Gewitterzellen, die zur erhöhten Niederschlagsproduktion führen. Dieser Effekt nimmt außerdem bei verstärkter vertikaler Geschwindigkeitsscherung des Grundstroms noch zu. Er ist auf die bei stärkerem Wind und/oder stärkerer Windscherung verstärkte horizontale Luftmassenkonvergenz in Bodennähe zurückzuführen, durch die Auftrieb und Vertikalbewegung in den konvektiven Zellen verstärkt werden.

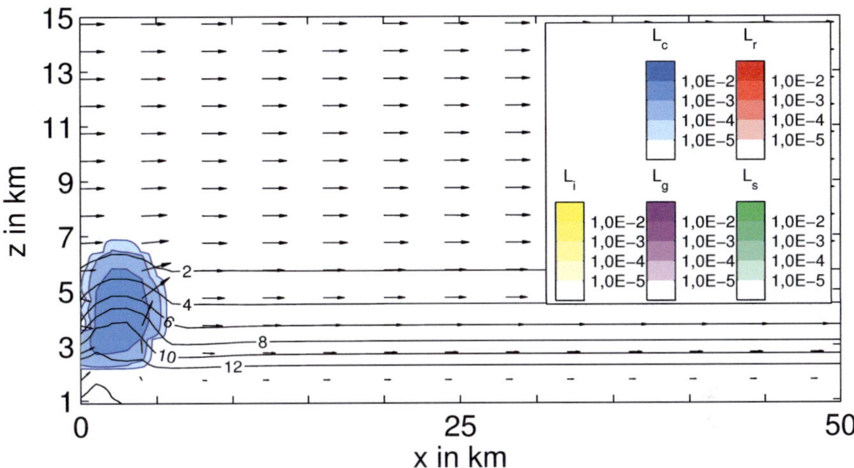

Abbildung 2.62: Wie Abb. 2.8, hier für Simulation 2L, 10 Minuten nach Initialisierung der Thermikblase in einem $x$–$z$-Schnitt in der Fläche $y = 0$.

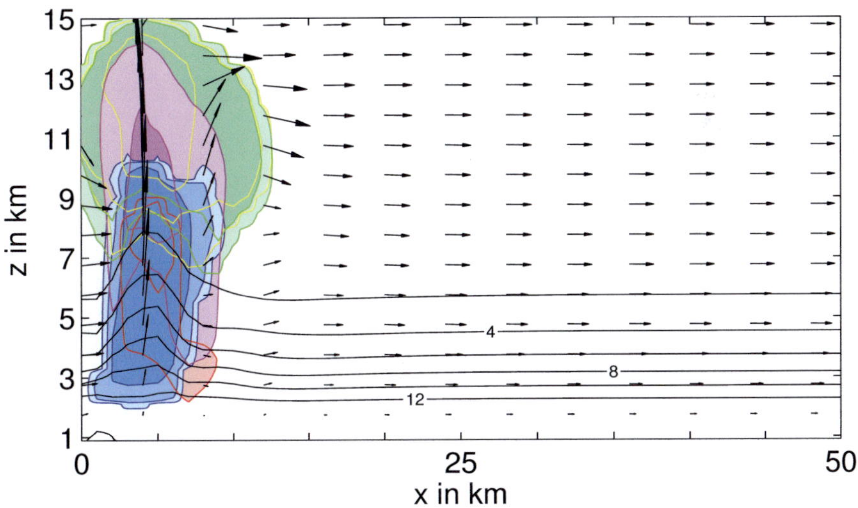

Abbildung 2.63: Wie Abb. 2.62, jedoch nach 20 Minuten.

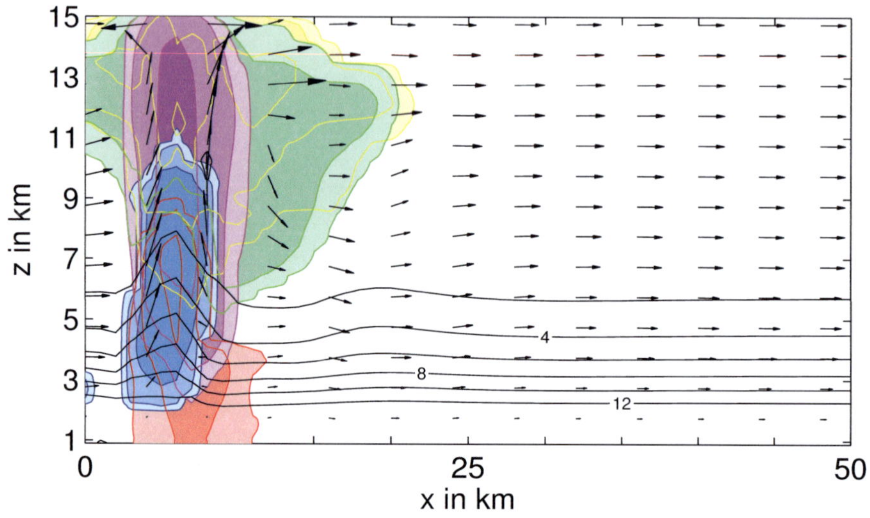

Abbildung 2.64: Wie Abb. 2.62, jedoch nach 30 Minuten.

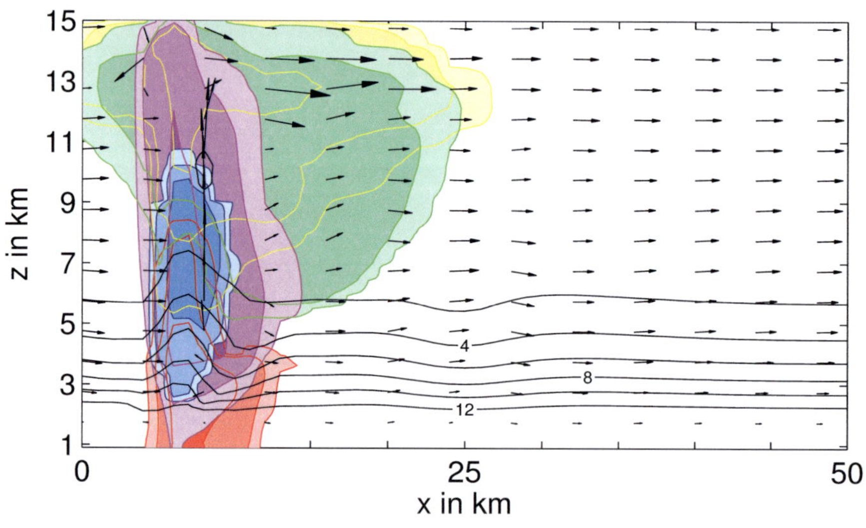

Abbildung 2.65: Wie Abb. 2.62, jedoch nach 40 Minuten.

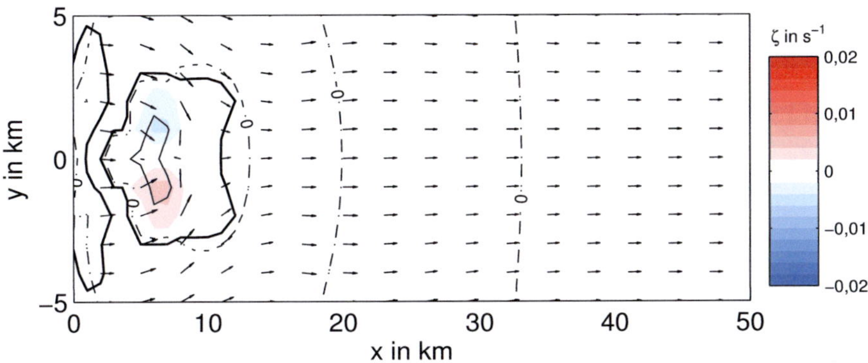

Abbildung 2.66: Vorticity (farbig) und Auf- (—) und Abwindgeschwindigkeit (· · ·) für die Simulation 2L in einem Horizontalschnitt in einer Höhe von
$z = 3\,\mathrm{km}$ nach 30 Minuten. Die Isotachen sind ausgehend von der Nullinie
(− ·) im Abstand von $5\,\mathrm{m\,s^{-1}}$ skaliert. Die dicke Linie gibt eine Massendichte der Hydrometeore von $10^{-5}\,\mathrm{kg\,m^{-3}}$ wieder. Die Länge der horizontalen
Windvektoren ist in beiden Richtungen mit $5\,\mathrm{m\,s^{-1}} \simeq 1\,\mathrm{km}$ normiert.

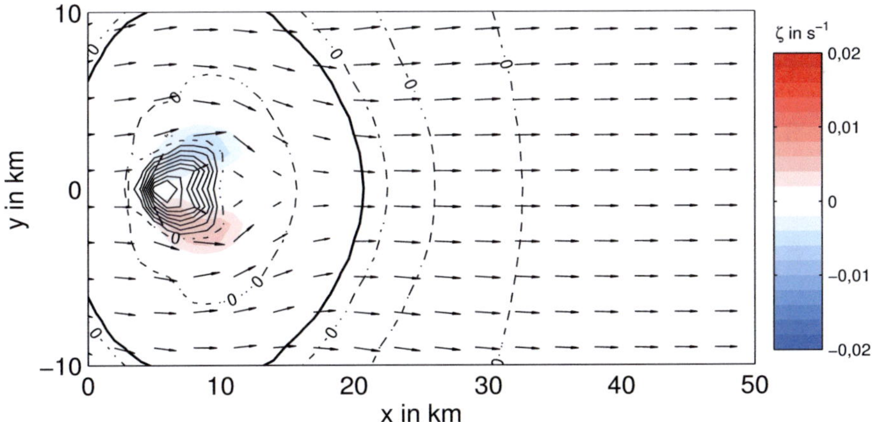

Abbildung 2.67: Wie Abb. 2.66, jedoch in einer Höhe von $z = 11\,\mathrm{km}$.

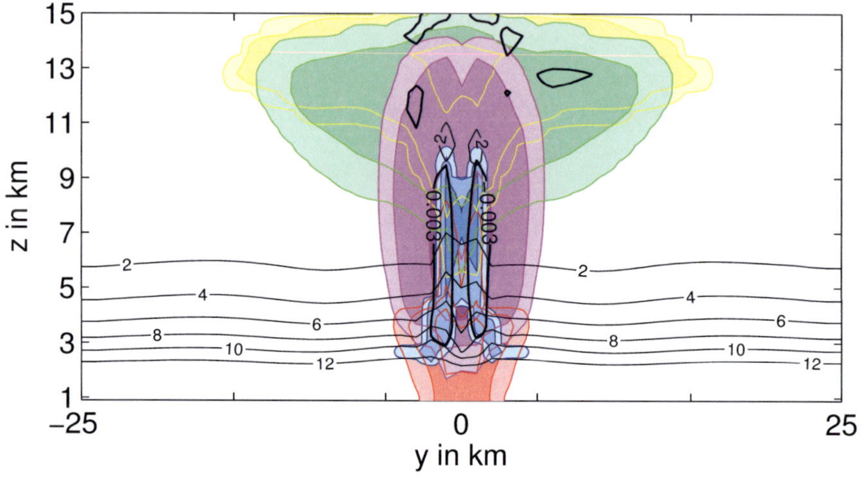

Abbildung 2.68: Wie Abb. 2.65, hier als $y$–$z$-Schnitt in der Fläche $x = 8\,\mathrm{km}$. Die dicke Linie gibt die Vorticity in $\mathrm{s}^{-1}$ an.

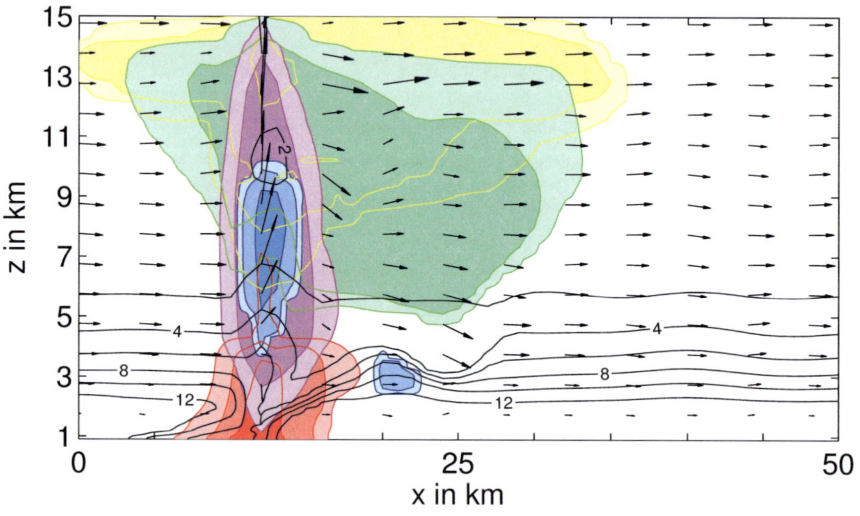

Abbildung 2.69: Wie Abb. 2.62, jedoch nach 60 Minuten.

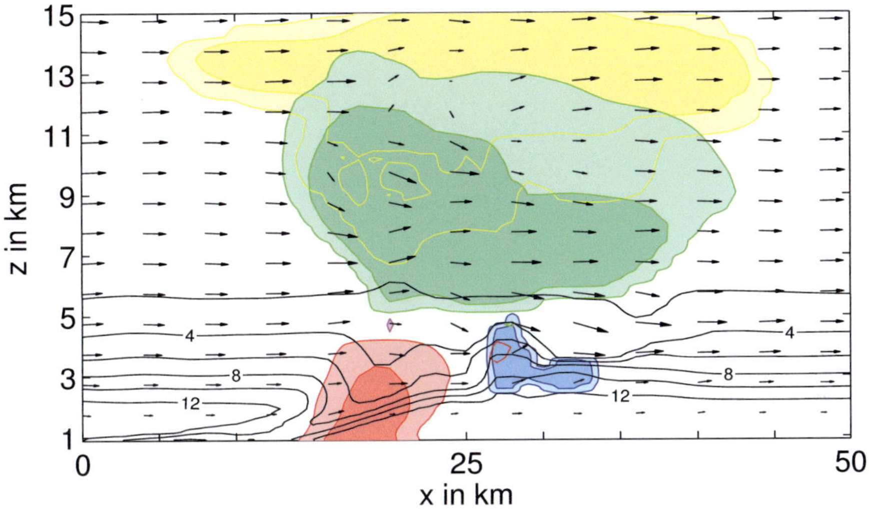

Abbildung 2.70: Wie Abb. 2.62, jedoch nach 80 Minuten.

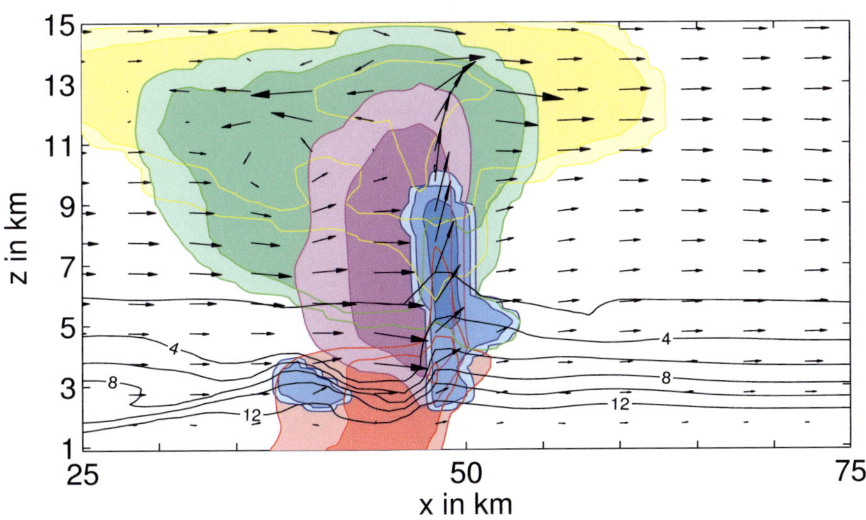

Abbildung 2.71: Wie Abb. 2.62, jedoch nach 120 Minuten.

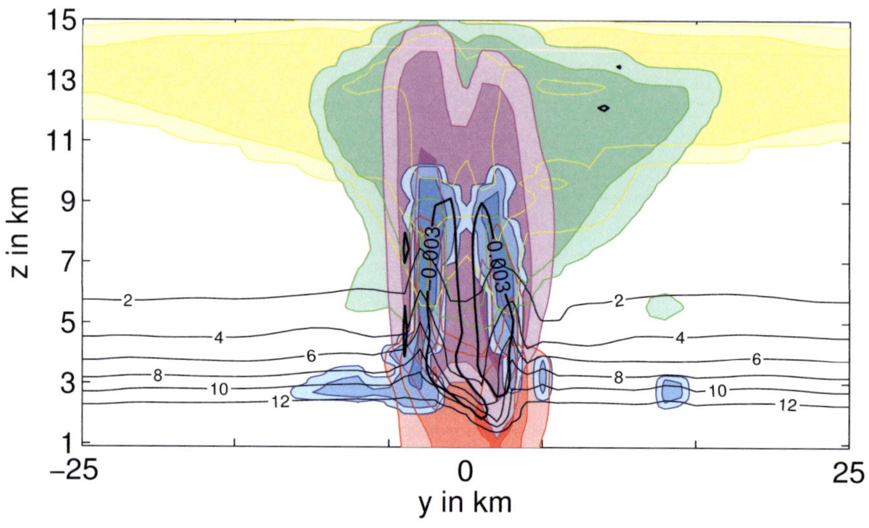

Abbildung 2.72: Wie Abb. 2.71, hier als $y$–$z$-Schnitt in der Fläche $x = 47\,\mathrm{km}$. Die starke Linie gibt wiederum die Vorticity in s$^{-1}$ an.

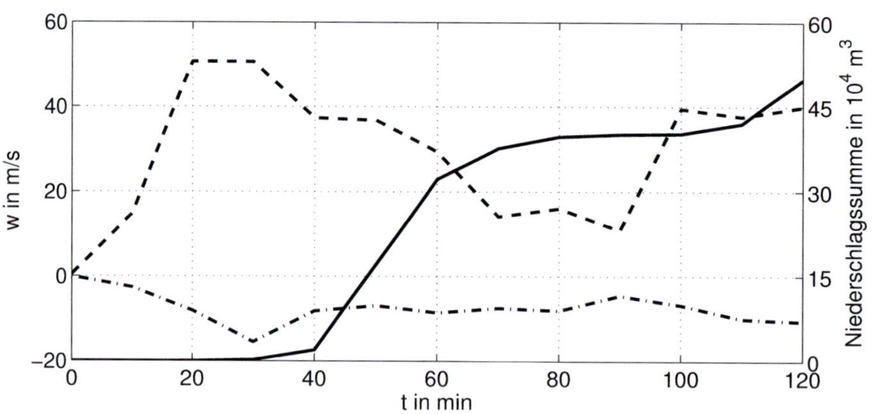

Abbildung 2.73: Wie Abb. 2.17, jedoch für Simulation 2L.

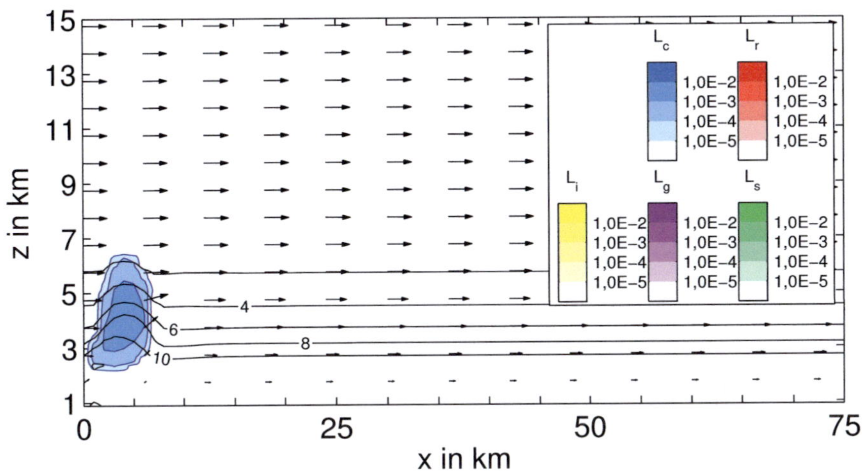

Abbildung 2.74: Wie Abb. 2.8, hier für Simulation 2M, 10 Minuten nach Initialisierung der Thermikblase in einem $x$–$z$-Schnitt in der Fläche $y = 0$.

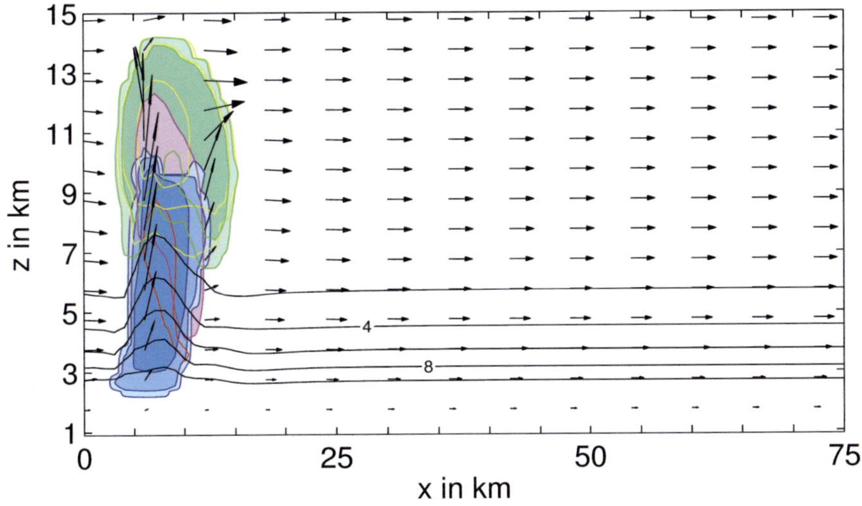

Abbildung 2.75: Wie Abb. 2.74, jedoch nach 20 Minuten.

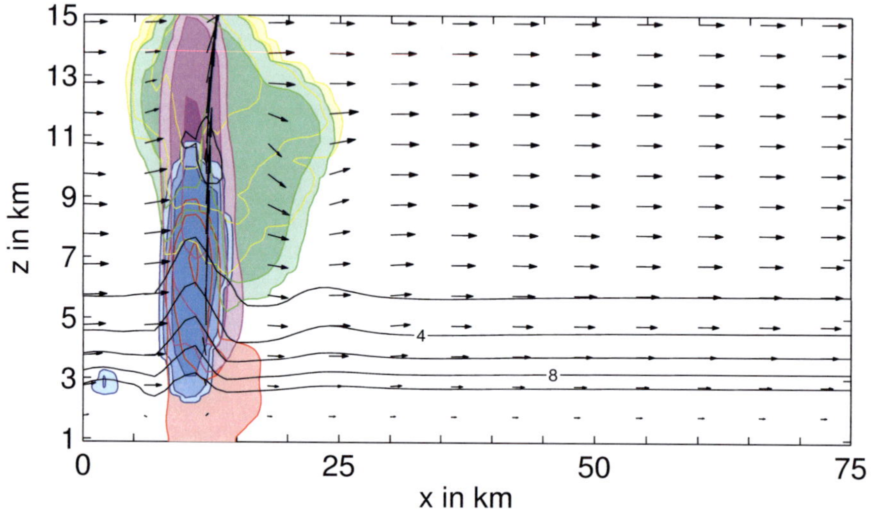


Abbildung 2.76: Wie Abb. 2.74, jedoch nach 30 Minuten.

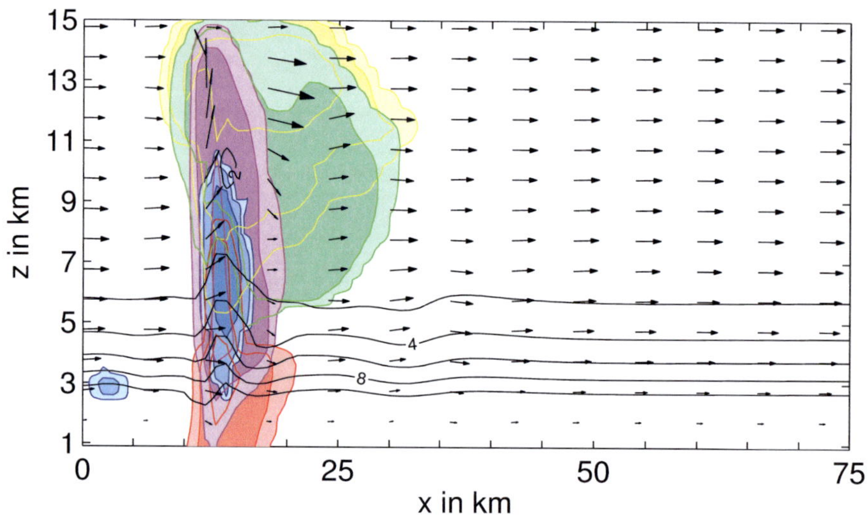


Abbildung 2.77: Wie Abb. 2.74, jedoch nach 40 Minuten.

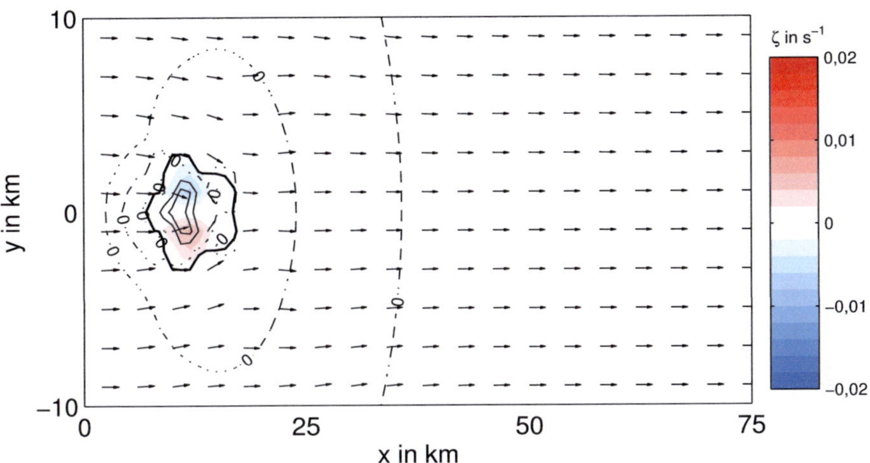

Abbildung 2.78: Wie Abb. 2.66, jedoch für die Simulation 2M nach 30 Minuten in einer Höhe von $z = 4\,\text{km}$.

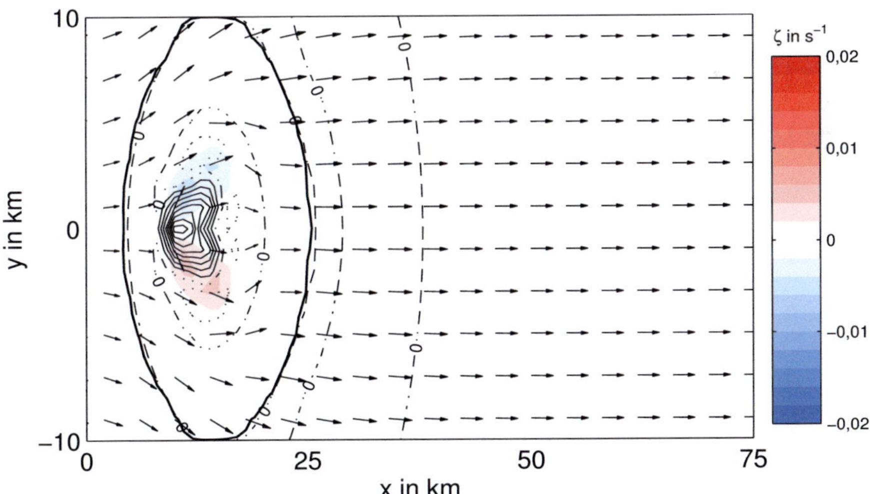

Abbildung 2.79: Wie Abb. 2.78, jedoch in einer Höhe von $z = 11\,\text{km}$.

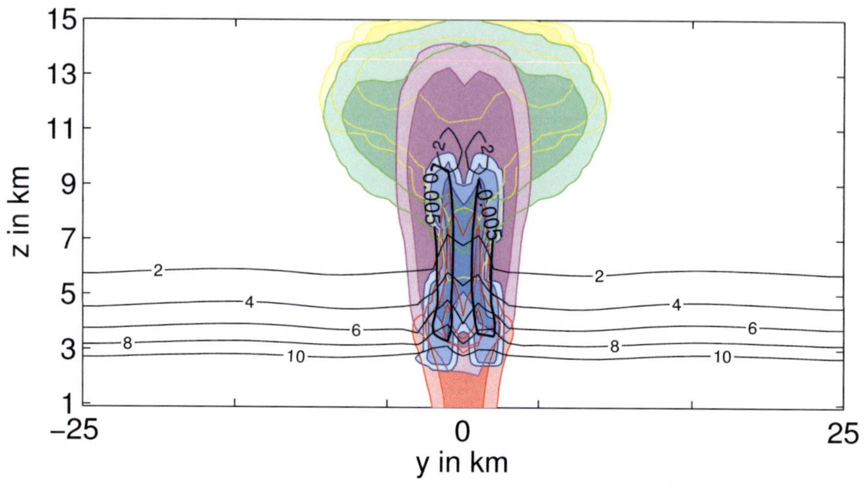

Abbildung 2.80: Wie Abb. 2.77, hier als $y$–$z$-Schnitt in der Fläche $x = 15\,$km. Die starke Linie gibt die Vorticity in s$^{-1}$ an.

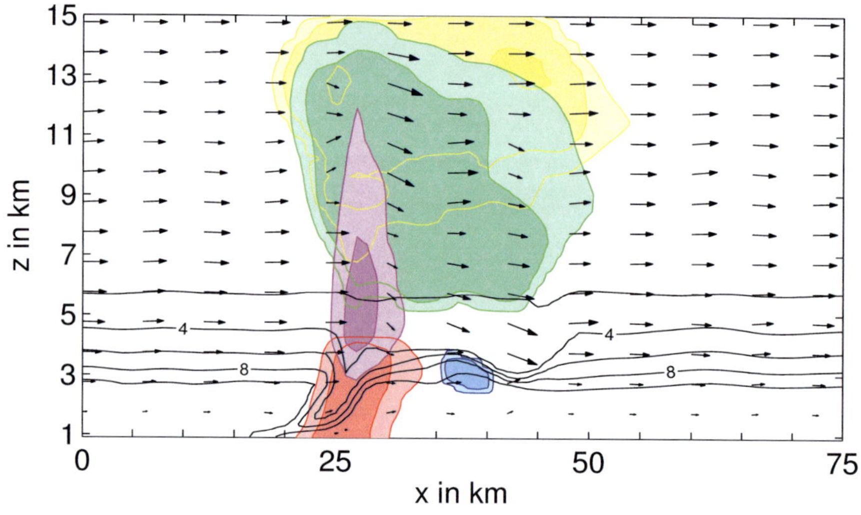

Abbildung 2.81: Wie Abb. 2.74, jedoch nach 70 Minuten.

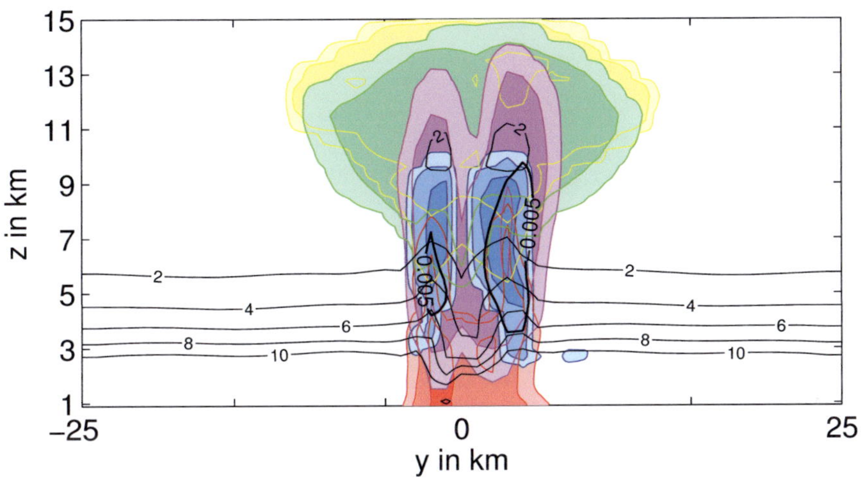

Abbildung 2.82: Wie Abb. 2.81, hier als $y$–$z$-Schnitt in der Fläche $x = 27\,$km. Die starke Linie gibt die Vorticity in s$^{-1}$ an.

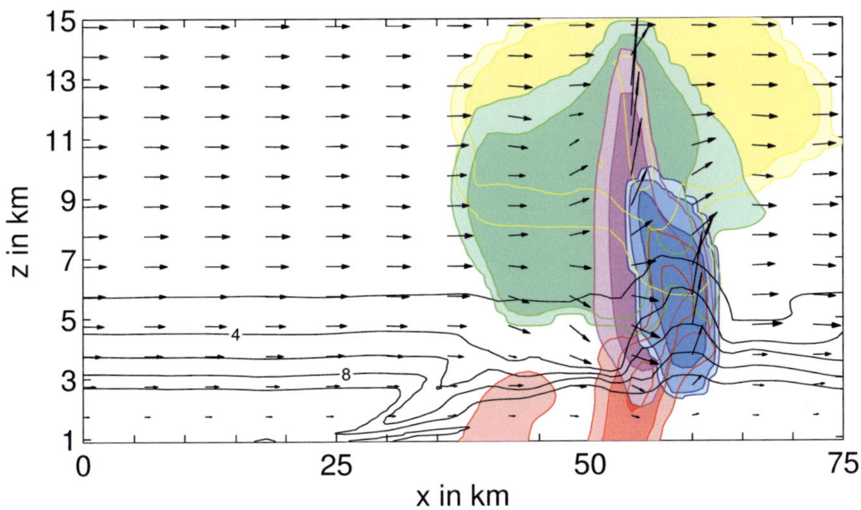

Abbildung 2.83: Wie Abb. 2.74, jedoch nach 100 Minuten.

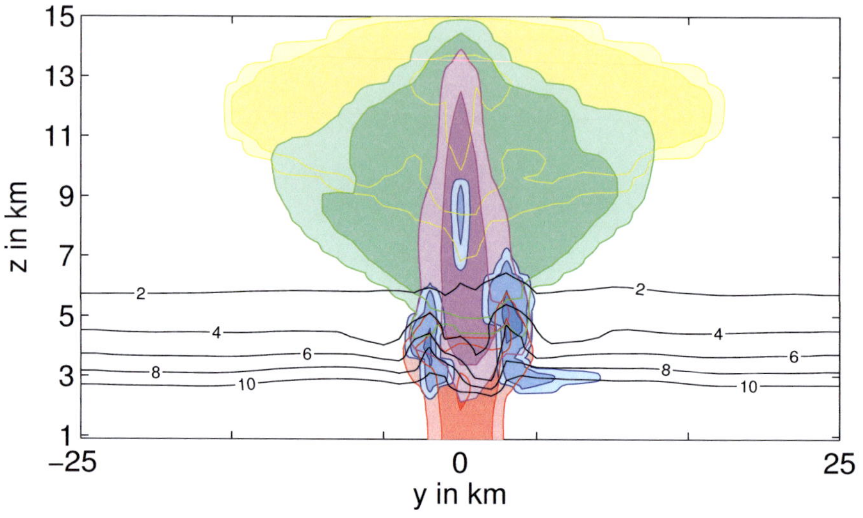

Abbildung 2.84: Wie Abb. 2.83, hier als $y$–$z$-Schnitt in der Fläche $x = 54\,\text{km}$.

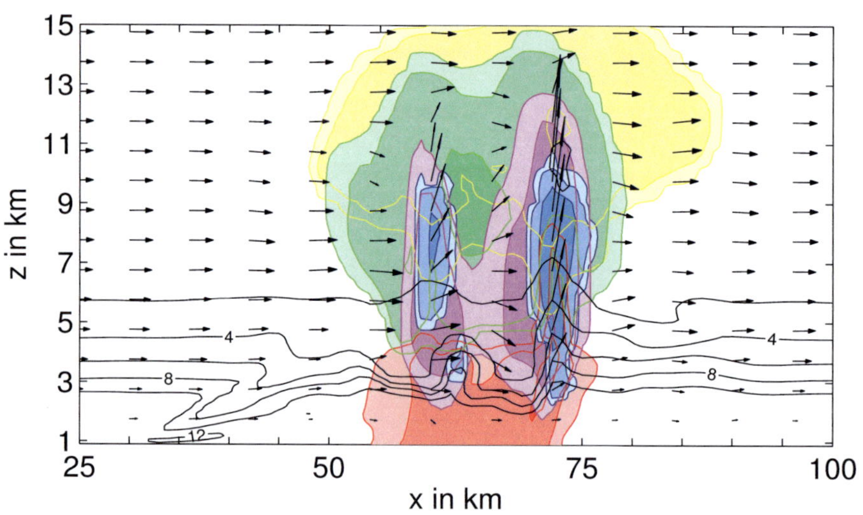

Abbildung 2.85: Wie Abb. 2.74, jedoch nach 120 Minuten.

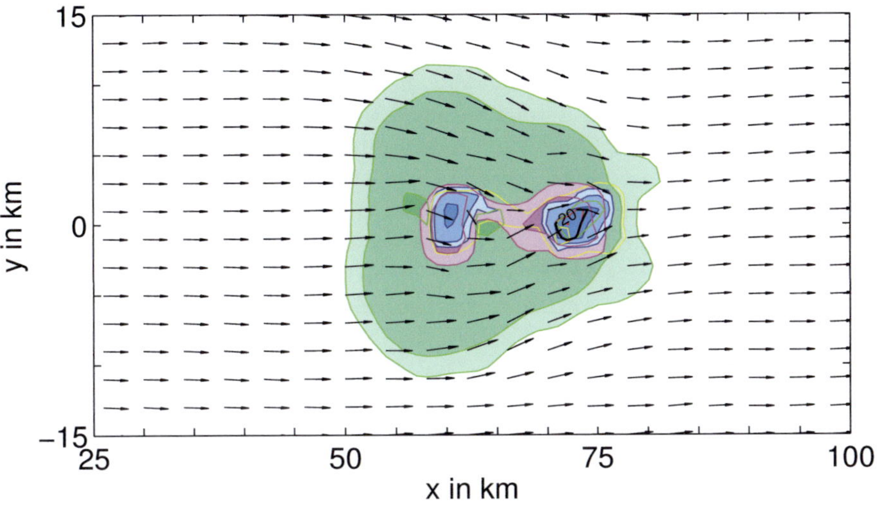

Abbildung 2.86: Wie Abb. 2.85, jedoch als Horizontalschnitt in der Höhe $z = 7,5\,\mathrm{km}$. Die starke Linie gibt die Vertikalgeschwindigkeit in $\mathrm{m\,s^{-1}}$ an.

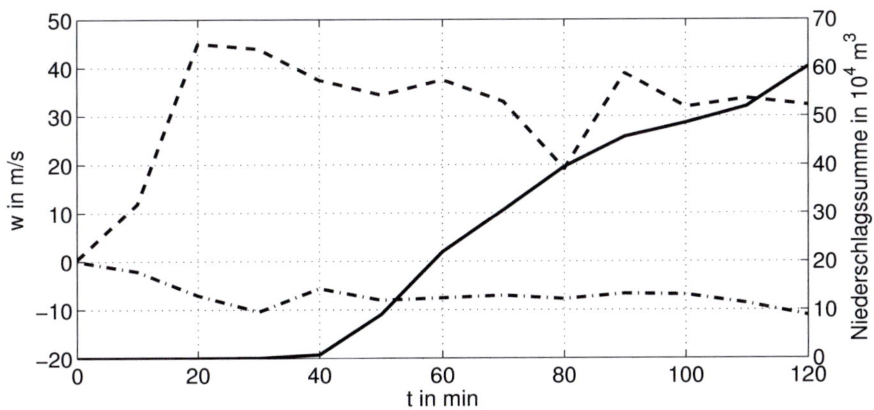

Abbildung 2.87: Wie Abb. 2.17, jedoch für Simulation 2M.

# 2.4 Das Mannheimer Hagelgewitter vom 27.6.01

In den vorhergehenden Abschnitten wurden anhand idealisierter Simulationen grundlegende Entwicklungszyklen hochreichender konvektiver Wolken erläutert. Dabei konnten bereits wesentliche Aspekte der Ausbildung konvektiver Wolken sowie ihrer Multizellen- und Vorticitydynamik aufgezeigt werden. Diese Darstellungen werden im vorliegenden Abschnitt durch eine weitere idealisierte Simulation ergänzt. Im Unterschied zu den bisher vorgegebenen Konfigurationen werden die Grundzustandswerte für die Simulation hier aus Messungen gewonnen, die im Abschnitt 2.4.1 kurz beschrieben werden. Die Messwerte stammen von Radiosonden- und Mastdaten, die am Abend des 27.6.01 gemessen wurden. Am Nachmittag desselben Tages trat ein Hagelgewitter in der Nähe von Mannheim auf, das durch Radarmessungen belegt ist. Das Gewitter weist Anzeichen eines Zellsplittings auf, wobei die in Windrichtung rechts gelegene Gewitterzelle selektiv verstärkt wird.

## 2.4.1 Die Datengrundlage

### Radiosonden- und Mastdaten

Die Initialisierung der Simulation erfolgt auf der Grundlage der Daten des Radiosondenaufstiegs vom 27.6.01, 18 UTC der DWD-Station Stuttgart-Schnarrenberg (WMO Code 10739), die in einer Höhe von 315 m über NN liegt. Ein Skew-T-log-p-Diagramm des Profils ist in Abb. 2.88 dargestellt. Das Profil ist gekennzeichnet durch eine CAPE von 1070 J kg$^{-1}$, eine CIN von 90 J kg$^{-1}$ und eine Bulk-Richardson-Zahl von $Ri = 47$, so dass eine Superzelle erwartet werden kann.

Um auch bodennahe Werte im Rheintal zu haben, wird das Radiosondenprofil um Daten in einer Höhe von 170 m über NN ergänzt. Dazu werden Temperatur und Taupunkt bei konstanter potentieller Temperatur und konstanter spezifischer Feuchte aus höhergelegenen Radiosondenwerten extrapoliert. Für Windgeschwindigkeit und -richtung werden Messwerte verwendet, die zum selben Termin am meteorologischen Messmast im Forschungszentrum Karlsruhe aufgezeichnet wurden. Das entsprechende Hodogramm ist in Abb. 2.89 dargestellt. Es zeigt, dass der Windschervektor mit der Höhe nach rechts dreht. Nach der Darstellung in Abschnitt 2.1 ist bei einer solchen Drehung des Windschervektors eine Superzelle zu erwarten, in der den Beobachtungen entsprechend die rechts gelegene Zelle verstärkt wird.

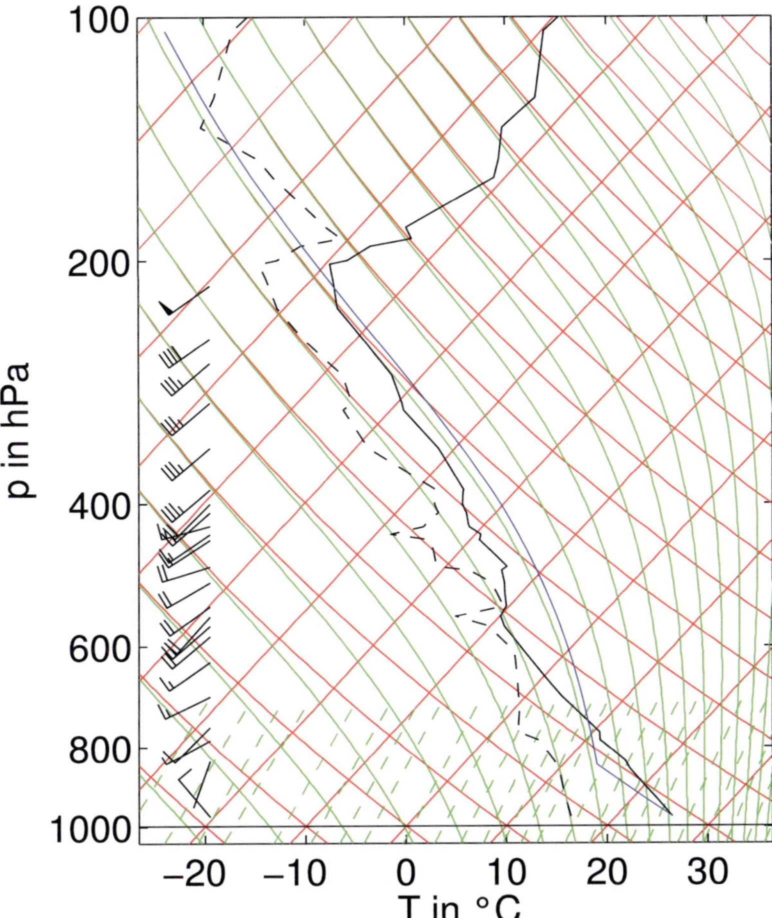



Abbildung 2.88: Skew-T-log-p-Diagramm der Temperatur (—) und der Tau-punktstemperatur (−−) des Radiosondenprofils der DWD-Station Stuttgart-Schnarrenberg vom 27.6.01, 18 UTC mit Windfahnen. In Blau ist der Temperaturverlauf für ein trocken- bzw. pseudoadiabatisch aufsteigendes Luftpaket eingetragen.

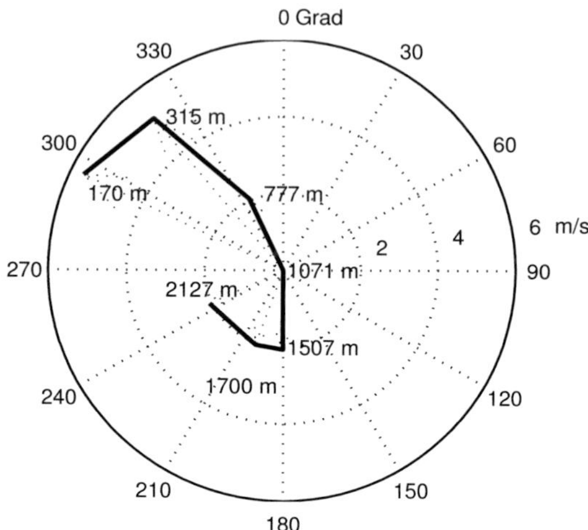


Abbildung 2.89: Hodogramm des um Mastdaten ergänzten Windprofils aus dem Radiosondenaufstieg der Station Stuttgart-Schnarrenberg vom 27.6.01, 18 UTC für die untersten 2127 m über NN.

## Radardaten

Die Radarmessungen wurden mit einem C-Band Doppler Radar durchgeführt, das seit 1993 vom Institut für Meteorologie und Klimaforschung am Forschungszentrum Karlsruhe auf dem Dach des Institutsgebäudes betrieben wird. Das Radar befindet sich in einer Höhe von 148 m über NN. Mit dem C-Band Radar werden seit August 1999 in zehnminütigen Intervallen je zwei Volumenscans durchgeführt. Ein Volumenscan besteht aus 14 Elevationen, in jeder Elevation wird der Radarreflektivitätsfaktor $Z$ bis zu einem maximalen Abstand von 120 km vom Radar gemessen.

Für den Zeitraum des 27.6.01 zwischen 17:00 Uhr und 18:50 Uhr MESZ sind Projektionen der Maxima der Radarreflektivität[3] $Z$ durch einen Ausschnitt des Messvolumens in den Abbildungen 2.91 bis 2.96, linke Spalten, dargestellt. Die Abbildungen zeigen bis um 17:30 Uhr im viertelstündigen

---

[3]Die Radarreflektivität wird in der Einheit $dBZ = 10 \log_{10}\left(\frac{Z}{Z_0}\right)$, mit $Z_0 = 1\,\mathrm{mm}^6\,\mathrm{m}^{-3}$
angegeben.

Abstand, ab 17:40 Uhr dann im fünfminütigen Abstand, wie sich die Radarreflektivität des Hagelgewitters entwickelt, das im Rheintal südwestlich von Mannheim entsteht und auf der Höhe von Mannheim die Rheintalebene nordostwärts durchquert. Zur Orientierung sind die Abbildungen durch die entsprechende Orographie unterlegt. Die horizontalen Achsen der Abbildung beziehen sich auf ein kartesisches Koordinatensystem, dessen Ursprung am Radarstandort liegt. Die Ordinate des Koordinatenystems zeigt nach Norden. In den Seitenrissen der Abbildungen gibt die $z$-Achse jeweils die Höhe über NN wieder. Die Hageltätigkeit des Gewitters konnte durch Augenzeugenberichte bestätigt werden.

## 2.4.2 Die Simulation

Die Simulation wird mit $161 \times 161 \times 51$ Gitterpunkten und horizontalen wie vertikalen Gitterabständen von 500 m durchgeführt. Die unterste Rechenfläche liegt 125 m über dem Boden, welcher im Modellgebiet auf eine Höhe von 110 m festgelegt wird. Zur Orientierung gibt Abb. 2.90 die Lage des Modellgebiets bezüglich der Himmelsrichtungen und die Ausrichtung der $x$-Achse sowie der $y$-Achse an. In der folgenden Diskussion werden neben Horizontalschnitten und -projektionen auch Vertikalschnitte parallel zu den ebenfalls eingezeichneten $x^*$- und $y^*$-Achsen gezeigt. Die Konvektion wird durch eine Thermikblase angeregt. Die Initialisierung der Thermikblase erfolgt gleich zu Beginn des Modelllaufs nach dem bereits früher angewendeten Verfahren. Das Zentrum der Thermikblase liegt dabei je 20 km vom linken und unteren Modellrand entfernt, es ist in Abb. 2.90 ebenfalls eingezeichnet. Für die Initialisierung der Thermikblase wird $z_i = 3\,\mathrm{km}$ und $H_b = 650\,\mathrm{W\,m^{-2}}$ vorgegeben (siehe Gl. (2.13)).

Den Darstellungen der Radardaten in den Abbildungen 2.91 bis 2.96 sind in den rechten Spalten für jeden Zeitpunkt entsprechende Projektionen der Maxima der aus Modellergebnissen abgeleiteten Radarreflektivität $Z$ gegenübergestellt. Die in den Abbildungen angegebene Uhrzeit bezieht sich dabei auf den Zeitpunkt nach Initialisierung der Thermikblase. Die Radarreflektivität wird für alle Partikelklassen auf der Grundlage der Rayleigh-Näherung berechnet (Seifert, 2002). Bei Temperaturen von $T < 0\,°\mathrm{C}$ wird dabei für Graupeln, Schnee und Wolkeneis der Dielektrizitätsfaktor von Eis verwendet, bei $T \geq 0\,°\mathrm{C}$ entsprechend der Dielektrizitätsfaktor von Wasser (siehe ebenfalls Seifert, 2002). Die Berücksichtigung von durch mit einer Wasserhaut überzogenen schmelzenden Eispartikel liegen außerhalb der derzeitig

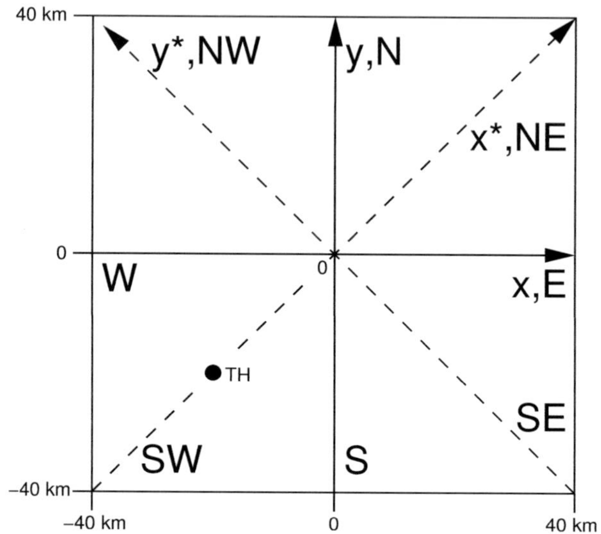


Abbildung 2.90: Orientierung des Modellgebiets bezüglich der Himmelsrichtungen. Das Zentrum der Thermikblase (TH), mit der die Simulation der Mannheimer Hagelzelle initiiert wird, ist mit einem Punkt markiert.

verfügbaren Theorie. Dementsprechend findet man in den Modellergebnissen insgesamt einen markanten Rückgang der Radarreflektivität oberhalb der Schmelzzone, der in den Radarmessungen in dieser Form nicht beobachtet wird. Generell werden in den Simulationsergebnissen keine Reflektivitäten $\geq 60\,$dBZ beobachtet. Ein Grund dafür kann unter anderem in einer fehlenden Beschreibung der Reflektivität von vereinzelten größeren oder benetzten Hagelkörnern liegen. Ein Vergleich der Strukturen der Reflektivität zeigt, dass die zeitliche und räumliche Entwicklung des simulierten Gewitters innerhalb der ersten 95 Minuten nach Initialisierung der Thermikblase mit derjenigen des beobachteten Gewitters gut übereinstimmt. Der auffallendste Unterschied ist, dass eine Region erhöhter bodennaher Reflektivität im nordöstlichen Teil des simulierten Gewitters auftritt, die in dieser Form in der gemessenen Radarreflektivität kleinräumiger ausfällt. Das simulierte Gewitter bewegt sich insgesamt deutlich langsamer in nordöstlicher Richtung als das beobachtete. Nach 105 Minuten entstehen wiederholt konvektive Zellen am nördlichen Modellrand, die sich rasch ausbreiten, so dass ein Vergleich nach 120 Minuten nicht mehr sinnvoll erscheint.

Es zeigt sich, dass sich in den ersten 30 Minuten der Gewitterentwicklung zunächst eine Einzelzelle ausbildet, in der die Region höchster Reflektivität entlang einer von Südwest nach Nordost weisenden Achse ausgerichtet ist. 40 Minuten nach Initialisierung der Thermikblase zeigt das Simulationsergebnis deutliche Anzeichen eines Zellsplittings, was durch die Radarmessung bestätigt wird. Die Gewitterzelle zeigt zunächst an den seitlichen Flanken erhöhte Reflektivitäten. Bemerkenswert ist, dass die Doppelstruktur in der Reflektivität der südöstlichen Zelle nach 65 Minuten in der Radarmessung ebenfalls zu erkennen ist (siehe unten). Nach 75 Minuten ist ein sich im weiteren Verlauf der Simulation fortsetzender Rückgang der Reflektivität in der nordwestlichen Zelle festzustellen, der in der vermessenen Zelle ab 18:05 Uhr ebenfalls einsetzt. Die südöstliche Zelle zeigt in der Simulation nach 80 Minuten Ansätze einer bogenförmigen Struktur, dem *Hook Echo*, das sich im späteren Verlauf jedoch nicht weiter entwickelt. Gegen 18:25 Uhr gelangt die vermessene Gewitterzelle bei Heidelberg in stärker orographisch gegliedertes Gelände. Wie bereits angesprochen, unterscheiden sich die Strukturen in der Reflektivität der Gewitterzelle ab diesem Zeitpunkt zunehmend, die Verstärkung hochreichender Gewittertätigkeit, die in der Radarmessung beobachtet wird, wird von der Simulation nicht mehr nachvollzogen. Die Grundstruktur einer sich abschwächenden nordwestlichen Zelle und einer südöstlichen Zelle mit weiterhin erhöhter Radarreflektivität bleibt jedoch auch im weiteren Verlauf erkennbar.

In den Abbildungen 2.97 bis 2.102 ist die Struktur des simulierten Gewitters in den ersten 30 Minuten nach Initialisierung der Thermikblase detaillierter dargestellt. Die Abbildungen 2.97 bis 2.99 zeigen $x^*$–$z$-Schnitte in der Ebene $y^* = 0$, Abb. 2.100 zeigt einen $y^*$–$z$-Schnitt in der Ebene $x^* = -20\,\mathrm{km}$. In den ersten 20 Minuten stellt man bereits verstärkte Koagulation der durch Kondensation entstandenen Wolkentropfen, ebenso eine Bereifung im gesamten Amboss der Wolke fest. Kondensation findet im Bereich der stärksten Aufwinde zunehmend im südwestlichen Teil der Wolke statt. Die Abbildungen 2.101 und 2.102 lassen nach 30 Minuten in diesem Teil der Wolke in unteren bis mittleren Niveaus einen ausgeprägten Vorticitydipol erkennen. Die höchsten Vertikalgeschwindigkeiten fallen hier mit den Regionen starker zyklonaler sowie antizyklonaler Vorticity an den Flanken der Wolke zusammen, sie betragen in einer Höhe von $4\,\mathrm{km}$ mehr als $20\,\mathrm{m\,s^{-1}}$. In größerer Höhe liegt die Region stärkster Aufwinde noch im südwestlichen

Zentrum der Wolke mit Vertikalgeschwindigkeiten in 11 km Höhe von etwas mehr als $25\,\mathrm{m\,s^{-1}}$. Verstärkte Kondensation in unteren bis mittleren Höhen der Wolke findet man ebenfalls an den Flanken. Fortgesetzte Vorticityerzeugung nordwestlich bzw. südöstlich der gesplitteten Aufwindbereiche, die hier nicht dargestellt ist, führt zu weiterer Kondensation an den seitlichen Flanken, so dass sich die Aufwindzentren nach 40 Minuten fast vollständig getrennt haben.

Die Abbildungen 2.103 und 2.104 zeigen 40 Minuten nach Initialisierung des Gewitters in Horizontalschnitten knapp oberhalb der Schmelzzone in 4 km Höhe insgesamt drei Aufwindzentren, die jeweils im Bereich stärkster Vorticity vorzufinden sind. In diesen Regionen entstehen vermehrt Wolkentropfen, in den südwestlichen Aufwindzentren sind in der dargestellten Höhe auch Regentropfen vorzufinden. Im Bereich des Ambosses mit der eingelagerten schwachen Aufwindregion im Nordosten der Gewitterzelle bildet sich im weiteren Verlauf der Simulation vergleichbar dem typischen vorderseitigen Abwind in einer Superzelle (engl. forward flank downdraft, FFD) eine Niederschlagsregion aus, die auch in der Radarreflektivität gut zu erkennen ist. Der Niederschlag entsteht hier hauptsächlich durch beim Absinken schmelzenden Graupel. In der Radarmessung ist eine solche Region ebenfalls gut zu erkennen, wie bereits angemerkt fällt sie jedoch nicht so raumgreifend aus wie in der Simulation. Während sich nach 65 Minuten in der linken Gewitterzelle in 4 km Höhe wiederum ein Vorticitydipol ausgebildet hat, findet man die Vorticity und damit auch die Vertikalbewegung in der rechten Zelle eher bänderartig angeordnet (Abb. 2.106). Dies bringt eine ebensolche Anordnung in der Massendichte von Graupeln, Wolken- und Regentropfen mit sich, welche in der Radarreflektivität als die bereits angesprochene Doppelstruktur wiederzufinden ist (Abb. 2.105). Nordöstlich dieser Struktur erkennt man am horizontalen Windfeld vorderseitiges Entrainment von Umgebungsluft aus südöstlicher Richtung.

Horizontalschnitte durch das Gewitter in 2,5 km und 5 km Höhe, 80 Minuten nach Initialisierung der Thermikblase, sind in den Abbildungen 2.107 und 2.108 gegeben. In 2,5 km Höhe ist das rückseitig der rechten Zelle durch Kondensation charakterisierte Einfließen von Umgebungsluft in den Aufwindbereich zu sehen, der in 5 km Höhe Vertikalgeschwindigkeiten von mehr als $20\,\mathrm{m\,s^{-1}}$ erreicht. Außerdem erkennt man einen ausgeprägten Bereich erhöhter Massendichte von Regentropfen im Norden der Aufwindregion, in dem Fallgeschwindigkeiten von über $5\,\mathrm{m\,s^{-1}}$ auftreten. Diese Konfiguration bleibt auch in den anschließenden 15 Minuten der Simulation aufrecht erhalten (Abb. 2.109). Ein rückseitiges Abwindgebiet (engl. rear flank downdraft, RFD), wie es sich bei einer zur Tornadobildung neigenden Superzelle entwickelt, entsteht nicht. Vergleiche dazu auch Abb. 2.5, in der die Skizze eines bodennahen Horizontalschnittes durch eine idealtypische Superzelle nach Lemon und Doswell III (1979) dargestellt ist. Wie in den früheren Darstellungen zeigt Abb. 2.110 die Extrema der Vertikalgeschwindigkeit im Gewitter sowie die Niederschlagssumme am Boden innerhalb der ersten 120 Minuten der Simulation. Die maximale Geschwindigkeit des Aufwinds wird etwa 20 Minuten nach Initialisierung der Thermikblase erreicht und bleibt im Verlauf der Simulation zwischen 30 und $40\,\mathrm{m\,s}^{-1}$ aufrecht erhalten. Zusammen mit den stärksten Abwinden von bis zu $20\,\mathrm{m\,s}^{-1}$ setzt nach 35 Minuten der erste Niederschlag ein. Nach 60 Minuten nimmt die Niederschlagssumme nahezu linear zu auf $21 \times 10^6\,\mathrm{m}^3$ nach 120 Minuten.

Die Simulation zeigt, dass es sich bei dem beobachteten Gewitter um eine Superzelle handelt, die eine charakteristische Aufteilung der Gewitterzellen und eine selektive Verstärkung der in Strömungsrichtung rechts liegenden Zelle aufweist. Ein Vergleich der aus Modelldaten abgeleiteten Radarreflektivität zeigt über einen Zeitraum von 95 Minuten gute qualitative Übereinstimmung mit Radarmessungen. Für einen quantitativen Vergleich erscheinen die Defizite insgesamt jedoch noch zu groß. Dabei muss man beachten, dass beispielsweise eine Abschattung der Radarstrahlung durch die umliegenden Mittelgebirge bei der Ableitung der Reflektivität aus Modelldaten nicht berücksichtigt wurde, so dass die Unterschiede der bodennahen Reflektivität zwischen Radar- und Modelldaten nicht quantifiziert werden können. Auf die Problmatik einer Behandlung von Schmelzprozessen wurde bereits hingewiesen. Am deutlichsten wird der Unterschied zwischen gemessenem und simuliertem Gewitter, wenn die beobachtete Zelle nach 95 Minuten in orographisch gegliedertes Gelände gelangt. Ob sich im weiteren Verlauf der radargemessenen Zelle also ein rückseitiges Abwindgebiet ausbildet, kann mit Hilfe der Simulation nicht entschieden werden. Aus diesem Grund wurden verschiedene weitere Simulationen des Mannheimer Hagelgewitters vom 27.6.01 durchgeführt, in denen zum einen der bodennahe Wind abweichend zum oben beschriebenen Verfahren initialisiert wurde (z. B. durch Hinzunahme von Daten aus anderen Höhen des meteorologischen Messmastes) und zum anderen die Orographie berücksichtigt wurde. Die Ergebnisse zeigen jedoch eine sehr hohe Sensitivität der Simulationen speziell auf den Wind in der Umgebung, so dass keine Simulation qualitativ besser mit der Beobachtung übereinstimmt als die hier dargestellte.

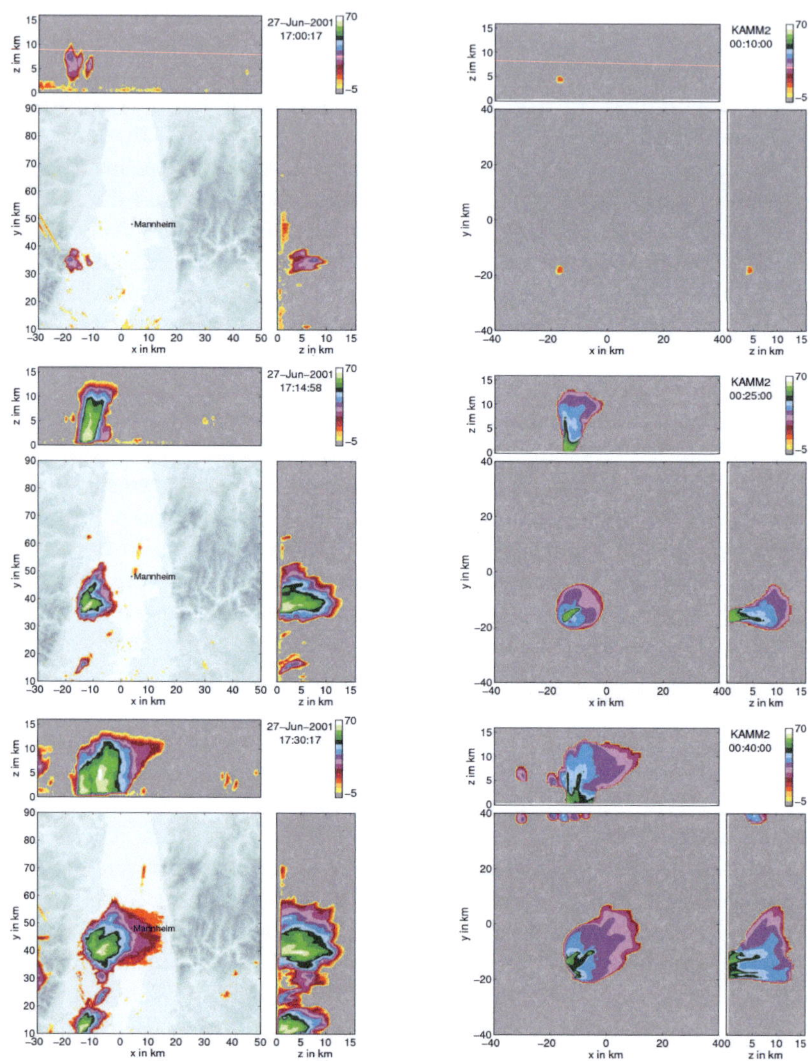

Abbildung 2.91: Radarreflektivität in dBZ aus Radarmessungen (links) und Modellsimulation (rechts) zum Mannheimer Hagelgewitter vom 27.6.01.

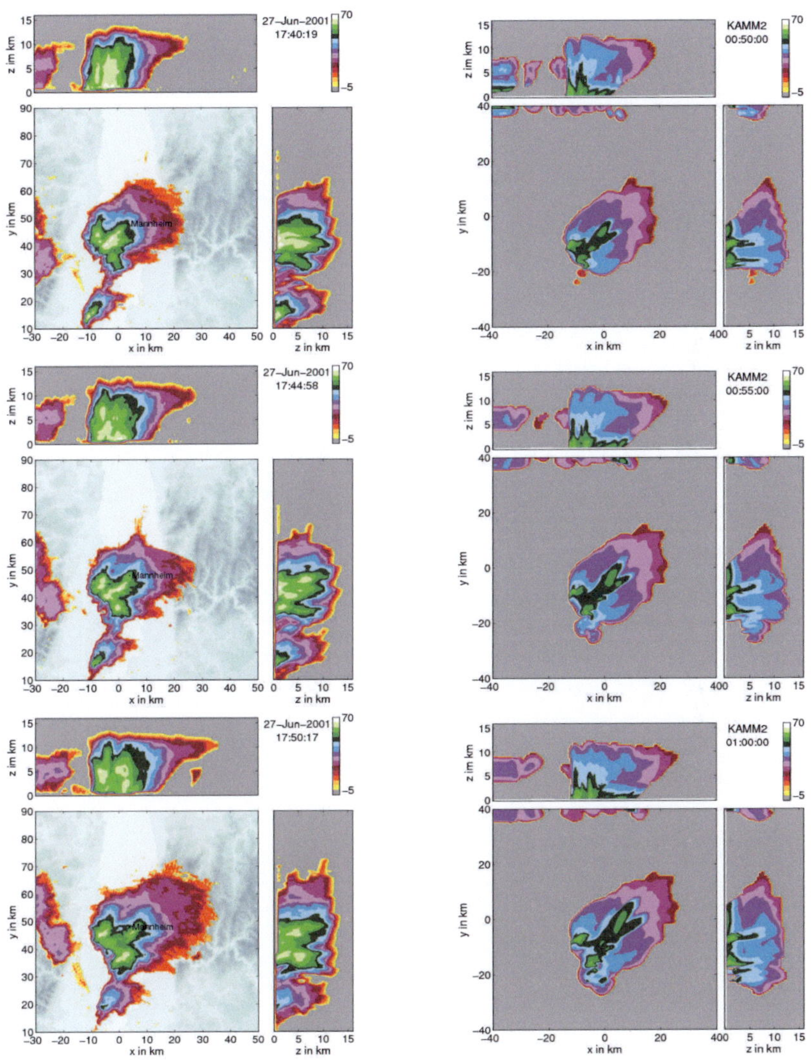

Abbildung 2.92: Siehe Abb.2.91.

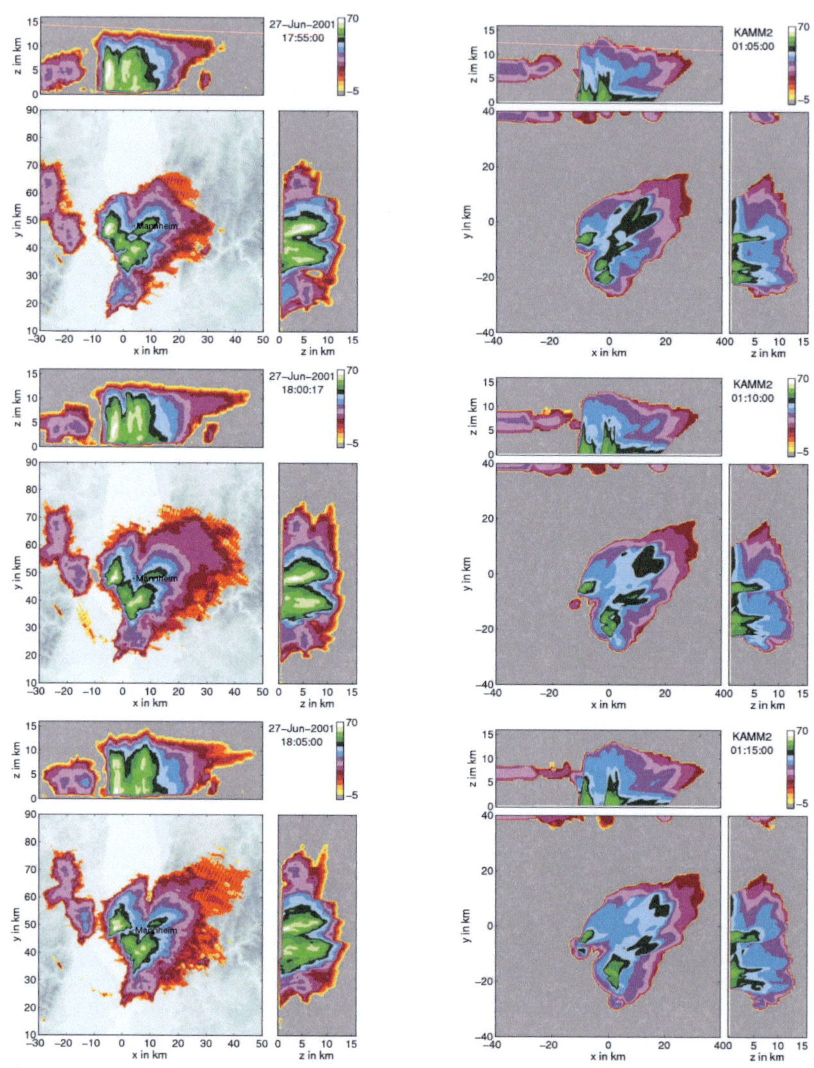

Abbildung 2.93: Siehe Abb.2.91.

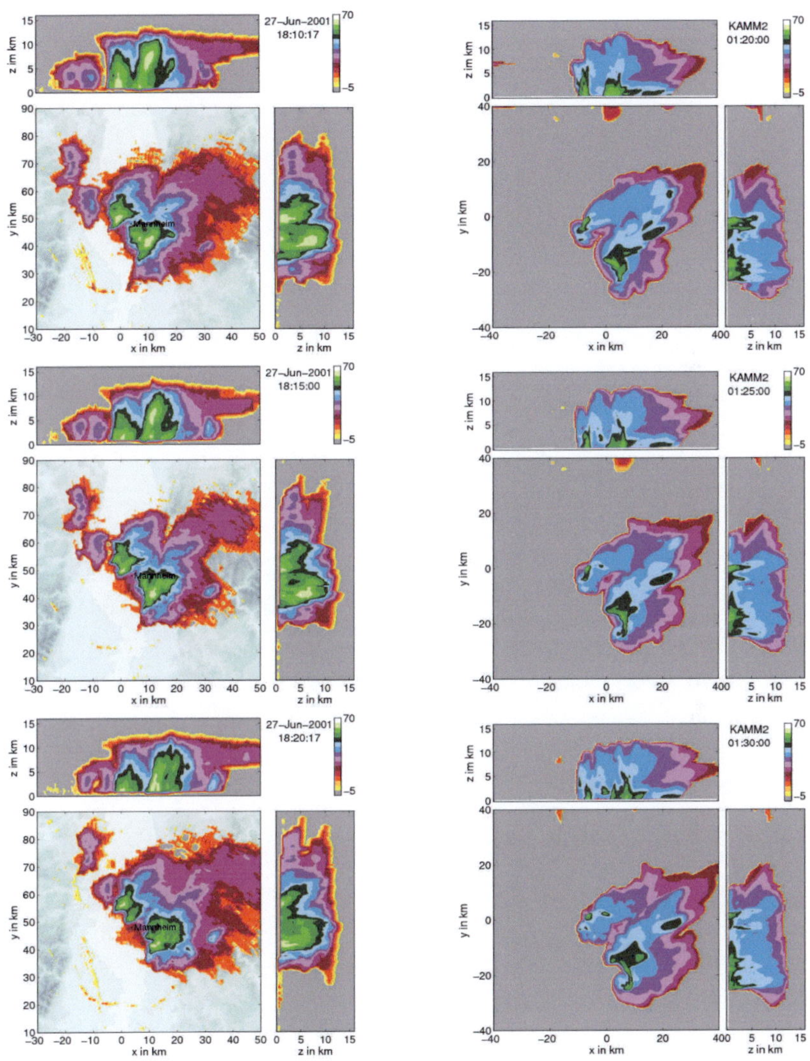

Abbildung 2.94: Siehe Abb.2.91.

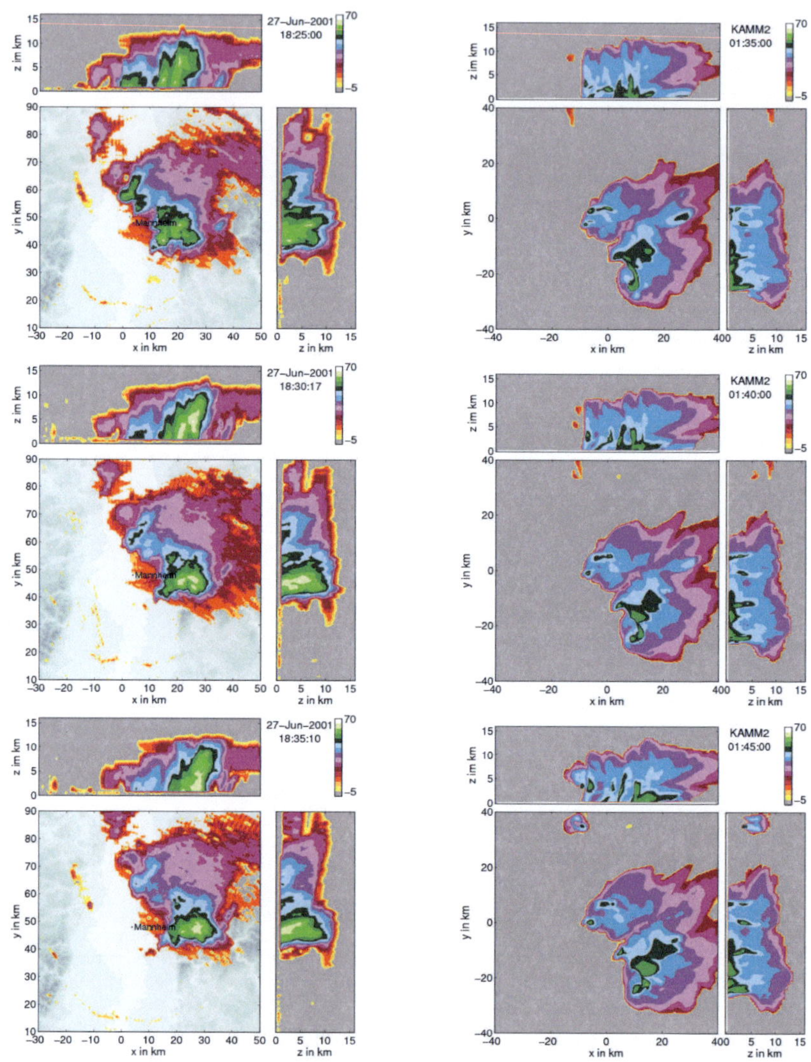

Abbildung 2.95: Siehe Abb.2.91.

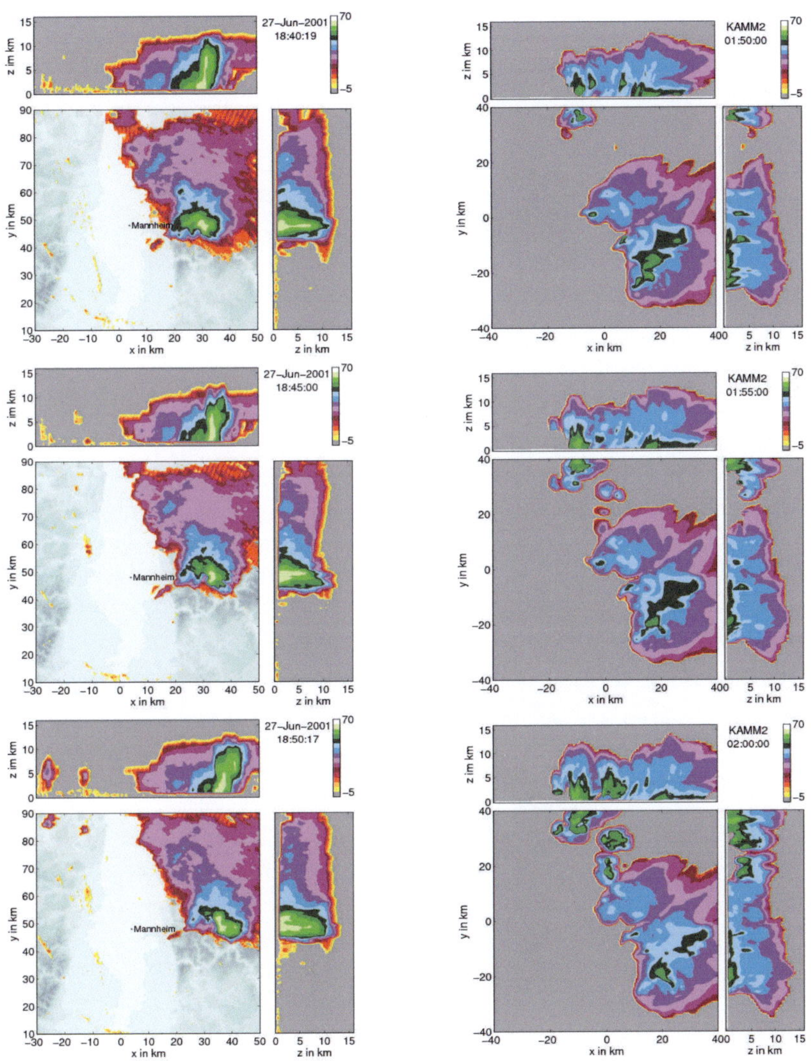

Abbildung 2.96: Siehe Abb.2.91.

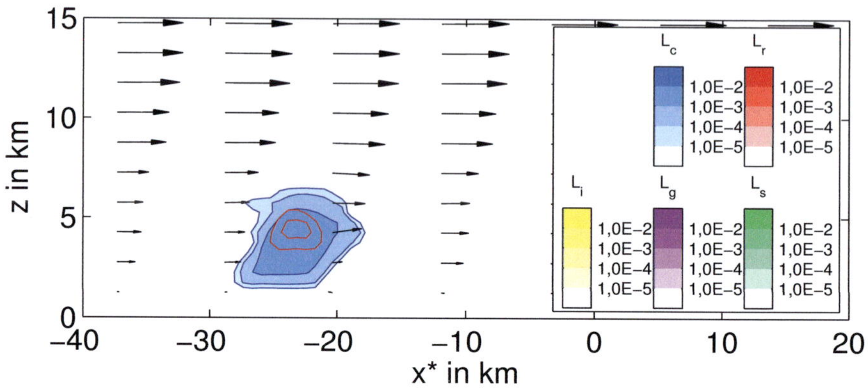

Abbildung 2.97: Massendichten der Hydrometeore in $\mathrm{kg\,m^{-3}}$ (blau = Wolkentropfen, rot = Regentropfen, gelb = Wolkeneis, magenta = Graupel und grün = Schnee) für die Simulation zum Mannheimer Hagelgewitter vom 27.6.01, 10 Minuten nach Initialisierung der Thermikblase in einem $x^*$–$z$-Schnitt in der Fläche $y^* = 0$. Die Pfeile geben den Windvektor an. Ihre Länge ist in $x^*$-Richtung mit $5\,\mathrm{m\,s^{-1}} \simeq 1\,\mathrm{km}$ und in z-Richtung mit $10\,\mathrm{m\,s^{-1}} \simeq 1\,\mathrm{km}$ normiert.

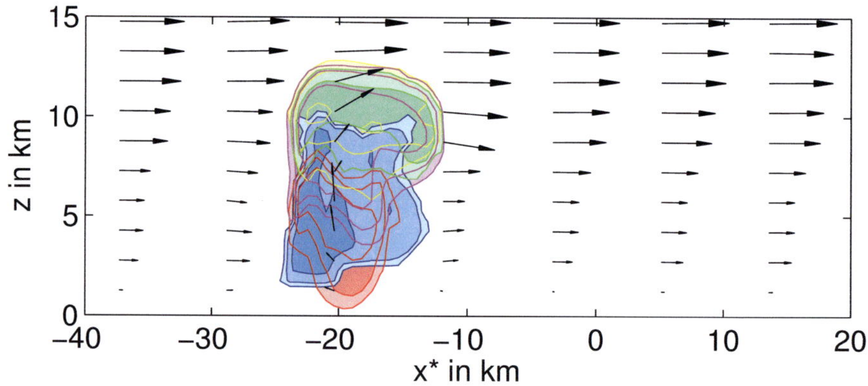

Abbildung 2.98: Wie Abb. 2.97, jedoch nach 20 Minuten.

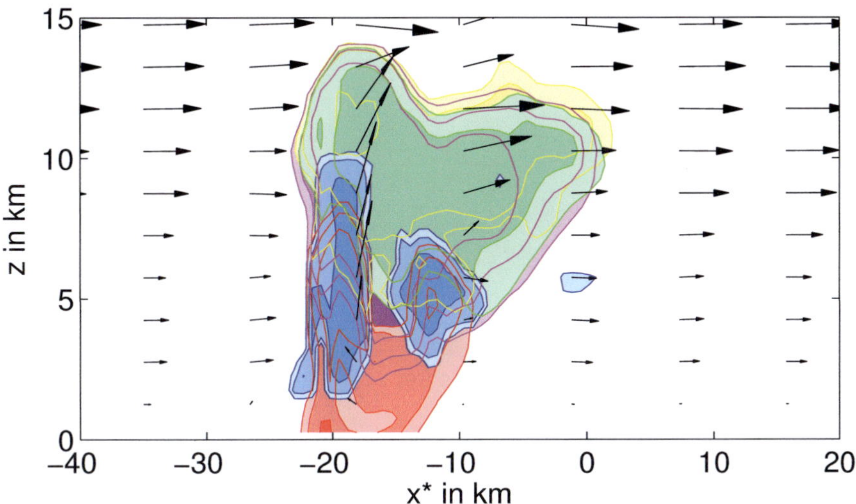

Abbildung 2.99: Wie Abb. 2.97, jedoch nach 30 Minuten.

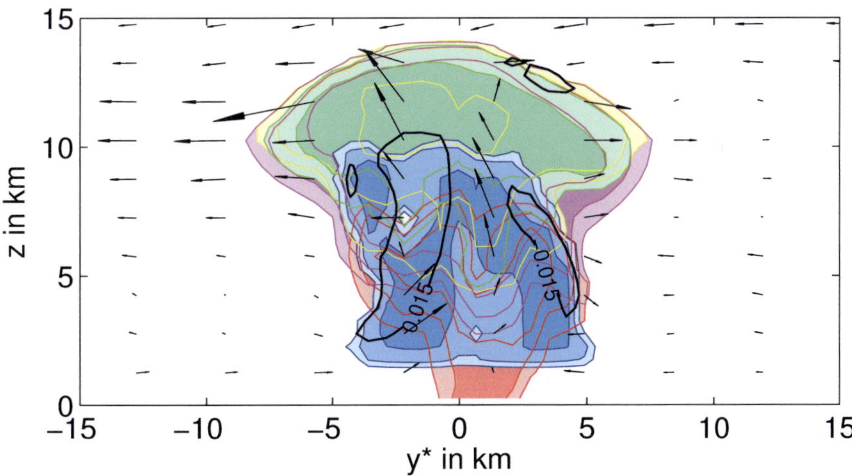


Abbildung 2.100: Wie Abb. 2.99, hier jedoch als Vertikalschnitt in der Fläche $x^* = -20\,\mathrm{km}$. Die dicken Linien geben die Vorticity in $\mathrm{s}^{-1}$ an.

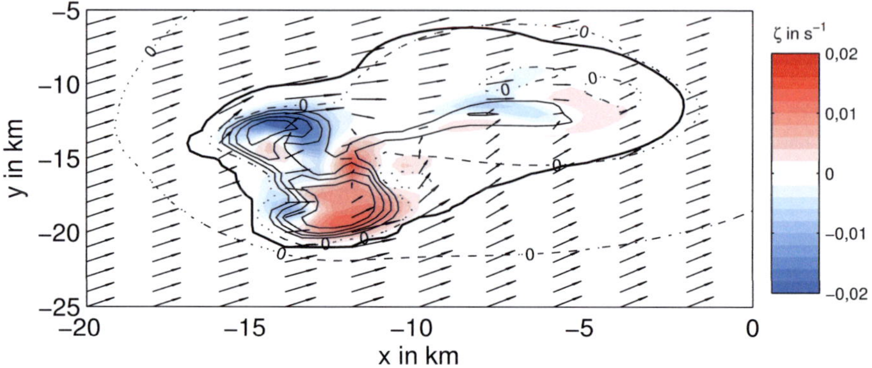

Abbildung 2.101: Vorticity (farbig) und Auf- (—) und Abwindgeschwindigkeit ($\cdots$) für die Simulation zum Mannheimer Hagelgewitter vom 27.6.01 in einem Horizontalschnitt in einer Höhe von $z = 4\,\text{km}$ nach 30 Minuten. Die Isotachen sind ausgehend von der Nullinie ($-\cdot$) im Abstand von $5\,\text{m}\,\text{s}^{-1}$ skaliert. Die dicke Linie gibt eine Massendichte der Hydrometeore von $10^{-5}\,\text{kg}\,\text{m}^{-3}$ wieder. Die Länge der horizontalen Windvektoren ist in beiden Richtungen mit $10\,\text{m}\,\text{s}^{-1} \simeq 1\,\text{km}$ normiert.

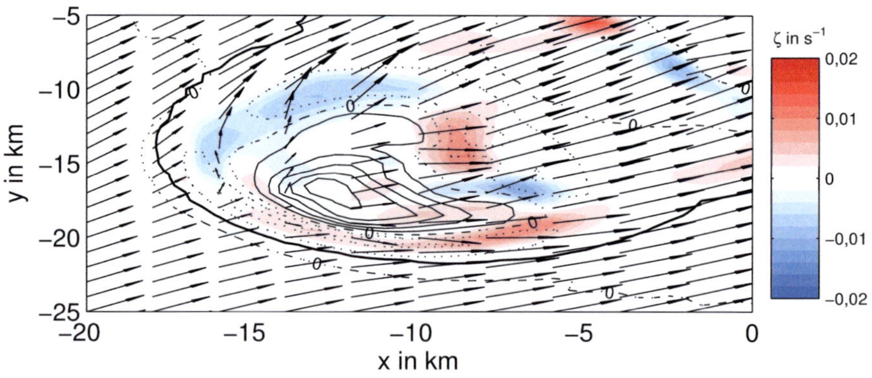

Abbildung 2.102: Wie Abb. 2.101, jedoch in einer Höhe von $z = 11\,\text{km}$.

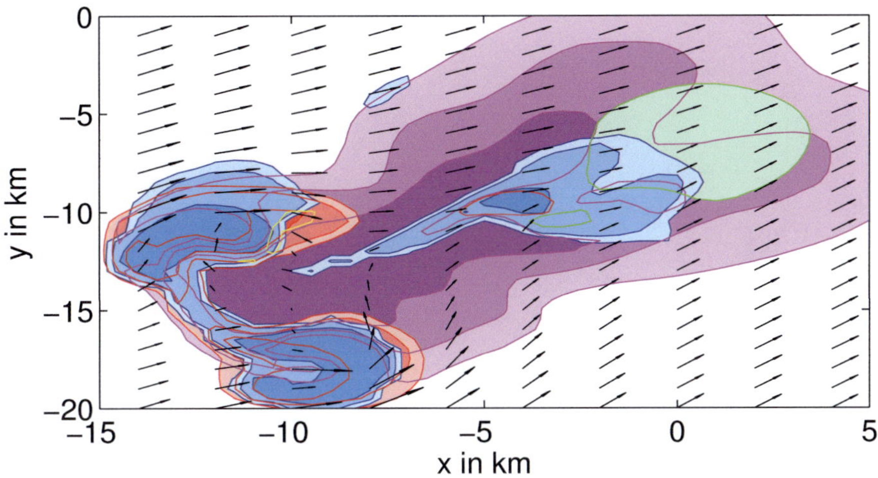

Abbildung 2.103: Wie Abb. 2.97, jedoch als Horizontalschnitt in der Höhe $z = 4\,\mathrm{km}$ nach 40 Minuten. Die horizontalen Windvektoren sind in beiden Richtungen mit $10\,\mathrm{m\,s^{-1}} \simeq 1\,\mathrm{km}$ normiert.

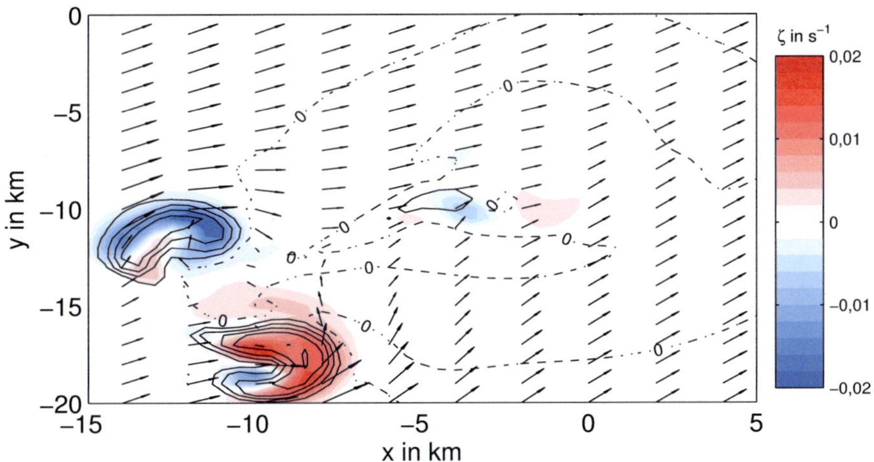

Abbildung 2.104: Wie Abb. 2.101, jedoch nach 40 Minuten.

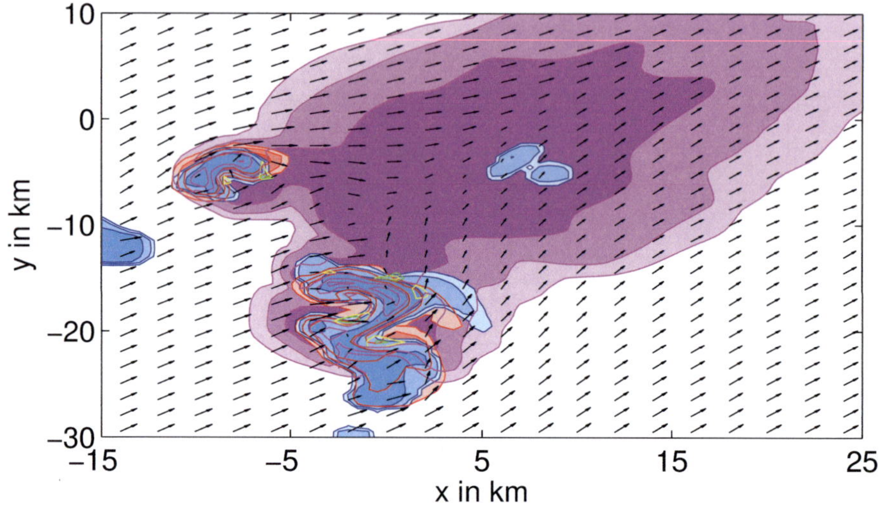

Abbildung 2.105: Wie Abb. 2.103, jedoch nach 65 Minuten.

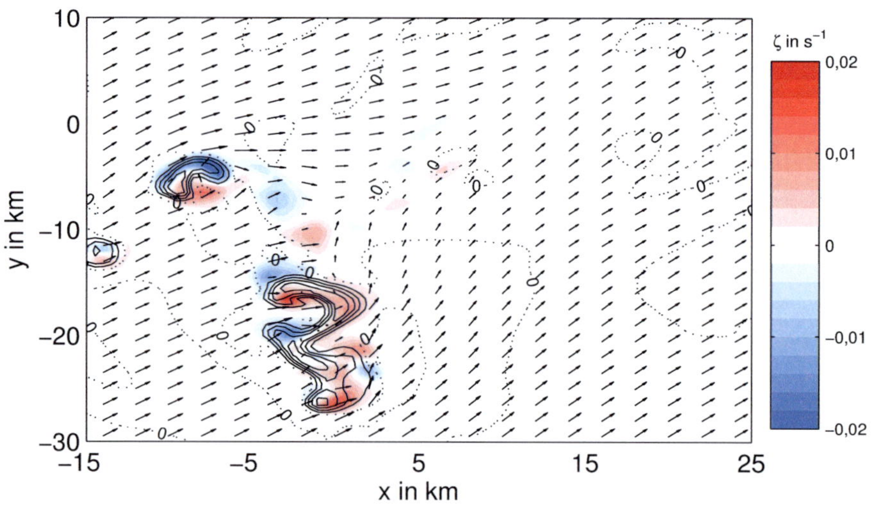

Abbildung 2.106: Wie Abb. 2.104, jedoch nach 65 Minuten.

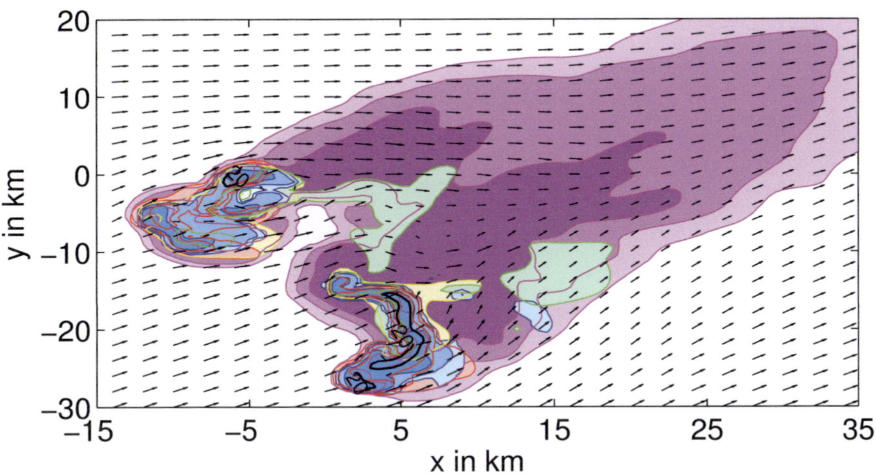

Abbildung 2.107: Wie Abb. 2.103, jedoch in der Höhe $z = 5\,\mathrm{km}$ nach 80 Minuten. Die dicke Linie gibt die Vertikalgeschwindigkeit in $\mathrm{m\,s^{-1}}$ an.

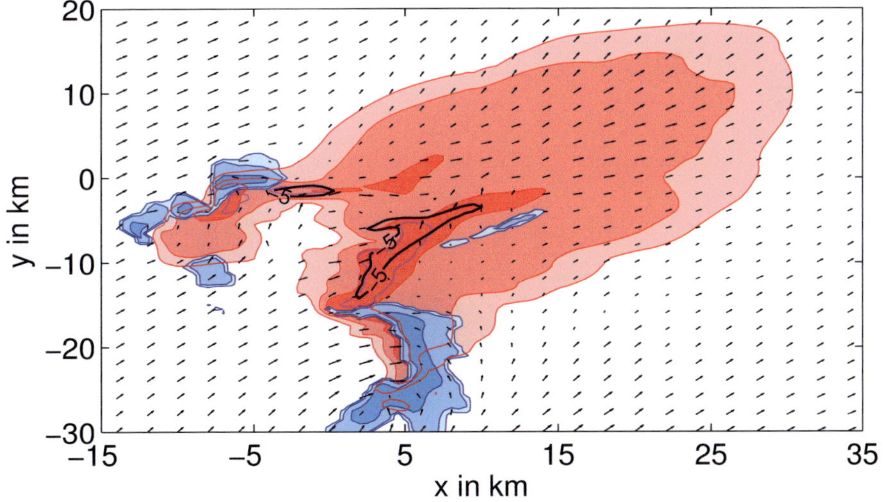

Abbildung 2.108: Wie Abb. 2.107, jedoch in der Höhe $z = 2,5\,\mathrm{km}$.

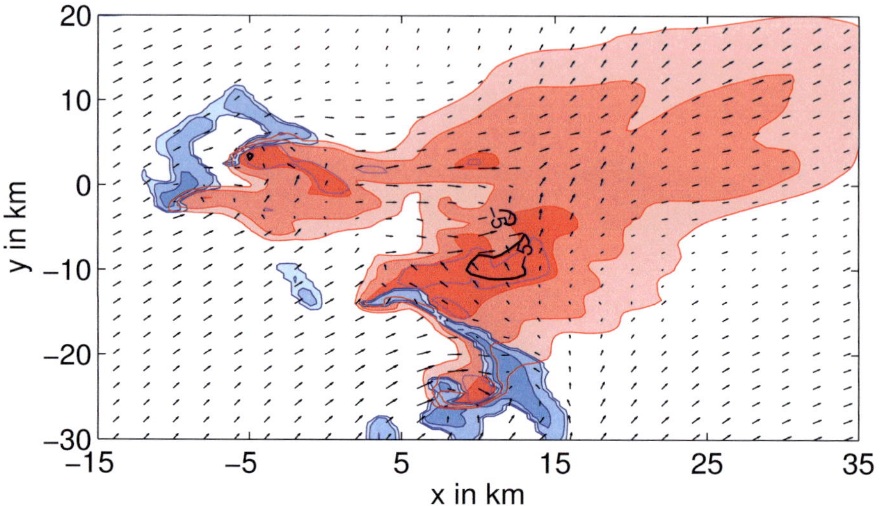

Abbildung 2.109: Wie Abb. 2.108, jedoch nach 95 Minuten.

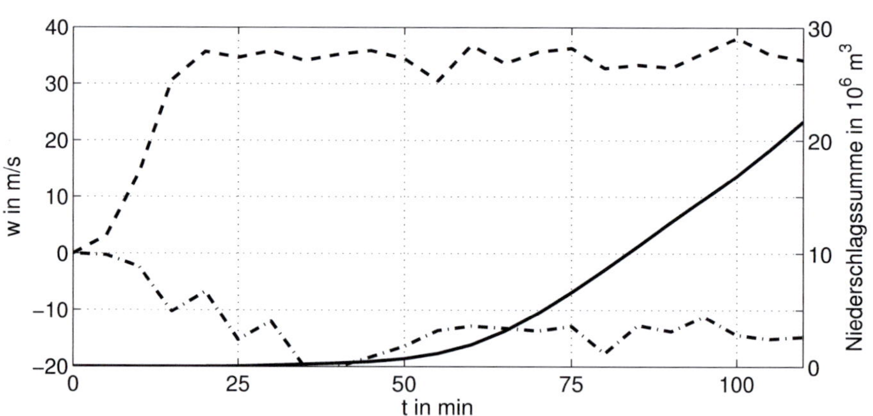

Abbildung 2.110: Zeitreihen der Maxima (– –) und der Minima (– ·) der Vertikalgeschwindigkeit sowie der Niederschlagssumme am Boden (—) im gesamten Modellgebiet für die Simulation des Mannheimer Hagelgewitters vom 27.6.01.

# Kapitel 3

# Orographische Effekte in geschichteten Strömungen

Im Folgenden werden orographische Effekte zunächst in trockenen, stabil geschichteten Strömungen behandelt. Anhand analytischer Lösungen sowie auf der Basis idealisierter Modellsimulationen werden Parameter abgeleitet, welche bei einer Analyse der Entwicklung konvektiver Wolken in einfachen Gebirgswellenströmungen verwendet werden können. Die hier erstellten Simulationen bilden die Grundlage für ein Studium konvektiver Wolken in orographisch gegliedertem Gelände im anschließenden Kapitel.

## 3.1 Grundlagen

Durch orographisch gegliedertes Gelände wird die großräumige Strömung der Atmosphäre gestört. In einem typischen Mittelgebirge haben die durch die Orographie ausgelösten Störungen fast alle dieselbe horizontale Längenskala wie die Geländestrukturen. Sie sind daher der Mesoskala $\beta$ und $\gamma$ zuzuordnen. Die Strömungsphänomene, die im Zusammenhang mit den Störungen auftreten, können in thermisch sowie in dynamisch induzierte Phänomene untergliedert werden (vgl. Atkinson, 1989). Zu den thermisch induzierten Phänomenen gehören Hangwinde sowie Berg- und Talwindsysteme, die hauptsächlich durch lokale Variationen der Temperatur über inhomogenem Gelände verursacht werden. Dynamisch induziert sind hingegen diejenigen Störungen, die durch Um- und Überströmung orographischer Hindernisse entstehen. Sie werden durch die Geometrie der Hindernisse sowie durch den Zustand der ungestörten Strömung bestimmt und sind oftmals von wellenförmiger Natur. Die folgenden Darstellungen beziehen sich auf solche dynamisch induzierten Störungen.

### 3.1.1 Zweidimensionale Strömungen

Zunächst werden dynamisch induzierte Störungen einer Strömung betrachtet, die in einer vertikal orientierten Ebene verläuft (zweidimensionaler Fall). Die Geometrie eines zweidimensionalen Strömungshindernisses wird durch die effektive Höhe $h$ und die charakteristische Länge $a$ bestimmt. Der Zustand der ungestörten Strömung sei durch die vertikalen Profile der Stabilität, ausgedrückt durch die Brunt-Vaisälä-Frequenz $N(z)$, sowie der Windgeschwindigkeit $U(z)$ in ausreichender Entfernung stromauf des Hindernisses festgelegt. Bei vertikal konstanter Stabilität und Windgeschwindigkeit der ungestörten Strömung bestimmt die dimensionslose Kennzahl $Nh/U$, die auch als eine reziproke Froude-Zahl interpretiert werden kann, die Amplitude einer wellenförmigen Störung (vgl. Adrian, 1994). Eine weitere Kennzahl ist in diesem Zusammenhang auch das vertikale Aspektverhältnis $h/a$.

Für hinreichend kleine Werte der dimensionslosen Höhe $Nh/U$ fällt eine wellenförmige Störung so schwach aus, dass die Strömung durch ein lineares System der bestimmenden Gleichungen beschrieben werden kann (siehe Abschnitt 3.2). Aus einem solchen Gleichungssystem wurden erstmals von Lyra (1940) und Queney (1948) analytische Lösungen für stationäre Schwerewellen abgeleitet. Queney berücksichtigte dabei den Coriolis-Effekt, wodurch seine Lösungen neben Schwerewellen auch Trägheitswellen beinhalten. Orographisch induzierte Schwerewellen können zunächst unterschieden werden in Wellen, die mit der Höhe exponentiell abklingen (engl. evanescent waves), Wellen, die sich vorwiegend vertikal nach oben und kaum horizontal ausbreiten (engl. vertically propagating waves) sowie Wellen mit kurzen, hintereinander liegenden Wellenzügen, die in einer vertikal begrenzten Schicht im Lee eines Hindernisses geführt werden (engl. trapped waves). Letztere wurden erstmals in einer Arbeit von Scorer (1949) behandelt, in der eine vertikale Variation der ungestörten Stabilität und Windgeschwindigkeit zugelassen wird. Voraussetzung für eine Ausbildung der geführten Leewellen ist die Existenz einer Luftschicht in ausreichender Höhe, an der die Energie kurzer Gebirgswellen vollständig reflektiert wird. Diese Voraussetzung ist gegeben, wenn der nach Scorer benannte Parameter

$$l^2(z) = N^2/U^2 - (d^2U/dz^2)/U \qquad (3.1)$$

in der reflektierenden Schicht mit zunehmender Höhe abnimmt. Eine vertiefende Darstellung der Phänomene und linearen Ansätze von Gebirgswellen findet man z. B. bei Gossard und Hooke (1975) sowie bei Smith (1979).

Ausgangspunkt für Untersuchungen schwach nichtlinearer orographisch induzierter Wellen bilden die analytischen Lösungen stationärer Gebirgswellen von Long (1953, 1955), die ohne Linearisierung der bestimmenden Gleichungen abgeleitet werden. Long reduzierte ein nichtlineares Gleichungssystem für ein geschichtetes, jedoch inkompressibles Medium unter den Nebenbedingungen, dass dynamischer Druck und vertikaler Dichtegradient der ungestörten Strömung konstant sind, auf eine Helmholtz-Gleichung für eine endliche vertikale Auslenkung der Stromlinien aus ihrem Ausgangsniveau. Die Lösungen dieser Gleichung für eine Kanalströmung zeigen in bestimmten Regionen ein deutliches Aufsteilen der Stromlinien bis hin zu einem senkrechten oder rückwärts gerichteten Verlauf. Der senkrechte Verlauf der Stromlinien markiert dabei den Übergang der Strömung in einen statisch instabilen Zustand. Dieser Übergang ist zudem durch das Auftreten eines Staupunkts gekennzeichnet.

Miles (1968) und Miles und Huppert (1968) verwendeten den Ansatz von Long, um analytische Lösungen für zweidimensionale Strömungen in einer nach oben unbegrenzten Atmosphäre abzuleiten. Die Strömung verläuft dabei über dünne plattenförmige sowie über halbkreisförmige Hindernisse. Für eine ausreichend große dimensionslose Höhe der Hindernisse erhielten Miles und Huppert ebenfalls Regionen statischer Instabilität. Die kritische dimensionslose Höhe $(Nh/U)_c$, bei der die Instabilität erstmals auftritt, liegt für die halbkreisförmigen Hindernisse bei 1,27. Huppert und Miles (1969) zeigten ferner für zweidimensionale Strömungen über elliptischen Hindernissen eine Abhängigkeit der kritischen dimensionslosen Höhe vom Aspektverhältnis $h/a$. Demnach wächst die kritische dimensionslose Höhe für Hindernisse geringer Länge mit $h/a \to \infty$ gegen eine obere Schranke von 1,73 und erreicht für Hindernisse großer Länge mit $h/a \to 0$ eine untere Schranke von 0,67. Für einen glockenförmigen Damm der Form $\tau(x) = h/(1 + (x/a)^2)$ geben Miles und Huppert (1969) schließlich eine kritische dimensionslose Höhe von 0,85 an. Laprise und Peltier (1989b) zeigten anhand von numerischen Lösungen des Modells von Long, dass diese kritische dimensionslose Höhe einen unteren Grenzwert für glockenförmige Hindernisse großer Länge darstellt. In diesem Fall gilt als Ersatz für die komplette Gleichung für die Vertikalkomponente der Geschwindigkeit die hydrostatische Näherung, bei der die Regionen statischer Instabilität über dem Damm in den Höhen $(3/4 + j)\,\lambda_z$ liegen, mit der vertikalen Wellenlänge der Störung $\lambda_z$ und nichtnegativen ganzen Zahlen $j$. Die Symmetrie überströmter Hindernisse stellt einen weiteren Faktor dar, der die Amplitude der Störung und somit die kritische dimensionslose Höhe beeinflusst. So konnten beispielsweise Lilly und Klemp (1979) anhand des Modells von Long zeigen, dass die Stromlinien bei einem im Luv steil ansteigenden und im Lee flach abfallenden Damm deutlich schwächer ausgelenkt werden als bei einem symmetrischen Damm gleicher dimensionsloser Höhe. Entsprechend fanden Baines und Granek (1990) für einen glockenförmigen Damm der oben angegebenen Form mit den Halbwertsbreiten $a_u$ im Luv ($x < 0$) und $a_d$ im Lee ($x > 0$) eine abnehmende kritische dimensionslose Höhe bei ansteigendem Aspektverhältnis $a_u/a_d$ der Halbwertsbreiten. Die kritische dimensionslose Höhe bleibt dabei insgesamt auf das Intervall $0,5 < (Nh/U)_c < 1$ beschränkt.

Den bisherigen Darstellungen zufolge kennzeichnet die kritische dimensionslose Höhe denjenigen Zustand einer inkompressiblen Strömung, bei dem die Amplitude einer Gebirgswelle gerade so groß ist, dass sich Regionen statischer Instabilität ausbilden. Dort brechen die Wellen. Weil die Amplitude einer Gebirgswelle in kompressiblen Strömungen mit der Höhe anwächst, ist Wellenbrechen in größeren Höhen bereits bei etwas kleineren dimensionslosen Höhen als den oben angegebenen zu erwarten (vgl. Smith, 1979).

Wellenbrechen ist gekennzeichnet durch eine deutliche Zunahme der Turbulenz, so dass das Verhalten von Strömungen mit $Nh/U > (Nh/U)_c$ nicht mehr aus analytischen Lösungen der linearen Gleichungen oder des Modells von Long abgeleitet werden kann. Anhand numerischer Rechnungen unter Verwendung geeigneter Turbulenzparametrisierungen zeigten Laprise und Peltier (1989c), dass infolge des Wellenbrechens über einem Damm ein instationärer Prozess einsetzt, in dessen Verlauf eine nahezu homogen durchmischte, turbulente Region mit verschwindend kleiner mittlerer Strömungsgeschwindigkeit in einiger Höhe im Lee des Dammes entsteht. In systematischen Modellstudien identifizierten bereits Clark und Peltier (1977, 1984) sowie Peltier und Clark (1979, 1983) derartige welleninduzierte kritische Schichten. Die Autoren beobachteten, dass an solchen Schichten Wellenenergie zum Boden hin reflektiert werden kann. Sie zeigten, dass sich bei bestimmten Konfigurationen nach oben und nach unten ausbreitende Wellen in einer stabilen Schicht zwischen dem unteren Rand der Strömung und der welleninduzierten kritischen Schicht konstruktiv überlagern. Dies führt zu einer Zunahme der Windgeschwindigkeit in der stabilen, bodennahen Schicht. Laprise und Peltier (1989a) identifizierten instabile konvektive Moden, die für das Entstehen der welleninduzierten kritischen Schicht verantwortlich sind sowie instabile dynamische Moden, die eine Beschleunigung der Strömung in der angrenzenden stabilen Schicht verursachen. Auf der Basis der Arbeiten von Clark und Peltier sowie der Gleichungen von Long gelang Smith (1985) die Ableitung einer Theorie zur Beschreibung starker Leewinde in stabil geschichteten, laminaren Strömungen unterhalb einer welleninduzierten kritischen Schicht. Scinocca und Peltier (1993) zeigten in Simulationen mit einem genesteten numerischen Modell, dass auf die Ausbildung einer selbstinduzierten kritischen Schicht und anschließend einer angrenzenden stabilen Schicht mit erhöhter Windgeschwindigkeit eine weitere Entwicklungsphase folgt. Dabei wird die Strömung durch Moden einer Kelvin-Helmholtz-Instabilität dominiert, die sich in der Scherungszone zwischen kritischer und stabiler Schicht ausbilden. Infolgedessen nimmt die bodennahe Windgeschwindigkeit zeitweise weiter zu.

Jetzt wird eine mehrschichtige Strömung betrachtet, in der jede Schicht einen individuellen Scorer-Parameter hat. In einer solchen Strömung wird die Amplitude einer Gebirgswelle nicht nur von den dimensionslosen Höhen Nh/U in den einzelnen Schichten, sondern auch von der Anordnung der Schichten bestimmt. Auf der Basis der linearen Theorie leiteten Klemp und Lilly (1975) Konfigurationen mehrschichtiger, hydrostatischer Strömungen für kleine dimensionslose Höhen ab, in denen die Amplitude stationärer Gebirgswellen in der untersten Schicht und damit die Windgeschwindigkeit in Bodennähe maximal wird. In einer dreischichtigen Strömung wird dies erreicht, wenn zwischen zwei sehr stabilen Schichten eine weniger stabile Schicht liegt und die unteren beiden Schichten eine Dicke von jeweils einem Viertel der entsprechenden vertikalen Wellenlänge aufweisen. Eine derartige Anordnung entspricht z. B. einer idealisierten Atmosphäre aus Troposphäre, Stratosphäre und einer bodennahen Inversion. Für zweischichtige Strömungen, in denen eine stabile Schicht über einer weniger stabilen liegt, erhält man eine Verstärkung orographisch induzierter Wellen in der unteren Schicht, wenn die Grenzfläche der Schichten in einer Höhe von $(1 + j)\,\lambda_z/2$ liegt, mit der vertikalen Wellenlänge der unteren Schicht $\lambda_z$ und nichtnegativen ganzen Zahlen $j$. Eine Abschwächung der Wellen ergibt sich, wenn die Grenzfläche in einer Höhe von $(1/2+j)\,\lambda_z/2$ liegt. Befindet sich die stabilere Schicht unten, kehren sich die Verhältnisse um. Bei einer numerischen Analyse dieser vier typischen Konfigurationen einer zweischichtigen Atmosphäre mit einem nichtlinearen, nichthydrostatischen Modell fand Durran (1986) bei einer ausreichenden dimensionslosen Höhe des überströmten Hindernisses deutliche Abweichungen vom linearen Verhalten. Wenn die weniger stabile Schicht unter der stabileren liegt, wirken die nichtlinearen Effekte einer Intensivierung der Wellen entgegen. Im Unterschied dazu wird eine Intensivierung der Wellen besonders dann beobachtet, wenn die stabilere Schicht unter der weniger stabilen liegt. Für diesen Fall konnte Durran zeigen, dass die Strömung in der unteren Schicht oftmals hydraulische Eigenschaften aufweist. Bei der Überströmung eines zweidimensionalen Hindernisses verhält sich die bodennahe Schicht dann entweder vollständig unterkritisch oder vollständig überkritisch. Bei bestimmten Konfigurationen kann die Strömung auch von einem unterkritischen Zustand im Luv des Hindernisses in einen überkritischen Zustand im Lee übergehen. Dabei wird sie durch Umwandlung von potentieller in kinetische Energie kontinuierlich beschleunigt, während die Schichtdicke stetig abnimmt. Stromabwärts vom Hindernis expandiert die Strömung durch einen hydraulischen Sprung und geht in einen annähernd ungestörten Zustand über. Durran und Klemp (1987) zufolge stellt diese hydraulische Theorie starker Leewinde in mehrschichtigen Strömungen ein Analogon zur Smith'schen Theorie starker Leewinde in kontinuierlich geschichteten Strömungen dar, in denen eine welleninduzierte kritische Schicht existiert. Eine Gegenüberstellung der Theorien findet man bei Durran (1990). Eine Abhandlung mehrschichtiger sowie hydraulischer Strömungen wird auch in Baines (1995) gegeben.

Schließlich sei ein Prozess dargestellt, der in Strömungen mit großen dimensionslosen Höhen auftritt. Nach Pierrehumbert und Wyman (1985) bildet sich ab einer dimensionslosen Höhe von etwa 1,5 eine ruhende Luftschicht im bodennahen Luv eines zweidimensionalen Dammes aus, wenn das Profil des Hindernisses einer Gauß'schen Kurve entspricht. Diese luvseitige Stagnation der Strömung wird häufig auch als Blockierung bezeichnet. Bei einem glockenförmigen Hindernis tritt sie erst ab einer dimensionslosen Höhe von 1,75 ein. Modellergebnissen von Pierrehumbert und Wyman zufolge breitet sich die ruhende Schicht für $Nh/U > 2$ stromaufwärts aus. Wie sowohl Pierrehumbert und Wyman als auch Stein (1992) zeigten, wächst die Höhe der blockierten Schicht bei zunehmendem $Nh/U$ derart an, dass die Höhe des Hindernisses oberhalb dieser Schicht gerade derjenigen Höhe eines Hindernisses entspricht, bei der die Blockierung erstmals auftritt. Abhängig davon, ob in einer Strömung zuerst Wellenbrechen oder Blockierung auftritt, ergeben sich weitere Unterschiede in der Entwicklung der Strömungsregime, die für den Fall konstanter Stabilität und Windgeschwindigkeit der ungestörten Strömung von Lin und Wang (1996) untersucht wurden. Eine Darstellung der Regime in mehrschichtigen Strömungen findet man schließlich bei Wang und Lin (2000). Auf die Ergebnisse dieser Arbeiten soll hier jedoch nicht weiter eingegangen werden.

In den bisher angeführten Arbeiten wird eine turbulente Grenzschicht der Atmosphäre weder bei analytischen Rechnungen noch in numerischen Modellen berücksichtigt. In analytischen Rechnungen kann die turbulente Grenzschicht durch eine Aufteilung der Strömung in zwei grundsätzlich verschiedene Schichten berücksichtigt werden. Über dem Boden liegt eine sogenannte innere Schicht, in der die turbulente Reibungsspannung in den Bewegungsgleichungen berücksichtigt wird. Darüber liegt dann eine äußere Schicht, in der sich die Windgeschwindigkeit zunächst noch mit der Höhe ändert, d. h. der zweite Term des Scorer-Parameters überwiegt den ersten. Daran anschließend entspricht die äußere Schicht den bisher diskutierten Regionen. Ein solches Schichtenmodell wird z. B. in Carruthers und Hunt (1990) beschrieben. Eine Kopplung der inneren und verschiedener äußerer Schichten ist auf analytischem Wege jedoch kaum zufriedenstellend zu bewerkstelligen. Um die Wechselwirkung zwischen Grenzschichten und Gebirgswellen zu studieren, werden daher zunehmend numerische Modelle mit einer Parametrisierung der turbulenten Grenzschicht betrieben, wobei eine Haftbedingung am Boden angewendet wird, d. h. die Komponenten der Windgeschwindigkeit sind am Boden Null. Im Vergleich mit Simulationen ohne Haftbedingung zeigen Ergebnisse verschiedener Studien mit Haftbedingung in erster Linie eine Reduzierung der Intensität der Gebirgswellen aufgrund der Bodenreibung (z. B. Ólafsson und Bougeault, 1997; Peng und Thompson, 2003). In Simulationen mit Haftbedingung sind die höchsten Windgeschwindigkeiten ferner nicht mehr im bodennahen Lee zweidimensionaler Hügel zu finden, sondern treten nun oberhalb der turbulenten Grenzschicht im Lee der überströmten Hindernisse auf. Unter Verwendung einer Parametrisierung der turbulenten Grenzschicht gelangen Doyle und Durran (2002) auch hochaufgelöste Simulationen welleninduzierter Rotorströmungen im Lee zweidimensionaler Berge. Diesen Simulationen zufolge ist die Ausbildung einer Rotorströmung ursächlich mit einer Strömungsablösung in der bodennahen Grenzschicht verknüpft, die durch welleninduzierte Druckstörungen verursacht wird (siehe auch Doyle und Durran, 2004). Auch in wellenförmigen Strömungen über Tälern sind Rotorströmungen von Bedeutung. Sie können schon bei sehr kleinen dimensionslosen Höhen zwischen Talsohle und Leehang entstehen und dazu führen, dass die effektive Höhe eines Tales verringert wird, so dass die Amplituden eines Wellensystems über dem Tal ebenfalls abnehmen (Kimura und Manins, 1988). Detaillierte Studien zur Dämpfung von Leewellen durch turbulente Grenzschichten findet man auch bei Jiang et al. (2006) und bei Smith et al. (2006).

## 3.1.2 Dreidimensionale Strömungen

Im Folgenden werden grundlegende Aspekte wellenförmiger Störungen von Strömungen in dreidimensionalem Gelände betrachtet. Zur Charakterisierung der Geometrie eines endlich ausgedehnten Hindernisses wird zusätzlich zur charakteristischen Länge $a$ und zur effektiven Höhe $h$ eine charakteristische Breite $b$ eingeführt, so dass neben dem vertikalen Aspektverhältnis $h/a$ nun ein horizontales Aspektverhältnis $b/a$ auftritt.

Für $Nh/U \ll 1$ kann die Überströmung dreidimensionaler Hindernisse durch ein lineares System der bestimmenden Gleichungen beschrieben werden. In einer der ersten Arbeiten zu diesem Thema präsentierte Wurtele (1957) unter der Annahme konstanter Stabilität und Windgeschwindigkeit der ungestörten Atmosphäre eine hydrostatische Lösung für stationäre Schwerewellen im Fernfeld eines Berges. Während die Gebirgswellen im zweidimensionalen Fall bei konstantem Scorer-Parameter über dem Damm auch in großen Höhen vorzufinden sind, beobachtet man im dreidimensionalen Fall eine Abnahme der Wellenamplitude mit zunehmender Höhe oberhalb des Berges. Das Wellensystem über dem endlich ausgedehnten Berg ist senkrecht zum Grundstrom über die Bergflanken hinaus und stromabwärts ausgebildet, so dass ein zum Lee hin geöffnetes hufeisenförmiges Wellenmuster mit maximalen Wellenamplituden über dem Berg entsteht. In jeder Höhe $z$ ist die Wellenenergie entlang einer Parabel konzentriert, deren Scheitelpunkt oberhalb des Berges liegt (Smith, 1980). Auch in Bodennähe unterscheidet sich die Strömung vom zweidimensionalen Fall. Ergebnissen linearer Rechnungen von Smith (1980) zufolge steigt der Druck direkt vor dem Berg wie im zweidimensionalen Fall an und fällt im Lee des Berges ab. Im dreidimensionalen Fall führt dies nun dazu, dass die Stromlinien in Bodennähe vor dem Berg seitwärts zu den Flanken des Berges hin abgelenkt werden. Hinter dem Berg findet zunächst ein kompensierendes Absinken der Luft statt, in größerer Entfernung vom Berg laufen die seitwärts ausgelenkten Stromlinien schließlich in Richtung ihrer Ausgangspositionen zurück.

Für einen glockenförmigen Hügel mit $b/a = 1$ verliert die lineare Lösung oberhalb einer dimensionslosen Höhe von 0,5 formal ihre Gültigkeit, da sich die berechneten Stromlinien in einem begrenzten Raum im bodennahen Lee des Hügels überschneiden (Smith, 1980, 1988). Entsprechend zeigen numerische Simulationen von Smolarkiewicz und Rotunno (1989) ebenso wie Laborexperimente von Thompson et al. (1991) für $Nh/U \leq 0,5$ gute Übereinstimmungen mit der linearen Theorie, während bei größeren dimensionslosen Höhen Unterschiede deutlich werden. Außer im bodennahen Lee des Hügels bleiben die Unterschiede zunächst jedoch gering, so dass die lineare Theorie verwendet werden kann, um Aussagen qualitativer Natur bei größeren dimensionslosen Höhen abzuleiten. Dies betrifft beispielsweise das Auftreten von Staupunkten in einer hydrostatischen Strömung. Analog zum zweidimensionalen Problem tritt ein Staupunkt in der dreidimensionalen Strömung oberhalb des Hügels auf, wenn die Amplitude der Gebirgswelle so groß wird, dass die Welle bricht. Dieser Staupunkt sei mit A gekennzeichnet. Außerdem entstehen Staupunkte B bei einer Stagnation der Strömung im bodennahen Luv. Dabei kommt es jedoch nicht wie im zweidimensionalen Fall zu einer Blockierung. Vielmehr verzweigt sich eine zentrale Stromlinie in einem Staupunkt B in zwei Stromlinien, die links und rechts entlang des Hügels verlaufen. Dadurch zerfällt die Strömung in zwei Regionen. In einer Region unterhalb der obersten verzweigenden Stromlinie (engl. dividing streamline) wird der Hügel links und rechts umströmt, in einer Region darüber wird er überströmt (Snyder et al., 1985). Die Position der Staupunkte ist in Abb. 3.1 skizziert. Der linearen Theorie zufolge treten die Staupunkte A und B für einen glockenförmigen Hügel mit $b/a = 1$ ab einer dimensionslosen Höhe von etwa 1,3 auf (Smith, 1988), kleinere Abweichungen davon ergeben sich jedoch in Abhängigkeit von der Hangneigung. Alternativ dazu leitet bereits Sheppard (1956) aus der Bernoulli-Gleichung für eine inkompressible Strömung ein Kriterium zur Abschätzung derjenigen dimensionslosen Höhe eines Hügels ab, bei der erstmals ein bodennaher Staupunkt im Luv des Hügels auftritt. Anhand einer modifizierten Fassung dieses Ansatzes gelingt Smith (1989b) eine Abschätzung der verschiedenen dimensionslosen Höhen glockenförmiger Hügel mit unterschiedlichen horizontalen Aspektverhältnissen, bei denen jeweils erstmals ein Staupunkt A oder B auftritt. Dieser Ansatz wird auch in Smith (1990) dargestellt. Da er sich dazu eignet, das Regime einer Strömung, das rein qualitativ der linearen Theorie entspricht, für verschiedene Bergformen zu skizzieren, wird er hier präsentiert.

Entlang einer Stromlinie, die aus einer Höhe $z_0$ in $x = -\infty$ stromauf eines Hügels in eine Höhe $z = z_0 + \eta$ über dem Hügel ausgelenkt wird, gilt für die Dichte $\rho = \rho_0 =$ konst. Außerdem gilt die Bernoulli-Gleichung mit dem Druck $p$, der Windgeschwindigkeit $u$ und der Schwerebeschleunigung $g$

$$p + \frac{1}{2}\rho_0 u^2 + \rho_0 g z = \text{konst.} \tag{3.2}$$

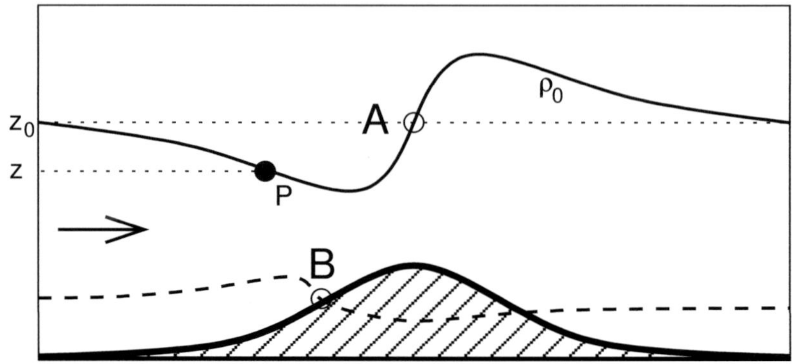

Abbildung 3.1: Position eines Staupunktes A oberhalb eines Hügels auf einer Stromlinie, die in $x = -\infty$ in der Höhe $z_0$ liegt (—) und eines Staupunktes B auf einer verzweigenden Stromline, die in $x = -\infty$ in Bodennähe verläuft (– –). Die Anströmung ist durch einen Pfeil skizziert.

Die Konstante ist festgelegt durch die Bedingung $p_0 + 1/2\,\rho_0 U^2 + \rho_0 g z_0$ in $x = -\infty$ mit dem Druck $p_0$ und der Windgeschwindigkeit im ungestörten Fall $U$. Bei konstanter Stabilität $N^2 = (-g/\rho_0)(\partial\rho/\partial z)$ ist in der Höhe $z$ stromauf des Hügels

$$\rho_{-\infty}(z) = \rho_0 \left( 1 - \frac{N^2}{g}(z - z_0) \right) \tag{3.3}$$

und aus der hydrostatischen Gleichung ergibt sich für den Druck

$$p_{-\infty}(z) = p_0 - \rho_0 g(z - z_0) + \frac{1}{2}\rho_0 N^2 (z - z_0)^2 \tag{3.4}$$

Nun wird eine Größe $p^*$ definiert als Differenz des Druckes in einem Punkt $P$ in der Höhe $z$ auf der Stromlinie (vgl. Abb. 3.1) und in derselben Höhe in $x = -\infty$, d.h. also es ist $p^* = p(z) - p_{-\infty}(z)$. Bei konstantem Wind $U$ stromauf des Berges folgt aus den obigen Gleichungen

$$u^2 = -\frac{2}{\rho_0} p^* - N^2 \eta^2 + U^2 \tag{3.5}$$

Einen Ausdruck für $p^*$ erhält man auch durch Integration der hydrostatischen Gleichung für die welleninduzierte Störung der Dichte $\rho'$ über die gesamte Luftsäule oberhalb des Punktes $P$

$$p^* = g \int_z^\infty \rho' \, dz = \rho_0 N^2 \int_z^\infty \eta \, dz \tag{3.6}$$

Formuliert man das Integral auf Flächen konstanter Dichte, erhält man wegen $dz = dz_0 + d\eta$

$$p^* = \rho_0 N^2 \left( \int_{z_0}^\infty \eta \, dz_0 + \int_\eta^0 \eta \, d\eta \right) \tag{3.7}$$

Nun lässt sich Gl. (3.5) folgendermaßen darstellen

$$u^2 = -2N^2 I_\eta + U^2 \tag{3.8}$$

wobei die Abkürzung

$$I_\eta = \int_{z_0}^\infty \eta \, dz_0 \tag{3.9}$$

gewählt wurde. Einen Staupunkt ($u = 0$) erhält man, wenn für das Integral

$$I_\eta = U^2 / 2N^2 \tag{3.10}$$

erfüllt ist. Stagnation ist generell zu erwarten, wenn $u$ minimal wird. Entsprechend Gl. (3.8) ist dies bei konstantem $U$ und $N$ gegeben, wenn $I_\eta$ maximal wird. Eine notwendige Bedingung dafür ist, dass

$$\frac{\partial}{\partial z_0} I_\eta = \frac{\partial}{\partial z_0} \int_{z_0}^\infty \eta \, dz_0 = 0 \tag{3.11}$$

Daher ist mit Stagnation zu rechnen, wenn die Bedingung

$$\eta = 0 \tag{3.12}$$

erfüllt wird, d. h. wenn eine ausgelenkte Stromlinie wieder zurück in ihre Ausgangshöhe gelangt. Der Abb. 3.1 entnimmt man, dass für Staupunkte A und B Gl. (3.12) erfüllt ist. Die Frage, wann Gl. (3.10) erfüllt ist, kann nur beantwortet werden, wenn die Auslenkungen der Stromlinien in der Gebirgswelle bekannt sind. Um diese zu berechnen, greift Smith auf die lineare Theorie zurück. Dies ist in gewisser Weise inkonsistent, da die Ableitung der Gl. (3.10) ohne Linearisierung erfolgt. Außerdem ist die lineare Theorie, wie bereits angemerkt wurde, bei entsprechend großen dimensionslosen Höhen nur noch eingeschränkt gültig. Zur Orientierung lässt sich immerhin ein Diagramm der Regime hydrostatischer Strömungen erstellen, das in Abb. 3.2 für glockenförmige Hügel der Form

$$\tau(x,y) = \frac{h}{\left(1 + (x/a)^2 + (y/b)^2\right)^{3/2}} \tag{3.13}$$

gilt. Das Diagramm ist leicht verändert aus Smith (1989a) entnommen. Dargestellt sind für verschiedene horizontale Aspektverhältnisse $b/a$ die kritischen dimensionslosen Höhen $Nh/U$, für die erstmals ein Staupunkt A oder B in einer reibungsfreien Atmosphäre auftritt. Bei $b/a < 1$ tritt der Staupunkt B bei kleinerem $Nh/U$ auf als der Staupunkt A. Dadurch wird die Strömung modifiziert, so dass eine Aussage über das Eintreten eines Staupunktes A nicht ohne weiteres möglich ist. Bei $b/a > 1$ tritt ein Staupunkt A bei kleinerem $Nh/U$ auf als ein Staupunkt B. Die Strömung wird ebenfalls modifiziert. Für $b/a \to \infty$, d. h. für sehr breite Hügel, wird der dritte Term im Nenner von Gl. (3.13) sehr klein. Die Strömung verhält sich dann wie über zweidimensionalen Hügeln. Entsprechend der Abb. 3.2 fällt die kritische dimensionslose Höhe für große Aspektverhältnisse mit einem Wert von etwa 0,6 allerdings deutlich kleiner aus als der weiter oben zitierte Wert von 0,85 aus dem Ansatz von Long.

Bei $Nh/U > 0,5$ treten im bodennahen Lee eines dreidimensionalen Hügels verschiedene Strömungsphänomene auf, die hier nicht detailliert diskutiert werden. Festzuhalten ist jedoch, dass sich eine turbulente Nachlaufströmung sowie Leewirbel ausbilden, die sowohl in Tank- und Windkanalexperimenten (z. B. Hunt und Snyder, 1980) als auch in zahlreichen numerischen Simulationen (z. B. Smolarkiewicz und Rotunno, 1989, 1990; Schär und Smith, 1993; Smith und Grønås, 1993; Adrian, 1994; Schär und Durran, 1997; Rotunno et al., 1999) untersucht werden. Aufgrund der turbulenten Nachlaufströmung, der Leewirbel sowie durch weitere nichtlineare Effekte in der Gebirgswelle wird die Strömung am Berg einschließlich der Ausbildung der Staupunkte A und B modifiziert. Mit numerischen Simulationen wiederholten Bauer et al. (2000) die Berechnungen von Smith (1990),

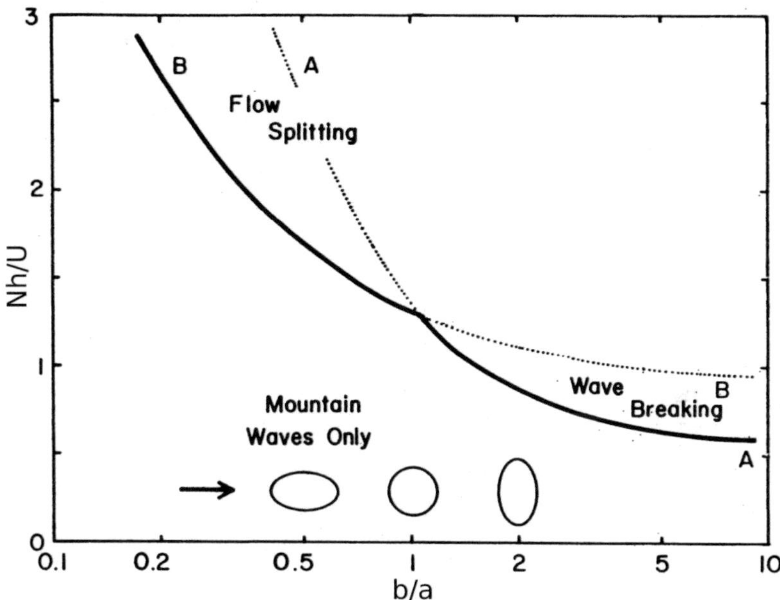


Abbildung 3.2: Diagramm der Regime einer hydrostatischen Strömung über einem glockenförmigen Hügel. Die ausgezogenen Kurven A und B geben die dimensionslose Höhe $Nh/U$ in Abhängigkeit vom Aspektverhältnis $b/a$ wieder, bei der ein Staupunkt A oder B erstmals auftritt. Nach Smith (1989a).

wobei sie jedoch eine nichthydrostatische, kompressible und reibungsfreie Strömung vorgaben. Ihren Ergebnissen zufolge tritt der Staupunkt A für $b/a = 1$ bereits bei $Nh/U = 1,15$ auf, während ein Staupunkt B erst ab $Nh/U = 1,4$ festgestellt wird. In Übereinstimmung mit Ergebnissen von Smith und Grønås (1993) bricht die Gebirgswelle also oberhalb des Berges, bevor eine Stagnation der Strömung im Luv des Berges einsetzt. Für $b/a > 1$ stimmen die Ergebnisse von Bauer et al. (2000) in Grundzügen mit dem Diagramm von Smith (1990) überein.

Um stark nichtlineare Effekte auszuschließen und somit die wirksamen Mechanismen in möglichst reiner Form analysieren zu können, werden im Folgenden Strömungen besonders für den speziellen Fall $b/a \to \infty$ und bei dimensionslosen Höhen betrachtet, die so klein sind, dass noch kein Wellenbrechen auftritt. Der Einfluss einer atmosphärischen Grenzschicht bzw. einer Atmosphäre aus mehreren Schichten unterschiedlicher Stabilität auf die wellenförmige Strömung wird an geeigneter Stelle diskutiert.

## 3.2 Lineare Theorie

### 3.2.1 Die grundlegenden Gleichungen

Zur Beschreibung orographisch induzierter Schwerewellen für hinreichend kleine Kennzahlen $Nh/U$ wird ein lineares Gleichungssystem für eine horizontal homogene, reibungsfreie und trockene Strömung aufgestellt. Die horizontale Längenskala, für die das Gleichungssystem gültig sein soll, wird so gewählt, dass Effekte durch die Erdrotation von untergeordneter Bedeutung sind. Außerdem wird angenommen, dass die Luftpartikel weder Wärme noch Masse mit ihrer Umgebung austauschen und auch sonst keine zusätzlichen Wärmequellen in der Strömung vorhanden sind.

Ausgangspunkt zur Herleitung der linearen Gleichungen in einem kartesischen Koordinatensystem bilden somit die Euler'schen Bewegungsgleichungen, die Kontinuitätsgleichung und die Adiabatengleichung in der Form

$$\frac{d\mathbf{v}}{dt} + \frac{1}{\rho}\nabla p + g\mathbf{k} = 0 \tag{3.14}$$

$$\frac{1}{\rho}\frac{d\rho}{dt} + \nabla \cdot \mathbf{v} = 0 \tag{3.15}$$

$$\frac{1}{\gamma p}\frac{dp}{dt} - \frac{1}{\rho}\frac{d\rho}{dt} = 0 \tag{3.16}$$

Dabei bezeichnen $\mathbf{v} = (u, v, w)$ den Geschwindigkeitsvektor mit den horizontalen Komponenten $u$ und $v$ und der vertikalen Komponente $w$, $\rho$ die Dichte, $p$ den Druck, $g$ die Schwerebeschleunigung, $\mathbf{k}$ den vertikalen Einheitsvektor und $\gamma = c_p/c_v$ den Quotienten der spezifischen Wärmen bei konstantem Druck bzw. bei konstantem Volumen.

Jede Variable in den Gln. (3.14) - (3.16) wird nun als Summe aus ungestörtem Grundzustand und Perturbation dargestellt, wobei die Grundzustandsgrößen ausschließlich Funktionen der Höhe sind. Die Vertikalgeschwindigkeit im Grundzustand wird zu Null angenommen, so dass

$$u = U(z) + u' \qquad v = V(z) + v' \qquad w = w'$$
$$p = p_0(z) + p' \qquad \rho = \rho_0(z) + \rho'$$

Solange die Störgrößen klein gegen die Grundzustandsgrößen sind, können Produkte aus Störgrößen vernachlässigt werden. Unter Berücksichtigung der hydrostatischen Grundgleichung $dp_0/dz = -\rho_0 g$ erhält man dann das linearisierte Gleichungssystem

$$\frac{Du'}{Dt} + \frac{dU}{dz}w' + \frac{1}{\rho_0}\frac{\partial p'}{\partial x} = 0 \tag{3.17}$$

$$\frac{Dv'}{Dt} + \frac{dV}{dz}w' + \frac{1}{\rho_0}\frac{\partial p'}{\partial y} = 0 \tag{3.18}$$

$$\frac{Dw'}{Dt} + \frac{1}{\rho_0}\frac{\partial p'}{\partial z} + \frac{g}{\rho_0}\rho' = 0 \tag{3.19}$$

$$\frac{1}{\rho_0}\frac{D\rho'}{Dt} + \frac{1}{\rho_0}\frac{d\rho_0}{dz}w' + \nabla \cdot \mathbf{v}' = 0 \tag{3.20}$$

$$\frac{1}{\gamma p_0}\frac{Dp'}{Dt} - \frac{1}{\rho_0}\frac{D\rho'}{Dt} - \left(\frac{1}{\rho_0}\frac{d\rho_0}{dz} + \frac{g}{c^2}\right)w' = 0 \tag{3.21}$$

In den linearisierten Gleichungen ist die individuelle Ableitung durch den Operator $D/Dt = \partial/\partial t + U\partial/\partial x + V\partial/\partial y$ gegeben. Ferner ist durch $c$ die Schallgeschwindigkeit im Grundzustand mit $c^2 = \gamma p_0/\rho_0$ definiert. Unter Berücksichtigung der Zustandsgleichung $p_0 = \rho_0 R T_0$ erhält man die Schallgeschwindigkeit auch durch $c^2 = \gamma R T_0$, mit der spezifischen Gaskonstanten für trockene Luft $R$ und der Temperatur des Grundzustandes $T_0$.

Um eine geeignete Gleichung zur Berechnung orographisch induzierter Schwerewellen zu erhalten, wird das Gleichungssystem (3.17) - (3.21) noch einmal umformuliert, ohne dass dabei weitere Vereinfachungen vorgenommen werden. Dazu wird die folgende, beispielsweise von Gossard und Hooke (1975) verwendete Variablentransformation durchgeführt

$$\hat{u} = (\rho_0/\rho_b)^{1/2}u' \qquad \hat{v} = (\rho_0/\rho_b)^{1/2}v' \qquad \hat{w} = (\rho_0/\rho_b)^{1/2}w'$$
$$\hat{p} = (\rho_0/\rho_b)^{-1/2}p' \qquad \hat{\rho} = (\rho_0/\rho_b)^{-1/2}\rho'$$

wobei $\rho_b$ die Dichte des Grundzustandes in der Bezugshöhe $z = 0$ darstellt.

Außerdem wird die Dichte $\hat{\rho}$ aus den Gleichungen eliminiert, so das

$$\frac{D\hat{u}}{Dt} + \frac{dU}{dz}\hat{w} + \frac{1}{\rho_b}\frac{\partial\hat{p}}{\partial x} = 0 \tag{3.22}$$

$$\frac{D\hat{v}}{Dt} + \frac{dV}{dz}\hat{w} + \frac{1}{\rho_b}\frac{\partial\hat{p}}{\partial y} = 0 \tag{3.23}$$

$$\frac{1}{\rho_b c^2}\frac{D\hat{p}}{Dt} + \frac{\partial\hat{u}}{\partial x} + \frac{\partial\hat{v}}{\partial y} + \left(\frac{\partial}{\partial z} - \Gamma\right)\hat{w} = 0 \tag{3.24}$$

$$\left(\frac{D^2}{Dt^2} + N^2\right)\hat{w} + \frac{1}{\rho_b}\frac{D}{Dt}\left(\frac{\partial}{\partial z} + \Gamma\right)\hat{p} = 0 \tag{3.25}$$

Hierin ist $N$ die Brunt-Väisälä-Frequenz und $\Gamma$ der Eckart-Koeffizient[1] mit

$$N^2 = -g\left(\frac{1}{\rho_0}\frac{d\rho_0}{dz} + \frac{g}{c^2}\right) \qquad\qquad \Gamma = \frac{1}{2\rho_0}\frac{d\rho_0}{dz} + \frac{g}{c^2} \tag{3.26}$$

Aus den Gln. (3.22) - (3.24) erhält man durch Elimination von $\hat{u}$ und $\hat{v}$

$$\frac{1}{\rho_b}\left(\frac{1}{c^2}\frac{D^2}{Dt^2} - \nabla_h^2\right)\hat{p} + \frac{D}{Dt}\left(\frac{\partial}{\partial z} - \Gamma\right)\hat{w} - \left(\frac{d\mathbf{V}}{dz}\cdot\nabla_h\right)\hat{w} = 0 \tag{3.27}$$

Die Gln. (3.25) und (3.27) stellen ein vollständiges Gleichungssystem zur Beschreibung linearer Wellenphänomene dar (vgl. Gossard und Hooke, 1975).

## 3.2.2 Die Gebirgswellengleichung

Bei einer Diskussion orographisch induzierter Schwerewellen, deren Ausbreitungsgeschwindigkeit deutlich unterhalb der Schallgeschwindigkeit liegt, kann der erste Term in Gl. (3.24) unberücksichtigt bleiben (vgl. Gossard und Hooke, 1975; Smith, 1979). Damit entfällt auch der entsprechende Term in Gl. (3.27). In diesem Fall erhält man aus den Gln. (3.25) und (3.27) durch Elimination von $\hat{p}$ folgende zentrale Gleichung zur Beschreibung der Störung des Grundstroms durch eine Gebirgswelle

$$\frac{D^2}{Dt^2}\left(\nabla^2 - \Gamma^2\right)\hat{w} + N^2\nabla_h^2\hat{w} - \frac{D}{Dt}\left(\frac{d^2\mathbf{V}}{dz^2} + 2\Gamma\frac{d\mathbf{V}}{dz}\right)\cdot\nabla_h\hat{w} = 0 \tag{3.28}$$

---

[1]nach Eckart (1960)

In dieser Gleichung werden nun diejenigen Terme ersatzlos gestrichen, die den Eckart-Koeffizienten beinhalten. Demzufolge werden sowohl der vertikale Dichtegradient des Grundstroms als auch die Kompressibilität $g/c^2$ nur noch in Zusammenhang mit Auftriebskräften berücksichtigt. Eine solche Näherung wird daher häufig auch als Boussinesq-Approximation bezeichnet (vgl. ebenfalls Gossard und Hooke, 1975; Smith, 1979). Es folgt

$$\frac{D^2}{Dt^2}\left(\nabla^2 \hat{w}\right) + N^2 \nabla_h^2 \hat{w} - \frac{D}{Dt}\left(\frac{d^2\mathbf{V}}{dz^2}\cdot\nabla_h\right)\hat{w} = 0 \qquad (3.29)$$

Betrachtet man ausschließlich stationäre, zweidimensionale Störungen in einer $x$–$z$-Ebene, die in ausreichend großer Entfernung stromaufwärts verschwindend klein werden, erhält man die Gleichung

$$\left(\frac{\partial^2}{\partial x^2} + \frac{\partial^2}{\partial z^2}\right)\hat{w} + \left(\frac{N^2}{U^2} - \frac{1}{U}\frac{d^2U}{dz^2}\right)\hat{w} = 0 \qquad (3.30)$$

Hier tritt der Scorer-Parameter auf, der für $N = $ konst. und $U = $ konst. durch $l^2 = N^2/U^2$ gegeben ist. Diese Bedingungen werden im Folgenden immer verwendet, so dass man Gl. (3.30) in der Form einer Helmholtz-Gleichung formulieren kann zu

$$\frac{\partial^2 \hat{w}}{\partial x^2} + \frac{\partial^2 \hat{w}}{\partial z^2} + l^2 \hat{w} = 0 \qquad (3.31)$$

Außerdem erhält man Gl. (3.24) in der Form

$$\frac{\partial \hat{u}}{\partial x} + \frac{\partial \hat{w}}{\partial z} = 0 \qquad (3.32)$$

Die Gln. (3.31) und (3.32) bilden in zahlreichen Studien den Ausgangspunkt zur Analyse stationärer, zweidimensionaler Gebirgswellen. Nun lässt sich eine Stromfunktion $\psi(x,z)$ definieren durch

$$\hat{u} = -\frac{\partial \psi}{\partial z} \qquad\qquad \hat{w} = \frac{\partial \psi}{\partial x} \qquad (3.33)$$

welche die Gl. (3.32) identisch erfüllt. Damit erhält man Gl. (3.31) für Störungen, die in ausreichend großer Entfernung stromaufwärts verschwindend klein werden, in der Form

$$\frac{\partial^2 \psi}{\partial x^2} + \frac{\partial^2 \psi}{\partial z^2} + l^2 \psi = 0 \qquad (3.34)$$

Zur Lösung der Gl. (3.34) werden zwei Randbedingungen benötigt. Am unteren Rand soll die Strömung dem Gelände der Höhe $z = \tau(x)$ mit $\tau \to 0$ für $|x| \to \infty$ folgen. In $z = 0$ gilt dann in erster Näherung für die Vertikalgeschwindigkeit $\hat{w} = U(d\tau/dx)$. Für die Stromfunktion folgt daraus die untere Randbedingung

$$\psi(x, z = 0) = U\tau(x) \tag{3.35}$$

Am oberen Rand soll die Strahlungsbedingung erfüllt sein, d. h. dass mit keiner Fourierkomponente der Wellenlösung Energie abwärts transportiert werden darf. Diese Aussage ist analog dazu, dass der Transport von Wellenenergie nur nach oben (vom Erdboden weg) erfolgen soll. Wie man im Folgenden sehen wird, schränkt die Strahlungsbedingung die Lösungsmannigfaltigkeit ein.

Zur Lösung der Gln. (3.34) und (3.35) wird die Stromfunktion $\psi(x, z)$ durch das Fourierintegral

$$\psi(x, z) = U \int_{-\infty}^{\infty} \tilde{\tau}(k)\, e^{imz} e^{ikx}\, dk \tag{3.36}$$

dargestellt, mit der Fouriertransformierten

$$\tilde{\tau}(k) = \frac{1}{2\pi} \int_{-\infty}^{\infty} \tau(x)\, e^{-ikx}\, dx \tag{3.37}$$

Einsetzen in Gl. (3.34) liefert die einfache Dispersionsrelation

$$m^2 = l^2 - k^2 \tag{3.38}$$

mit der horizontalen Wellenzahl $k$ und der vertikalen Wellenzahl $m$. Mit der charakteristischen Länge $a$ als einer typischen horizontalen Längenskala und dem Verhältnis $U/N$ als einer typischen vertikalen Längenskala der Gebirgswellen erhält man die dimensionslosen Wellenzahlen $\hat{k} = ka$ und $\hat{m} = mU/N$ (vgl. Adrian, 1994). Außerdem erhält man aus dem Quotienten der Längenskalen die Froude-Zahl

$$Fr = \frac{U}{Na} \tag{3.39}$$

Gl. (3.38) lautet in dimensionsloser Form

$$\hat{m}^2 = 1 - Fr^2 \hat{k}^2 \tag{3.40}$$

Für $Fr \gg 1$, d. h. für Berge mit $a \ll U/N$ ist $\hat{m}^2 \approx -Fr^2\hat{k}^2$. Damit erhält man für Gl. (3.38) die zwei rein imaginären Lösungen $m \approx \pm i|k|$. Im Falle des positiven Vorzeichens

$$m \approx i|k| \qquad (3.41)$$

werden sämtliche Wellen mit zunehmender Höhe gedämpft. Im anderen Fall erfolgt eine exponentielle Verstärkung der Wellenamplituden mit der Höhe, die in der Natur nicht beobachtet wird (Smith, 1979).

Für $Fr \ll 1$, d. h. für Berge mit $a \gg U/N$ folgt $\hat{m}^2 \approx 1$. Damit die an der Orographie erzeugte Wellenenergie nach oben abgestrahlt wird, müssen im Falle einer sinusförmigen Orographie die Linien konstanter Phase in der Gebirgswelle gegen die Grundstromrichtung geneigt sein (Smith, 1979). Diese Bedingung ist erfüllt, wenn die vertikale Wellenzahl $m$ dasselbe Vorzeichen besitzt wie die horizontale Wellenzahl $k$ (Phillips, 1984). Die Lösung der Gl. (3.38) lautet in diesem Fall also

$$m \approx l\,|k|/k \qquad (3.42)$$

Diese Lösung entspricht der hydrostatischen Approximation, für die der erste Term in Gl. (3.34) entfällt. Für eine hydrostatische Strömung gilt also auch $\partial\hat{u}/\partial z = l^2\psi$. Da der vertikale Gradient der Dichte des Grundstroms sehr klein ausfällt, folgt daraus

$$\frac{\partial u'}{\partial z} \approx (\rho_b/\rho_0)^{1/2}\,l^2\psi \qquad (3.43)$$

womit ein Zusammenhang zwischen dem Scorer-Parameter $l$, der Stromfunktion $\psi$ einer Gebirgswellenströmung und der welleninduzierten vertikalen Windscherung hergestellt ist.

Wie in Kapitel 2 bereits ausführlich dargestellt wurde, hat die vertikale Windscherung einen erheblichen Einfluss auf die Entwicklung konvektiver Wolken. Bei gegebenem Scorer-Parameter $l$ und bekannter Stromfunktion $\psi$ kann die durch eine Gebirgswellenströmung induzierte vertikale Windscherung nun mit Gl. (3.43) quantifiziert werden.

Ein weiterer wichtiger Parameter zur Charakterisierung konvektiver Wolkenentwicklung ist die CAPE, die sich aufgrund welleninduzierter Änderungen der Temperatur über orographisch gegliedertem Gelände ebenfalls ändert. Im Folgenden wird daher auch ein Zusammenhang zwischen welleninduzierten Änderungen der Temperatur und der CAPE und den die Gebirgswelle beschreibenden Größen $l$ und $\psi$ abgeleitet.

Dazu wird die Adiabatengleichung noch einmal in der Form $d\ln\theta/dt = 0$ für die potentielle Temperatur $\theta$ angeführt. Mit der Zerlegung $\theta = \theta_0(z) + \theta'$ und der Transformation $\hat{\theta} = (\rho_0/\rho_b)^{1/2}\theta'$ erhält man als linearisierte Form der Adiabatengleichung

$$\frac{D}{Dt}\left(\frac{\hat{\theta}}{\theta_0}\right) + \frac{1}{\theta_0}\frac{d\theta_0}{dz}\hat{w} = 0 \tag{3.44}$$

Berücksichtigt man die Brunt-Väisälä-Frequenz nach Gl. (2.8), hier jedoch ohne den virtuellen Temperaturzuschlag, erhält man aus der Adiabatengleichung für eine stationäre, zweidimensionale Störung, die in ausreichender Entfernung stromaufwärts verschwindend klein wird

$$\theta'/\theta_0 = -(U/g)(\rho_b/\rho_0)^{1/2}\,l^2\psi \tag{3.45}$$

Eine Änderung der konvektiv verfügbaren potentiellen Energie (CAPE) durch eine Variation der Umgebungsbedingungen zwischen dem Niveau freier Konvektion (NFK) und dem Niveau ohne Auftrieb (NOA) ist ferner für kleine Störungen der potentiellen Temperatur gegeben durch

$$\text{CAPE}' = -g\int_{H_{\text{NFK}}}^{H_{\text{NOA}}} \theta'/\theta_0\,dz \tag{3.46}$$

Für bekannte Stromfunktionen einer hydrostatischen Strömung lassen sich nun anhand der Gln. (3.43), (3.45) und (3.46) die welleninduzierte vertikale Windscherung und die Störung der CAPE in einer Gebirgswelle näher charakterisieren.

### 3.2.3 Eine hydrostatische Lösung für einen Hügel

Im Folgenden wird die welleninduzierte vertikale Windscherung sowie die welleninduzierte Störung der CAPE anhand einer hydrostatischen Lösung für einen symmetrischen Bergrücken erläutert. Dieser sei durch die Funktion

$$\tau(x) = h\,\frac{1}{1 + (x/a)^2} \tag{3.47}$$

mit $h > 0$ gegeben. Damit erhält man für die Stromfunktion die Lösung

$$\psi(x,z) = Uha\,\frac{a\cos(lz) - x\sin(lz)}{a^2 + x^2} \tag{3.48}$$

die in einer ähnlichen Form erstmals von Queney (1948) angegeben wird.
Die welleninduzierte vertikale Windscherung ist

$$\frac{\partial u'(x,z)}{\partial z} = (N^2/U)(\rho_b/\rho_0)^{1/2} ha \frac{a\cos(lz) - x\sin(lz)}{a^2 + x^2} \tag{3.49}$$

und für die relative Störung der potentiellen Temperatur gilt

$$\frac{\theta'(x,z)}{\theta_0(z)} = -(N^2/g)(\rho_b/\rho_0)^{1/2} ha \frac{a\cos(lz) - x\sin(lz)}{a^2 + x^2} \tag{3.50}$$

Aufgrund des Faktors $(\rho_b/\rho_0)^{1/2}$ nehmen die Amplituden von Gl. (3.49) und
Gl. (3.50) mit der Höhe zu. Der Faktor $(\rho_b/\rho_0)^{1/2}$ ist nur bei hochreichenden
Prozessen relevant. Bei Prozessen mit geringer vertikaler Ausdehnung kann
er unberücksichtigt bleiben.

Im Folgenden werden die welleninduzierte vertikale Windscherung und
die Störung der CAPE in der unteren Troposphäre betrachtet, so dass der
Faktor $(\rho_b/\rho_0)^{1/2}$ vernachlässigt werden kann.

Extrema der welleninduzierten vertikalen Windscherung liegen bei $x = 0$
mit Maxima in den Höhen $j\lambda_z$ und Minima in den Höhen $(j+1/2)\lambda_z$, mit der
vertikalen Wellenlänge $\lambda_z = 2\pi/l$ und den nichtnegativen ganzen Zahlen $j$.
In den Extrema ist der Betrag der vertikalen Windscherung

$$\left|\frac{\partial u'}{\partial z}\right|_{\text{ext}} = N(Nh/U) \tag{3.51}$$

Extrema von $\theta'/\theta_0$ liegen ebenfalls bei $x = 0$ mit Maxima in den Höhen
$(j+1/2)\lambda_z$ und Minima in den Höhen $j\lambda_z$ mit $|\theta'/\theta_0|_{\text{ext}} = N^2 h/g$. Für $x = 0$
und Höhen $(j + 1/4)\lambda_z$ ist $\partial u'/\partial z = 0$ und $\theta' = 0$. Entsprechend Gl. (3.46)
liefern Regionen mit $\theta'/\theta_0 > 0$ einen negativen Beitrag zur Störung der CA-
PE, Regionen mit $\theta'/\theta_0 < 0$ liefern einen positiven Beitrag. Nun lässt sich
das Integral in Gl. (3.46) auch als eine Summe aus Integralen über Teilintervalle darstellen, wobei jedes einzelne Teilintervall dadurch ausgezeichnet
sein soll, dass die Beiträge zur Störung der CAPE im entsprechenden Intervall ausschließlich positiv oder ausschließlich negativ sind. Größtmögliche
Teilintervalle werden durch die Höhen $H_j$ ($j = 0, 1, 2, \ldots$) begrenzt, wobei
$lH_j = \text{arccot}(x/a) + j\pi$, da in diesen Höhen jeweils ein Vorzeichenwechsel
von $\theta'/\theta_0$ erfolgt. Für Intervalle $(H_j, H_{j+1})$ erhält man die welleninduzierte
Störung der CAPE durch Integration zu

$$\text{CAPE}'_j(x) = -2\,(-1)^j NUha\,(a^2 + x^2)^{-1/2} \tag{3.52}$$

Beiträge benachbarter Teilintervalle heben sich gerade auf. Daher stellt die Störung der CAPE in einem Teilintervall $(H_j, H_{j+1})$ gleichzeitig ein Extremum der Störung der CAPE durch die Gebirgswelle an einem Ort $x$ dar. Bei $x = 0$ ist die Störung am stärksten mit dem Betrag

$$|\text{CAPE}'|_{\text{ext}} = 2U^2(Nh/U) \tag{3.53}$$

Mit den Gln. (3.51) und (3.53) lassen sich nun Extrema der vertikalen Windscherung sowie der Störung der CAPE angeben, von denen einige in Tab. 3.1 aufgeführt sind. Für Konfigurationen mit $N = 0{,}01\,\text{s}^{-1}$, $U = 10\,\text{m}\,\text{s}^{-1}$ bzw. $U = 15\,\text{m}\,\text{s}^{-1}$ und $Nh/U = 0{,}5$ ist in den Abbildungen 3.3 und 3.4 jeweils in (a) die potentielle Temperatur $\theta$, in (b) die vertikale Windscherung $\partial u'/\partial z$ und in (c) die Störung der potentiellen Temperatur $\theta'$ dargestellt, wobei $\theta_0(z = 0) = 300\,\text{K}$ gewählt wurde. Die Intervalle $(H_0, H_1)$ mit $\theta'/\theta_0 > 0$ sind grau schattiert. In (d) ist CAPE$'$ für die entsprechenden Höhenintervalle aufgetragen. Den Abbildungen entsprechend kann die Ausbildung von konvektiven Wolken durch Schwerewellen über einem Bergrücken hauptsächlich aus zwei Gründen beeinflusst werden:

- zum einen ist die Stabilität in einer bodennahen Atmosphäre durch eine Gebirgswelle erhöht,

- zum anderen wird die CAPE durch die welleninduzierte Störung in einem Intervall $(H_0, H_1)$ über dem Bergrücken vermindert. Erst oberhalb davon folgt eine Region mit erhöhtem Beitrag zur CAPE.

## 3.2.4 Eine hydrostatische Lösung für ein Tal

Nachdem im vorigen Abschnitt der Fall eines Bergrückens betrachtet wurde, folgt jetzt eine Analyse der Situation über einem Tal. Dazu werden ebenfalls die Gln. (3.47) - (3.50) und (3.52) verwendet, wobei der Faktor $(\rho_b/\rho_0)^{1/2}$ wiederum unberücksichtigt bleiben soll. Im Unterschied zum Fall der Überströmung eines Bergrückens ist nun $h < 0$, weshalb sich die Vorzeichen in den entsprechenden Lösungen umkehren. Maxima von $\theta'/\theta_0$ und Minima von $\partial u'/\partial z$ liegen nun in den Höhen $j\lambda_z$, Minima von $\theta'/\theta_0$ und Maxima von $\partial u'/\partial z$ liegen in den Höhen $(j + 1/2)\lambda_z$. Konventionsgemäß werden die dimensionslose Höhe sowie das vertikale Aspektverhältnis nun durch ihre Beträge $|Nh/U|$ und $|h/a|$ angegeben. Die Gln. (3.51) und (3.53) werden

Tabelle 3.1: Einige Extrema der welleninduzierten vertikalen Windscherung und der Störung der CAPE bei typischen Werten von $N$, $h$ und $U$

| $N$ $\mathrm{s}^{-1}$ | $U$ $\mathrm{m\,s}^{-1}$ | $Nh/U$ | $\|\partial u'/\partial z\|_{\mathrm{ext}}$ $\mathrm{s}^{-1}$ | $\|\mathrm{CAPE}'\|_{\mathrm{ext}}$ $\mathrm{J\,kg}^{-1}$ |
|---|---|---|---|---|
| 0,008 | 08 | | 0,004 | 64 |
| 0,010 | 10 | 0,5 | 0,005 | 100 |
| 0,012 | 12 | | 0,006 | 144 |
| 0,008 | 12 | | 0,004 | 144 |
| 0,010 | 15 | 0,5 | 0,005 | 225 |
| 0,012 | 18 | | 0,006 | 324 |

ebenfalls mit dem Betrag der dimensionslosen Höhe formuliert zu

$$|\mathrm{CAPE}'|_{\mathrm{ext}} = 2U^2|Nh/U| \qquad \left|\frac{\partial u'}{\partial z}\right|_{\mathrm{ext}} = N|Nh/U| \qquad (3.54)$$

Analog zu den Abbildungen von Strömungen über Bergrücken ist in den Abbildungen 3.5 und 3.6 in (a) die potentielle Temperatur $\theta$, in (b) die vertikale Windscherung $\partial u'/\partial z$ und in (c) die Störung der potentiellen Temperatur $\theta'$ für verschiedene Strömungen über Tälern dargestellt. Die Intervalle $(H_0, H_1)$, nun mit $\theta'/\theta_0 < 0$, sind grau schattiert. In (d) ist CAPE$'$ für die entsprechenden Höhenintervalle aufgetragen. Die Strömungen sind wiederum durch $N = 0,01\,\mathrm{s}^{-1}$, $U = 10\,\mathrm{m\,s}^{-1}$ bzw. $U = 15\,\mathrm{m\,s}^{-1}$ und $|Nh/U| = 0,5$ charakterisiert, außerdem ist $\theta_0(z = 0) = 300\,\mathrm{K}$. Den Abbildungen entsprechend kann die Ausbildung von konvektiven Wolken durch Schwerewellen über einem Tal hauptsächlich aus zwei Gründen beeinflusst werden:

- zum einen ist die Stabilität in der bodennahen Atmosphäre durch eine Gebirgswelle abgesenkt,

- zum anderen ist der Beitrag zur CAPE in einem Intervall $(H_0, H_1)$ über dem Tal erhöht. Erst oberhalb davon folgt eine Region mit kleinerem Beitrag.

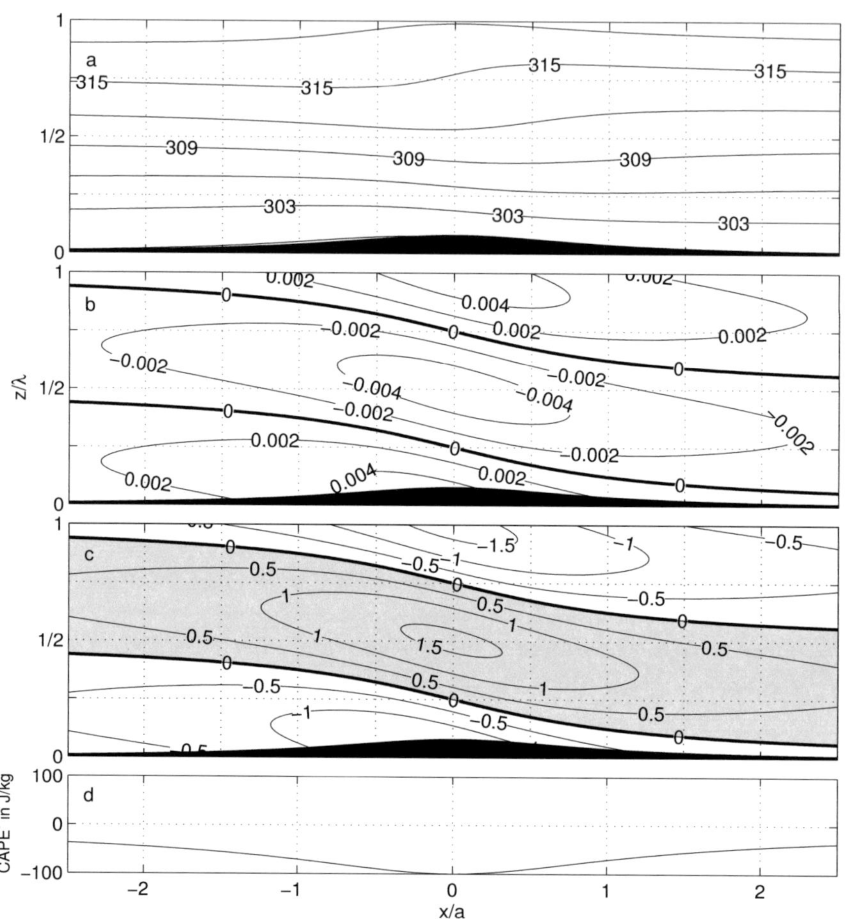



Abbildung 3.3: (a) Potentielle Temperatur $\theta$ in K, (b) vertikale Windscherung $\partial u'/\partial z$ in s$^{-1}$ und (c) Störung der potentiellen Temperatur $\theta'$ in K in einer hydrostatischen Strömung über einem Bergrücken. Das Intervall $(H_0, H_1)$ für $\theta' > 0$ ist grau unterlegt. Der Beitrag dieser Region zu CAPE' ist in (d) aufgetragen. Die Anströmung erfolgt von links mit einer Windgeschwindigkeit von $U = 10\,\mathrm{m\,s^{-1}}$. Außerdem sind $N = 0,01\,\mathrm{s^{-1}}$ und $Nh/U = 0,5$. Die vertikale Wellenlänge beträgt damit $\lambda_z \approx 6,3\,\mathrm{km}$.

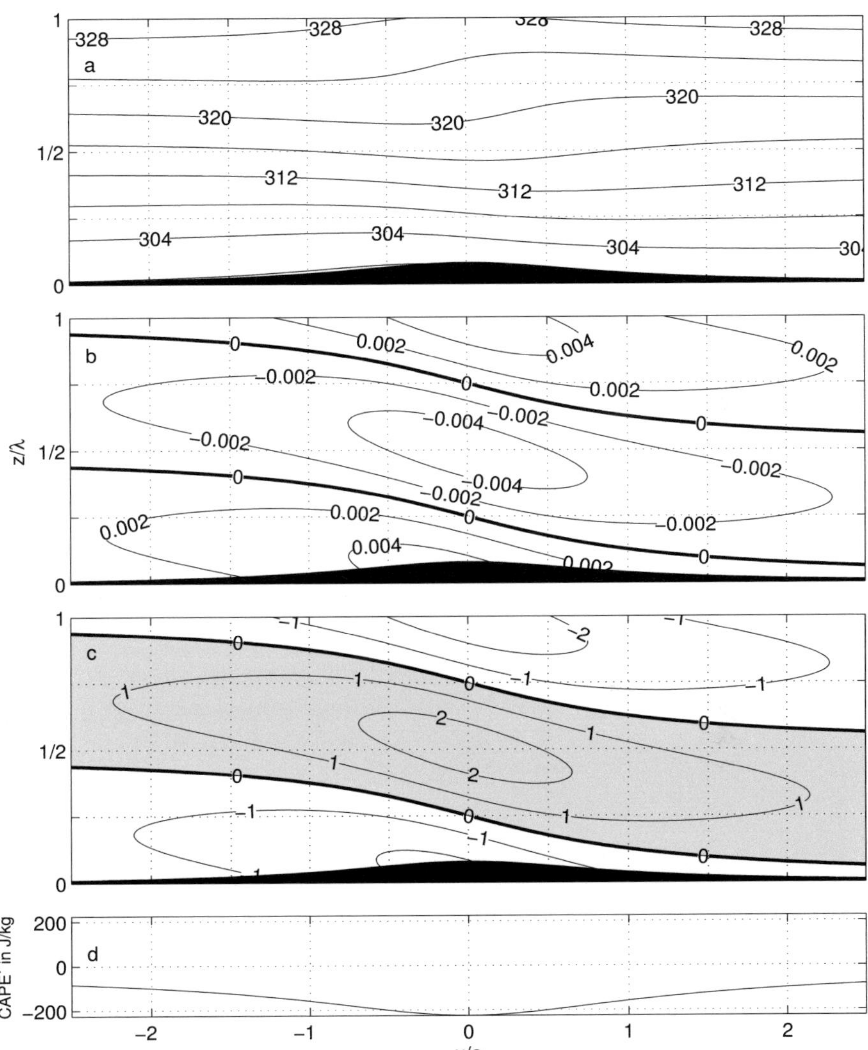

Abbildung 3.4: Wie Abb. 3.3 mit $U = 15\,\mathrm{m\,s^{-1}}$. Die vertikale Wellenlänge beträgt in diesem Fall $\lambda_z \approx 9,4\,\mathrm{km}$.

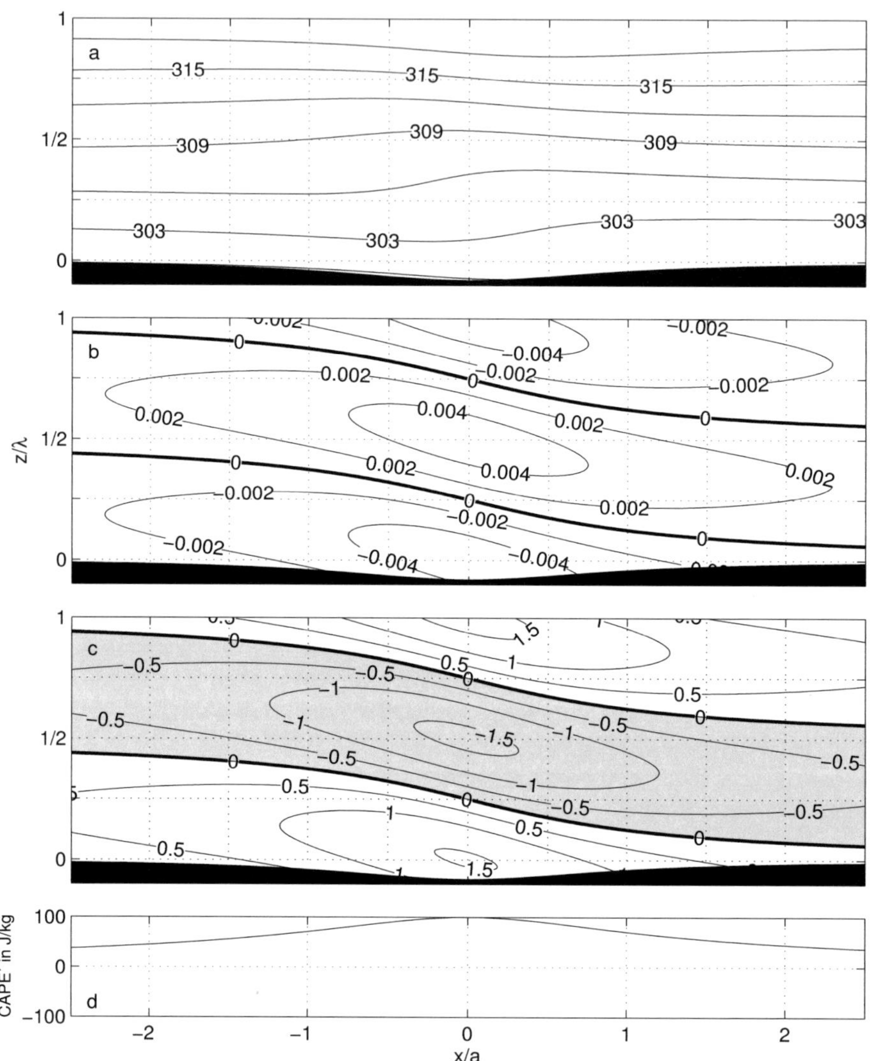

Abbildung 3.5: Wie Abb. 3.3, jedoch für ein Tal mit $|Nh/U| = 0,5$. Die vertikale Wellenlänge beträgt $\lambda_z \approx 6,3\,\text{km}$.

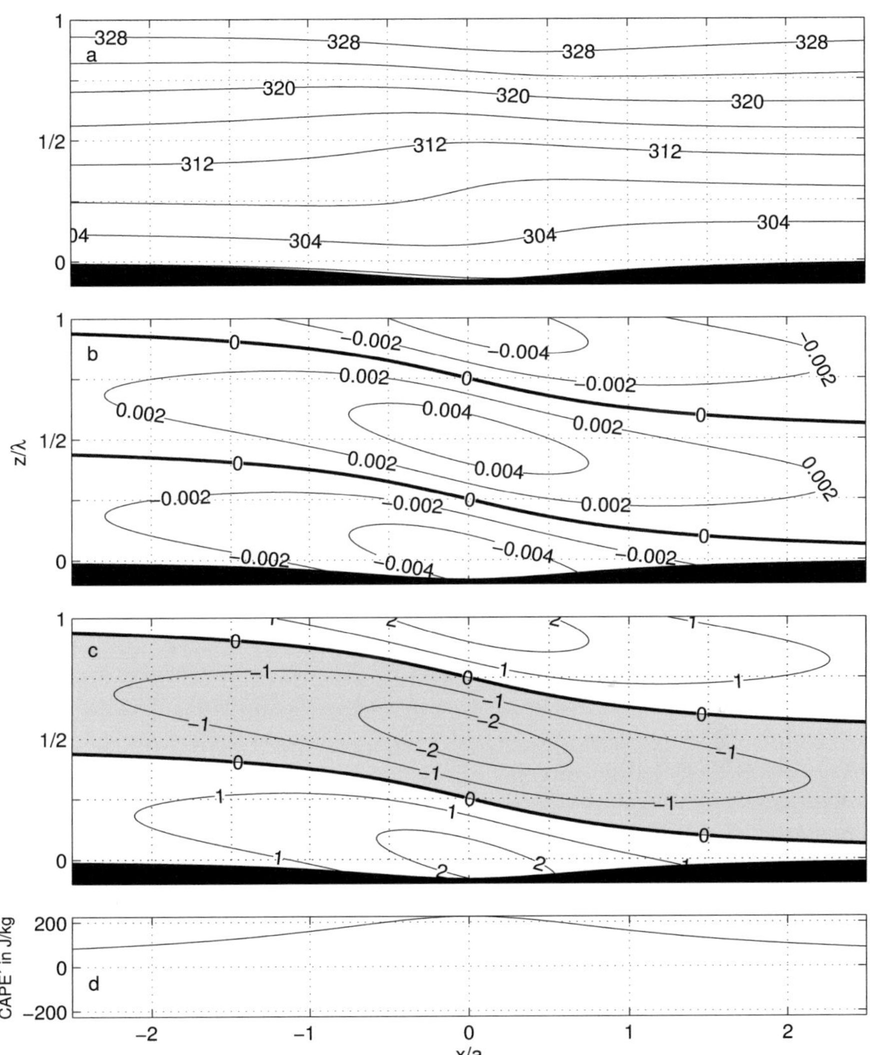

Abbildung 3.6: Wie Abb. 3.3, jedoch für ein Tal mit $|Nh/U| = 0,5$ bei $U = 15\,\mathrm{m\,s^{-1}}$. Die vertikale Wellenlänge beträgt $\lambda_z \approx 9,4\,\mathrm{km}$.

### 3.2.5 Eine weitere hydrostatische Lösung

Mit den oben angegebenen Methoden lässt sich die Analyse von Gebirgswellen mit kleinen Amplituden auf eine Folge symmetrisch angeordneter Bergrücken oder Täler ausdehnen. Nachfolgend wird der Fall einer hydrostatischen Strömung über einem Tal diskutiert, das von zwei Bergrücken flankiert wird. Die Funktion $\tau(x)$ sei zu diesem Zweck gegeben durch

$$\tau(x) = h_t a_t \frac{a_t}{a_t^2 + x^2} + h_b a_b \left( \frac{a_b}{a_b^2 + (x-b)^2} + \frac{a_b}{a_b^2 + (x+b)^2} \right) \quad (3.55)$$

mit den Konstanten $h_t$ und $a_t$ sowie $h_b$ und $a_b$, welche die Höhen und die charakteristischen Längen des Tals bzw. der Bergrücken angeben sowie dem Parameter $b$, durch den der horizontale Abstand der Bergrücken von der Talsohle vorgegeben wird. Die entsprechende Lösung der Stromfunktion lautet

$$\psi(x,z) = U h_t a_t \frac{a_t \cos(lz) - x \sin(lz)}{a_t^2 - x^2} + U h_b a_b$$

$$\times \left( \frac{a_b \cos(lz) - (x-b)\sin(lz)}{a_b^2 + (x-b)^2} + \frac{a_b \cos(lz) - (x+b)\sin(lz)}{a_b^2 + (x+b)^2} \right)$$

$$(3.56)$$

Lösungen für die vertikale Windscherung sowie für die Störung der CAPE erhält man wie in den vorhergehenden beiden Abschnitten. Für sehr große Abstände $b$ verhält sich die Störung analog einer solchen über einzelnen Bergrücken oder Tälern mit den effektiven Höhen $h_b$ bzw. $h_t$. Bei kleineren Abständen $b$ überlagern sich sowohl Orographie als auch Gebirgswellen linear. Die effektiven Höhen der Bergrücken bzw. des Tals sind für diese Fälle aus Gl. (3.55) zu bestimmen. Gl. (3.54) behält ihre Gültigkeit bei, wobei für $h$ die entsprechenden effektiven Höhen der Bergrücken bzw. des Tals anzugeben sind.

In Abb. 3.7 sind die Felder (a) der potentiellen Temperatur $\theta$, (b) der vertikalen Windscherung $\partial u'/\partial z$ und (c) der Störung der potentiellen Temperatur $\theta'$ für eine Strömung über der vorgegebenen Orographie dargestellt. Zusammenhängende Regionen mit $\theta'/\theta_0 < 0$ sind gegenüber Regionen mit $\theta'/\theta_0 > 0$ durch graue Schattierung hervorgehoben. In (d) ist CAPE$'$ für die entsprechenden Regionen eingetragen. Der ungestörte Zustand der Atmosphäre ist durch $N = 0,01\,\mathrm{s}^{-1}$ und $U = 10\,\mathrm{m\,s}^{-1}$ gegeben. Die Geometrie des Geländes ist durch $h_b = 610\,\mathrm{m}$, $h_t = -745\,\mathrm{m}$, $a_b = a_t = 20\,\mathrm{km}$ und

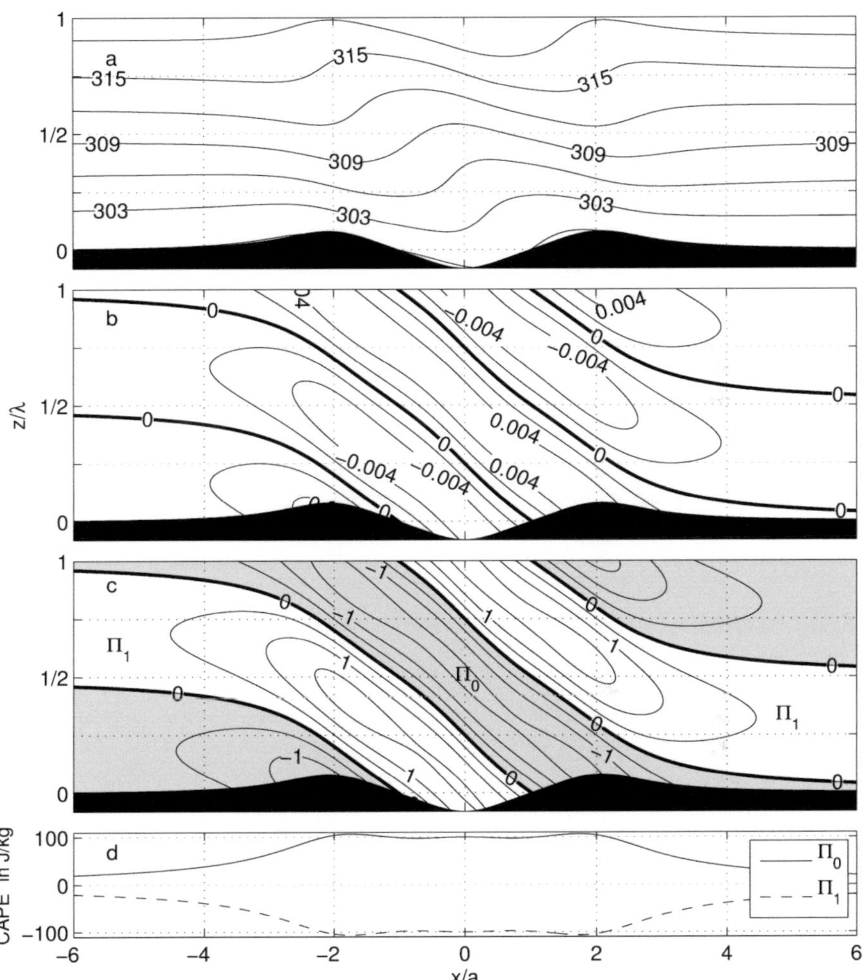

Abbildung 3.7: Wie Abb. 3.3, jedoch für eine hydrostatische Strömung über einem Tal, das von zwei Bergrücken flankiert wird. Zusammenhängende Regionen $\Pi_0$ mit $\theta'/\theta_0 < 0$ sind durch graue Schattierung abgehoben. Der Beitrag einer Region $\Pi_0$ sowie einer Region $\Pi_1$ zur Störung der CAPE ist jeweils in (d) aufgetragen.

$b = 40\,\mathrm{km}$ charakterisiert, so dass der Betrag der effektiven Höhe sowohl für die Bergrücken als auch für das Tal bei etwa $500\,\mathrm{m}$ liegt. Die vertikale Wellenlänge der Störung beträgt wiederum etwa $6{,}3\,\mathrm{km}$. Für diese Konfiguration erhält man den Betrag der größtmöglichen Störung der CAPE einerseits über den Bergrücken und andererseits über der Talsohle zu $100\,\mathrm{J\,kg^{-1}}$ und den Betrag der größtmöglichen vertikalen Windscherung zu $0{,}005\,\mathrm{s^{-1}}$. Der Abbildung entsprechend kann die Ausbildung von konvektiven Wolken durch Schwerewellen im Bereich der Talsohle analog zum vorher geschilderten Fall für $h < 0$ und im Bereich der Bergkuppen analog zum früher geschilderten Fall für $h > 0$ beeinflusst werden.

In Abb. 3.7 erkennt man außerdem die rückwärtige Neigung der Phasenlinien in der Gebirgswelle sehr gut. Diese wurde zur Lösung der Gl. (3.38) gefordert. Sie entsteht, wenn die vertikale Wellenzahl $m$ das selbe Vorzeichen besitzt wie die horizontale Wellenzahl $k$. Wie beispielsweise Smith (1979) zeigt, ist sie eine notwenige Voraussetzung dafür, dass der Transport von Wellenenergie nur vom Erdboden weg erfolgt und entspricht daher der Strahlungbedingung.

## 3.3 Quasi-zweidimensionale Simulationen

Im letzten Abschnitt wurde die lineare Theorie angewandt, um Aussagen zu einer Variation der CAPE und der vertikalen Windscherung in Strömungen über zweidimensionalen Hügeln und Tälern abzuleiten. In den folgenden Abschnitten werden die analytischen Lösungen durch numerische Modellsimulationen ergänzt. In Abschnitt 3.3.1 werden den analytischen Ergebnissen Resultate aus numerischen Simulationen gegenübergestellt, wobei am unteren Modellrand eine Gleitbedingung vorgegeben wird. Abschnitt 3.3.2 behandelt den Einfluss der Geometrie der Hindernisse auf die Störung der CAPE und der vertikalen Windscherung. Am unteren Rand des Modells wird dann eine Haftbedingung eingeführt und die Auswirkung einer durch die Bodenreibung hervorgerufenen Grenzschicht auf eine Gebirgswelle diskutiert (Abschnitt 3.3.3). Schließlich werden Dreischichtenströmungen betrachtet, in denen die Stabilität der Atmosphäre mit der Höhe variiert (Abschnitt 3.3.4) und zuletzt wird das Verhalten der Strömung über einem Doppelberg mit eingeschlossenem Tal untersucht (Abschnitt 3.3.5). Die Modellstudien bleiben insgesamt auf Fälle mit ausreichend kleinen dimensionslosen Höhen beschränkt, für die keine Staupunkte in der Strömung auftreten.

### 3.3.1 Modellverifikation

Zunächst wird überprüft, ob das numerische Modell die analytischen Resultate reproduziert. Dies kann nur für spezielle Konfigurationen der Modellatmosphäre erfolgen, die mit den Annahmen, die bei der Ableitung der Gebirgswellengleichung getroffen werden, gut übereinstimmen sollen. Wie bereits ausführlich dargestellt, wurden die analytischen Lösungen für eine reibungsfreie Strömung bei Vernachlässigung der Erdrotation abgeleitet. Eine reibungsfreie Strömung wird in KAMM2 durch Anwendung einer Gleitbedingung am unteren Modellrand gewährleistet; eine atmosphärische Grenzschicht wird zunächst nicht berücksichtigt. Effekte der Erdrotation können vernachlässigt werden, solange für die Rossby-Zahl $Ro = U/fa$ mit dem für mittlere Breiten typischen Coriolis-Parameter $f \approx 1 \times 10^{-4}\,\mathrm{s}^{-1}$ die Bedingung $Ro \gg 1$ erfüllt ist. Die analytischen Lösungen sind ferner ausschließlich für eine lineare und hydrostatische Strömung gültig. Solange $Nh/U < (Nh/U)_c$ ist (siehe Abschnitt 3.1), kann in numerischen Simulationen von einer linearen oder schwach nichtlinearen Strömung ausgegangen werden. Außerdem verhält sich die Strömung für $Fr \ll 1$ näherungsweise hydrostatisch. Solange ferner Gebirgswellen untersucht werden, deren vertikale Wellenlängen nicht zu groß sind und solange die Untersuchungen auf den unteren Teil der Atmosphäre beschränkt bleiben, fällt eine Zunahme der Amplitude der Gebirgswellen mit zunehmender Höhe aufgrund des Faktors $(\rho_b/\rho_0)^{1/2}$ kaum ins Gewicht. Bei den numerischen Simulationen mit dem kompressiblen Modell KAMM2 ist allerdings noch ein weiterer Aspekt zu beachten, der in der Fernwirkung des Faktors $(\rho_b/\rho_0)^{1/2}$ begründet liegt. Da die Amplitude der Gebirgswelle aufgrund des Faktors $(\rho_b/\rho_0)^{1/2}$ mit der Höhe zunimmt, können Wellen in großen Höhen brechen, obwohl die gewählte dimensionslose Höhe $Nh/U$ kleiner ist als die entsprechende kritische dimensionslose Höhe von 0,85, die im Abschnitt 3.1 für inkompressible Strömungen angegeben wird. Brechende Wellen in der Höhe wirken jedoch auf die Strömung zurück. Daher sind die Ergebnisse der Simulationen direkt von der gewählten Höhe des Modellgebietes und von der Wirkungsweise und Höhe der Dämpfungsschicht am oberen Modellrand abhängig.

Für den Vergleich mit analytischen Lösungen werden insgesamt 60 Simulationen mit verschiedenen konstanten Profilen von $U$ und $N$ und verschiedener Orographie durchgeführt. Die Orographie ist durch Gl. (3.47) für verschiedene Höhen $h \geqslant 0$ und charakteristische Längen $a$ berechnet. Die Konfigurationen sind im Detail in Tab. 3.2 zusammengestellt. Für die Konfigurationen 3A und 3C ist $h > 0$, für die Konfigurationen 3B und 3C ist $h < 0$. Wie man der Tabelle entnimmt, werden die Simulationen für drei unterschiedliche Stabilitäten $N$ durchgeführt. In den Simulationen 3A und 3B bzw. 3C und 3D wird jedem $N$ eine entsprechende Windgeschwindigkeit $U$ zugeordnet, so dass die vertikale Wellenlänge $\lambda_z$ der Gebirgswellen für alle Simulationen 6,3 km bzw. 9,4 km beträgt. Für die charakteristische Länge $a$ werden 20 km bzw. 30 km gewählt. Damit erhält man für die Froude-Zahl in allen Simulationen einen Wert von 0,05 und für die Rossby-Zahl Werte zwischen 4 und 6. Für jedes Paar von $U$ und $N$ werden Simulationen mit den Höhen $|h| = 100\,\text{m}, 200\,\text{m}, \ldots, 500\,\text{m}$ bzw. $|h| = 150\,\text{m}, 300\,\text{m}, \ldots, 750\,\text{m}$ durchgeführt. Für alle Simulationen wird ein horizontaler Gitterabstand von 1 000 m und ein vertikaler Gitterabstand von 500 m gewählt, wobei die unterste Rechenfläche etwa 50 m über der Geländehöhe liegt. Die Anzahl der Gitterpunkte beträgt bei den Simulationen 3A und 3B $201 \times 51 \times 41$, bei den Simulationen 3C und 3D wird die Anzahl der Gitterpunkte in $x$-Richtung auf 301 erhöht. Die Ergebnisse aus den Simulationen 3A und 3B für $(\partial u'/\partial z)_{\text{ext}}$ in der Höhe $\lambda_z/2$ (hier liegt das Extremum der welleninduzierten vertikalen Windscherung) und für $(\text{CAPE}')_{\text{ext}}$ im Intervall $(H_0, H_1)$ sind für den dimensionslosen Zeitpunkt $tU/a = 16,2$ zusammen mit den entsprechenden analytischen Ergebnissen in Tab. 3.3 dargestellt.

In sämtlichen Fällen, in denen $|h| = 100\,\text{m}$ ist, erhält man für die Extrema der welleninduzierten vertikalen Windscherung identische Werte aus analytischen Rechnungen und KAMM2-Simulationen. Für $h < -100\,\text{m}$ fallen die Extrema der vertikalen Windscherung in den Simulationen insgesamt geringfügig schwächer aus als in den analytischen Lösungen. Dagegen zeich-

Tabelle 3.2: Konfiguration der Parameter für die Simulationen 3A bis 3D

| Nr. | $N$ | $U$ | $\pm Nh/U$ | $a$ | $Ro$ | $Fr$ | $\lambda_z$ |
| | $\text{s}^{-1}$ | m/s | | km | | | km |
|---|---|---|---|---|---|---|---|
| 3A/B01 – 3A/B05 | 0,008 | 08 | 0,1, …, 0,5 | 20 | 4 | 0,05 | 6,3 |
| 3A/B11 – 3A/B15 | 0,010 | 10 | 0,1, …, 0,5 | 20 | 5 | 0,05 | 6,3 |
| 3A/B21 – 3A/B25 | 0,012 | 12 | 0,1, …, 0,5 | 20 | 6 | 0,05 | 6,3 |
| 3C/D01 – 3C/D05 | 0,008 | 12 | 0,1, …, 0,5 | 30 | 4 | 0,05 | 9,4 |
| 3C/D11 – 3C/D15 | 0,010 | 15 | 0,1, …, 0,5 | 30 | 5 | 0,05 | 9,4 |
| 3C/D21 – 3C/D25 | 0,012 | 18 | 0,1, …, 0,5 | 30 | 6 | 0,05 | 9,4 |

Tabelle 3.3: Ergebnisse der Simulationen 3A und 3B für den dimensionslosen Zeitpunkt $tU/a = 16,2$ im Vergleich mit analytischen Lösungen.

| Nr. | $h$ | Analytisch | | KAMM2 | |
| --- | --- | --- | --- | --- | --- |
| | m | $(\partial u'/\partial z)_{\text{ext}}$ $\text{s}^{-1}$ | $(\text{CAPE}')_{\text{ext}}$ $\text{J kg}^{-1}$ | $(\partial u'/\partial z)_{\text{ext}}$ $\text{s}^{-1}$ | $(\text{CAPE}')_{\text{ext}}$ $\text{J kg}^{-1}$ |
| 3A01 | 100 | -0,0008 | -13 | -0,0008 | -10 |
| 3A02 | 200 | -0,0016 | -26 | -0,0018 | -22 |
| 3A03 | 300 | -0,0024 | -38 | -0,0028 | -34 |
| 3A04 | 400 | -0,0032 | -51 | -0,0041 | -47 |
| 3A05 | 500 | -0,0040 | -64 | -0,0053 | -60 |
| 3A11 | 100 | -0,0010 | -20 | -0,0010 | -18 |
| 3A12 | 200 | -0,0020 | -40 | -0,0022 | -38 |
| 3A13 | 300 | -0,0030 | -60 | -0,0034 | -58 |
| 3A14 | 400 | -0,0040 | -80 | -0,0048 | -80 |
| 3A15 | 500 | -0,0050 | -100 | -0,0065 | -104 |
| 3A21 | 100 | -0,0012 | -29 | -0,0012 | -28 |
| 3A22 | 200 | -0,0024 | -58 | -0,0026 | -57 |
| 3A23 | 300 | -0,0036 | -86 | -0,0040 | -89 |
| 3A24 | 400 | -0,0048 | -115 | -0,0055 | -121 |
| 3A25 | 500 | -0,0060 | -144 | -0,0073 | -159 |
| 3B01 | -100 | 0,0008 | 13 | 0,0008 | 10 |
| 3B02 | -200 | 0,0016 | 26 | 0,0014 | 19 |
| 3B03 | -300 | 0,0024 | 38 | 0,0021 | 29 |
| 3B04 | -400 | 0,0032 | 51 | 0,0028 | 38 |
| 3B05 | -500 | 0,0040 | 64 | 0,0033 | 44 |
| 3B11 | -100 | 0,0010 | 20 | 0,0010 | 17 |
| 3B12 | -200 | 0,0020 | 40 | 0,0020 | 37 |
| 3B13 | -300 | 0,0030 | 60 | 0,0028 | 53 |
| 3B14 | -400 | 0,0040 | 80 | 0,0037 | 70 |
| 3B15 | -500 | 0,0050 | 100 | 0,0047 | 90 |
| 3B21 | -100 | 0,0012 | 29 | 0,0012 | 30 |
| 3B22 | -200 | 0,0024 | 58 | 0,0023 | 57 |
| 3B23 | -300 | 0,0036 | 86 | 0,0035 | 86 |
| 3B24 | -400 | 0,0048 | 115 | 0,0047 | 111 |
| 3B25 | -500 | 0,0060 | 144 | 0,0058 | 140 |

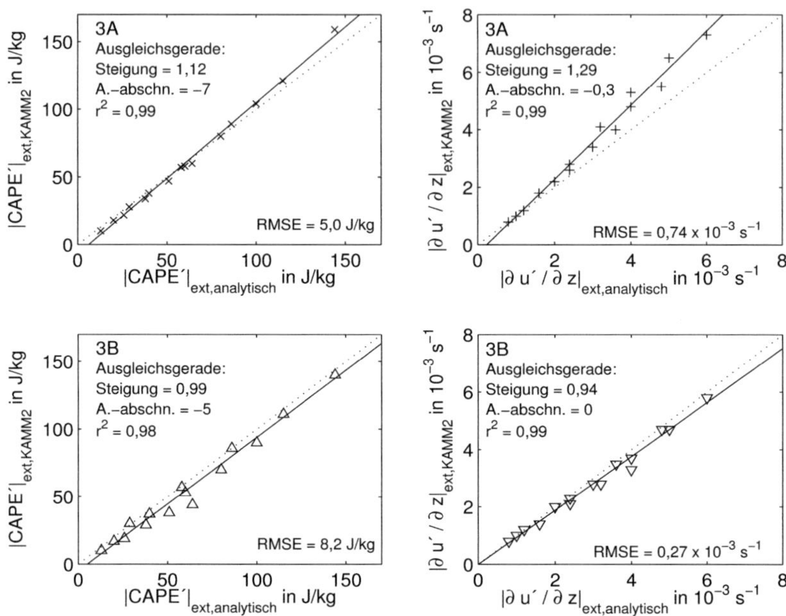

Abbildung 3.8: In den Streudiagrammen sind die Simulationsergebnisse aus Tab. 3.3 gegen die analytischen Lösungen aufgetragen. Der RMSE (root mean squared error) und die Regressionsgeraden mit Steigung, Achsenabschnitt und der relativen erklärten Varianz $r^2$ sind ebenfalls angegeben.

nen sich für $h > 100\,\mathrm{m}$ in den Simulationen etwas stärkere Extrema der vertikalen Windscherung ab. Die Extrema der Störung der CAPE fallen bei $h < 0$ in den Simulationen generell etwas schwächer aus als in den analytischen Rechnungen. Für $h > 0$ sind die Extrema der Störung der CAPE bei kleinen Höhen in den Simulationen etwas schwächer als in den analytischen Rechnungen und wachsen in den Simulationen mit zunehmender Höhe des Dammes tendenziell etwas stärker an. Insgesamt sind die Unterschiede jedoch gering. Dies entnimmt man auch den Streudiagrammen in Abb. 3.8, in denen die Ergebnisse der Simulationen 3A und 3B aus Tab. 3.3 gegen die entsprechenden analytischen Lösungen aufgetragen sind. In den Abbildungen 3.9 (Bergrücken) und 3.10 (Tal) sind in (a) die potentiellen

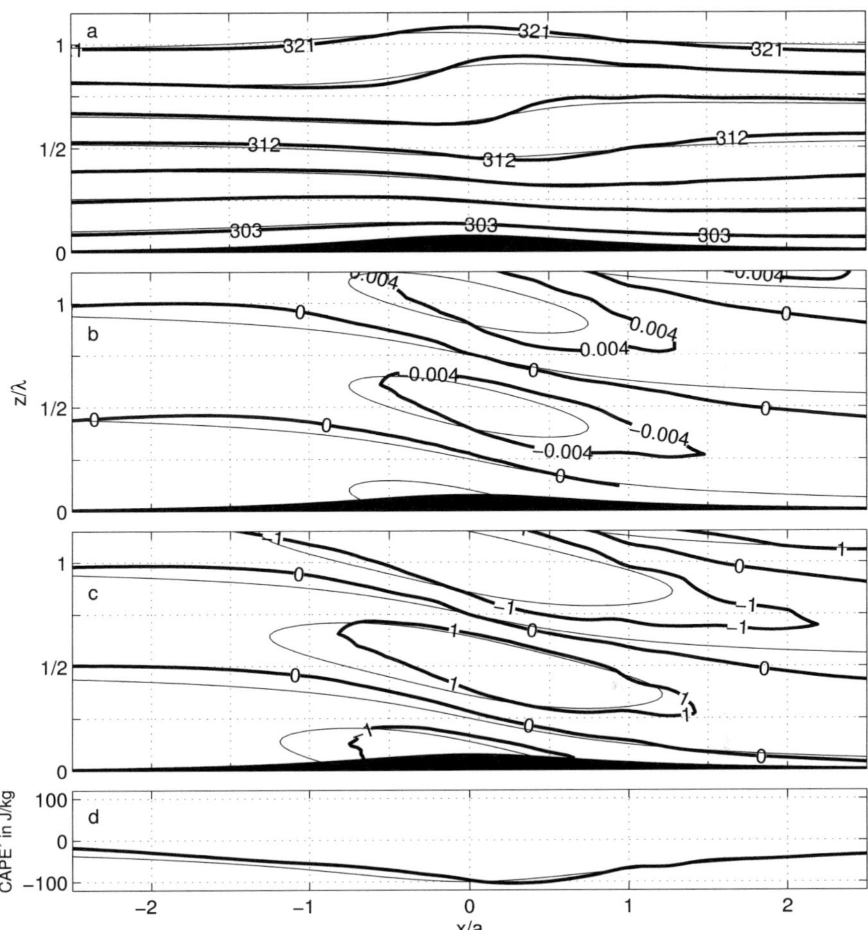

Abbildung 3.9: (a) Potentielle Temperatur $\theta$ in K, (b) vertikale Windscherung $\partial u'/\partial z$ in s$^{-1}$, (c) Störung der potentiellen Temperatur $\theta'$ in K und (d) Störung der CAPE im Intervall $(H_0, H_1)$ für die Konfiguration 3A15. Die dicken Linien repräsentieren die Ergebnisse aus Simulationen zum Zeitpunkt $tU/a = 16,2$, die dünnen Linien geben die entsprechenden analytischen Lösungen wieder. Die Anströmung erfolgt von links.

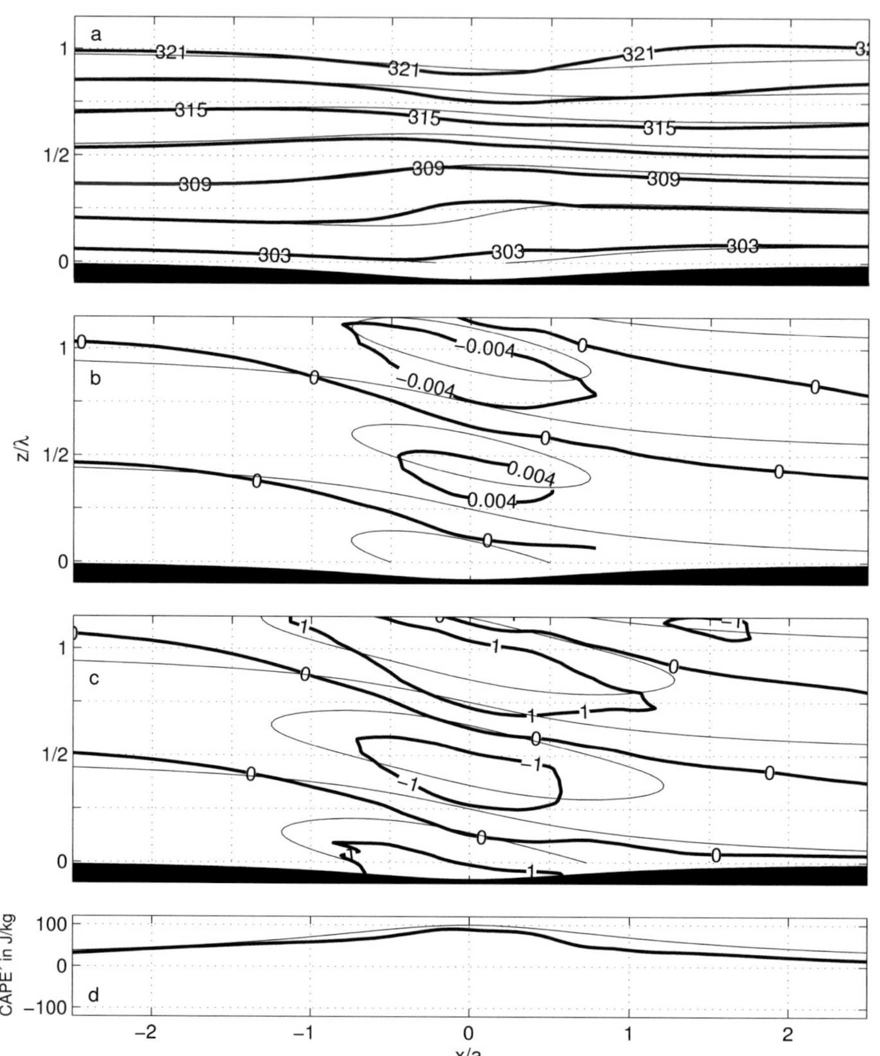

Abbildung 3.10: Wie Abbildung 3.9, jedoch für die Konfiguration 3B15.

Temperaturen $\theta$, in (b) die vertikalen Windscherungen $\partial u'/\partial z$, in (c) die Störungen der potentiellen Temperatur $\theta'$ und in (d) die Störungen der CAPE im Intervall $(H_0, H_1)$ für die Simulationen 3A15 und 3B15 im Vergleich zu den entsprechenden analytischen Lösungen dargestellt. In den Teilabbildungen (a) erkennt man, dass die Isentropen hauptsächlich in größerer Höhe in den Simulationen etwas stärker ausgelenkt sind als in den linearen Lösungen. In den Teilabbildungen (b) – (d) erkennt man, dass die Gebirgswellen in der Simulation 3A15 über dem Hügel etwas ins Lee verlagert sind, in der Simulation 3B15 über dem Tal ist dieser Effekt nicht zu erkennen. Insgesamt ist festzustellen, dass die Gebirgswellen in den Simulationen über den Tälern und über flachen Hügeln eher schwächer ausgeprägt sind als in den analytischen Lösungen. Über höheren Hügeln sind die Gebirgswellen in den Simulationen hingegen leicht verstärkt. Wie beispielsweise Ólafsson und Bougeault (1997) ausführen, wird eine Abschwächung der Amplituden von Gebirgswellen hauptsächlich durch die Wirkung der Erdrotation verursacht. Dieser Effekt kann in den hier durchgeführten Simulationen nicht ausgeschlossen werden, da die Bedingung $Ro \gg 1$ nur unzureichend erfüllt ist. Aufgrund des Faktors $(\rho_b/\rho_0)^{1/2}$ fallen die Amplituden der Gebirgswellen vor allem in der Höhe etwas stärker aus, wie auch in den Abbildungsteilen (a) erkennbar ist. Zu einer Verstärkung der Amplituden über den Hügeln tragen ferner schwach nichtlineare Effekte bei, welche nach Lilly und Klemp (1979) auch für eine Verlagerung der Wellen ins Lee verantwortlich sind. Diese Verlagerung aufgrund schwach nichtlinearer Effekte entspricht qualitativ der Verlagerung der Gebirgswellen, die in der Abb. 3.9 zu sehen ist.

Die Ergebnisse aus den Simulationen 3C und 3D sind für den Zeitpunkt $tU/a = 16,2$ zusammen mit den entsprechenden analytischen Ergebnissen in Tab. 3.4 dargestellt. Die Simulationen 3C und 3D unterscheiden sich von den Simulationen 3A und 3B durch höhere Geschwindigkeiten des horizontalen Grundstroms $U$ und etwas größere Beträge von $h$. Die Beträge der welleninduzierten vertikalen Windscherung fallen nun in allen Simulationen größer aus als in den analytischen Lösungen. In den Simulationen wird dabei maximal das Eineinhalbfache der analytisch berechneten Werte erreicht. Für $h > 0$ bleiben die Unterschiede zwischen der welleninduzierten Störung der CAPE aus Simulationen und aus analytischen Rechnungen klein, während in den Simulationen für $h < 0$ teilweise deutlich gößere Werte als in den entsprechenden analytischen Lösungen auftreten. In einigen Simulationen erreichen die Extrema der Störung der CAPE fast das Zweifache der analytisch berechneten Werte. Dies entnimmt man auch den Streudiagram-

Tabelle 3.4: Ergebnisse der Simulationen 3C und 3D für den dimensionslosen Zeitpunkt $tU/a = 16,2$ im Vergleich mit analytischen Lösungen.

| Nr. | $h$ | Analytisch | | KAMM2 | |
| --- | --- | --- | --- | --- | --- |
| | m | $(\partial u'/\partial z)_{\text{ext}}$ <br> $\text{s}^{-1}$ | $(\text{CAPE}')_{\text{ext}}$ <br> $\text{J}\,\text{kg}^{-1}$ | $(\partial u'/\partial z)_{\text{ext}}$ <br> $\text{s}^{-1}$ | $(\text{CAPE}')_{\text{ext}}$ <br> $\text{J}\,\text{kg}^{-1}$ |
| 3C01 | 150 | -0,0008 | -29 | -0,0010 | -28 |
| 3C02 | 300 | -0,0016 | -58 | -0,0020 | -55 |
| 3C03 | 450 | -0,0024 | -86 | -0,0031 | -81 |
| 3C04 | 600 | -0,0032 | -115 | -0,0043 | -108 |
| 3C05 | 750 | -0,0040 | -144 | -0,0056 | -137 |
| 3C11 | 150 | -0,0010 | -45 | -0,0012 | -47 |
| 3C12 | 300 | -0,0020 | -90 | -0,0025 | -94 |
| 3C13 | 450 | -0,0030 | -135 | -0,0038 | -138 |
| 3C14 | 600 | -0,0040 | -180 | -0,0053 | -185 |
| 3C15 | 750 | -0,0050 | -225 | -0,0073 | -227 |
| 3C21 | 150 | -0,0012 | -65 | -0,0015 | -74 |
| 3C22 | 300 | -0,0024 | -130 | -0,0030 | -143 |
| 3C23 | 450 | -0,0036 | -194 | -0,0046 | -217 |
| 3C24 | 600 | -0,0048 | -259 | -0,0064 | -289 |
| 3C25 | 750 | -0,0060 | -324 | -0,0090 | -360 |
| 3D01 | -150 | 0,0008 | 29 | 0,0010 | 30 |
| 3D02 | -300 | 0,0016 | 58 | 0,0020 | 72 |
| 3D03 | -450 | 0,0024 | 86 | 0,0030 | 114 |
| 3D04 | -600 | 0,0032 | 115 | 0,0040 | 169 |
| 3D05 | -750 | 0,0040 | 144 | 0,0047 | 207 |
| 3D11 | -150 | 0,0010 | 45 | 0,0013 | 54 |
| 3D12 | -300 | 0,0020 | 90 | 0,0025 | 115 |
| 3D13 | -450 | 0,0030 | 135 | 0,0038 | 194 |
| 3D14 | -600 | 0,0040 | 180 | 0,0051 | 285 |
| 3D15 | -750 | 0,0050 | 225 | 0,0064 | 393 |
| 3D21 | -150 | 0,0012 | 65 | 0,0015 | 84 |
| 3D22 | -300 | 0,0024 | 130 | 0,0030 | 181 |
| 3D23 | -450 | 0,0036 | 194 | 0,0048 | 302 |
| 3D24 | -600 | 0,0048 | 259 | 0,0066 | 462 |
| 3D25 | -750 | 0,0060 | 324 | 0,0082 | 616 |

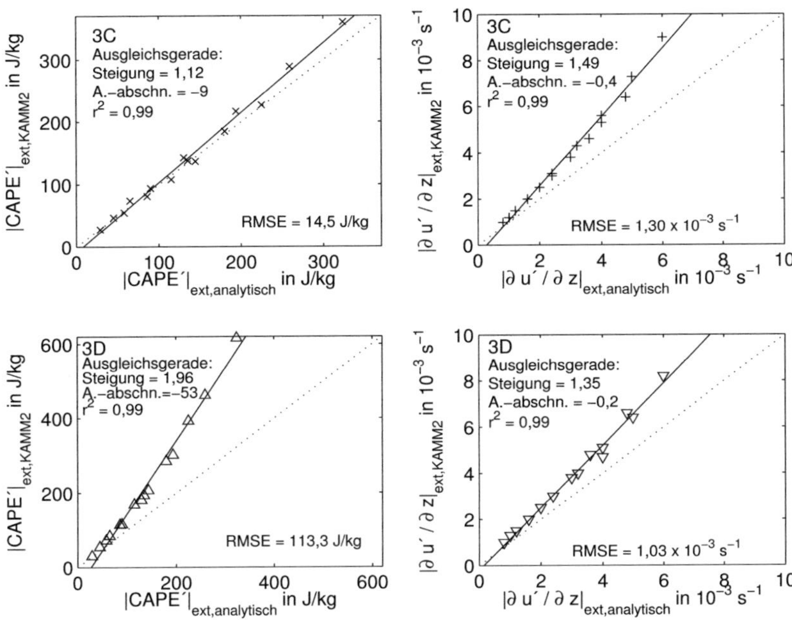


Abbildung 3.11: In den Streudiagrammen sind die Simulationsergebnisse aus Tab. 3.4 gegen die analytischen Lösungen aufgetragen. Der RMSE (root mean squared error) und die Regressionsgeraden mit Steigung, Achsenabschnitt und der relativen erklärten Varianz $r^2$ sind ebenfalls angegeben.

men in Abb. 3.11, in denen die Ergebnisse der Simulationen 3C und 3D aus Tab. 3.4 gegen die entsprechenden analytischen Lösungen aufgetragen sind. Außer bei der Störung der CAPE in den Simulationen 3C sind die systematischen Abweichungen der Modellwerte von den analytischen Lösungen offensichtlich. Dies wird durch die hohen Werte des RMSE unterstrichen. Analog zu den Abbildungen 3.9 und 3.10 sind in den Abbildungen 3.12 (Bergrücken) und 3.13 (Tal) die Ergebnisse der Simulationen für die Fälle 3C15 und 3D15 dargestellt. Den Teilabbildungen (a) entnimmt man, dass die Isentropen in den Simulationen nun deutlich stärker ausgelenkt sind als in den analytischen Lösungen. In den Teilabbildungen (b) und (c) des Falls 3C15 (Abb. 3.12) erkennt man, dass das Intervall $(H_0, H_1)$ vor und über

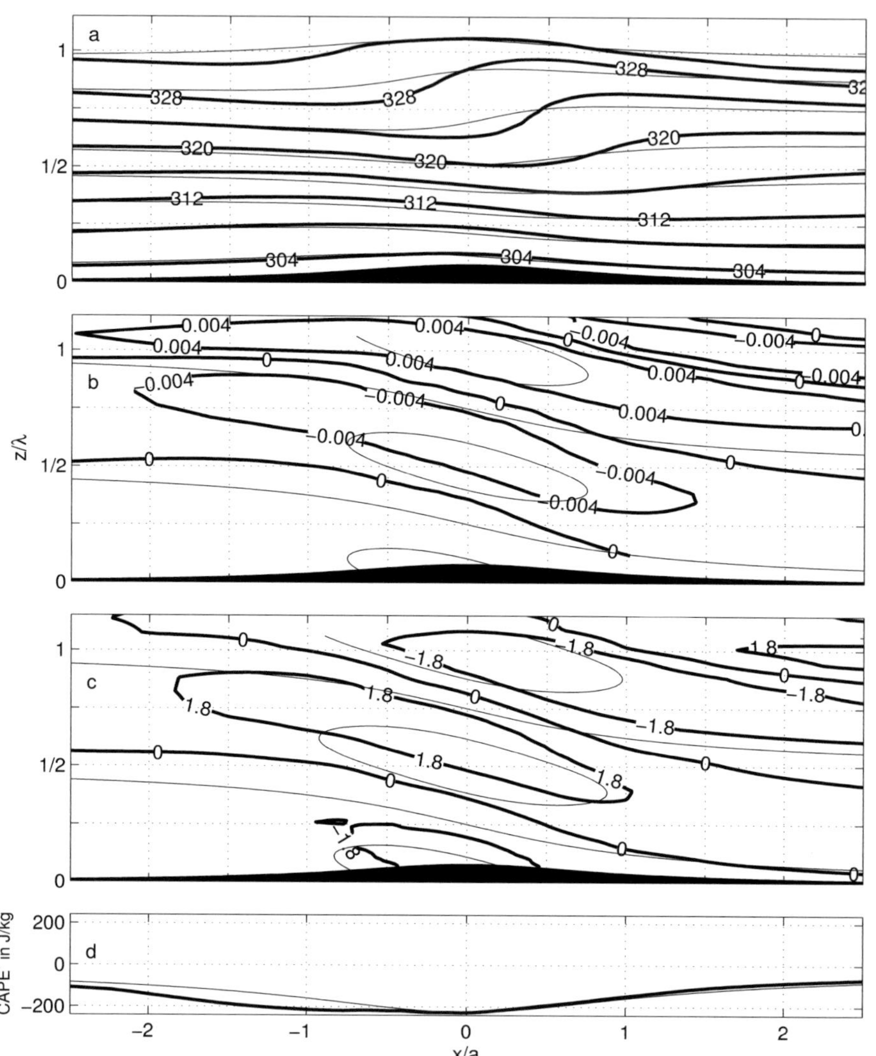

Abbildung 3.12: Wie Abbildung 3.9, jedoch für die Konfiguration 3C15.

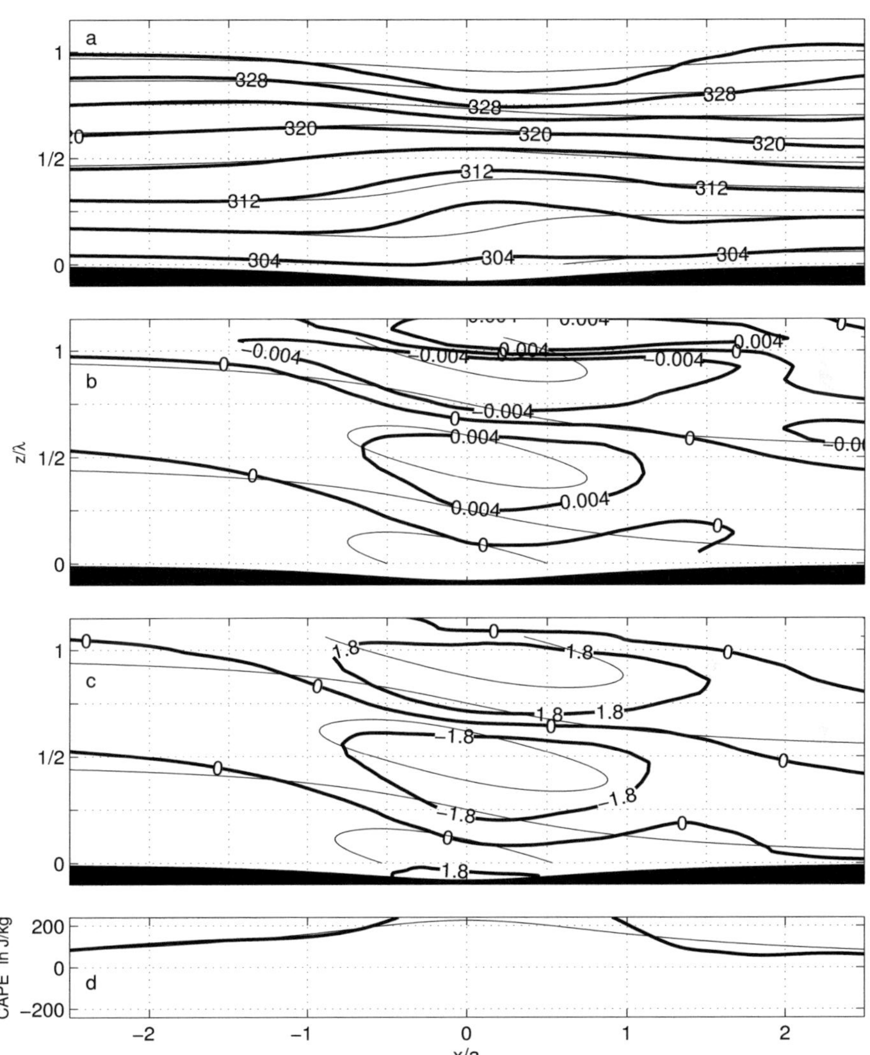

Abbildung 3.13: Wie Abbildung 3.9, jedoch für die Konfiguration 3D15.

über dem Berg etwas gestaucht ist. Obwohl die Amplitude von $\theta'$ in der Simulation stärker ausgeprägt ist als in den analytischen Rechnungen, fällt daher der Unterschied zwischen den analytischen Ergebnissen und der Modellrechnung für $(\text{CAPE}')_{\text{ext}}$ in Abbildung (d) nur gering aus. Entsprechend den Abbildungen (b) und (c) der Konfiguration 3D15 (Abb. 3.13) ist das Intervall $(H_0, H_1)$ direkt über dem Tal gestreckt. Zusammen mit einer verstärkten Amplitude der Störung der potentiellen Temperatur führt dies zu den deutlich ausgeprägteren Werten von CAPE' in Abbildung (d). Aufgrund der größeren vertikalen Wellenlänge in den Fällen 3C und 3D wirkt sich der Faktor $(\rho_b/\rho_0)^{1/2}$ in den Simulationen insgesamt stärker aus als in den Simulationen 3A und 3B. Da der Faktor $(\rho_b/\rho_0)^{1/2}$ nur auf die Amplitude, nicht aber auf die Form der Gebirgswelle wirkt, sind Unterschiede zwischen den analytischen Lösungen und den Modellergebnissen auch bei den Simulationen 3C und 3D durch nichtlineare Effekte bedingt. Zu diesen Unterschieden gehört die beobachtete lokale Änderung der Wellenlänge und in Anteilen auch die größere Amplitude der Gebirgswellen. Die Ursache der auftretenden nichtlinearen Wellenmoden ist hier nicht weiter identifiziert. Insgesamt sind die nichtlinearen Moden in den Simulationen noch relativ schwach, so dass die Gebirgswellen bei allen Simulationen über einen Zeitraum von mehreren Stunden näherungsweise stationär bleiben. Dies zeigt auch Abb. 3.14, in der die zeitliche Entwicklung von $(\text{CAPE}')_{\text{ext}}$ und $(\partial u'/\partial z)_{\text{ext}}$ für vier repräsentative Simulationen dargestellt ist.

## 3.3.2 Asymmetrische Hindernisse

Jetzt werden statt der bisher geschilderten Fälle, bei denen symmetrische Hindernisse betrachtet wurden, solche mit asymmetrischen Hindernissen untersucht. Dabei wird zwischen der charakteristischen Länge des windzugewandten Hanges $a_u$ und der charakteristischen Länge des windabgewandten Hanges $a_d$ eines zweidimensionalen Hügels unterschieden. Für solche Hindernisse gibt es keine analytische Lösung der Stromfunktion aus der linearen Theorie mehr. Anhand entsprechender Lösungen des Modells von Long (1953) zeigen Baines und Granek (1990) jedoch für eine hydrostatische Strömung, dass die kritische dimensionslose Höhe $(Nh/U)_c$ mit zunehmendem/abnehmendem Aspektverhältnis $a_u/a_d$ abnimmt/zunimmt. Es ist also zu erwarten, dass sich bei einer Variation des Aspektverhältnisses auch in den folgenden Simulationen stärkere/schwächere Wellenamplituden als im symmetrischen Fall ausbilden. Die Asymmetrischen Hindernisse werden

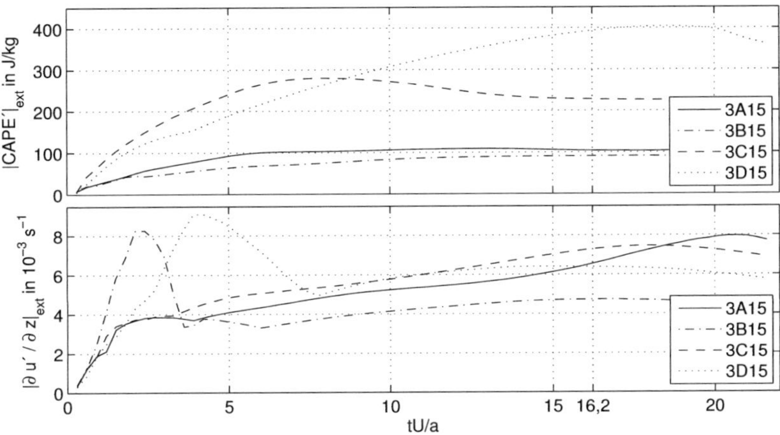

Abbildung 3.14: Zeitliche Entwicklung der Extrema der Störung der CAPE
und der vertikalen Windscherung für die Simulationen 3A15, 3B15, 3C15
und 3D15. Der Zeitpunkt $tU/a = 16,2$ ist gekennzeichnet.

durch die stückweise zusammengesetzte Funktion

$$\tau(x) = \begin{cases} h/(1 + (x/a_u)^2) & \text{für } x \leq 0 \\ h/(1 + (x/a_d)^2) & \text{für } x > 0 \end{cases} \tag{3.57}$$

beschrieben. Ist $a_u/a_d > 1$, ist der windabgewandte Hang kürzer und daher
auch steiler als der windzugewandte Hang. Bei $a_u/a_d < 1$ ist der windabgewandte Hang länger und flacher als der windzugewandte Hang. Diese Formulierung des unteren Randes der Strömung bietet sich an, um an späterer
Stelle (Abschnitt 4.3) die Wechselwirkung zwischen Gebirgswellen und Cumuluskonvektion in verschiedenen Strömungen zu untersuchen. Der Einfluss
von Gebirgswelleneffekten kann dabei besonders gut separiert werden, wenn
durch unterschiedliche Werte von $a_d$ nur die Amplitude der Gebirgswelle
verändert wird, alle anderen Bedingungen einschließlich des Grundzustandes der Atmosphäre, der Höhe der Hindernisse und ihre luvseitige Geometrie
unverändert bleiben.

Für die Simulationen werden Konfigurationen verwendet, die in den Tabellen 3.5 und 3.6 zusammengestellt sind. Insgesamt liegen 60 Simulationen

mit verschiedenen konstanten Profilen von $N$ und $U$ sowie verschiedener Geometrie der Hindernisse vor. In den Simulationen 3E und 3F (Tab. 3.5) werden die Parameter $N$ und $U$ analog zu den Konfigurationen 3A und 3B gewählt, so dass die vertikale Wellenlänge in allen Simulationen 6,3 km beträgt. Für die Höhe $h$ der Hindernisse werden 400 m und -400 m vorgegeben, so dass die dimensionslosen Höhen in allen Simulationen 0,4 oder -0,4 betragen. Für die charakteristische Länge $a_u$ werden 20 km vorgegeben, die charakteristische Länge $a_d$ bekommt die Werte 80 km, 40 km, 20 km, 10 km und 5 km zugewiesen, so dass das Aspektverhältnis $a_u/a_d$ die Werte 0,25, 0,5, 1, 2 und 4 annimmt. In den Simulationen 3G und 3H (Tab. 3.6) werden die Parameter $N$ und $U$ analog zu den Konfigurationen 3C und 3D gewählt, so dass die vertikale Wellenlänge in diesen Simulationen 9,4 km beträgt. Die Höhe $h$ der Hindernisse wird mit 600 m und mit -600 m vorgegeben, so dass die dimensionslosen Höhen in allen Simulationen abermals 0,4 oder -0,4 sind. Für die charakteristische Länge $a_u$ werden 30 km und für die Länge $a_d$ 120 km, 60 km, 30 km, 15 km und 7,5 km vorgegeben, so dass das Aspektverhältnis $a_u/a_d$ wiederum die Werte 0,25, 0,5, 1, 2 und 4 annimmt. Die Nummerierung erfolgt entsprechend den Vorgaben in den Tab. 3.5 und 3.6, für jedes Wertepaar $U$ und $N$ beginnend mit dem kleinsten Aspektverhältnis $a_u/a_d$ bis zum größten Aspektverhältnis $a_u/a_d$. Einige Simulationen aus den Reihen 3E bis 3H sind identisch mit entsprechenden Simulationen aus den Reihen 3A bis 3D. Zur Wahrung einer gewissen Übersichtlichkeit in der Auswertung werden diese hier erneut aufgelistet. Für alle Simulationen 3E bis 3H wird ein horizontaler Gitterabstand von 1 000 m und ein vertikaler Gitterabstand von 500 m gewählt. Die Anzahl der Gitterpunkte beträgt für $a_u/a_d \geq 1$ in den Simulationen 3E und 3F $201 \times 51 \times 41$, in den Simulationen 3G und 3H $301 \times 51 \times 41$. Für $a_u/a_d < 1$ wird die Anzahl der Gitterpunkte für die Simulationen 3E und 3F auf $501 \times 51 \times 41$ und für die Simulationen 3G und 3H auf $751 \times 51 \times 41$ erhöht, damit das Modellgebiet für die Simulationen mit verlängerten Leehängen groß genug ist.

Die Ergebnisse aus den Simulationen 3E und 3F (Berge) für $(\partial u'/\partial z)_{\mathrm{ext}}$ in der Höhe $\lambda_z/2$ und für $(\mathrm{CAPE}')_{\mathrm{ext}}$ im Intervall $(H_0, H_1)$ sind für den dimensionslosen Zeitpunkt $tU/a_u = 16,2$ in Tab. 3.5 dargestellt. Die Simulationen zeigen tendenziell eine Zunahme der Beträge von $(\partial u'/\partial z)_{\mathrm{ext}}$ und $(\mathrm{CAPE}')_{\mathrm{ext}}$ mit zunehmendem Aspektverhältnis $a_u/a_d$. Ausnahmen bilden drei Simulationen, für die $h > 0$ und $a_u/a_d = 4$ ist. In diesen drei Simulationen fallen $(\partial u'/\partial z)_{\mathrm{ext}}$ und $(\mathrm{CAPE}')_{\mathrm{ext}}$ schwächer aus. In zweien dieser Simulationen sind die Extrema der vertikalen Windscherung und der Störung

Tabelle 3.5: Ergebnisse der KAMM2-Simulationen 3E und 3F zu asymmetrischen Hindernissen für den dimensionslosen Zeitpunkt $tU/a_u = 16,2$.

| Nr. | $N$ $s^{-1}$ | $U$ $\mathrm{m\,s^{-1}}$ | $Nh/U$ | $a_u/a_d$ | $(\partial u'/\partial z)_{\text{ext}}$ $s^{-1}$ | $(\text{CAPE}')_{\text{ext}}$ $\mathrm{J\,kg^{-1}}$ |
|---|---|---|---|---|---|---|
| 3E01 | 0,008 | 08 | 0,4 | 0,25 | -0,0030 | -32 |
| 3E02 | 0,008 | 08 | 0,4 | 0,50 | -0,0030 | -36 |
| 3E03 | 0,008 | 08 | 0,4 | 1,00 | -0,0041 | -47 |
| 3E04 | 0,008 | 08 | 0,4 | 2,00 | -0,0044 | -52 |
| 3E05 | 0,008 | 08 | 0,4 | 4,00 | -0,0043 | -50 |
| 3E11 | 0,010 | 10 | 0,4 | 0,25 | -0,0033 | -62 |
| 3E12 | 0,010 | 10 | 0,4 | 0,50 | -0,0037 | -67 |
| 3E13 | 0,010 | 10 | 0,4 | 1,00 | -0,0048 | -80 |
| 3E14 | 0,010 | 10 | 0,4 | 2,00 | -0,0054 | -89 |
| 3E15 | 0,010 | 10 | 0,4 | 4,00 | -0,0047 | -76 |
| 3E21 | 0,012 | 12 | 0,4 | 0,25 | -0,0039 | -100 |
| 3E22 | 0,012 | 12 | 0,4 | 0,50 | -0,0044 | -108 |
| 3E23 | 0,012 | 12 | 0,4 | 1,00 | -0,0055 | -121 |
| 3E24 | 0,012 | 12 | 0,4 | 2,00 | -0,0061 | -130 |
| 3E25 | 0,012 | 12 | 0,4 | 4,00 | -0,0053 | -114 |
| 3F01 | 0,008 | 08 | -0,4 | 0,25 | — | — |
| 3F02 | 0,008 | 08 | -0,4 | 0,50 | 0,0025 | 35 |
| 3F03 | 0,008 | 08 | -0,4 | 1,00 | 0,0028 | 38 |
| 3F04 | 0,008 | 08 | -0,4 | 2,00 | 0,0030 | 45 |
| 3F05 | 0,008 | 08 | -0,4 | 4,00 | 0,0034 | 53 |
| 3F11 | 0,010 | 10 | -0,4 | 0,25 | — | — |
| 3F12 | 0,010 | 10 | -0,4 | 0,50 | — | — |
| 3F13 | 0,010 | 10 | -0,4 | 1,00 | 0,0037 | 70 |
| 3F14 | 0,010 | 10 | -0,4 | 2,00 | 0,0039 | 81 |
| 3F15 | 0,010 | 10 | -0,4 | 4,00 | 0,0044 | 97 |
| 3F21 | 0,012 | 12 | -0,4 | 0,25 | — | — |
| 3F22 | 0,012 | 12 | -0,4 | 0,50 | 0,0043 | 103 |
| 3F23 | 0,012 | 12 | -0,4 | 1,00 | 0,0047 | 111 |
| 3F24 | 0,012 | 12 | -0,4 | 2,00 | 0,0051 | 127 |
| 3F25 | 0,012 | 12 | -0,4 | 4,00 | 0,0056 | 149 |

Tabelle 3.6: Ergebnisse der KAMM2-Simulationen 3G und 3H zu asymmetrischen Hindernissen für den dimensionslosen Zeitpunkt $tU/a_u = 16,2$.

| Nr. | $N$ $\mathrm{s}^{-1}$ | $U$ $\mathrm{m\,s}^{-1}$ | $Nh/U$ | $a_u/a_d$ | $(\partial u'/\partial z)_{\mathrm{ext}}$ $\mathrm{s}^{-1}$ | $(\mathrm{CAPE}')_{\mathrm{ext}}$ $\mathrm{J\,kg}^{-1}$ |
|---|---|---|---|---|---|---|
| 3G01 | 0,008 | 12 | 0,4 | 0,25 | -0,0031 | -76 |
| 3G02 | 0,008 | 12 | 0,4 | 0,50 | -0,0036 | -91 |
| 3G03 | 0,008 | 12 | 0,4 | 1,00 | -0,0043 | -108 |
| 3G04 | 0,008 | 12 | 0,4 | 2,00 | -0,0041 | -120 |
| 3G05 | 0,008 | 12 | 0,4 | 4,00 | -0,0044 | -131 |
| 3G11 | 0,010 | 15 | 0,4 | 0,25 | -0,0041 | -164 |
| 3G12 | 0,010 | 15 | 0,4 | 0,50 | -0,0047 | -177 |
| 3G13 | 0,010 | 15 | 0,4 | 1,00 | -0,0053 | -185 |
| 3G14 | 0,010 | 15 | 0,4 | 2,00 | -0,0048 | -196 |
| 3G15 | 0,010 | 15 | 0,4 | 4,00 | -0,0048 | -210 |
| 3G21 | 0,012 | 18 | 0,4 | 0,25 | -0,0047 | -270 |
| 3G22 | 0,012 | 18 | 0,4 | 0,50 | -0,0055 | -281 |
| 3G23 | 0,012 | 18 | 0,4 | 1,00 | -0,0064 | -289 |
| 3G24 | 0,012 | 18 | 0,4 | 2,00 | -0,0057 | -293 |
| 3G25 | 0,012 | 18 | 0,4 | 4,00 | -0,0057 | -312 |
| 3H01 | 0,008 | 12 | -0,4 | 0,25 | 0,0036 | 117 |
| 3H02 | 0,008 | 12 | -0,4 | 0,50 | 0,0036 | 132 |
| 3H03 | 0,008 | 12 | -0,4 | 1,00 | 0,0040 | 169 |
| 3H04 | 0,008 | 12 | -0,4 | 2,00 | 0,0037 | 174 |
| 3H05 | 0,008 | 12 | -0,4 | 4,00 | 0,0033 | 155 |
| 3H11 | 0,010 | 15 | -0,4 | 0,25 | 0,0048 | 217 |
| 3H12 | 0,010 | 15 | -0,4 | 0,50 | 0,0048 | 235 |
| 3H13 | 0,010 | 15 | -0,4 | 1,00 | 0,0051 | 285 |
| 3H14 | 0,010 | 15 | -0,4 | 2,00 | 0,0051 | 322 |
| 3H15 | 0,010 | 15 | -0,4 | 4,00 | 0,0053 | 354 |
| 3H21 | 0,012 | 18 | -0,4 | 0,25 | 0,0060 | 348 |
| 3H22 | 0,012 | 18 | -0,4 | 0,50 | 0,0061 | 377 |
| 3H23 | 0,012 | 18 | -0,4 | 1,00 | 0,0066 | 462 |
| 3H24 | 0,012 | 18 | -0,4 | 2,00 | 0,0071 | 564 |
| 3H25 | 0,012 | 18 | -0,4 | 4,00 | 0,0077 | 663 |

der CAPE schwächer als in den Simulationen mit symmetrischer Orographie, d. h. es findet nicht durchgängig eine Verstärkung der Gebirgswellen durch eine Verkürzung des Leehanges statt. Aus den Simulationen 3F01, 3F11, 3F12 und 3F21 können keine Ergebnisse abgeleitet werden, da die Strömungen über den Tälern durch Wellenstörungen, die am Ausströmrand des Modells reflektiert werden, fundamental geändert werden.

Für die Simulationen 3G und 3H (Tab. 3.6) zeigt sich im Wesentlichen dasselbe Bild, nämlich eine Zunahme der Beträge von $(CAPE')_{ext}$ mit zunehmendem Aspektverhältnis $a_u/a_d$. Bei $(\partial u'/\partial z)_{ext}$ sind Abweichungen von dieser Tendenz festzustellen. In den Simulationen 3E und 3G ist gut zu erkennen, dass die Änderung von $(CAPE')_{ext}$ mit zunehmendem $a_u/a_d$ um so schwächer ausfällt, je stabiler die Atmosphäre geschichtet ist. Dieser Zusammenhang wird durch Abb. 3.15 verdeutlicht. In dieser Abbildung ist für Simulationen mit jeweils identischen $N$, $U$, $h$ und $a_u$ und Werten $a_u/a_d$ von 0,25, 0,5, 1, 2 und 4 die Störung der CAPE bezogen auf die Störung der CAPE in den symmetrischen Fällen $(a_u/a_d = 1)$ aufgetragen. Die größten Änderungen der Störung der CAPE relativ zum symmetrischen Fall findet man in den Simulationen 3G01 sowie in 3G05. In den Simulationen 3G01 bzw. 3G05 fällt das Extremum der Störung der CAPE annähernd gleich groß aus wie das Extremum der Störung der CAPE aus den Simulationen 3C03 bzw. 3C05. Das bedeutet, dass die Extrema der Störung der CAPE in einer Strömung, die durch $N = 0,008\,\mathrm{s}^{-1}$, $U = 12\,\mathrm{m\,s}^{-1}$ und $a_u = 30\,\mathrm{km}$ charakterisiert ist, durch Variation der charakteristischen Länge des Leehanges zwischen 7,5 km und 120 km bei $h = 600\,\mathrm{m}$ in vergleichbarem Maße geändert werden wie durch eine Variation der Höhe des Hindernisses zwischen 450 m und 750 m bei $a_u/a_d = 1$. Dennoch unterscheiden sich die Gebirgswellen zum Teil deutlich, wie man der Abb. 3.16 entnimmt. Auf der linken Seite dieser Abbildung sind die Simulationen 3G01 ($h = 600\,\mathrm{m}$ und $a_u/a_d = 0,25$, d. h. lang ausgezogener Leehang) und 3C03 ($h = 450\,\mathrm{m}$ und $a_u/a_d = 1$, d. h. symmetrischer Berg) aufgetragen, auf der rechten Seite sind die Simulationen 3G05 ($h = 600\,\mathrm{m}$ und $a_u/a_d = 4$, d. h. verkürzter Leehang) und 3C05 ($h = 750\,\mathrm{m}$ und $a_u/a_d = 1$) dargestellt. Die Orographie ist jeweils für den asymmetrischen Fall skizziert. In den linken Abbildungen fällt zunächst auf, dass die 316 K-Isentrope in einer Höhe von etwa $3/4\,\lambda_z$ über dem Hindernis im asymmetrischen Fall weniger aufgesteilt ist als im symmetrischen. Dies deutet darauf hin, dass die kritische dimensionslose Höhe des asymmetrischen Berges größer ausfällt als diejenige des symmetrischen, worauf schon Baines und Granek (1990) hingewiesen haben. Außerdem fallen die Störun-

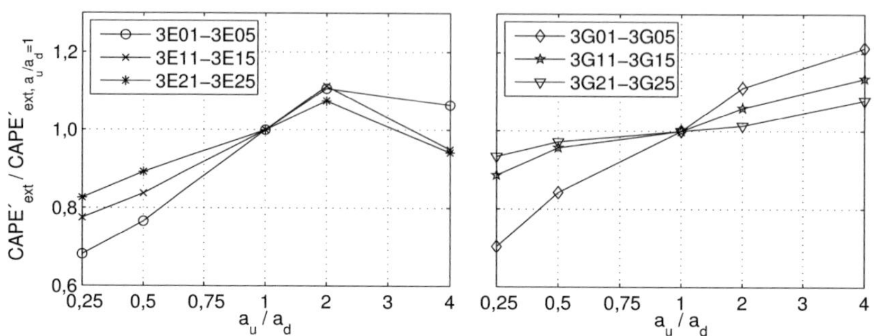

Abbildung 3.15: Störung der CAPE in Abhängigkeit von $a_u/a_d$ bezogen auf die Störung der CAPE in den symmetrischen Fällen ($a_u/a_d = 1$) aus Simulationen für die Konfigurationen 3E und 3G bei $tU/a_u = 16, 2$.

gen der vertikalen Windscherung und der potentiellen Temperatur im Lee des asymmetrischen Hindernisses etwas stärker aus als im Lee des symmetrischen Hindernisses bei gleicher Entfernung zur Bergkuppe. Die Störung der CAPE ist daher im Lee des asymmetrischen Hügels ebenfalls etwas stärker als im Lee des symmetrischen Hügels. Insgesamt bleibt der Unterschied der Störung der CAPE zwischen den beiden dargestellten Konfigurationen jedoch gering. In den rechten Abbildungen erkennt man, dass die Gebirgswelle über dem asymmetrischen Hindernis eine kürzere horizontale Ausdehnung besitzt als die Gebirgswelle über dem symmetrischen Hindernis. Die Störung der CAPE fällt daher mit zunehmender Entfernung vom Berg sowohl im Luv als auch im Lee deutlich schneller ab als im symmetrischen Fall.

In den Simulationen 3F und 3H (Täler) fallen die Änderungen der Größe $(CAPE')_{ext}$ mit zunehmendem $a_u/a_d$ etwas anders aus als in den Simulationen 3E und 3G. Analog zu Abb. 3.15 ist in Abb. 3.17 für Simulationen mit jeweils identischen $N$, $U$, $h$ und $a_u$ und Werten $a_u/a_d$ von 0,25, 0,5, 1, 2 und 4 die Störung der CAPE, bezogen auf die Störung der CAPE im symmetrischen Fall ($a_u/a_d = 1$) aufgetragen. Im linken Teil der Abbildung erkennt man keine explizite Abhängigkeit der Zunahme von $(CAPE')_{ext}$ bei zunehmendem $a_u/a_d$ von der Stabilität der Atmosphäre. Dies trifft ebenso für den rechten Teil der Abbildung bei $a_u/a_d < 1$ zu. Für $a_u/a_d > 1$ zeigen die Simulationen 3H allerdings eine klare Abhängigkeit: Über den Tälern fin-

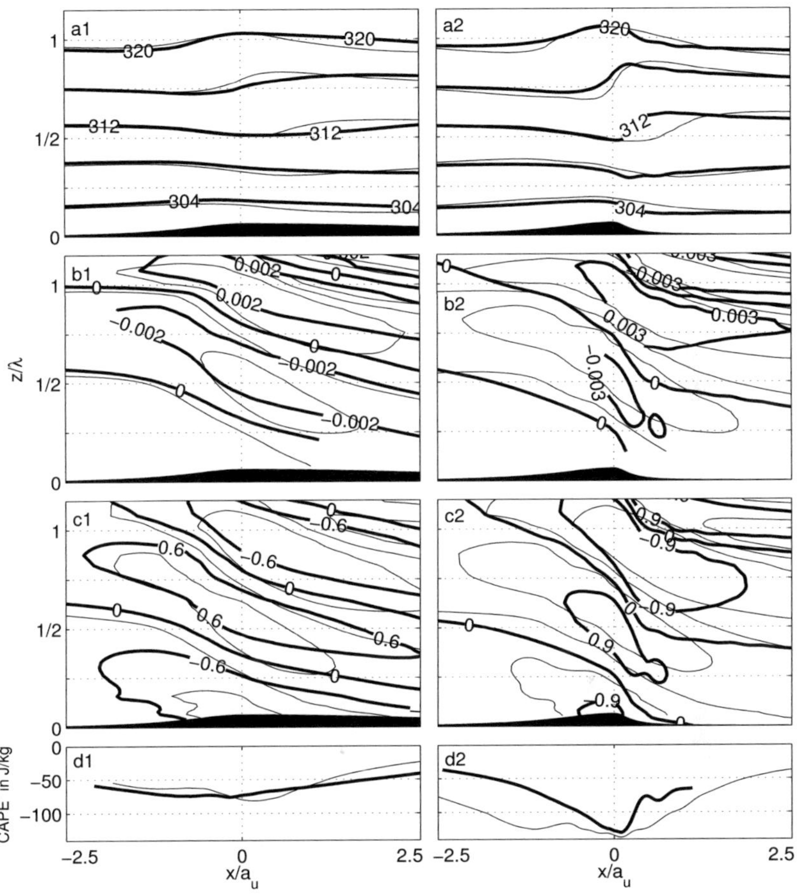



Abbildung 3.16: (a1,a2) Potentielle Temperatur $\theta$ in K, (b1,b2) vertikale Windscherung $\partial u'/\partial z$ in s$^{-1}$, (c1,c2) Störung der potentiellen Temperatur $\theta'$ in K und (d1,d2) Störung der CAPE im Intervall $(H_0, H_1)$ für die Konfigurationen 3G01 (dicke Linien) und 3C03 (dünne Linien) in der linken Spalte und für die Konfigurationen 3G05 (dicke Linien) und 3C05 (dünne Linien) in der rechten Spalte zum Zeitpunkt $tU/a_u = 16,2$. Die unterlegte Orographie entspricht den Konfigurationen 3G01 (links) und 3G05 (rechts).

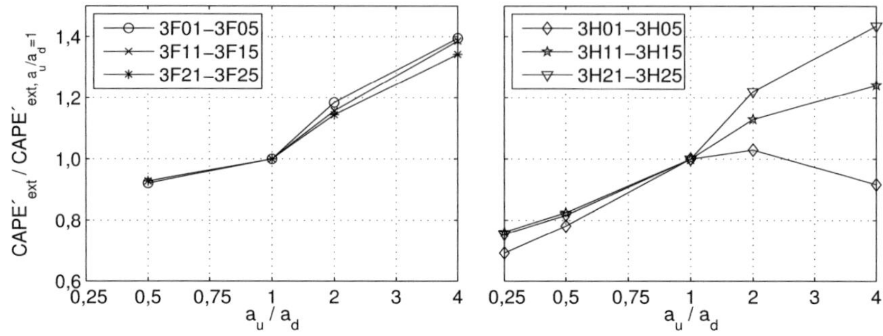

Abbildung 3.17: Störung der CAPE in Abhängigkeit von $a_u/a_d$ bezogen auf die Störung der CAPE in den symmetrischen Fällen ($a_u/a_d = 1$) aus Simulationen für die Konfigurationen 3F und 3H bei $tU/a_u = 16,2$.

det die größte Verstärkung von $(\text{CAPE}')_{\text{ext}}$ nun allerdings in der stabileren Schichtung statt. Zur weiteren Erläuterung sind in Abb. 3.18 verschiedene Konfigurationen von Strömungen über unterschiedlichen Talformen zusammengestellt. Auf der linken Seite der Abbildung sind die Simulationen 3H21 ($h = -600\,\text{m}$ und $a_u/a_d = 0,25$, d. h. lang gestreckter Leehang) und 3D23 ($h = -450\,\text{m}$ und $a_u/a_d = 1$) aufgetragen, auf der rechten Seite sind die Simulationen 3H25 ($h = -600\,\text{m}$ und $a_u/a_d = 4$, d. h. kurzer Leehang) und 3D25 ($h = -750\,\text{m}$ und $a_u/a_d = 1$) dargestellt. Aus den Abbildungen (d1) und (d2) geht hervor, dass die Extrema der Störung der CAPE in einer Strömung über einem Tal, die durch $N = 0,012\,\text{s}^{-1}$, $U = 18\,\text{m\,s}^{-1}$ und $a_u = 30\,\text{km}$ gekennzeichnet ist, durch Variation der charakteristischen Länge des Leehanges zwischen $7,5\,\text{km}$ und $120\,\text{km}$ bei $h = -600\,\text{m}$ in vergleichbarem Maße geändert werden wie durch eine Variation der Höhe des Tals zwischen $-450\,\text{m}$ und $-750\,\text{m}$ bei $a_u/a_d = 1$. Die Störung fällt in der Konfiguration 3H21 insgesamt noch etwas stärker aus als in der Konfiguration 3D23. Zur Konfiguration 3H25 ist anzumerken, dass sich die Wellenstörung kaum über den kurzen, steilen Leehang des asymmetrischen Tals hinaus ausbreitet. Die Stromlinien oberhalb des Tals verlaufen in dieser Simulation steiler als in der Simulation 3D25. Dies deutet darauf hin, dass der Betrag der kritischen dimensionslosen Höhe des asymmetrischen Tals kleiner ausfällt als derjenige des symmetrischen Tals.

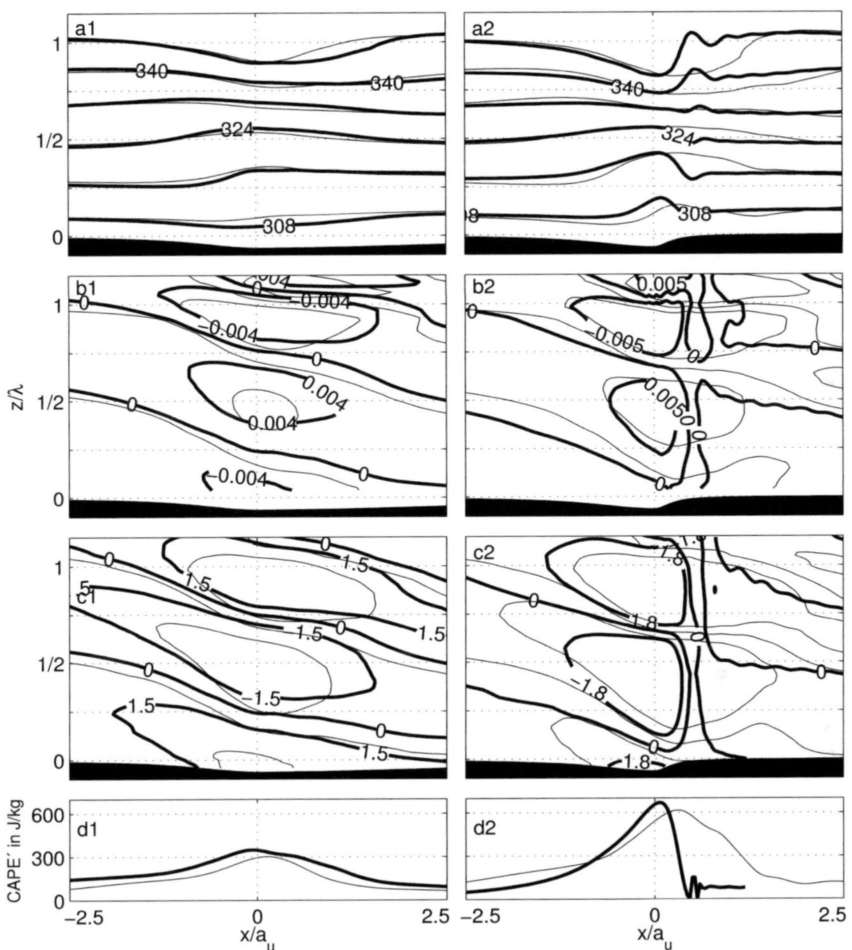

Abbildung 3.18: Wie Abbildung 3.16, jedoch für die Konfigurationen 3H21 (dicke Linien) und 3D23 (dünne Linien) in der linken Spalte und für die Konfigurationen 3H25 (dicke Linien) und 3D25 (dünne Linien) in der rechten Spalte zum Zeitpunkt $tU/a_u = 16,2$. Die unterlegte Orographie entspricht den Konfigurationen 3H21 (links) und 3H25 (rechts).

Die Modellstudien in den Abschnitten 3.3.1 (Modellverifikation) und 3.3.2 (asymmetrische Hindernisse) zeigen also folgendes: Für die vorgegebenen Grundzustände lassen sich die analytischen Lösungen aus der linearen Theorie für symmetrische Hindernisse mit dimensionslosen Höhen $|Nh/U|$ von maximal 0,5 durch Modellsimulationen recht gut reproduzieren. Dies gilt vor allem für den Parameter $(CAPE')_{ext}$ über Hügeln, also bei $h > 0$. Die auftretenden schwach nichtlinearen Eigenschaften der numerischen Lösungen führen jedoch besonders in Strömungen über Tälern, also bei $h < 0$, dazu, dass $(CAPE')_{ext}$ deutlich größer ausfällt als in der linearen Lösung. Die Simulationen mit asymmetrischen Hügeln zeigen im Wesentlichen die erwartete Zunahme von $(CAPE')_{ext}$ mit zunehmendem Aspektverhältnis $a_u/a_d$. Es konnte außerdem festgestellt werden, dass die Änderung von $(CAPE')_{ext}$ bei $h > 0$ in geringem Maße von der Stabilität des Grundzustandes abhängt. Da die Simulationen insgesamt unter der Bedingung $|Nh/U| < |Nh/U|_c$ durchgeführt wurden, können keine quantitativen Angaben zum Verhalten der kritischen dimensionslosen Höhe $|Nh/U|_c$ bei unterschiedlichen Aspektverhältnissen $a_u/a_d$ gemacht werden, so dass ein Vergleich der Ergebnisse mit den Angaben von Baines und Granek (1990) nicht möglich ist.

Bisher wurde in allen Simulationen eine Gleitbedingung am unteren Modellrand vorgegeben. Bei den Simulationen im folgenden Abschnitt wird nun mit einer Haftbedingung gerechnet. Dies hat zur Folge, dass eine turbulente Grenzschicht am Boden entsteht. Wie sich das Wellenverhalten im Unterschied dazu bei einer konvektiven Grenzschicht darstellt, wird dann im Abschnitt 3.3.4 untersucht.

## 3.3.3 Haftbedingung und Grenzschicht

Bereits im Abschnitt 3.1 wird angemerkt, dass die Berücksichtigung einer turbulenten Grenzschicht in numerischen Simulationen in der Regel zu mehr oder weniger stark ausgeprägten Abweichungen des Strömungsverhaltens in Gebirgswellen vom bisher diskutierten Muster führt. So stellen beispielsweise Ólafsson und Bougeault (1997) fest, dass das Strömungsmuster in einem schwach nichtlinearen Wellensystem über einem einfachen Hügel oberhalb einer stabilen, geländefolgenden Grenzschicht teilweise näher an der linearen Lösung liegt, als dies in Simulationen ohne Grenzschicht der Fall ist. Die höchsten Windgeschwindigkeiten im Lee treten Peng und Thompson (2003) zufolge oberhalb der Grenzschicht auf, innerhalb der leeseitigen Grenzschicht ist die vertikale Windscherung und damit auch die Produktion turbulenter kinetischer Energie besonders ausgeprägt. Um entsprechende Auswirkungen einer Grenzschicht auch im Hinblick auf die Parameter $(\text{CAPE}')_{\text{ext}}$ und $(\partial u'/\partial z)_{\text{ext}}$ angeben zu können, werden im Folgenden einige Simulationen aus den vorhergehenden Abschnitten wiederholt, wobei von der Gleitbedingung abgegangen und diese durch die Haftbedingung ersetzt wird, die Teil der Grenzschichtparametrisierung in KAMM2 ist. Die Simulationen werden allerdings nur für eine einzige, für Grasland typische Rauhigkeitslänge von $z_0 = 0,03\,\text{m}$ durchgeführt. Die Umsetzung der Grenzschichtparametrisierung in KAMM2 wird bei Dotzek und Emeis (1994) beschrieben.

Im Folgenden werden 54 Simulationen zu verschiedenen Strömungen über glockenförmigen Hindernissen bei $h > 0$ vorgestellt. Die Werte der dimensionslosen Höhen liegen in diesen Simulationen zwischen 0,4 und 0,6. Die Simulationen werden für symmetrische und asymmetrische Hügel durchgeführt, wobei für das Aspektverhältnis $a_u/a_d$ Werte von 0,25, 0,5 und 1 vorgegeben werden. Die Konfigurationen sowie die Ergebnisse dieser Simulationen sind in den Tabellen 3.7 und 3.8 für den dimensionslosen Zeitpunkt $tU/a_u = 16,2$ zusammengestellt. Die Konfigurationen 3J (Tab. 3.7) sind an den Konfigurationen 3A und 3E orientiert, d. h. für diese Simulationen sind $a_u = 20\,\text{km}$ und $N$ und $U$ so aufeinander abgestimmt, dass $\lambda_z = 6,3\,\text{km}$ ist. Die Konfigurationen 3K (Tab. 3.8) orientieren sich an den Konfigurationen 3C und 3G, so dass hier $a_u = 30\,\text{km}$ und $\lambda_z = 9,4\,\text{km}$ ist.

Gegenüber entsprechenden Simulationen ohne eine Grenzschicht fallen die Beträge von $(\partial u'/\partial z)_{\text{ext}}$ und $(\text{CAPE}')_{\text{ext}}$ in Simulationen mit Grenzschicht über symmetrischen Hügeln kleiner aus. Mit zwei Ausnahmen sind die Beträge von $(\text{CAPE}')_{\text{ext}}$ zudem etwas kleiner als die entsprechenden analytischen Lösungen. Die Beträge von $(\partial u'/\partial z)_{\text{ext}}$ sind hingegen mit einer Ausnahme noch etwas größer als die analytischen Lösungen. Insgesamt liegen die Extrema der Störung der CAPE aus Simulationen mit Haftbedingung im symmetrischen Fall $(a_u/a_d = 1)$ näher an den linearen Lösungen als die Ergebnisse aus Simulationen ohne Haftbedingung. Dies entnimmt man auch den Streudiagrammen in Abb. 3.19. In diesen Diagrammen sind die Ergebnisse der Simulationen 3J und 3K aus den Tabellen 3.7 und 3.8 gegen die entsprechenden analytischen Lösungen aufgetragen. Die Regressionsgerade für die Störung der CAPE fällt bei einer hohen relativen erklärten Varianz von $r^2 = 0,99$ praktisch mit der ersten Winkelhalbierenden zusammen, außerdem ist der Wert des RMSE gering. Die welleninduzierte vertikale Windscherung weist eine etwas größere Streuung auf, die relative erklärte Varianz bezüglich einer Ausgleichsgeraden, die bei höheren Werten stärker

Tabelle 3.7: Konfigurationen und Ergebnisse der KAMM2-Simulationen 3J für den dimensionslosen Zeitpunkt $tU/a_u = 16,2$.

| Nr. | $N$ $s^{-1}$ | $U$ $\mathrm{m\,s^{-1}}$ | $Nh/U$ | $a_u/a_d$ | $(\partial u'/\partial z)_{\mathrm{ext}}$ $s^{-1}$ | $(\mathrm{CAPE}')_{\mathrm{ext}}$ $\mathrm{J\,kg^{-1}}$ |
|---|---|---|---|---|---|---|
| 3J01 | 0,008 | 08 | 0,4 | 0,25 | -0,0050 | -28 |
| 3J02 | 0,008 | 08 | 0,4 | 0,50 | -0,0038 | -33 |
| 3J03 | 0,008 | 08 | 0,4 | 1,00 | -0,0037 | -42 |
| 3J04 | 0,008 | 08 | 0,5 | 0,25 | -0,0057 | -36 |
| 3J05 | 0,008 | 08 | 0,5 | 0,50 | -0,0046 | -41 |
| 3J06 | 0,008 | 08 | 0,5 | 1,00 | -0,0047 | -55 |
| 3J07 | 0,008 | 08 | 0,6 | 0,25 | -0,0039 | -43 |
| 3J08 | 0,008 | 08 | 0,6 | 0,50 | -0,0054 | -51 |
| 3J09 | 0,008 | 08 | 0,6 | 1,00 | -0,0062 | -69 |
| 3J11 | 0,010 | 10 | 0,4 | 0,25 | -0,0047 | -54 |
| 3J12 | 0,010 | 10 | 0,4 | 0,50 | -0,0040 | -59 |
| 3J13 | 0,010 | 10 | 0,4 | 1,00 | -0,0041 | -70 |
| 3J14 | 0,010 | 10 | 0,5 | 0,25 | -0,0061 | -70 |
| 3J15 | 0,010 | 10 | 0,5 | 0,50 | -0,0050 | -75 |
| 3J16 | 0,010 | 10 | 0,5 | 1,00 | -0,0056 | -93 |
| 3J17 | 0,010 | 10 | 0,6 | 0,25 | -0,0043 | -81 |
| 3J18 | 0,010 | 10 | 0,6 | 0,50 | -0,0056 | -92 |
| 3J19 | 0,010 | 10 | 0,6 | 1,00 | -0,0073 | -115 |
| 3J21 | 0,012 | 12 | 0,4 | 0,25 | -0,0052 | -86 |
| 3J22 | 0,012 | 12 | 0,4 | 0,50 | -0,0042 | -93 |
| 3J23 | 0,012 | 12 | 0,4 | 1,00 | -0,0045 | -105 |
| 3J24 | 0,012 | 12 | 0,5 | 0,25 | -0,0064 | -107 |
| 3J25 | 0,012 | 12 | 0,5 | 0,50 | -0,0051 | -118 |
| 3J26 | 0,012 | 12 | 0,5 | 1,00 | -0,0060 | -137 |
| 3J27 | 0,012 | 12 | 0,6 | 0,25 | -0,0050 | -130 |
| 3J28 | 0,012 | 12 | 0,6 | 0,50 | -0,0060 | -143 |
| 3J29 | 0,012 | 12 | 0,6 | 1,00 | -0,0079 | -168 |

Tabelle 3.8: Konfigurationen und Ergebnisse der KAMM2-Simulationen 3K für den dimensionslosen Zeitpunkt $tU/a_u = 16,2$.

| Nr. | $N$ $\mathrm{s}^{-1}$ | $U$ $\mathrm{m\,s}^{-1}$ | $Nh/U$ | $a_u/a_d$ | $(\partial u'/\partial z)_{\mathrm{ext}}$ $\mathrm{s}^{-1}$ | $(\mathrm{CAPE}')_{\mathrm{ext}}$ $\mathrm{J\,kg}^{-1}$ |
|---|---|---|---|---|---|---|
| 3K01 | 0,008 | 12 | 0,4 | 0,25 | -0,0038 | -66 |
| 3K02 | 0,008 | 12 | 0,4 | 0,50 | -0,0033 | -78 |
| 3K03 | 0,008 | 12 | 0,4 | 1,00 | -0,0036 | -99 |
| 3K04 | 0,008 | 12 | 0,5 | 0,25 | -0,0055 | -91 |
| 3K05 | 0,008 | 12 | 0,5 | 0,50 | -0,0041 | -105 |
| 3K06 | 0,008 | 12 | 0,5 | 1,00 | -0,0046 | -129 |
| 3K07 | 0,008 | 12 | 0,6 | 0,25 | -0,0063 | -104 |
| 3K08 | 0,008 | 12 | 0,6 | 0,50 | -0,0055 | -123 |
| 3K09 | 0,008 | 12 | 0,6 | 1,00 | -0,0057 | -152 |
| 3K11 | 0,010 | 15 | 0,4 | 0,25 | -0,0041 | -136 |
| 3K12 | 0,012 | 15 | 0,4 | 0,50 | -0,0040 | -152 |
| 3K13 | 0,010 | 15 | 0,4 | 1,00 | -0,0042 | -162 |
| 3K14 | 0,010 | 15 | 0,5 | 0,25 | -0,0083 | -192 |
| 3K15 | 0,010 | 15 | 0,5 | 0,50 | -0,0051 | -192 |
| 3K16 | 0,010 | 15 | 0,5 | 1,00 | -0,0059 | -237 |
| 3K17 | 0,010 | 15 | 0,6 | 0,25 | -0,0085 | -207 |
| 3K18 | 0,010 | 15 | 0,6 | 0,50 | -0,0068 | -252 |
| 3K19 | 0,010 | 15 | 0,6 | 1,00 | -0,0075 | -286 |
| 3K21 | 0,012 | 18 | 0,4 | 0,25 | -0,0042 | -229 |
| 3K22 | 0,012 | 18 | 0,4 | 0,50 | -0,0046 | -251 |
| 3K23 | 0,012 | 18 | 0,4 | 1,00 | -0,0050 | -255 |
| 3K24 | 0,012 | 18 | 0,5 | 0,25 | -0,0076 | -290 |
| 3K25 | 0,012 | 18 | 0,5 | 0,50 | -0,0060 | -314 |
| 3K26 | 0,012 | 18 | 0,5 | 1,00 | -0,0064 | -317 |
| 3K27 | 0,012 | 18 | 0,6 | 0,25 | -0,0078 | -352 |
| 3K28 | 0,012 | 18 | 0,6 | 0,50 | -0,0082 | -354 |
| 3K29 | 0,012 | 18 | 0,6 | 1,00 | -0,0082 | -365 |

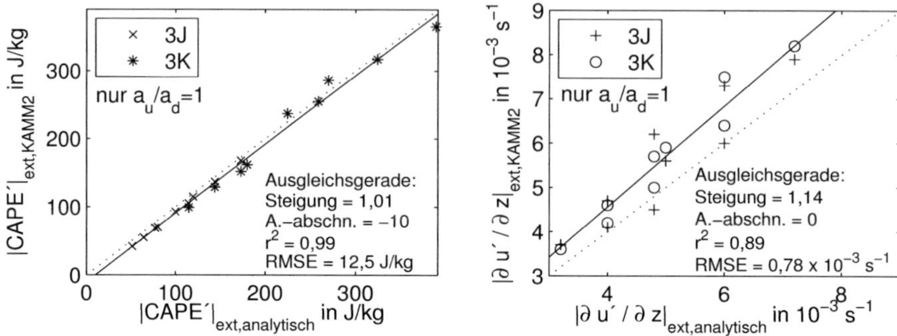

Abbildung 3.19: Streudiagramme mit den Ergebnissen der Simulationen 3J und 3K für $a_u/a_d = 1$ (symmetrische Fälle) aus den Tabellen 3.7 und 3.8 gegen die entsprechenden analytischen Lösungen. Ferner sind die Winkelhalbierenden sowie die Regressionsgeraden dargestellt.

von der ersten Winkelhalbierenden abweicht, liegt bei $r^2 = 0,89$.

In den Simulationen über asymmetrischen Hügeln ist wie im vorhergehenden Abschnitt bei jeweils identischen $N$, $U$, $h$ und $a_u$ tendenziell eine Zunahme der Beträge von $(\mathrm{CAPE}')_{\mathrm{ext}}$ mit zunehmendem Verhältnis $a_u/a_d$ zu verzeichnen. Analog zu den Ergebnissen aus dem vorhergehenden Abschnitt ist in den Simulationen 3J und 3K zu erkennen, dass die Änderung von $(\mathrm{CAPE}')_{\mathrm{ext}}$ mit zunehmendem $a_u/a_d$ um so schwächer ausfällt, je stabiler die Atmosphäre geschichtet ist. Dies geht auch aus Abb. 3.20 hervor, in der für Simulationen mit jeweils identischen $N$, $U$, $h$ und $a_u$ bei Aspektverhältnissen $a_u/a_d$ von 0,25, 0,5 und 1 die Störungen der CAPE bezogen auf die Störungen der CAPE bei $a_u/a_d = 1$ dargestellt sind.

Da die Simulationen 3J und 3K bei $a_u/a_d \leq 1$ in eindeutiger Weise eine Abnahme der Störung der CAPE bei abnehmendem $a_u/a_d$ aufweisen, werden für diese Fälle die Faktoren $\mathrm{CAPE}'_{\mathrm{ext}}/\mathrm{CAPE}'_{\mathrm{ext},\,a_u/a_d=1}$ aus Abb. 3.20 für jeweils gleiche $a_u/a_d$ und gleiche $N$ durch Mittelbildung zusammengefasst. Die Mittelwerte und die zugehörigen Standardabweichungen aus den Simulationen 3J sind in der Abb. 3.21 oben eingetragen, diejenigen aus den Simulationen 3K in der Abb. 3.22 ebenfalls oben. In jeder Abbildung wird zusätzlich immer durch drei der jeweils neun Mittelwerte eine Regressionsgerade gelegt, so dass die Faktoren $\mathrm{CAPE}'_{\mathrm{ext}}/\mathrm{CAPE}'_{\mathrm{ext},\,a_u/a_d=1}$

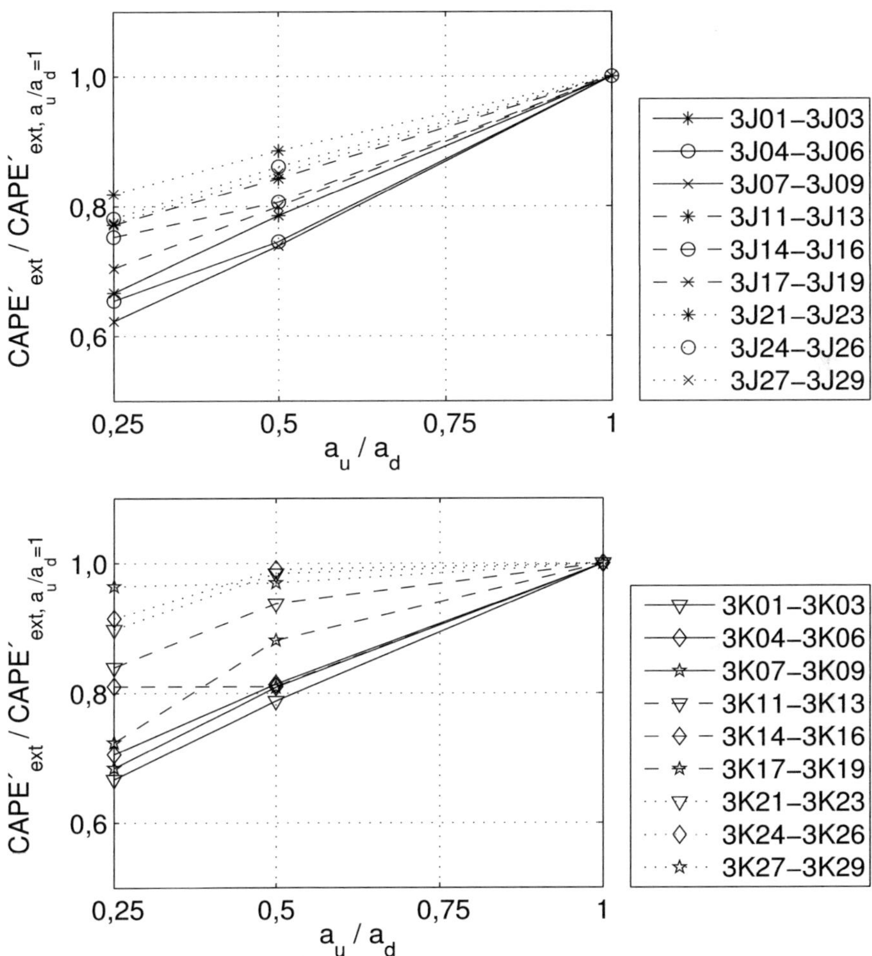

Abbildung 3.20: Störung der CAPE in Abhängigkeit von $a_u/a_d$ (asymmetrische Fälle) bezogen auf die Störung der CAPE bei $a_u/a_d = 1$ (symmetrische Fälle) für die Konfigurationen 3J und 3K bei $tU/a_u = 16,2$.

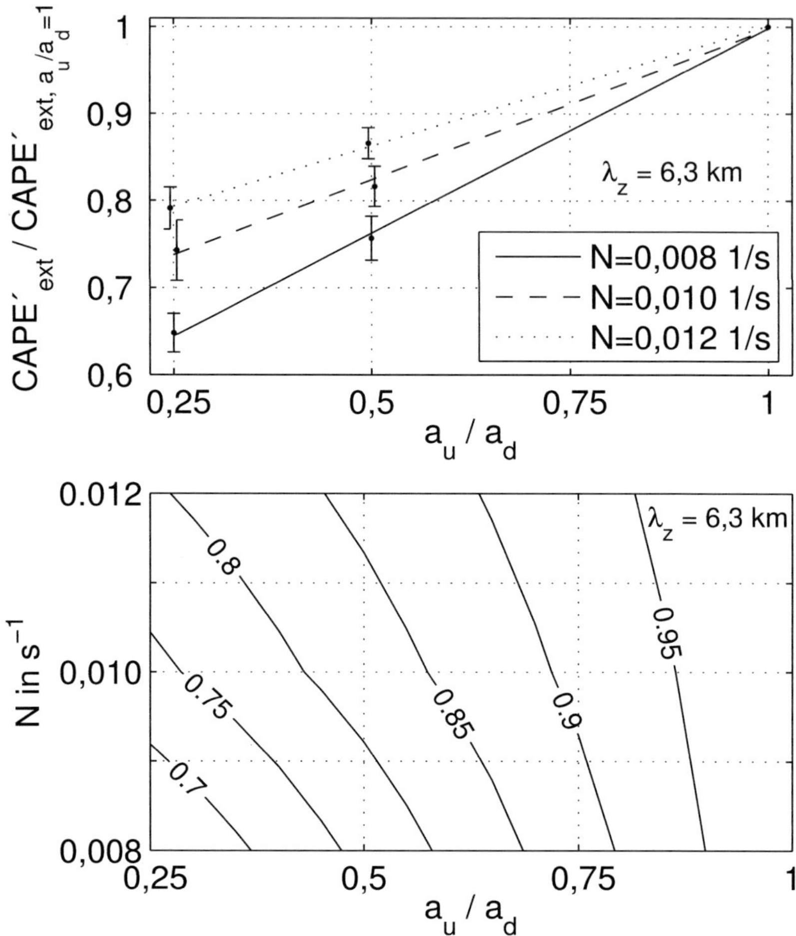

Abbildung 3.21: Oben: Mittelwerte und Standardabweichungen der Faktoren $\mathrm{CAPE}'_{\mathrm{ext}}/\mathrm{CAPE}'_{\mathrm{ext},\,a_u/a_d=1}$ bei verschiedenen Aspektverhältnissen $a_u/a_d$ und Brunt-Väisälä-Frequenzen $N$ sowie Regressionsgeraden bei einer vertikalen Wellenlänge von 6,3 km. Unten: $\mathrm{CAPE}'_{\mathrm{ext}}/\mathrm{CAPE}'_{\mathrm{ext},\,a_u/a_d=1}$ aus den obigen Regressionsgeraden als Funktion von $a_u/a_d$ und $N$.

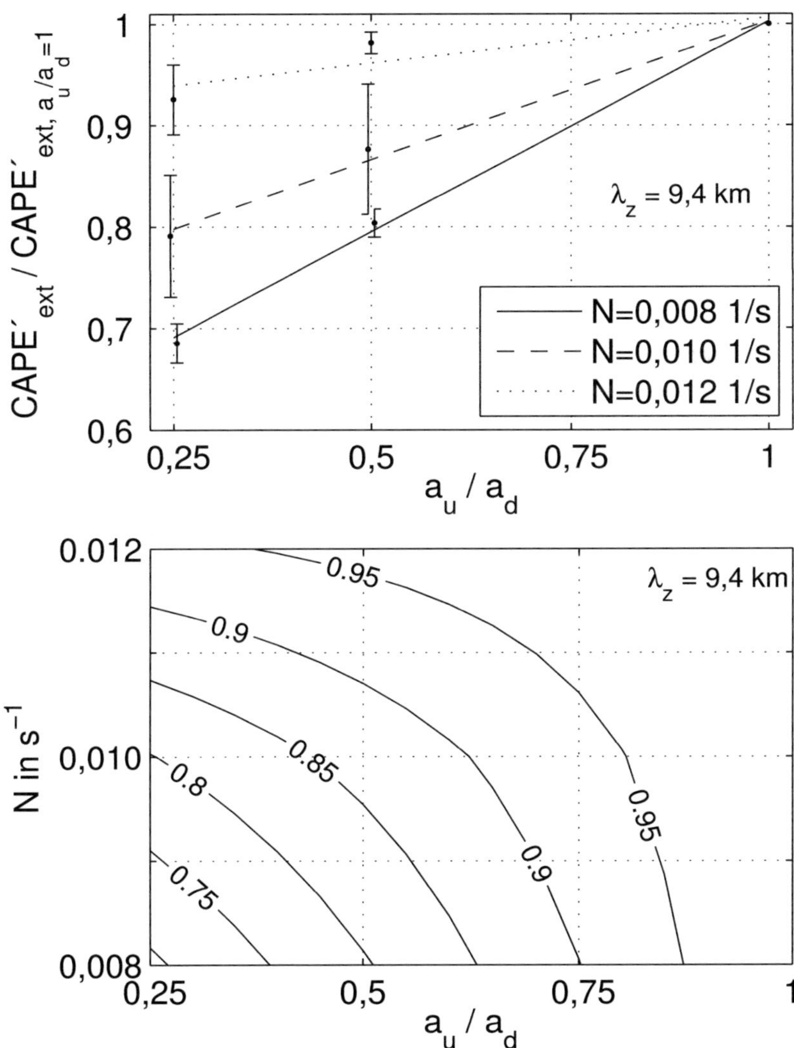


Abbildung 3.22: Wie Abb. 3.21 bei einer vertikalen Wellenlänge von 9,4 km.

als Funktionen von $a_u/a_d$ bei den drei diskreten Brunt-Väisälä-Frequenzen $N = \{0,008\,\text{s}^{-1}, 0,01\,\text{s}^{-1}, 0,012\,\text{s}^{-1}\}$ und den Wellenlängen $\lambda_z = 6,3\,\text{km}$ und $\lambda_z = 9,4\,\text{km}$ gegeben sind. Die Regressionsgeraden werden hier nicht explizit angegeben, es sei jedoch festgehalten, dass die Korrelationskoeffizienten der Regressionsgeraden mit einer Ausnahme zu $r > 0,99$ gegeben sind. Aufgrund der kleinen Stichprobengröße ist diese Angabe allerdings nicht besonders aussagekräftig. Durch weitere Interpolation erhält man $\text{CAPE}'_{\text{ext}}/\text{CAPE}'_{\text{ext},\,a_u/a_d=1}$ auch als Funktion von $a_u/a_d$ und $N$. Dieser Zusammenhang ist in den Abbildungen 3.21 und 3.22 jeweils unten dargestellt. Anhand dieser Darstellungen und der Gl. (3.53) können die Extrema der Störung der CAPE nun auch in Gebirgswellen mit den vertikalen Wellenlängen $\lambda_z = 6,3\,\text{km}$ bzw. $\lambda_z = 9,4\,\text{km}$ über einem asymmetrischen Hügel der Form (3.57) bei $0,25 \le a_u/a_d \le 1$ und bei $0,008\,\text{s}^{-1} \le N \le 0,012\,\text{s}^{-1}$ bestimmt werden. Aufgrund der konstanten vertikalen Wellenlänge für jede Abbildung lässt sich die Abhängigkeit von $N$ auch als Abhängigkeit von $U$ darstellen. Wegen der geringen Anzahl der Simulationen lässt sich hier jedoch noch nicht klären, welcher der Parameter ausschlaggebend ist.

In weiteren 18 Simulationen wird nun analog das Verhalten verschiedener Strömungen über glockenförmigen Tälern ($h < 0$) und dimensionslosen Höhen zwischen -0,4 und -0,6 behandelt. Die Konfigurationen sowie die Ergebnisse dieser Simulationen sind in den Tab. 3.9 und 3.10 für den dimensionslosen Zeitpunkt $tU/a_u = 16,2$ zusammengestellt. Die Konfigurationen 3L (Tab. 3.9) sind an den Konfigurationen 3B orientiert, d. h. für diese Simulationen ist $a = 20\,\text{km}$ und die vertikale Wellenlänge ist $\lambda_z = 6,3\,\text{km}$. Die Konfigurationen 3M (Tab. 3.10) sind an den Konfigurationen 3D orientiert, so dass $a_u = 30\,\text{km}$ und die vertikale Wellenlänge $\lambda_z = 9,4\,\text{km}$ beträgt.

Gegenüber entsprechenden Simulationen und analytischen Lösungen für die Strömungen ohne Grenzschicht fallen die Beträge von $(\text{CAPE})'_{\text{ext}}$ in den hier vorliegenden Simulationen mit turbulenter Grenzschicht über symmetrischen Tälern kleiner aus. Mit drei Ausnahmen gilt dies auch für die Beträge von $(\partial u'/\partial z)_{\text{ext}}$. Während sich die Extrema der Störung der CAPE in den Simulationen 3B eher geringfügig von den analytischen Lösungen unterscheiden, erreichen die Simulationen 3L in vielen Fällen nur etwas mehr als die Hälfte der analytisch berechneten Werte. Etwas anders verhalten sich die Extrema von CAPE′ in den Simulationen 3D und 3M. In den Simulationen 3D werden die analytischen Lösungen zum Teil bis um das Zweifache überschätzt, während die Simulationen 3M vergleichsweise nahe bei den analytischen Lösungen liegen. In der Simulation 3M03 ist der Wert

Tabelle 3.9: Konfigurationen und Ergebnisse der KAMM2-Simulationen 3L für den dimensionslosen Zeitpunkt $tU/a = 16,2$.

| Nr. | $N$ $\mathrm{s}^{-1}$ | $U$ $\mathrm{m\,s}^{-1}$ | $Nh/U$ | $a_u/a_d$ | $(\partial u'/\partial z)_{\mathrm{ext}}$ $\mathrm{s}^{-1}$ | $(\mathrm{CAPE}')_{\mathrm{ext}}$ $\mathrm{J\,kg}^{-1}$ |
|---|---|---|---|---|---|---|
| 3L03 | 0,008 | 08 | -0,4 | 1,00 | 0,0023 | 30 |
| 3L06 | 0,008 | 08 | -0,5 | 1,00 | 0,0027 | 37 |
| 3L09 | 0,008 | 08 | -0,6 | 1,00 | 0,0030 | 42 |
| 3L13 | 0,010 | 10 | -0,4 | 1,00 | 0,0052 | 43 |
| 3L16 | 0,010 | 10 | -0,5 | 1,00 | 0,0037 | 50 |
| 3L19 | 0,010 | 10 | -0,6 | 1,00 | 0,0035 | 60 |
| 3L23 | 0,012 | 12 | -0,4 | 1,00 | 0,0105 | 61 |
| 3L26 | 0,012 | 12 | -0,5 | 1,00 | 0,0087 | 75 |
| 3L29 | 0,012 | 12 | -0,6 | 1,00 | 0,0072 | 91 |

Tabelle 3.10: Konfigurationen und Ergebnisse der KAMM2-Simulationen 3M für den dimensionslosen Zeitpunkt $tU/a = 16,2$.

| Nr. | $N$ $\mathrm{s}^{-1}$ | $U$ $\mathrm{m\,s}^{-1}$ | $Nh/U$ | $a_u/a_d$ | $(\partial u'/\partial z)_{\mathrm{ext}}$ $\mathrm{s}^{-1}$ | $(\mathrm{CAPE}')_{\mathrm{ext}}$ $\mathrm{J\,kg}^{-1}$ |
|---|---|---|---|---|---|---|
| 3M03 | 0,008 | 12 | -0,4 | 1,00 | 0,0031 | 115 |
| 3M06 | 0,008 | 12 | -0,5 | 1,00 | 0,0037 | 138 |
| 3M09 | 0,008 | 12 | -0,6 | 1,00 | 0,0043 | 174 |
| 3M13 | 0,010 | 15 | -0,4 | 1,00 | 0,0034 | 163 |
| 3M16 | 0,010 | 15 | -0,5 | 1,00 | 0,0042 | 207 |
| 3M19 | 0,010 | 15 | -0,6 | 1,00 | 0,0048 | 240 |
| 3M23 | 0,012 | 18 | -0,4 | 1,00 | 0,0038 | 236 |
| 3M26 | 0,012 | 18 | -0,5 | 1,00 | 0,0045 | 259 |
| 3M29 | 0,012 | 18 | -0,6 | 1,00 | 0,0049 | 308 |

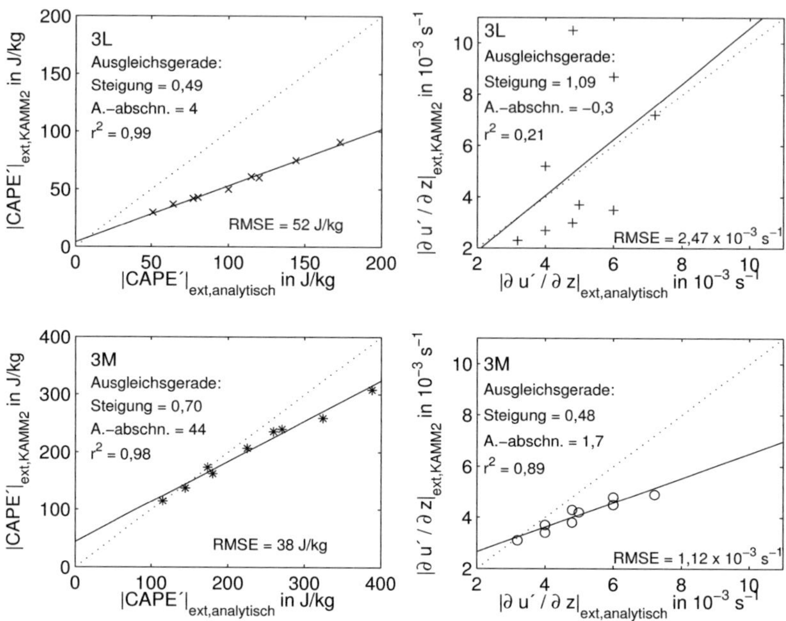


Abbildung 3.23: In den Streudiagrammen sind die Ergebnisse der Simulationen 3L und 3M (symmetrische Täler) aus den Tabellen 3.9 und 3.10 gegen die entsprechenden analytischen Lösungen aufgetragen. Ferner sind die Winkelhalbierenden sowie die Regressionsgeraden eingetragen.

von $(CAPE)'_{ext}$ gleich dem Wert der analytischen Lösung, mit zunehmender Amplitude der Störung fallen die Werte von $(CAPE)'_{ext}$ in den Simulationen dann etwas schwächer aus als in den analytischen Lösungen. Dies entnimmt man auch den Streudiagrammen in Abb. 3.23. In diesen Diagrammen sind die Ergebnisse der Simulationen 3L und 3M aus den Tabellen 3.9 und 3.10 gegen die entsprechenden analytischen Lösungen aufgetragen. In den Streudiagrammen zur Störung der CAPE erkennt man deutlich die systematischen Abweichungen der Simulationen von den analytischen Ergebnissen, für die vertikale Windscherung findet man nur eine schwache Korrelation zwischen den Ergebnissen aus Simulationen und analytischen Rechnungen. In zusätzlichen Simulationen, die hier nicht aufgeführt sind, ist festzustellen, dass bei $h < 0$ nur noch eine geringe Variation der Extrema von CAPE$'$ mit dem Aspektverhältnis $a_u/a_d$ erfolgt, so dass hier auf eine Auswertung asymmetrischer Situationen verzichtet wird.

Die Ergebnisse aus diesem Abschnitt zeigen, dass der aus der linearen Theorie abgeleitete Ausdruck (CAPE)$'_{\text{ext}}$ unter den gegebenen Bedingungen des Grundstroms und bei den zugrunde gelegten symmetrischen Bergen auch bei Berücksichtigung einer turbulenten Grenzschicht gut geeignet ist, um die durch Gebirgswellen verursachte Variation der CAPE in der unteren Atmosphäre zu beschreiben. Die Abbildungen 3.21 und 3.22 ermöglichen es außerdem, die Änderung von (CAPE)$'_{\text{ext}}$ über Bergen mit längeren Leehängen bei $0,25 \leq a_u/a_d < 1$ und $0,008\text{s}^{-1} \leq N \leq 0,012\text{s}^{-1}$ zu quantifizieren, was durch die analytische Lösung der linearen Gleichungen nicht möglich ist. Bei asymmetrischen Bergen mit kürzeren Leehängen sowie bei Tälern zeigt das Wellenverhalten deutliche Abweichungen von der linearen Lösung.

## 3.3.4 Dreischichtenströmungen

Während bisher ausschließlich Strömungen mit konstanter Windgeschwindigkeit $U$ und konstanter Brunt-Väisälä-Frequenz $N$ behandelt wurden, werden jetzt einige ausgewählte Simulationen betrachtet, in denen die Atmosphäre durch drei übereinander angeordnete Luftschichten unterschiedlicher Stabilität approximiert ist. Die Bedingungen, mit denen das Modell initialisiert wird, sind in Abbildung 3.24 skizziert.

In der geländefolgenden, konvektiven Grenzschicht der vertikalen Mächtigkeit $z_i$ ist die potentielle Temperatur mit der Höhe konstant, d. h. die Brunt-Väisälä-Frequenz $N_1$ ist Null. Die Luftschicht oberhalb der konvektiven Grenzschicht ist entsprechend den bisherigen Anordnungen konfiguriert, mit $0,008\,\text{s}^{-1} \leq N_2 \leq 0,012\,\text{s}^{-1}$. Der obersten Schicht kommt die Bedeutung der Tropopause zu. In dieser Schicht ist die Brunt-Väisälä-Frequenz zu $N_3 = 0,021\,\text{s}^{-1}$ angesetzt, so dass $N_1 < N_2 < N_3$ ist. Die Grenzfläche zwischen Troposphäre und Tropopause wird in allen Simulationen in einer für mittlere Breiten typischen konstanten Höhe von $12\,\text{km}$ vorgegeben.

Zum Zeitpunkt der Modellinitialisierung wird die Grenzschichthöhe $z_i$ auf einen konstanten Wert gesetzt. In Simulationen mit $\lambda_z = 6,3\,\text{km}$ ist die Grenzschicht am Anfang $600\,\text{m}$, in Simulationen mit $\lambda_z = 9,4\,\text{km}$ $900\,\text{m}$ hoch. Diese Vorgaben entsprechen einigen von vielen möglichen Realisationen der konvektiven Grenzschicht über gegliedertem Gelände. Weitere Variationen von $z_i$ werden in der vorliegenden Arbeit nicht durchgeführt.

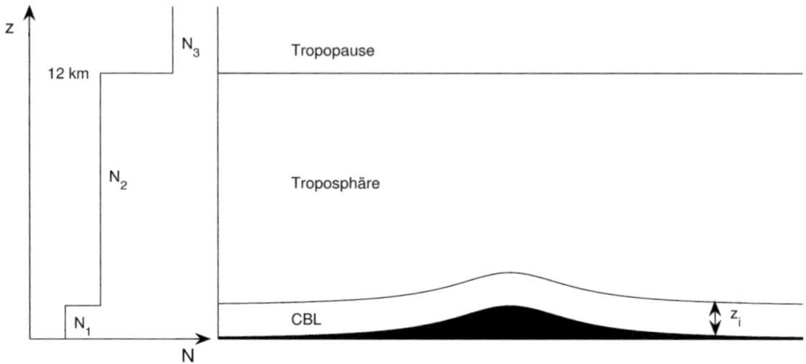


Abbildung 3.24: Einteilung der Modellatmosphäre in drei Schichten unterschiedlicher Stabilität zum Zeitpunkt der Modellinitialisierung. In der konvektiven Grenzschicht (engl. convective boundary layer, CBL) ist $N_1 = 0$, in der Troposphäre wird hier $0,008\,\mathrm{s}^{-1} \leq N_2 \leq 0,012\,\mathrm{s}^{-1}$ und in der Tropopause $N_3 = 0,021\,\mathrm{s}^{-1}$ vorgegeben. Die Untergrenze der Tropopause wird in allen Simulationen mit einer Höhe von $z = 12\,\mathrm{km}$ initialisiert.

Insgesamt werden 18 Simulationen durchgeführt. Die Konfigurationen sowie die Ergebnisse dieser Simulationen nach jeweils 12 Stunden Simulationszeit sind in Tab. 3.11 zusammengestellt. Aus den Tabellenwerten geht hervor, dass die Simulationen 3P und 3Q mit symmetrischen Hügeln durchgeführt werden. Die vertikale Wellenlänge $\lambda_z$ ist 6,3 km und 9,4 km, die charakteristische Länge $a_u$ 20 km und 30 km. Die Simulationen 3R und 3S werden mit denselben Einstellungen über symmerischen Tälern durchgeführt. Bei den Simulationen 3T und 3U sind die verwendeten Hügel asymmetrisch mit $a_u/a_d = 0,25$, es handelt sich also um Hügel mit deutlich verlängerten Leehängen. Desweiteren gilt für diese Simulationen ebenfalls ein $\lambda_z$ von 6,3 km und 9,4 km sowie ein $a_u$ von 20 km und 30 km.

Die Ergebnisse der Simulationen sind in den Abbildungen B.1 bis B.18 im Anhang dargestellt. Die Abbildungen zeigen für jede Simulation nach 12 Stunden Simulationszeit (a) die potentielle Temperatur $\theta$, (b) die Störung der potentiellen Temperatur $\theta'$ und (c) die Störung der CAPE im Intervall $(H_0, H_1)$. Die Grenzfläche zwischen konvektiver Grenzschicht und freier Troposphäre ist in den Teilabbildungen (a) und (b) jeweils durch eine gestrichelte Kurve markiert. Unterhalb dieser Kurve ist der vertikale Gradient der

Tabelle 3.11: Konfigurationen und Ergebnisse der KAMM2-Simulationen 3P bis 3U nach 12 Stunden Simulationszeit.

| Nr. | $N_2$ $\mathrm{s^{-1}}$ | $U$ $\mathrm{m\,s^{-1}}$ | $h$ $\mathrm{m}$ | $a_u/a_d$ | $h_i$ $\mathrm{m}$ | $(\partial u'/\partial z)_{\mathrm{ext}}$ $\mathrm{s^{-1}}$ | $(\mathrm{CAPE'})_{\mathrm{ext}}$ $\mathrm{J\,kg^{-1}}$ |
|---|---|---|---|---|---|---|---|
| 3P0 | 0,008 | 08 | 600 | 1,00 | 500 | -0,0043 | -55 |
| 3P1 | 0,010 | 10 | 600 | 1,00 | 500 | -0,0058 | -87 |
| 3P2 | 0,012 | 12 | 600 | 1,00 | 500 | -0,0080 | -130 |
| 3Q0 | 0,008 | 12 | 900 | 1,00 | 750 | -0,0046 | -118 |
| 3Q1 | 0,010 | 15 | 900 | 1,00 | 750 | -0,0057 | -222 |
| 3Q2 | 0,012 | 18 | 900 | 1,00 | 750 | -0,0066 | -283 |
| 3R0 | 0,008 | 08 | -600 | 1,00 | -500 | 0,0030 | 37 |
| 3R1 | 0,010 | 10 | -600 | 1,00 | -450 | 0,0041 | 64 |
| 3R2 | 0,012 | 12 | -600 | 1,00 | -400 | 0,0052 | 78 |
| 3S0 | 0,008 | 12 | -900 | 1,00 | -800 | 0,0039 | 123 |
| 3S1 | 0,010 | 15 | -900 | 1,00 | -650 | 0,0045 | 185 |
| 3S2 | 0,012 | 18 | -900 | 1,00 | -500 | 0,0050 | 216 |
| 3T0 | 0,008 | 08 | 600 | 0,25 | 500 | -0,0034 | -35 |
| 3T1 | 0,010 | 10 | 600 | 0,25 | 550 | -0,0047 | -67 |
| 3T2 | 0,012 | 12 | 600 | 0,25 | 550 | -0,0059 | -113 |
| 3U0 | 0,008 | 12 | 900 | 0,25 | 650 | -0,0038 | -100 |
| 3U1 | 0,010 | 15 | 900 | 0,25 | 850 | -0,0055 | -184 |
| 3U2 | 0,012 | 18 | 900 | 0,25 | 850 | -0,0085 | -308 |

potentiellen Temperatur vernachlässigbar klein. Man sieht sofort, dass die vertikale Mächtigkeit der Grenzschicht entlang der Hindernisse nicht mehr konstant ist. Nach 12 Stunden Simulationszeit besteht also eine Ortsabhängigkeit von $z_i$. Analog zur Geländehöhe $\tau(x)$ ist die Höhe der Grenzfläche zwischen konvektiver Grenzschicht und freier Troposphäre nun durch

$$\tau_i(x) = \tau(x) + z_i(x) \tag{3.58}$$

gegeben. Da die Strömung zum gegebenen Zeitpunkt nahezu stationär ist, wird die Zeitabhängigkeit in die Betrachtung nicht mit einbezogen. Durch $h_i = \tau_{i,max} - \tau_i(-\infty)$ wird eine maximale Auslenkung der Grenzfläche zwischen konvektiver Grenzschicht und freier Troposphäre definiert. Wie Tian

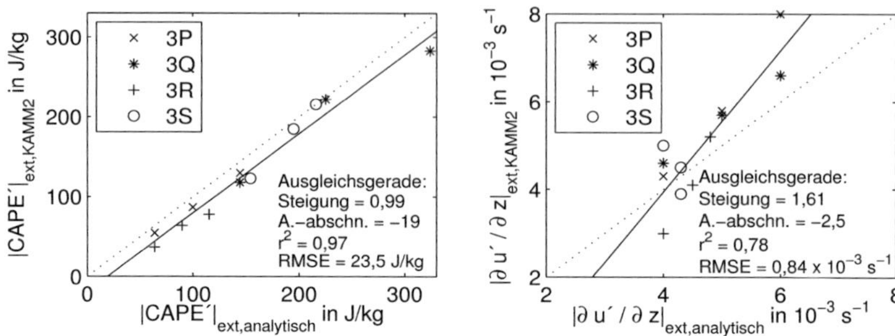

Abbildung 3.25: Streudiagramme mit den Ergebnissen der Simulationen 3P bis 3S aus Tab. 3.11, aufgetragen gegen die entsprechenden Lösungen der Gl. (3.59). Außerdem ist jeweils die erste Winkelhalbierende sowie die Regressionsgerade mit Steigung, Achsenabschnitt und der relativen erklärten Varianz sowie der Wert des RMSE eingetragen.

und Parker (2002, 2003) sowie Tian et al. (2003) zeigen, nimmt die maximale Auslenkung $h_i$ mit insgesamt zunehmender Grenzschichthöhe $z_i$ bei ansonsten gleichen Bedingungen ab. Damit nimmt auch die Amplitude der Gebirgswelle in der freien Troposphäre ab. Für die hier vorliegenden Konfigurationen werden die maximalen Auslenkungen $h_i$ aus den entsprechenden Simulationen bestimmt. Sie sind ebenfalls in Tab. 3.11 eingetragen.

In den Simulationen 3P und 3Q mit symmetrischen Hügeln nehmen die Auslenkungen $h_i$ offenbar unabhängig von der Stabilität der freien Troposphäre Werte an, die etwas kleiner als die maximalen Auslenkungen $h$ der Orographie sind. Über den asymmetrischen Hügeln (Simulationen 3T und 3U) fallen die maximalen Auslenkungen $h_i$ ebenfalls kleiner aus als die Berghöhen $h$. Wie man sieht, ist die maximale Auslenkung $h_i$ über den asymmetrischen Hügeln in den stabileren Strömungen größer als in den weniger stabilen. Das bedeutet, dass sich die konvektive Grenzschicht in den stabileren Strömungen bis in eine größere Höhe erstreckt als in den weniger stabilen. Über den Tälern (Simulationen 3R und 3S) nehmen die Beträge der Auslenkung $h_i$ mit zunehmender Stabilität der freien Troposhäre ab, was ebenfalls bedeutet, dass sich die konvektive Grenzschicht in den stabileren Strömungen über den Tälern bis in eine größere Höhe erstreckt als in den weniger stabilen Strömungen.

Die Abbildungen B.1 bis B.18 zeigen jeweils für den unteren Teil der Troposphäre auch, dass sich oberhalb der konvektiven Grenzschicht Gebirgswellen ausbilden, die im Bereich der maximalen Wellenamplituden zu deutlichen Störungen der CAPE führen. Über den symmetrischen Hügeln liegen die maximalen Wellenamplituden im Bereich der Kuppen. Über den Tälern sowie über den asymmetrischen Hügeln sind die maximalen Wellenamplituden erkennbar ins Luv der Talsohlen bzw. der Hülgekuppen verlagert. Die aus diesen Abbildungen ermittelten Werte von $(\text{CAPE}')_\text{ext}$ sowie die nicht dargestellten Extrema der welleninduzierten vertikalen Windscherung sind ebenfalls in Tab. 3.11 angegeben.

In Abb. 3.25 sind die Extrema der welleninduzierten Störung der CAPE sowie der welleninduzierten vertikalen Windscherung aus Tab. 3.11 gegen analytisch berechnete Werte aufgetragen. Die analytischen Werte sind nach

$$|\text{CAPE}'|_\text{ext} = 2U^2|N_2 h_i/U| \qquad \left|\frac{\partial u'}{\partial z}\right|_\text{ext} = N_2|N_2 h_i/U| \qquad (3.59)$$

bestimmt, wobei die Werte von $h_i$ aus Tab. 3.11 stammen. Die Modellwerte der welleninduzierten Störung der CAPE werden der statistischen Auswertung entsprechend durch Gl. (3.59) etwas überschätzt, ansonsten jedoch recht gut wiedergegeben. Dies bedeutet, dass das lineare Modell, welches in Abschnitt 3.2 für eine Einschichtenströmung abgeleitet wurde, wenigstens für eine erste Abschätzung der Störung der CAPE in der freien Troposphäre bei Berücksichtigung einer Dreischichtenströmung verwendet werden kann, sofern die maximale Auslenkung $h_i$ der Grenzfläche zwischen konvektiver Grenzschicht und Troposphäre bekannt ist. Bei der welleninduzierten vertikale Windscherung sind hingegen erheblichere Abweichungen zwischen analytischen und Modellergebnissen erkennbar. Einen überraschend guten Zusammenhang erhält man schließlich, wenn man die Störungen der CAPE über symmetrischen Bergen, die nach Gl. (3.59) und den entsprechenden Werten für $N_2$, $U$ und $h_i$ aus Tab. 3.11 berechnet sind, mit entsprechenden Anpassungsfaktoren aus den Abbildungen 3.21 und 3.22 multipliziert und in einem Streudiagramm gegen die Störungen der CAPE über asymmetrischen Bergen aus den Simulationen 3T und 3U aufträgt. Der RMSE liegt in diesem Fall bei 5,0 J/kg, die Regressionsgerade hat bei $r^2 = 0,99$ eine Steigung von 0,95 und einen Achsenabschnitt von 7 J/kg. Das Streudiagramm ist hier nicht dargestellt.

### 3.3.5 Berg-Tal-Berg-Konfiguration

Abschließend werden die bisher dargestellten Dreischichtenströmungen über einfachen Hügeln und Tälern durch solche über einer Orographie aus zwei Bergen mit eingeschlossenem Tal ergänzt, für die Lösungen der linearen Theorie im Falle einer einschichtigen Atmosphäre bereits in Abschnitt 3.2.5 angegeben wurden. Wie im vorherigen Abschnitt werden die Simulationen mit konstanter Geschwindigkeit des Grundstroms, einer geländefolgenden konvektiven Grenzschicht der konstanten Höhe von 600 m (Konfigurationen 3V) bzw. 900 m (Konfigurationen 3W) und einer Tropopause in einer festen Höhe von 12 km initialisiert. Die Orographie wird mit Gl. (3.55) berechnet. Für Konfigurationen 3V ist $h_b = 488$ m, $h_t = -596$ m, $a_b = a_t = 20$ km und $b = 40$ km, die Beträge der effektiven Höhen der Hügel und des Tals liegen damit jeweils bei 400 m, der Höhenunterschied zwischen Hügelkuppen und Talsohle beträgt 800 m. Für Konfigurationen 3W ist $h_b = 731$ m, $h_t = -893$ m, $a_b = a_t = 30$ km und $b = 60$ km, die Beträge der effektiven Höhen der Hügel und des Tals liegen also jeweils bei 600 m, der Höhenunterschied beträgt insgesamt 1,2 km.

Tabelle 3.12: Konfigurationen und Ergebnisse der KAMM2-Simulationen 3V und 3W nach 12 Stunden Simulationszeit.

| Nr. | $N_2$ $\mathrm{s}^{-1}$ | $U$ $\mathrm{m\,s}^{-1}$ | $|h_{\mathrm{eff}}|$ m | $a_b, a_t$ km | $b$ km | $(\partial u'/\partial z)_{\mathrm{ext}}$ $\mathrm{s}^{-1}$ | $(\mathrm{CAPE}')_{\mathrm{ext}}$ $\mathrm{J\,kg}^{-1}$ |
|---|---|---|---|---|---|---|---|
| 3V0 | 0,008 | 08 | 400 | 20 | 40 | 0,0041 | 80 |
| 3V1 | 0,010 | 10 | 400 | 20 | 40 | 0,0051 | 113 |
| 3V2 | 0,012 | 12 | 400 | 20 | 40 | 0,0077 | 215 |
| 3W0 | 0,008 | 12 | 600 | 30 | 60 | 0,0053 | 212 |
| 3W1 | 0,010 | 15 | 600 | 30 | 60 | 0,0076 | 250 |
| 3W2 | 0,012 | 18 | 600 | 30 | 60 | 0,0081 | 345 |

Die Konfigurationen sind in Tab. 3.12 im einzelnen aufgeführt. In der Tabelle sind ferner die Werte $(\partial u'/\partial z)_{\mathrm{ext}}$ und $(\mathrm{CAPE}')_{\mathrm{ext}}$ aufgenommen, die nach jeweils 12 Stunden Simulationszeit für eine Region mit $\theta'/\theta_0 < 0$ ermittelt werden (vgl. dazu Abb. 3.7). Die Werte liegen insgesamt deutlich höher als entsprechende Werte aus linearen Lösungen für eine Einschichtenströmung. Die Ergebnisse aus den Simulationen 3V und 3W sind in den

Abbildungen B.19 bis B.24 dargestellt. Ein Vergleich mit der linearen Lösung aus Abb. 3.7 zeigt zwar eine prinzipielle Ähnlichkeit der Wellenstrukturen, in den Simulationen sind die Gebirgswellen jedoch durch nichtlineare Moden teilweise deutlich verstärkt. Daraus resultieren auch die höheren Werte der Extrema der vertikalen Windscherung und der Störung der CAPE. Im Unterschied zu Lösungen für Einschichtensimulationen unter Berücksichtigung einer Grenzschicht bei der selben Orographie bleiben die hier vorgestellten Lösungen über einen Zeitraum von mehreren Stunden stationär. Daher werden sie im folgenden Kapitel ebenfalls als Ausgangskonfigurationen zum Studium der Entwicklung konvektiver Wolken verwendet.

# Kapitel 4

# Konvektive Wolken über gegliedertem Gelände

In diesem Kapitel werden Wechselwirkungen zwischen orographischen Effekten in geschichteten Strömungen sowie der Entwicklung von Wolken und Niederschlag in gegliedertem Gelände untersucht. Der Schwerpunkt wird dabei auf das Zusammenwirken von Gebirgswellen und Konvektion gelegt. Voraussetzung für die folgenden Arbeiten bilden die Simulationen von Dreischichtenströmungen über ebenem sowie gegliedertem Gelände aus den vorhergehenden beiden Kapiteln.

## 4.1 Grundlagen

### 4.1.1 Stratiforme Wolken

Orographisch gegliedertes Gelände wirkt sich in vielfältiger Weise auf die Entwicklung von Wolken und Niederschlag aus. Zu den im Zusammenhang mit Wolkenbildung am häufigsten beobachteten orographischen Effekten gehört die Überströmung von Hindernissen, bei der feuchte, ungesättigte Luftmassen im Luv der Hindernisse zum Aufsteigen veranlasst werden. Bei dieser orographisch bedingten Hebung kühlt sich die Luft solange trockenadiabatisch ab, bis sie am Hebungskondensationsniveau (HKN) ihre Taupunktstemperatur erreicht und Kondensation und damit Wolkenbildung eintritt. Eine weitere Hebung der Wolkenluft erfolgt dann unter Freisetzung von Kondensationswärme feuchtadiabatisch. Wenn die so entstehende Wolkendecke nur eine geringe vertikale Ausdehnung hat, bildet sich in der Regel außer Nebel oder leichtem Nieselregen kein nennenswerter Niederschlag aus. Synoptischskalige Hebung von feuchten Luftmassen mit mäßiger Wolkenbildung kann jedoch durch zusätzliche orographische Hebung derart verstärkt werden, dass eine beträchtliche, orographisch bedingte Niederschlagszunahme einsetzt. Wie Kunz (2003) in einer Arbeit zu Starkniederschlägen über Mittelgebirgen in Süddeutschland feststellt, wird eine orographisch bedingte Niederschlagszunahme in der Regel nicht ausschließlich durch direkte orographische Hebung, sondern vielmehr durch eine Hebung der Wolkenluft in einer Gebirgswellenströmung verursacht. Der Autor kann ferner zeigen, dass die orographisch bedingte Niederschlagszunahme mit zunehmender Tendenz des Grundstroms zur Überströmung von Hindernissen stärker wird.

Bei ausreichender Feuchte in entsprechenden Schichten der Troposphäre können sich im Zusammenhang mit zum Teil hochreichenden Gebirgswellen auch kleinere Leewellenwolken (lenticularis) ausbilden. Diese stationären Wolken, die in der aufsteigenden Luft einer Wellenströmung entstehen und sich in der absinkenden Luft wieder auflösen, sind in aller Regel nichtregnende Wolken, weshalb sie für das regionale Wettergeschehen von untergeordneter Bedeutung sind. Man findet sie in verschiedenen Höhen stromaufwärts, über dem Hindernis sowie auch stromabwärts angeordnet. Manchmal findet man mehrere Leewellenwolken in geführten Wellen in etwa gleicher Höhe über und hinter einem Hindernis aufgereiht. Eine ausführliche Darstellung der Leewellenwolken findet man beispielsweise bei Houze (1993).

Durch die Wolkenbildung wird eine wellenförmige Strömung über orographisch gegliedertem Gelände modifiziert. Der Grund dafür liegt zunächst in der Tatsache begründet, dass die Stabilität, ausgedrückt durch die Brunt-Väisälä-Frequenz gesättigter Wolkenluft $N_s$ deutlich geringer ist als diejenige trockener Luft bei sonst gleichen Bedingungen (siehe z. B. Durran und Klemp, 1982b). In einer feuchtstabilen Atmosphäre kann die Wirkung von Kondensation und Verdunstung in orographischen Wolken also einfachstenfalls dadurch berücksichtigt werden, dass die Brunt-Väisälä-Frequenz trockener Luft $N$ in den Wellengleichungen durch eine Brunt-Väisälä-Frequenz gesättigter Wolkenluft $N_s$ ersetzt wird. Mit einem solchen Ansatz in einem linearen, hydrostatischen Einschichtenmodell für dreidimensionale Gebirgswellen erzielt Kunz (2003) in einigen ausgewählten Fällen bereits eine gute Anpassung der berechneten an die gemessene Niederschlagsverteilung. Nun ist selbst bei flächendeckender Bewölkung normalerweise nicht die gesamte Luft in der Atmosphäre gesättigt, weshalb zu erwarten ist, dass realistischere Ergebnisse beispielsweise mit einem Zweischichtenmodell erzielt werden, in dem in der unteren, wolkenführenden Schicht eine Brunt-Väisälä-Frequenz für gesättigte Wolkenluft und in der oberen Schicht eine Brunt-

Väisälä-Frequenz für trockene Luft eingesetzt wird. Barcilon et al. (1979) gehen in einem einfachen Ansatz zur Beschreibung der Wechselwirkung von Wolkenbildung und Gebirgswellenströmung noch einen Schritt weiter. Die Autoren gehen grundsätzlich von einer ungesättigten Umgebung aus, in der erst dann eine Wolke entsteht, wenn die Luft in einer Gebirgswelle über ein festgelegtes Hebungskondensationsniveau hinaus ausgelenkt wird. Die Umgebungsluft wird durch eine Brunt-Väisälä-Frequenz $N$ und die Wolkenluft durch eine Brunt-Väisälä-Frequenz $N_s$ charakterisiert. Die Wolkenluft bleibt solange gesättigt, bis sie wieder unter das Hebungskondensationsniveau abgesunken ist. Das Modell bleibt also insofern reversibel, als dass das Wolkenwasser in der Strömung verbleibt, bis es wieder verdunstet ist, ohne dass es in Form von Niederschlag ausfällt. Wie man es auch von einem Zweischichtenmodell erwartet, in dem die Brunt-Väisälä-Frequenz der unteren Schicht geringer ist als diejenige der darüber liegenden Schicht, erhalten Barcilon et al. (1979) für eine am Hindernis aufliegende Wolke gegenüber einem Modell mit konstanter Brunt-Väisälä-Frequenz tendenziell eine Reduzierung der Wellenamplituden. Das Modell wurde von Barcilon et al. (1980) um eine irreversible Komponente erweitert, indem die Brunt-Väisälä-Frequenz für gesättigte Wolkenluft nur dann eingesetzt wird, wenn die Vertikalbewegung der Luft nach oben gerichtet ist. In absinkender Luft wird die Brunt-Väisälä-Frequenz für trockene Luft angesetzt. Mit dieser Konfiguration erhalten die Autoren eine Wellenströmung, die durch eine signifikant erwärmte Nachlaufströmung im Lee des überströmten Hindernisses charakterisiert ist, ähnlich einer Strömung, die man bei einem alpinen Föhn beobachtet.

Einen deutlich flexibleren Ansatz verfolgen Smith und Lin (1982). Analog zur Darstellung in Kapitel 3.2 der vorliegenden Arbeit leiten sie eine Gebirgswellengleichung ab mit dem Unterschied, dass die aus dem ersten Hauptsatz gewonnene Gl. (3.16) auf der rechten Seite um den Term $\dot{H}/(c_p T)$ ergänzt wird. $\dot{H}$ stellt eine massenspezifische diabatische Erwärmungsrate dar, die durch lokale Phasenumwandlungen zustande kommt. Unter der Voraussetzung $\rho_0 = $ konst. führt dies zu der erweiterten Form der Gl. (3.31)

$$\frac{\partial^2 w'}{\partial x^2} + \frac{\partial^2 w'}{\partial z^2} + l^2 w' = \frac{g\dot{H}}{U^2 c_p \bar{T}} \tag{4.1}$$

wobei $\bar{T}$ eine mittlere Temperatur des Grundzustandes ist. Diese Gleichung lässt sich nun mit den verschiedensten Ansätzen für $\dot{H}$ kombinieren. Naheliegend ist z. B. der Ansatz $\dot{H} \sim w'$. In diesem Fall kann die rechte Seite der Gleichung mit dem Term $l^2 w'$ zusammengefasst werden. Das Resultat ist wieder eine homogene Differentialgleichung vom Typ einer Helmholtz-Gleichung mit einem modifizierten Scorer-Parameter. Ein anderer einfacher Ansatz ist durch $\dot{H}(x, z) = Q\, q(x)\, \delta(z - z_H)$ gegeben. Hier ist $Q$ die Amplitude einer mit $q(x) = \cos(kx)$ modulierten Erwärmungsrate, die in der Höhe $z = z_H$ konzentriert ist. Eine Lösung mit diesem Ansatz erlaubt z. B. eine Analyse der Phasenbeziehung zwischen einer diabatischen Erwärmung oder Abkühlung der Luft in der Höhe $z_H$ und der Vertikalbewegung. Wie bereits Barcilon et al. (1979) erhalten Smith und Lin (1982) mit weiteren Ansätzen das Ergebnis, dass die Amplitude einer Gebirgswelle über einem zweidimensionalen Hügel reduziert wird, wenn im Luv des Hügels Kondensation und im Lee Verdunstung stattfindet. Kondensation und Verdunstung wirken hier also der Auslenkung der Stromlinien in einer Gebirgswelle entgegen, d. h. die Phasenbeziehung zwischen diabatischer Erwärmung im Luv bzw. diabatischer Abkühlung im Lee und der vertikalen Auslenkung der Stromlinien ist negativ. Dies gilt Lin und Smith (1986) zufolge allerdings nur im stationären Fall einer reversiblen Strömung, in der kein Niederschlag produziert wird. Aufgrund der Tatsache, dass der Term $\dot{H}(x, z)$ räumlich fest vorgegeben wird, ist das System aus Gebirgswellenströmung und diabatischen Effekten bei Smith und Lin (1982) nicht vollständig gekoppelt. Mit einem gekoppelten Ansatz zeigen Davies und Schär (1986) beispielsweise, dass bei bestimmten Konfigurationen durchaus auch eine positive Phasenbeziehung zwischen diabatischen Effekten und der Auslenkung der Stromlinien auftreten kann, so dass die Kondensationsrate erhöht wird. Wie Durran und Klemp (1982a) anhand von umfangreicheren Modellrechnungen mit einer einfachen Parametrisierung von Wolkenbildung, Niederschlag und Verdunstung zeigen, lassen sich einige der bisher diskutierten Erkenntnisse auch zur Erklärung verschiedener Effekte in einer Zweischichtenatmosphäre heranziehen, in der der Scorer-Parameter in der oberen Schicht signifikant kleiner ist als in der unteren Schicht, so dass geführte Leewellen auftreten. In einer feuchtstabilen Atmosphäre kann Kondensation und Verdunstung in den stationären Leewellen der unteren Schicht oder anders formuliert eine Abnahme der effektiven Brunt-Väisälä-Frequenz der unteren Schicht dazu führen, dass die Bedingung für geführte Leewellen nicht mehr gegeben ist und sich die Leewellenströmung abschwächt. Andererseits können Leewellen durch diabatische Effekte auch verstärkt werden. In einer feuchtlabilen Atmosphäre kann schließlich Cumuluskonvektion induziert werden, durch die die Leewellen fast vollständig unterbunden werden.

Diabatische Effekte weisen noch in vielen anderen Fällen eine signifikante Wechselwirkung mit der Strömung in einer Gebirgswelle auf. Miglietta und Rotunno (2005) untersuchen beispielsweise das Verhalten wolkenführender Strömungen über verschieden hohen Hindernissen im Hinblick auf die unterschiedliche Wirkungsweise der zum Teil schon von Barcilon et al. (1980) angesprochenen Effekte, die entstehen, wenn die Atmosphäre nur teilweise mit Wolken durchsetzt ist und sich daher die effektive Stabilität zwischen einzelnen Wolken und ihrer Umgebung sprunghaft ändert. Zängl (2005) untersucht den Effekt bodennaher Kaltluftseen im Lee von Bergrücken auf die Entwicklung wolkenführender Gebirgswellenströmungen und den Niederschlag in der Umgebung der Bergrücken. Wie Colle (2004) schließlich zeigt, variiert die Wechselwirkung zwischen Wolken und Gebirgswellen deutlich in Abhängigkeit von verschiedenen weiteren Bedingungen wie der Höhe der Schmelzzone, einer vertikalen Windscherung oder dem Auftreten einer luvseitigen Blockierung der Strömung. Auf derartige Effekte soll an dieser Stelle jedoch nicht weiter eingegangen werden.

Wie bereits im zweidimensionalen Fall festgestellt werden konnte, führt eine welleninduzierte Wolkenbildung in der Regel auch über dreidimensionalen Hindernissen zu einer Reduzierung der Wellenamplituden (Miglietta und Buzzi, 2001). Darüber hinausgehend kann für dreidimensionale Hindernisse auch gezeigt werden, dass eine luvseitige Stagnation und damit die Ausbildung von Staupunkten in einer wolkenführenden Strömung erst bei deutlich höheren Hindernissen einsetzt als die Stagnation einer trockenen Strömung bei sonst gleichen Bedingungen (Jiang, 2003) (vgl. Abschnitt 3.1). Auch dieser Effekt kann zumindest qualitativ durch den Unterschied der effektiven Brunt-Väisälä-Frequenzen einer trockenen und einer wolkenführenden Strömung erklärt werden. Generell darf man nach Jiang (2003) jedoch gesättigte Wolkenluft nicht einfach durch eine dimensionslose Höhe $N_s h/U$ charakterisieren, da die Variabilität der Brunt-Väisälä-Frequenz $N_s$ zu groß ist. Eine umfassende lineare Theorie orographischen Niederschlags, die neben luvseitiger Kondensation und Advektion von Hydrometeoren auch leeseitige Verdunstung in Zusammenhang mit der wellenförmigen Strömung über dreidimensionalen Hindernissen bringt, wird schließlich von Smith und Barstad (2004) präsentiert. Es sei noch angemerkt, dass durch eine diabatische Wärmequelle ebenfalls eine Schwerewelle induziert werden kann, deren Struktur in einigen Aspekten Ähnlichkeit mit derjenigen einer Schwerewelle über einem dreidimensionalen Hinderniss aufweist, so dass sich bei ausreichender Feuchte Wolken in der Welle ausbilden (Lin, 1986).

Während numerische Modelle einerseits wie in den bisher angeführten Arbeiten verwendet werden, um theoretische Ansätze zu ergänzen oder um durch Sensitivitätsstudien bei mehr oder weniger idealisierten Modellkonfigurationen signifikante Abhängigkeiten zu einem bestimmten Problem abzuleiten, kommen sie andererseits in Fallstudien zum Einsatz, bei denen Modellergebnisse je nach Möglichkeit mit den verschiedensten, experimentell durchgeführten Messungen oder Beobachtungen validiert werden können. Bezüglich der Wolken- und Niederschlagsbildung sind in solchen Modellstudien häufig außerordentlich starke quantitative wie auch qualitative Abweichungen der Modellergebnisse untereinander oder von den Messungen zu beobachten (siehe z. B. Barros und Lettenmaier, 1994). Unabhängig davon können durch numerische Fallstudien jedoch auch theoretisch erschlossene oder noch unbekannte Zusammenhänge zwischen orographischen Effekten in geschichteten Strömungen und der Entwicklung von Wolken und Niederschlag aufgedeckt werden.

Katzfey (1995a,b) widmet sich zum Beispiel in einer numerischen Fallstudie einigen extremen Niederschlagsereignissen über der südlichen Insel Neuseelands. Der Autor zeigt in verschiedenen Simulationen, dass sich bei einer nahezu senkrechten Anströmung eines langestreckten Gebirgszuges trotz einer instationären Grundströmung und stark gegliederter Orographie Gebirgswellen bilden, die mit der linearen Theorie übereinstimmen und die Niederschlagsverteilung und -intensität in erheblichem Maße mitbestimmen. Die dimensionslose Höhe kann für einige der simulierten Ereignisse auf 1,06 geschätzt werden. Dieser Wert fällt deutlich kleiner aus, wenn man anstelle der Brunt-Väisälä-Frequenz trockener Luft eine entsprechende Brunt-Väisälä-Frequenz gesättigter Wolkenluft vorgibt. Variationsstudien, in denen für Vergleichszwecke die durch Kondensation und Verdunstung angeregten diabatischen Wärmeflüsse unterbunden werden, zeigen, dass die Amplituden der Gebirgswellen in einer derart modifizierten Strömung größer und die vertikalen Wellenlängen deutlich kleiner ausfallen. Wie einige der bereits dargestellten theoretischen Untersuchungen zeigen auch diese Ergebnisse, dass die effektive Brunt-Väisälä-Frequenz in wolkenführenden Strömungen kleiner ausfällt als in trockenen Strömungen bei ansonsten gleichen Bedingungen. Weitere Erkenntnisse über Wolken und Niederschlag beeinflussende Prozesse werden in größerem Umfang auch anhand von Modellstudien ausgewählter Fälle aus den Alpen abgeleitet (z. B. Buzzi und Foschini, 2000; Schneidereit und Schär, 2000; Lin et al., 2001), einige davon sind dabei in Projekte wie das Mesoscale Alpine Programme eingebunden (siehe z. B.

Bougeault et al., 2001). Aufgrund der Struktur der Alpen sind diese Fälle in der Regel jedoch anderen Regimen als den hier betrachteten zuzuordnen (der Coriolis-Effekt gewinnt an Bedeutung, die Berge sind zu hoch für lineare oder schwach nichtlineare Wellenströmungen, siehe z. B. Rotunno und Ferretti, 2001).

## 4.1.2 Konvektive Wolken

Im Hinblick auf konvektive Wolken- und Niederschlagsysteme liegt die Bedeutung orographisch gegliederten Geländes vor allem darin, dass durch die Geländeinhomogenität Mechanismen zur Auslösung hochreichender Konvektion geschaffen werden. Aufgrund der Vielfalt orographischer Effekte sind die Auslösemechanismen entsprechend unterschiedlich, lassen sich jedoch nach Banta (1990) in drei Kategorien unterteilen. Diese sind zum einen direkte orographische Hebung (engl. orographic lifting), ferner thermisch induzierte Prozesse (engl. thermal forcing) und schließlich Effekte dynamischen Ursprungs (engl. obstacle effects). Houze (1993) gliedert die Mechanismen zur Auslösung oder Verstärkung hochreichender Konvektion in die Kategorien (a) Auslösung durch direkte orographische Hebung, (b) Auslösung durch Wellenbildung oder Blockierung im Luv eines Hindernisses, (c) Auslösung durch thermisch induzierte Prozesse, (d) Auslösung durch leeseitige Konvergenz und (e) Verstärkung durch Wellenbildung im Lee eines Hindernisses. Die verschiedenen Mechanismen sind in Abb. 4.1 konzeptionell skizziert, sie treten im Allgemeinen nicht völlig unabhängig voneinander auf.

Direkte orographische Hebung feuchter, bodennaher Luft bis zum Niveau freier Konvektion (NFK) stellt einen der wichtigsten Auslösemechanismen für konvektive Wolken aller Art von flacher bis hin zu hochreichender Konvektion dar. Bei hoher CAPE und ausreichender Feuchte enstehen durch diese Auslösung mitunter sehr schwere Gewitter (vgl. Banta, 1990). Anhand zweidimensionaler Simulationen untersuchen Chu und Lin (2000) beispielsweise die Entstehung und Ausbreitung hochreichender Konvektion durch direkte Hebung feuchter Luftmassen an einem idealisierten Hindernis in Abhängigkeit von einer Froude-Zahl, die mit der Brunt-Väisälä-Frequenz für feuchte Luft (Gl. 2.8) gebildet wird. Die Autoren können prinzipiell drei verschiedene Szenarien identifizieren. Diese sind (I) Ausbildung luvseitiger Konvektion bei kleinen Froude-Zahlen, (II) Ausbildung quasi-stationärer Systeme über dem Hindernis bei mittleren Froude-Zahlen und (III) Ausbildung quasi-stationärer Systeme über dem Hindernis sowie leeseitige Ausbreitung

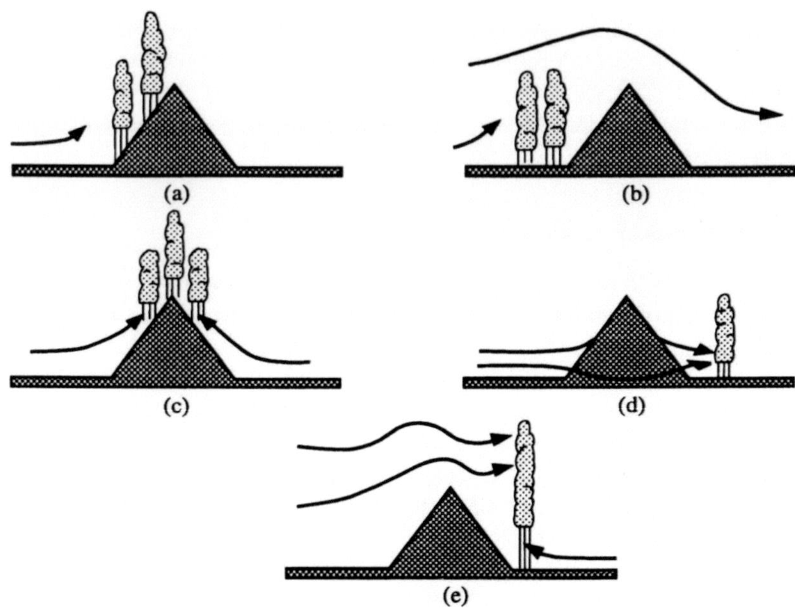

Abbildung 4.1: Mechanismen zur Auslösung oder Verstärkung orographisch induzierter Konvektion. (a) Auslösung durch direkte orographische Hebung am Hindernis, (b) Auslösung durch Wellenbildung oder Blockierung im Luv des Hindernisses, (c) Auslösung durch thermisch induzierte Prozesse, (d) Auslösung durch leeseitige Konvergenz und (e) Verstärkung durch Wellenbildung im Lee des Hindernisses. Nach Houze (1993).

der Konvektion bei großen Froude-Zahlen. Um die verschiedenen Regime zu realisieren, variieren Chu und Lin die Geschwindigkeit der horizontalen Anströmung. In Zusammenhang mit dem ersten Regime finden sie drei Entstehungsmechanismen für luvseitige Konvektion. Zum einen entstehen die konvektiven Zellen durch horizontale Luftmassenkonvergenz aufgrund von orographischer Hebung der Luft am Hindernis, zum zweiten durch Schwerewellen, die von früheren konvektiven Zellen ausgehen und zum dritten durch Kaltluftböen, die sich ausgehend von den primären Zellen am Hindernis stromaufwärts ausbreiten. Im quasi-stationären Regime wird Feuchtkonvektion nur am luvsseitigen Hang und in der Nähe der höchsten Erhebung des

Hindernisses beobachtet. Sie entsteht dort ebenfalls durch horizontale Luftmassenkonvergenz in Folge der Hebung der Luft am Hindernis und durch Schwerewellen, die durch bereits ausgebildete Konvektion am Hang angeregt werden. Kaltluftböen stromaufwärts werden hier nicht mehr beobachtet. Leeseitige Konvektion im dritten Regime wird schließlich durch weitere dynamische Effekte bei höheren Windgeschwindigkeiten induziert. Chen und Lin (2004) setzten diese Studien fort, indem sie dreidimensionale Simulationen bei Vorgabe verschieden geformter idealisierter Berge auf der Mesoskala durchführten. Sie konnten mit diesen Simulationen die Ergebnisse von Chu und Lin (2000) im Wesentlichen bestätigen. In den dreidimensionalen Simulationen entspricht das Regime (I) einer Situation, bei der orographische Hindernisse eher umströmt werden, die Regime (II) und (III) entsprechen einer Situation, in der die Hindernisse eher überströmt werden. Chen und Lin (2005) finden durch fortgeführte Simulationen eine zusätzliche Abhängigkeit der dargestellten Regime von der CAPE. Die Autoren zeigen, dass die Regime mit zunehmender CAPE zu höheren Froude-Zahlen verschoben werden. Sie erhalten zudem ein viertes Regime im Bereich großer Froude-Zahlen und kleiner CAPE, in dem über den betrachteten Hindernissen eher feuchtstabile, stratiforme Bewölkung auftritt. Ergänzende Fallstudien zum Thema Auslösung durch direkte orographische Hebung feuchter Luft findet man unter anderem auch bei Romero et al. (2000), bei Gheusi und Stein (2003) und bei Stein (2004).

Direkte, orographische Hebung potenziell instabiler Luftschichten stellt ebenfalls einen häufig beobachteten Mechanismus zur Auslösung von Konvektion dar. Da orographisch verursachte Hebung feuchter Luftschichten zunächst zur Ausbildung feuchtstabiler Wolken führt, findet man konvektive Zellen im Luv orographischer Hindernisse häufig in eine stratiforme Wolkendecke eingelagert. In der Regel handelt es sich bei diesen eingelagerten Zellen um flache Konvektion, die jedoch zu einer zusätzlichen Verstärkung orographisch gebildeten oder verstärkten stratiformen Niederschlags führen kann (Kirshbaum und Durran, 2004). Eine notwendige Voraussetzung dafür, dass sich konvektive Zellen in einer feuchtstabilen Wolke ausbilden, ist das lokale Auftreten einer imaginären Brunt-Väisälä-Frequenz gesättigter Luft in der Wolke, d.h. es muss $N_s^2 < 0$ (feuchtlabile Schichtung) sein. Diese Voraussetzung ist im Allgemeinen jedoch nicht ausreichend dafür, dass sich eingelagerte Konvektion ausbildet. Während feuchtstabile orographische Wolken oftmals als stationäre Wolken behandelt werden können, wandern konvektive Zellen mit dem mittleren Grundstrom mit. Wie Kirshbaum und Durran

(2004) sowie Fuhrer und Schär (2005) zeigen, ist es deshalb wichtig, dass die Aufenthaltszeit der konvektiven Zellen im Hebungsgebiet ausreichend dafür ist, dass sich aus einer kleinen Störung eine konvektive Wolke bilden kann, d. h. die charakteristische Zeitskala für das Wachstum feuchtlabiler Störungen in der entsprechenden Strömung muss deutlich kleiner sein als die charakteristische Zeitskala für die Advektion der Luft über das Hindernis. Außerdem muss eine initiale Störung vorhanden sein, die in idealisierten Simulationen beispielsweise durch Addition stochastischer Schwankungen auf das Temperaturfeld oder auf die Orographie erzeugt werden kann. Abhängig von weiteren Parametern wie etwa der Scherung des Grundstroms variiert die Organisationsform der eingelagerten konvektiven Zellen in idealisierten Simulationen zwischen hexagonalen Strukturen und realistischeren bänderförmigen Anordnungen (Kirshbaum und Durran, 2005a,b).

Variationen von Temperatur und Feuchte in orographisch gegliedertem Gelände sind weitere wichtige Faktoren für die Auslösung konvektiver Wolken. Oftmals beobachtet man beispielsweise, dass in bergigem Gelände bereits früher am Tag Konvektion entsteht als in angrenzenden Ebenen (Banta, 1990). Dies ist in vielen Fällen darauf zurückzuführen, dass an Hangflächen, die aufgrund ihrer Neigung gegenüber solarer Bestrahlung exponiert sind, Konvektion auslösende Hangaufwinde entstehen, noch bevor nächtliche Inversionen über Tälern und Ebenen vollständig abgebaut sind. Eine ausführliche Darstellung der Physik der Hangwindschichten findet man z. B. bei Noppel (1999). In trockeneren Regionen erwärmt sich die Luft ferner über Bergen und hochgelegenen Ebenen schneller als in der tiefergelegenen Umgebung, so dass sich über den Bergkuppen und Hochebenen lokale Hitzetiefs ausbilden und Konvergenz über den Kuppen und Hochebenen und damit eine Konvektion auslösende Zirkulation angeregt wird. Diese kann unter Umständen von stabilisierenden Prozessen über angrenzenden Tiefebenen begleitet werden (Benjamin und Carlson, 1986). In Fallstudien belegen schließlich auch Lin und Chen (2002) die Bedeutung von anabatischen Winden für die Ausbildung hochreichender Konvektion. Wie Orville (1965) in zweidimensionalen numerischen Simulationen zeigt, verhält sich die Wolkenbildung in Hangwinden sehr empfindlich gegenüber Unterschieden der Temperatur und des Feuchtegehalts der Luft sowie gegenüber Veränderungen der Hanggeometrie. Die Systeme werden komplexer, wenn zusätzlich zu thermisch induzierten Effekten weitere Faktoren hinzukommen, die die Strömung in orographisch gegliedertem Gelände bestimmen. Eine typische Wechselwirkung zwischen dem atmosphärischen Grundstrom und einem Hangwind tritt z. B. ein, wenn ein Hang im Tagesverlauf leeseitig stärker erwärmt wird. Durch die Erwärmung kann eine stabile Schichtung vom Boden her abgebaut werden, so dass sich bodennahe Hangaufwinde ausbilden, die dem Grundstrom entgegengerichtet sind. Dies führt schließlich zu einer Konvergenz am Leehang mit möglicher Ausbildung von Cumuluskonvektion (Banta, 1984).

Die dritte Kategorie Konvektion auslösender Prozesse beinhaltet Banta (1990) zufolge dynamische Effekte in orographisch gegliedertem Gelände. Zu diesen Effekten gehören primär Gebirgswellen, Blockierung im Luv oder auch Konvergenz an den Flanken oder im Lee umströmter Berge (Banta, 1990; Houze, 1993). Dynamische Effekte treten in der Regel bei höheren Windgeschwindigkeiten auf und überlagern oftmals thermisch induzierte Effekte. Ein Beispiel zur Überlagerung eines Gebirgswellensystems mit einem Hitzetief über einer Hochebene findet man z. B. bei Benjamin (1986). Variationsstudien zur Ausbildung nichtregnender konvektiver Wolken in Gebirgswellenströmungen werden erstmals von Orville (1968) auf der Basis einfacher numerischer Simulationen durchgeführt. Die Ergebnisse der zweidimensionalen Modellstudien zeigen, dass die Ausbildung konvektiver Wolken in einer Gebirgswellenströmung im Vergleich zur Ausbildung konvektiver Wolken in einer ruhenden Atmosphäre beschleunigt abläuft. Die Wolken werden wie im ruhenden System oberhalb des überströmten Hindernisses initiiert, entwickeln sich jedoch nicht wie im ruhenden System über dem orographischen Hindernis sondern weiter stromabwärts im Lee des Hindernisses und wandern in der Gebirgswellenströmung mit dem Grundstrom mit. Zu den wenigen Arbeiten über die Wechselwirkung zwischen Gebirgswellen und konvektiven Wolken gehört auch eine Fallstudie von Tripoli und Cotton (1989a,b). In dieser Fallstudie wird ein konzeptionelles Modell zur Entwicklung eines mesoskaligen konvektiven Systems (MCS) erstellt, das am 4. August 1977 über den Rocky Mountains und den angrenzenden Hochebenen entstanden ist. Die Situation zeigt ein Gebirgswellensystem mit zwei Hebungsgebieten, das sich über Nacht in der freien Atmosphäre oberhalb der Rocky Mountains entwickelt hat. Das erste Hebungsgebiet liegt über den Bergen und zeigt eine – aus linearen Lösungen bekannte – stromaufwärts geneigte Achse. Das zweite Hebungsgebiet liegt ostwärts über den Leehängen der Berge. Im Tagesverlauf bildet sich zunächst eine konvektive Grenzschicht über den Bergen, während die Hochebenen weiter im Osten noch unter einer Inversion liegen, die erst langsam abgebaut wird. Das Gebirgswellensystem bleibt in der freien Atmosphäre weiterhin bestehen. In den beiden welleninduzierten Hebungsgebieten entstehen die ersten hochreichenden Wolken. Diese Situation ist in Abb. 4.2 skizziert. Während die konvektiven Systeme mit dem Grundstrom ostwärts wandern, gelangen die östlich gelegenen konvektiven Zellen über die Hochebenen und lösen sich auf, die konvektiven Zellen aus dem Westen gelangen in das Hebungsgebiet im Lee der Rocky Mountains und werden unter weiterer Feuchtezufuhr dramatisch verstärkt, so dass sie sich zu einem MCS ausbilden. Dieses Stadium der Entwicklung ist hier nicht mehr dargestellt.

Die angeführte Literatur zeigt, dass der Einfluss von Gebirgswellen ein wichtiger Faktor bei der Auslösung und Entwicklung hochreichender Konvektion sein kann. Wechselwirkungen von Gebirgswellen und Konvektion wurden bisher jedoch noch kaum detailliert untersucht. Unter Verwendung von Simulationsergebnissen zu quasi-stationären Gebirgswellenströmungen aus Kapitel 3 wird im Folgenden der Einfluss von Gebirgswellenströmungen auf die konvektive Hemmung untersucht. Anschließend wird in Abschnitt 4.3 die Wechselwirkung von Gebirgswellenströmungen mit hochreichender Konvektion in idealisierten Simulationen betrachtet, in denen die Skalenlängen der Orographie auf Mittelgebirge abgestimmt sind.

## 4.2 Zur konvektiven Hemmung

Neben der konvektiv verfügbaren potentiellen Energie (CAPE), deren Variation in einer Gebirgswellenströmung in Kapitel 3 eingehend analysiert wurde, ist die konvektive Hemmung (CIN) ein maßgeblicher Faktor bei der Analyse von Umgebungsbedingungen konvektiver Wolken. Als konvektive Hemmung wird diejenige Energie bezeichnet, die aufgebracht werden muss, um ein Luftvolumen bis zu seinem Niveau freier Konvektion anzuheben. Je geringer die konvektive Hemmung ist, um so eher ist mit konvektiver Wolkenbildung zu rechnen. Im Folgenden interessiert daher die Variation der konvektiven Hemmung über orographischen Hindernissen in Strömungssituationen mit und ohne Gebirgswelleneinfluss. Ein Vergleich dieser Situationen erlaubt dann eine Aussage darüber, in wieweit der Gebirgswelleneffekt die konvektive Hemmung ändert.

Die konvektive Hemmung ist nach Gl. (2.21) zu berechnen. Für die Berechnung muss zum einen das vertikale Profil der virtuellen Temperatur $T_{v,p}$ eines aufsteigenden Luftpakets und zum andern das vertikale Profil der virtuellen Temperatur $T_{v,0}$ der lokalen Umgebung des Luftpakets bekannt sein. Der virtuelle Temperaturzuschlag bleibt im Folgenden unberücksich-

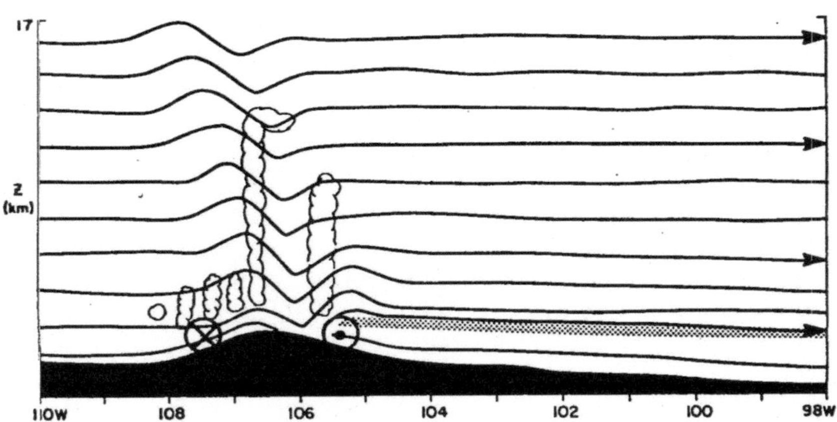

Abbildung 4.2: Konzeptionelle Skizze einer zonalen Gebirgswellenströmung über den Rocky Mountains zum Zeitpunkt einsetzender Konvektion. Die ausgezogenen Linien stellen Stromlinien dar, die schattierte Fläche über den Hochebenen repräsentiert eine Inversion, die Kreise deuten die meridionalen Komponenten der Strömung an. Aus Tripoli und Cotton (1989a).

tigt. Die Profile der Temperaturen $T_p$ und $T_0$ und damit auch die konvektive Hemmung sind verschiedenen Einflussfaktoren unterworfen. Um die Variation der konvektiven Hemmung in Gebirgswellenströmungen zu verstehen, ist es ausreichend, drei wichtige Einflussfaktoren genauer zu betrachten. Diese sind (a) die Stabilität der freien Atmosphäre, (b) der Feuchtegehalt in der konvektiven Grenzschicht und (c) die Höhe der Grenzfläche zwischen konvektiver Grenzschicht und freier Atmosphäre. Die Bedeutung dieser Einflussfaktoren für die konvektive Hemmung wird im Folgenden anhand einiger einfacher Betrachtungen dargestellt.

Wir diskutieren zunächst nur den Einfluss der Höhe der Grenzfläche zwischen konvektiver Grenzschicht und freier Atmosphäre auf die konvektive Hemmung. Die Höhe der Grenzfläche wurde in Abschnitt 3.3.4 mit $\tau_i$ bezeichnet. Nach Gl. (3.58) wird sie durch die Summe aus der Geländehöhe $\tau$ und der vertikalen Mächtigkeit $z_i$ der konvektiven Grenzschicht gebildet. Der qualitative Zusammenhang zwischen $\tau_i$ und der konvektiven Hemmung sei an einem Beispiel erläutert. Dazu betrachte man Abb. 4.3, in der das Profil der potentiellen Temperatur $\theta_0(z)$ einer lokalen Umgebung eines Luftpakets als schwarz durchgezogene Kurve skizziert ist. In der konvektiven Grenzschicht unterhalb der Höhe $\tau_i$ ist die potentielle Temperatur $\theta_i$ konstant. Ein Luftvolumen derselben potentiellen Temperatur $\theta_i$ wird aus der konvektiven Grenzschicht bis zum Hebungskondensationsniveau (HKN) angehoben (schwarz gestrichelte Linie). Dabei bleibt $\theta_i$ für das Luftvolumen ebenfalls konstant. Oberhalb des Hebungskondensationsniveaus kühlt sich das aufsteigende Luftvolumen bei konstanter pseudopotentieller Temperatur $\theta_{ps}$ weiter entlang der schwarz gestrichelten Kurve ab und erreicht sein Niveau freier Konvektion (NFK). Die schraffierte Fläche in Abb. 4.3 ist proportional zur konvektiven Hemmung (vgl. Abschnitt 2.1.6). Wenn die Höhe $\tau_i$ zunimmt, wird die schraffierte Fläche und damit die konvektive Hemmung kleiner, bis die Grenzfläche zwischen konvektiver Grenzschicht und freier Atmosphäre eine Höhe $\tau_i'$ erreicht, in der die konvektive Hemmung Null wird. Die Grenzfläche liegt dann im Kumuluskondensationsniveau (KKN). Für diesen Fall ist die konstante potentielle Temperatur $\theta_i'$ der konvektiven Grenzschicht in Abb. 4.3 durch die rot durchgezogene Kurve dargestellt. Oberhalb der Höhe $\tau_i'$ ist die Umgebungstemperatur weiterhin durch $\theta_0(z)$ gegeben. Ein konvektives Luftvolumen ist in der Grenzschicht durch die konstante potentielle Temperatur $\theta_i'$ und oberhalb davon durch die konstante pseudopotentielle Temperatur $\theta_{ps}'$ charakterisiert (rot gestrichelte Kurve).

Entscheidend für die weiteren Betrachtungen ist, dass die konvektive Hemmung bei sonst gleichen Bedingungen abnimmt, wenn $\tau_i$ zunimmt. Umgekehrt gilt auch, dass die konvektive Hemmung zunimmt, wenn $\tau_i$ abnimmt. Im Fall einer geländefolgend konstanten Grenzschichthöhe $z_i$ über einem Berg (vgl. Abb. 3.24) ist die konvektive Hemmung über dem Berg also geringer als über den angrenzenden Ebenen. Entsprechend ist die konvektive Hemmung über einem Tal größer.

Wir betrachten nun die konvektive Hemmung für die in den Abschnitten 3.3.4 und 3.3.5 vorgestellten Fälle 3P bis 3W (siehe unten) und zwar zunächst nur zum Zeitpunkt der Modellinitialisierung, bei dem die Grenzschichthöhe $z_i$ konstant und die Atmosphäre frei von Störungen durch eine Gebirgswelle ist. Der Verlauf der konvektiven Hemmung senkrecht zu den Hindernissen ist für diese Referenzsituationen in den Abbildungen B.25 bis B.48 für verschiedene Mischungsverhältnisse $r$ durch gestrichelte Kurven dargestellt. Die Fälle 3P und 3Q (symmetrische Hügel) werden in den Abbildungen B.25 bis B.30 gezeigt, die Fälle 3R und 3S (symmetrische Täler) in den Abbildungen B.31 bis B.36. Die Abbildungen B.37 bis B.42 bezie-

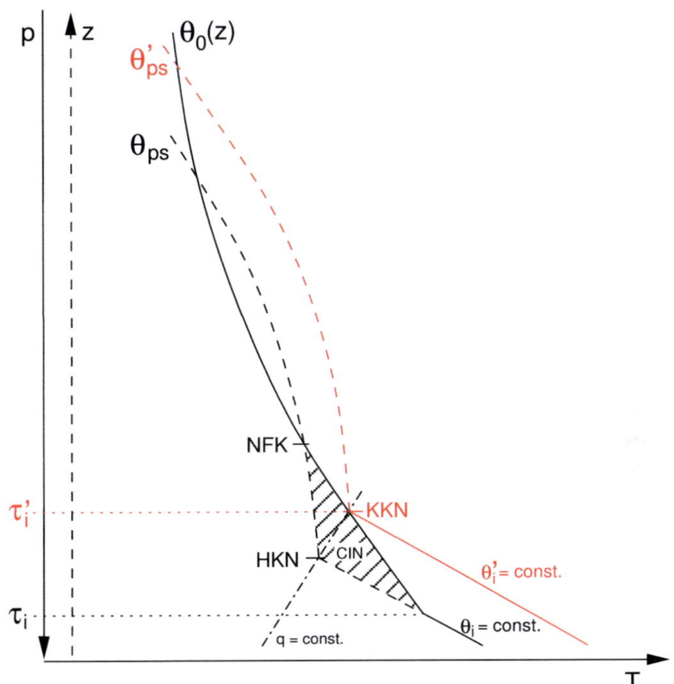


Abbildung 4.3: Skizze eines Skew-T-log-p-Diagramms zur Variation der CIN mit der Höhe $\tau_i$ der Grenzfläche zwischen konvektiver Grenzschicht und freier Atmosphäre. Siehe dazu die Beschreibung im Text.

hen sich auf die Konfigurationen 3T und 3U (asymmetrische Hügel) und die Abbildungen B.43 bis B.48 auf die Konfigurationen 3V und 3W (Berg-Tal-Berg-Systeme). Die Details entnehme man den Tabellen 3.11 und 3.12. Die Variation der CIN in jeder Referenzsituation ist bei konstanter Höhe $z_i$ der konvektiven Grenzschicht und konstantem Mischungsverhältnis $r$ in der konvektiven Grenzschicht ausschließlich durch das Ansteigen (Absinken) der Grenzfläche zwischen konvektiver Grenzschicht und freier Atmosphäre mit ansteigendem (absinkendem) Gelände der Höhe $\tau(x)$ bedingt. In den Abbildungen B.25 bis B.48 erkennt man eine deutliche Abnahme (Zunahme) der CIN bei einer ansteigenden (absinkenden) Grenzfläche.

Die Referenzsituationen in den Abbildungen B.25 bis B.48 zeigen weiter, dass die konvektive Hemmung bei abnehmendem Mischungsverhältnis unter sonst gleichen Bedingungen zunimmt. Mit abnehmendem Mischungsverhältnis wird auch die maximale Änderung der konvektiven Hemmung senkrecht zu einem Hindernis größer. Anhand der Konfiguration 3P1 (symmetrischer Hügel) verdeutlicht man sich beispielsweise, dass die CIN für $r = 10\,\mathrm{g\,kg^{-1}}$ bei einem geländebedingten Ansteigen der Höhe $\tau_i$ um $600\,\mathrm{m}$ von $50\,\mathrm{J\,kg^{-1}}$ auf gerade $0\,\mathrm{J\,kg^{-1}}$, d. h. nur um $50\,\mathrm{J\,kg^{-1}}$ abnimmt, während sie für $r = 9\,\mathrm{g\,kg^{-1}}$ beim selben Ansteigen der Höhe $\tau_i$ von $80\,\mathrm{J\,kg^{-1}}$ auf $10\,\mathrm{J\,kg^{-1}}$, d. h. um $70\,\mathrm{J\,kg^{-1}}$ abnimmt. Umgekehrt nimmt die CIN in der Konfiguration 3R1 (symmetrisches Tal) bei einem Absinken der Grenzfläche um $600\,\mathrm{m}$ bei $r = 10\,\mathrm{g\,kg^{-1}}$ von $50\,\mathrm{J\,kg^{-1}}$ auf $190\,\mathrm{J\,kg^{-1}}$, d. h. um $140\,\mathrm{J\,kg^{-1}}$ zu, während sie für $r = 9\,\mathrm{g\,kg^{-1}}$ beim selben Absinken der Grenzfläche von $90\,\mathrm{J\,kg^{-1}}$ auf $280\,\mathrm{J\,kg^{-1}}$, d. h. um ganze $190\,\mathrm{J\,kg^{-1}}$ zunimmt.

Ein Vergleich der Konfigurationen 3P bis 3W in den den Abbildungen B.25 bis B.48 untereinander zeigt ferner für die Referenzsituationen, dass die konvektive Hemmung mit zunehmender Stabilität größer wird. Auch die Änderung der konvektiven Hemmung senkrecht zu den betrachteten Hindernissen wird mit zunehmender Stabilität unter sonst gleichen Bedingungen größer. Bei einem Mischungsverhältnis von $8\,\mathrm{g\,kg^{-1}}$ variiert die CIN in der Konfiguration 3P0 ($N_2 = 0,008\,\mathrm{s^{-1}}$) z. B. zwischen $5\,\mathrm{J\,kg^{-1}}$ und $35\,\mathrm{J\,kg^{-1}}$, also um $30\,\mathrm{J\,kg^{-1}}$, in der Konfiguration 3P1 ($N_2 = 0,010\,\mathrm{s^{-1}}$) variiert die CIN hingegen zwischen $30\,\mathrm{J\,kg^{-1}}$ und $150\,\mathrm{J\,kg^{-1}}$, also um $120\,\mathrm{J\,kg^{-1}}$.

Nachdem der Einfluss der Stabilität der freien Atmosphäre, des Feuchtegehalts in der Grenzschicht und der Höhe der Grenzfläche zwischen konvektiver Grenzschicht und freier Atmosphäre auf die konvektive Hemmung zunächst an den Referenzfällen aufgezeigt wurde, betrachten wir nun den zusätzlichen Einfluss von Gebirgswellen auf die konvektive Hemmung. Für die Fälle 3P bis 3W ist die konvektive Hemmung, die sich aus den KAMM2-Simulationen nach jeweils 12 Stunden Simulationszeit bei verschiedenen Mischungsverhältnissen ergibt, ebenfalls in den Abbildungen B.25 bis B.48 eingetragen (durchgezogene Linien). In den Ergebnissen der numerischen Simulationen können die oben dargestellten Einflussfaktoren quantitativ nicht mehr getrennt voneinander diskutiert werden. So wird durch die Gebirgswellenströmung gleichzeitig die lokale Stabilität der freien Atmosphäre sowie auch die lokale Grenzschichthöhe $z_i$ und damit auch die Höhe $\tau_i$ verändert. Wie man den Ergebnissen insgesamt entnimmt, fällt die Auswirkung der Gebirgswellenströmung auf die konvektive Hemmung in unterschiedlichen Simulationen und für unterschiedliche Mischungsverhältnisse zum Teil bemerkenswert verschieden aus und wird nun im Folgenden diskutiert.

In den Abbildungen B.25, B.27 und B.29 zu den Simulationen 3P0, 3P1 und 3P2 von Gebirgswellenströmungen über symmetrischen Hügeln einer Höhe von 600 m fällt zunächst auf, dass die CIN in den Gebirgswellenströmungen bei kleinem Mischungsverhältnis mit ansteigendem (absinkendem) Gelände zunimmt (abnimmt) und zwar in der Simulation 3P0 bei $r = 5\,\mathrm{g\,kg^{-1}}$ um maximal $30\,\mathrm{J\,kg^{-1}}$, in der Simulation 3P1 bei $r = 8\,\mathrm{g\,kg^{-1}}$ um maximal $40\,\mathrm{J\,kg^{-1}}$ und in der Simulation 3P2 bei $r = 12\,\mathrm{g\,kg^{-1}}$ um maximal $80\,\mathrm{J\,kg^{-1}}$. Dieser Verlauf der CIN längs der betrachteten Hindernisse stellt sich zum einen dadurch ein, dass die maximale Auslenkung $h_i$ der Grenzfläche zwischen konvektiver Grenzschicht und freier Atmosphäre in der Gebirgswellenströmung geringer ausfällt als im Referenzfall (vgl. Abschnitt 3.3.4). Zum anderen ist die Stabilität der Atmosphäre durch die Gebirgswelle lokal über dem Hindernis erhöht. Es ist folglich nicht generell davon auszugehen, dass die Konvektion fördernden Bedingungen über einem Bergrücken günstiger ausfallen. Bei größeren Mischungsverhältnissen stellt man fest, dass die CIN im Luv der Hindernisse eher etwas kleiner ausfällt als stromaufwärts, während sie im Lee weiterhin deutlich größer bleibt als stromaufwärts der Hindernisse. Bevorzugte Regionen für eine Entwicklung konvektiver Wolken liegen in den Gebirgswellenströmungen also eher über den Luvhängen der Bergrücken und nicht, wie in den Referenzfällen, direkt über den Bergrücken. Dieser Effekt kommt dadurch zustande, dass die Höhe $z_i$ der konvektiven Grenzschicht in den Dreischichtenströmungen luvseitig größer und leeseitig kleiner ausfällt als direkt über dem Bergrücken. In den Abbildungen B.26, B.28 und B.30 zu den Simulationen 3Q0, 3Q1 und 3Q2 von Gebirgswellenströmungen über symmetrischen Hügeln einer Höhe von 900 m findet man diesen Effekt bei allen dargestellten Mischungsverhältnissen deutlich verstärkt vor. So fällt die CIN in der Simulation 3Q0 bei $r = 5\,\mathrm{g\,kg^{-1}}$ von $120\,\mathrm{J\,kg^{-1}}$ stromauf des Hindernisses auf $50\,\mathrm{J\,kg^{-1}}$ im Luv ab und steigt über dem Bergrücken an um im Lee $170\,\mathrm{J\,kg^{-1}}$ zu erreichen. In der Simulation 3Q1 fällt die CIN bei $r = 8\,\mathrm{g\,kg^{-1}}$ von $90\,\mathrm{J\,kg^{-1}}$ auf $10\,\mathrm{J\,kg^{-1}}$ im Luv ab und steigt dann auf $190\,\mathrm{J\,kg^{-1}}$ im Lee an. In der Simulation 3Q2 fällt die CIN schließlich bei $r = 12\,\mathrm{g\,kg^{-1}}$ von $55\,\mathrm{J\,kg^{-1}}$ auf $0\,\mathrm{J\,kg^{-1}}$ im Luv ab und steigt dann auf $245\,\mathrm{J\,kg^{-1}}$ im Lee an. Die Gebirgswellenströmung führt insgesamt also dazu, dass Konvektion fördernde Bedingungen über Bergrücken und im Lee der Berge abgeschwächt und ins Luv der Hindernisse verlagert werden.

In den Abbildungen B.31 bis B.36 zu den Simulationen 3R und 3S von Gebirgswellen über symmetrischen Tälern fällt zunächst auf, dass die Änderung der CIN längs der betrachteten Täler in den numerischen Simulationen generell deutlich kleiner ausfällt als in den Referenzsituationen. Dies ist darauf zurückzuführen, dass die vertikale Ausdehnung der konvektiven Grenzschicht in den Simulationen über den Tälern größer ist als über den angrenzenden Hochebenen, so dass die maximale Auslenkung $h_i$ deutlich kleiner ausfällt als in den Referenzsituationen. Eine wichtige Konsequenz davon ist, dass in vielen Fällen mit kleinen Mischungsverhältnissen über den Tälern überhaupt erst ein Niveau freier Konvektion entsteht, das in den Referenzsituationen noch nicht vorhanden ist. Die wellenförmige Strömung in den Simulationen hat zur Folge, dass die Stabilität der Atmosphäre oberhalb der Täler reduziert wird, was zu einer weiteren Abnahme der CIN gegenüber den Referenzsituationen führt. Außerdem wird die konvektive Grenzschicht im Luv der Täler grundsätzlich etwas kleiner als im Lee der Täler. Dadurch ist die CIN luvseitig generell etwas größer als leeseitig. Die Unterschiede sind jedoch eher gering, so dass der Gebirgswelleneffekt gegenüber anderen Effekten wie beispielsweise kleinen Schwankungen des Mischungsverhältnisses etwas in den Hintergrund tritt.

Die Abbildungen B.37 bis B.42 zu den Simulationen 3T und 3U von Gebirgswellen über asymmetrischen Hügeln zeigen im Großen und Ganzen einen Verlauf der CIN längs der Hindernisse, wie man ihn auch über symmetrischen Hügeln beobachtet. In den Gebirgswellenströmungen ist die CIN über den windzugewandten Hängen insgesamt kleiner als weiter stromauf der Hindernisse, die Maxima der CIN über den Leehängen fallen in den Simulationen mit asymmetrischer Orographie deutlich kleiner aus als in den symmetrischen Fällen. Wie in den oben diskutierten Situationen ist auch hier die Änderung der CIN längs der betrachteten Hindernisse auf die variable Höhe der Grenzfläche zwischen konvektiver Grenzschicht und freier Atmosphäre sowie auf die lokale Änderung der Stabilität in der freien Atmosphäre zurückzuführen. In wieweit sich die Entwicklung konvektiver Wolken über den asymmetrischen Hindernissen von der Entwicklung über symmetrischen Hindernissen unterscheidet, wird in den folgenden Abschnitten diskutiert. Zunächst werden jedoch noch einige Aspekte der CIN in Berg-Tal-Berg-Systemen dargestellt.

Der Verlauf der CIN in den Berg-Tal-Berg-Konfigurationen 3V und 3W ist für verschiedene Mischungsverhältnisse in den Abbildungen B.43 bis B.48 dargestellt. In diesen Abbildungen liegen die Bergkuppen an den Stellen

$|x/a| = 2$ und die Talsohlen bei $x/a = 0$. Die Referenzsituationen zeigen wie bisher Minima der CIN über den Bergkuppen und deutliche Maxima der CIN über den Talsohlen. Die Ergebnisse der numerischen Simulationen unterscheiden sich erheblich von den Referenzsituationen. Über den windzugewandten Hügeln liegen die Minima der CIN hauptsächlich für kleinere Mischungsverhältnisse eher über den Luvhängen als über den Bergkuppen und sind insgesamt deutlich schwächer ausgeprägt als in den Referenzsituationen. Mit zunehmendem Mischungsverhältnis wandern sie dann jedoch über die Bergkuppen, so dass sie mit den Orten der Minima aus den Referenzsituationen zusammenfallen. Maxima der CIN liegen nun über den Leehängen der windzugewandten Hügel. Die CIN fällt über den windzugewandten Hängen der Täler ab, so dass sie auf der Strecke zwischen Talsohle und Bergkuppe der jeweiligen windabgewandten Hügel ihr Minimum erreicht. Maxima und Minima der CIN sind auch hier nicht so deutlich ausgeprägt wie in den Referenzsituationen. Die Positionen der Minima zwischen Talsohlen und Bergkuppen der windabgewandten Hügel variieren wiederum mit dem Mischungsverhältnis. Bei kleinen Mischungsverhältnissen liegen die Minima der CIN eher über den Talsohlen, mit zunehmendem Mischungsverhältnis wandern die Minima dann bis über die Bergkuppen der windabgewandten Hügel. Im Lee dieser Hügel erreicht die CIN dann jeweils ein weiteres Maximum, welches in einigen Simulationen etwas stärker und in anderen Simulationen etwas schwächer ausgeprägt ist als das entsprechende Maximum im Lee der windzugewandten Hügel. In den Berg-Tal-Berg-Konfigurationen hat die Gebirgswellenströmung also insgesamt eine deutliche Verlagerung Konvektion fördernder Bedingungen aus dem Bereich der Bergkuppe eines windabgewandten Hügels in den Bereich zwischen Talsohle und Luvhang des windabgewandten Hügels zur Folge, die auch als luvseitige oder talseitige Verstärkung Konvektion fördernder Bedingungen aufgefasst werden kann. Durch den dargestellten Sachverhalt wird schließlich auch die konzeptionelle Skizze (b) der Abb. 4.1 zur welleninduzierten Auslösung konvektiver Wolken im Luv von Hindernissen deutlicher.

## 4.3 Simulationen mäßiger Konvektion

In Abschnitt 2.2 wurde an unterschiedlichen Beispielen gezeigt, wie sich konvektive Wolken über ebenem Gelände entwickeln, wenn die Geschwindigkeit des Grundstroms und die durch die Brunt-Väisälä-Frequenz charakterisierte Stabilität der Troposphäre oberhalb einer konvektiven Grenzschicht konstant sind. Dabei wurde in Abschnitt 2.2.1 ein Fall mäßiger Konvektion angeführt, der durch eine CAPE von $1\,260\,\mathrm{J/kg}$ charakterisiert war. Für diesen Fall (Simulation 2A) betrug die Brunt-Väisälä-Frequenz $N$ in der freien Troposphäre $0{,}012\,\mathrm{s}^{-1}$, die Geschwindigkeit $U$ des horizontalen Grundstroms $12\,\mathrm{m/s}$, die Höhe $z_i$ der konvektiven Grenzschicht $600\,\mathrm{m}$ und das Mischungsverhältnis $r_{max}$ in der Grenzschicht $18{,}5\,\mathrm{g/kg}$. Das dazugehörige Skew-T-log-p-Diagramm ist in Abb. 2.6 dargestellt. Die Simulation zeigte eine nichtregnende konvektive Wolke mit einer Lebensdauer von etwas weniger als 20 Minuten (Abb. 2.8). Im Folgenden wird die Konfiguration 2A nochmals aufgegriffen mit dem Ziel, Unterschiede in der Wolkenentwicklung aufzuzeigen, die sich aus einer durch orographische Hindernisse induzierten Störung der Grundströmung ergeben. Als orographische Hindernisse werden ein symmetrischer sowie ein asymmetrischer Bergrücken, ein symmetrisches Tal und ein Berg-Tal-Berg-System verwendet. Die quasizweidimensionalen Hindernisse mit der charakteristischen Länge $a_u$ im Luv und $a_d$ im Lee sowie der Höhe $h$ werden senkrecht zum Grundstrom angeordnet. Unter atmosphärischen Bedingungen, die denen der Konfiguration 2A vergleichbar sind, wurden Simulationen trockener Strömungen über solchen Hindernissen bereits in den Abschnitten 3.3.4 und 3.3.5 behandelt. Die Geometrie der symmetrischen Berge sowie der Täler wurde dabei mit Gl. (3.47) berechnet, die der asymmetrischen Berge mit Gl. (3.57) und die der Berg-Tal-Berg-Systeme mit Gl. (3.55) (vgl. die Simulationen 3P2 (symmetrischer Berg), 3R2 (symmetrisches Tal), 3T2 (asymmetrischer Berg) und 3V2 (Berg-Tal-Berg-System)). In den Simulationen entwickelten sich nach einer Einschwingphase quasi-stationäre Gebirgswellen.

Die Parameter für die Simulationen, die im Folgenden diskutiert werden, sind in Tab. 4.1 zusammengestellt.

Tabelle 4.1: Liste der Parameter für die Simulationen 4A

| Nr. | $N$ $\mathrm{s}^{-1}$ | $U$ $\mathrm{m\,s}^{-1}$ | $r_{max}$ $\mathrm{g\,kg}^{-1}$ | $z_i$ $\mathrm{m}$ | $a_u$ $\mathrm{km}$ | $a_d$ $\mathrm{km}$ | $h$ $\mathrm{m}$ |
|---|---|---|---|---|---|---|---|
| 4A1 | | | | | 20 | 20 | 600 |
| 4A2 | 0,012 | 12 | 18,5 | 600 | 20 | 80 | 600 |
| 4A3 | | | | | 20 | 20 | −600 |
| 4A4 | | | | s. Konfig. 3V2 | | | |

Das nach Gl. (2.35) für die Simulationen vorgegebene Vertikalprofil der relativen Luftfeuchte weist oberhalb der konvektiven Grenzschicht recht hohe Werte auf (siehe dazu das Skew-T-log-p-Diagramm in Abb. 2.6). Daher wird in allen Simulationen in den Hebungsgebieten der sich ausbildenden Gebirgswellen bereits wenige Stunden nach Initialisierung des Modells Sättigung erreicht. Verantwortlich dafür ist zum einen eine lokale Abkühlung und zum anderen eine Erhöhung der spezifischen Feuchte in den Hebungsgebieten. Die Folge davon ist eine Ausbildung leichter stratiformer Wolken über den luvseitigen Hängen der Hügel sowie über den Talsohlen, die in unteren Höhen ausschließlich aus Wolkentropfen bestehen. In größerer Höhe findet man vereinzelt auch Wolkeneis in der Gebirgswelle, das die bekannten Cirrocumulus lenticularis bildet.

## 4.3.1 Simulation mit symmetrischem Hügel

Im Fall 4A1 ist die Orographie durch einen symmetrischen Hügel von 600 m Höhe gegeben. Der Verlauf von potentieller Temperatur und spezifischer Feuchte längs dieses Hügels nach einer Integrationszeit von 11:50 Stunden ist in den Abbildungen 4.4 (a) und (b) in x-z-Schnitten in der Ebene $y = 0$ angegeben. In Bodennähe beträgt die potentielle Temperatur 312,3 K, die spezifische Feuchte liegt bei 18,4 g kg$^{-1}$. Der Verlauf der Isentropen sowie der Linien gleicher spezifischer Feuchte in den unteren 6,3 km (dies entspricht einer vertikalen Wellenlänge) zeigt den Wellencharakter der Strömung, der von leichten Fluktuationen überlagert ist, die durch die Kondensation in der Schichtbewölkung verursacht wird (siehe Abb. 4.6). Ein Vertikalprofil von Temperatur und Taupunktstemperatur in $x = 0$, $y = 0$ ist in einem Skew-T-log-p-Diagramm in Abb. 4.5 dargestellt. Das Profil zeigt zum Ersten die Lage der Schichtbewölkung oberhalb der konvektiven Grenzschicht an, in der die Taupunktstemperatur der Lufttemperatur entspricht. Zum Zweiten gibt das Profil die welleninduzierten Regionen erhöhter bzw. verminderter Temperatur und Taupunktstemperatur erkennbar wieder. Oberhalb der Schichtbewölkung zeigt das Temperaturprofil einen feuchtstabilen Verlauf, der eine Entwicklung hochreichender Konvektion unterbindet. Die Schichtbewölkung aus Wolkentropfen ist für den angegebenen Zeitpunkt in einem x-z-Schnitt in der Fläche $y = 0$ in Abb. 4.6 dargestellt. Diese Abbildung ist repräsentativ für die Wolkenbildung in der gesamten Simulation. Über dem luvseitigen Hang verstärkt sich die Schichtwolke mit zunehmender Hebung feuchter Luft. Etwa ab der Hangkuppe ist leichte konvektive Wolkenbildung festzustellen, die jedoch nicht über das Stadium flacher Konvektion hinausgeht. Die konvektiven Wolken verdunsten in der leeseitig des Hügels absinkenden Luft wieder.

## 4.3.2 Simulation mit asymmetrischem Hügel

Der Fall 4A2 unterscheidet sich vom Vorhergehenden durch einen leeseitig verlängerten Hang. Entsprechend Kapitel 3 ist die Amplitude der Gebirgswelle bei einer solchen Geometrie leicht abgeschwächt. Bereits diese Änderung hat zur Folge, dass sich im Verlauf der Simulation wiederholt vereinzelte hochreichende konvektive Zellen entwickeln. Durch die konvektive Aktivität wird die Gebirgswelle in der Umgebung der Schauer- oder Gewitterzellen abgeschwächt. Für eine solche Situation ist in Abb. 4.7 der Verlauf der potentiellen Temperatur und der spezifischen Feuchte längs eines x-z-Schnitts durch die Ebene $y = 3\,\mathrm{km}$ nach einer Integrationszeit von 7:10 Stunden dargestellt. Die potentielle Temperatur in der bodennahen Scherungszone liegt bei $311{,}8\,\mathrm{K}$, die spezifische Feuchte beträgt wiederum etwa $18{,}4\,\mathrm{g\,kg^{-1}}$. Die Höhe der konvektiven Grenzschicht ist ebenfalls eingetragen. Im Vergleich zu Simulation 4A1 zeigt sie eine deutlich schwächere vertikale Auslenkung längs des Hügels, entsprechend fällt die Amplitude der Gebirgswelle in der freien Atmosphäre deutlich kleiner aus. Dies zeigt auch Abb. 4.8 eines Vertikalprofils von Taupunkts- und Lufttemperatur in $x = 0$, $y = 3\,\mathrm{km}$. Die konvektive Wolke, welche sich zu dem angegebenen Zeitpunkt über dem luvseitigen Hang des Hügels gebildet hat, ist auf bekannte Weise in einem x-z-Schnitt in $y = 3\,\mathrm{km}$ in Abb. 4.9 dargestellt. Sie reicht in eine Höhe von $7\,\mathrm{km}$. Durch Koagulation sind bereits Regentropfen entstanden. Nach weiteren 10 Minuten erreicht die Wolke eine Höhe von $9{,}5\,\mathrm{km}$ (Abb. 4.10), ein Teil der Tropfen gefriert, so dass man im oberen Abschnitt der Wolke nun zusätzlichen Graupel vorfindet. Die Abbildungen 4.11 bis 4.14 dokumentieren den weiteren Verlauf der Wolkenentwicklung bis zu einem Zeitpunkt von 8:00 Stunden nach Initialisierung des Modells. Dieser Verlauf zeigt im Wesentlichen die Entwicklung einer Einzelzelle, die in vergleichbarer Form über ebenem Gelände allerdings nur bei höheren CAPE-Werten entstanden ist. Charakteristisch für die Entwicklung der Einzelzelle in der Gebirgswelle ist die rückwärtige Neigung der vertikalen Wolkenachse, der Amboss der Wolke sowie ausfallender Graupel und Niederschlag verbleiben stromaufwärts der Aufwindregion, da die Windgeschwindigkeit im bodennahen Lee des überströmten Hügels etwas stärker ist als in der Höhe.

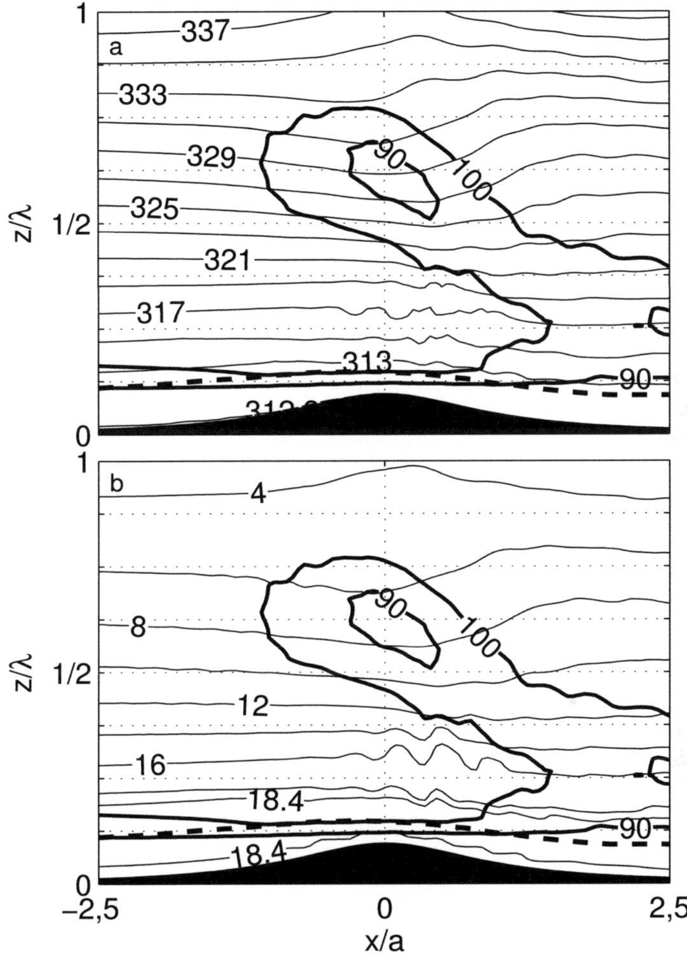

Abbildung 4.4: (a) Potentielle Temperatur in K und (b) spezifische Feuchte in $g\,kg^{-1}$ aus der Simulation 4A1 nach 11:50 Stunden Simulationszeit in der Fläche $y = 0$. Die dicken durchgezogenen Linien geben die relative Luftfeuchte in % wieder. Die Grenzfläche zwischen konvektiver Grenzschicht und freier Troposphäre ist durch eine gestrichelte Linie markiert.

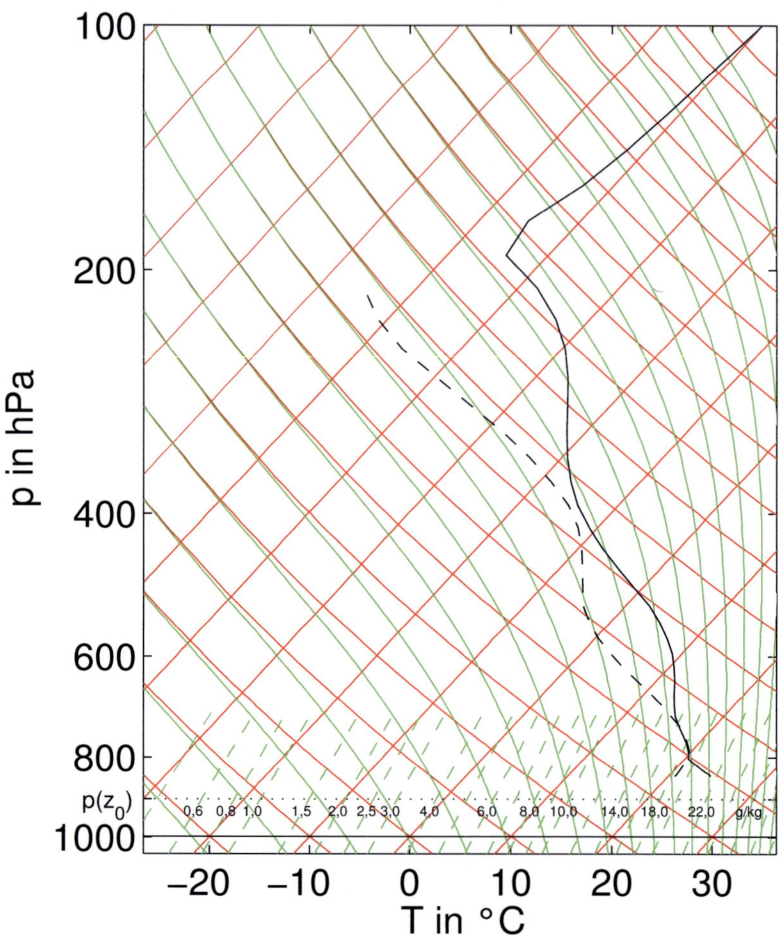



Abbildung 4.5: Skew-T-log-p-Diagramm der Temperatur (—) und der Taupunktstemperatur (− −) aus der Simulation 4A1 nach 11:50 Stunden Simulationszeit in $x = 0$, $y = 0$. $p(z_0)$ gibt den Druck in der Bezugshöhe $z_0 = 900\,\mathrm{m}$ an (siehe Abschnitt 2.2).

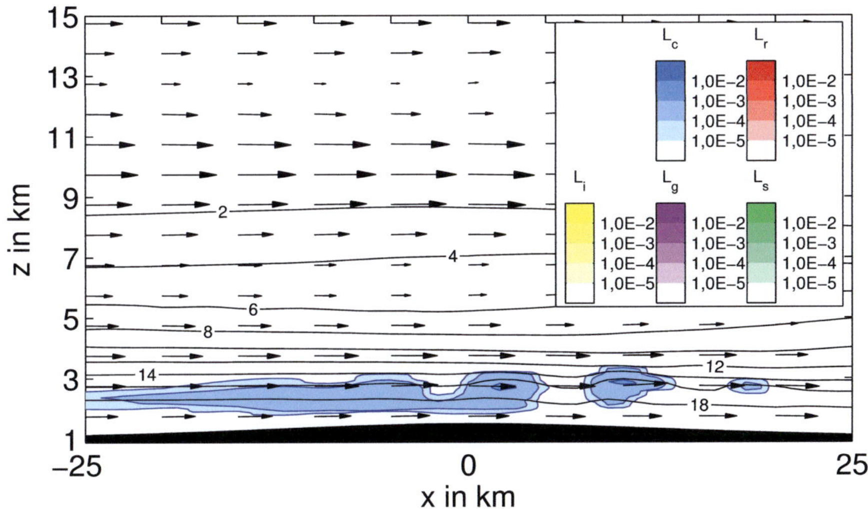

Abbildung 4.6: Massendichten der Hydrometeore in $\mathrm{kg\,m^{-3}}$ (blau = Wolkentropfen, rot = Regentropfen, gelb = Wolkeneis, magenta = Graupel und grün = Schnee) und Isolinien der spezifischen Feuchte (—) in $\mathrm{g\,kg^{-1}}$ für die Simulation 4A1 nach 11:50 Stunden Simulationszeit in einem x-z-Schnitt in der Fläche $y = 0$. Die Pfeile geben den Windvektor an. Ihre Länge ist in x-Richtung mit $5\,\mathrm{m\,s^{-1}} \simeq 1\,\mathrm{km}$ und in z-Richtung mit $10\,\mathrm{m\,s^{-1}} \simeq 1\,\mathrm{km}$ skaliert.

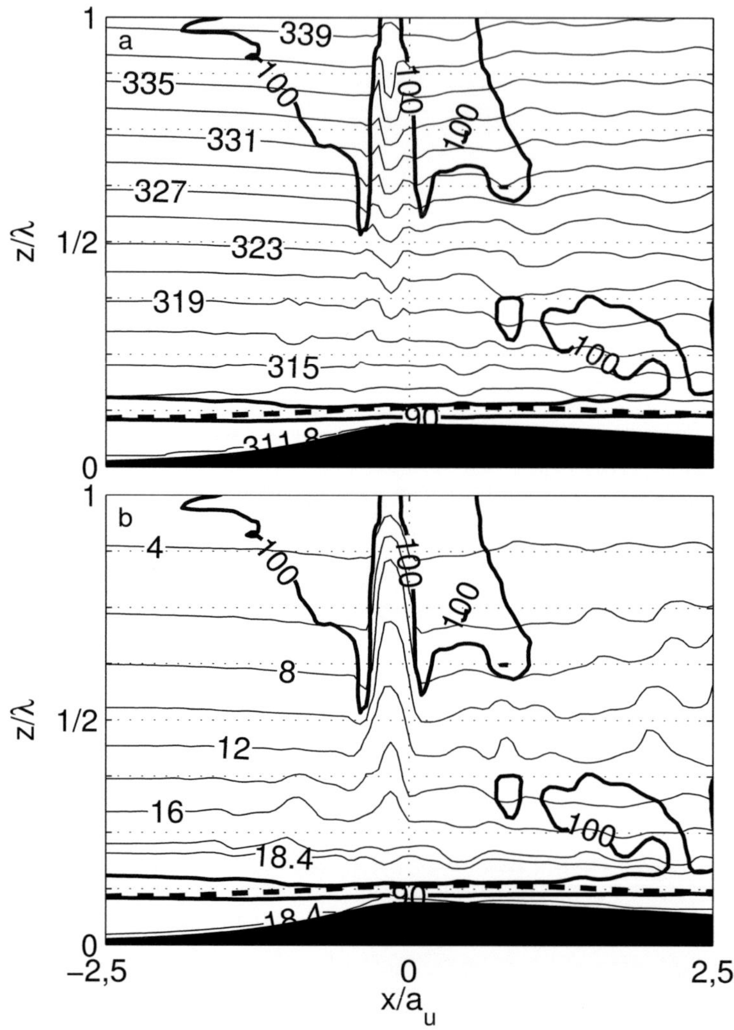

Abbildung 4.7: Wie Abb. 4.4, jedoch für die Simulation 4A2 nach 7:10 Stunden Simulationszeit in der Fläche $y = 3\,\mathrm{km}$.

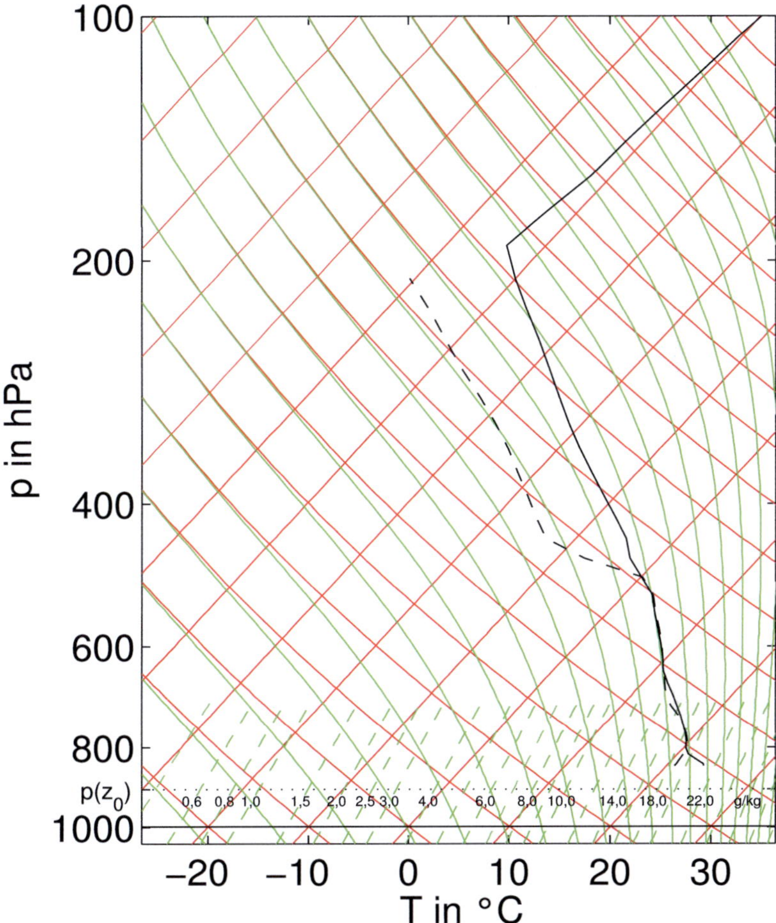



Abbildung 4.8: Wie Abb. 4.5, jedoch für die Simulation 4A2 nach 7:10 Stunden Simulationszeit in $x = 0$, $y = 3\,$km.

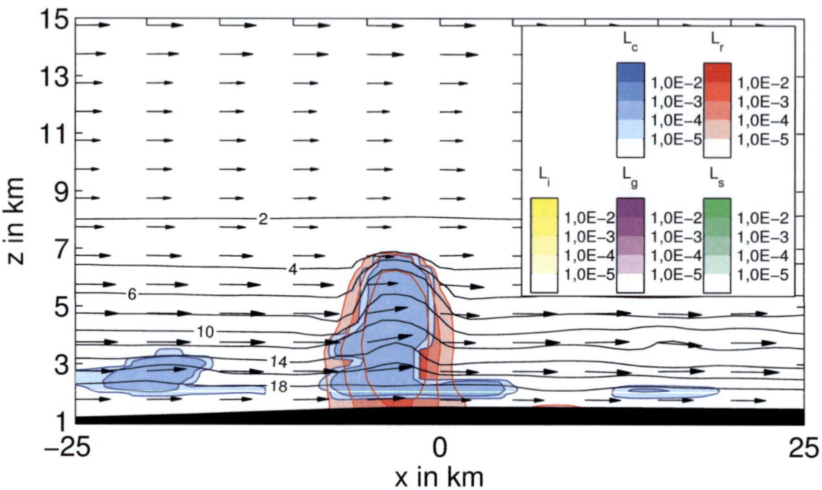

Abbildung 4.9: Wie Abb. 4.6, jedoch für die Simulation 4A2 nach 7:10 Stunden Simulationszeit in der Fläche $y = 3\,\text{km}$.

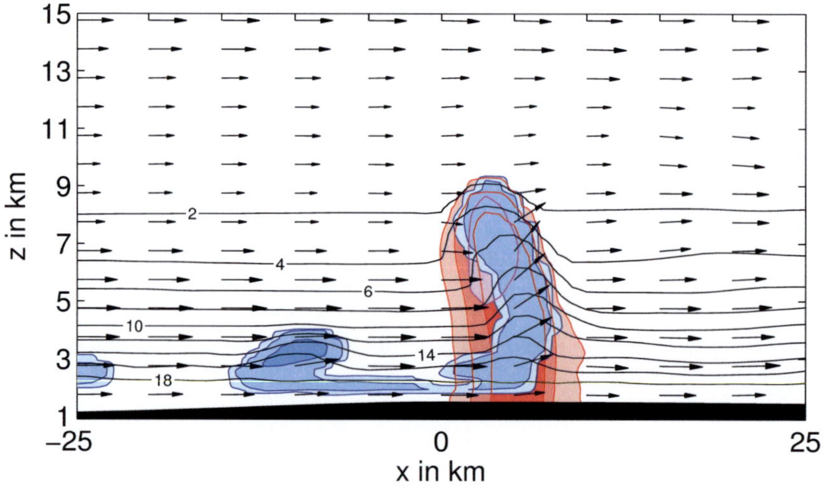

Abbildung 4.10: Wie Abb. 4.9, jedoch nach 7:20 Stunden.

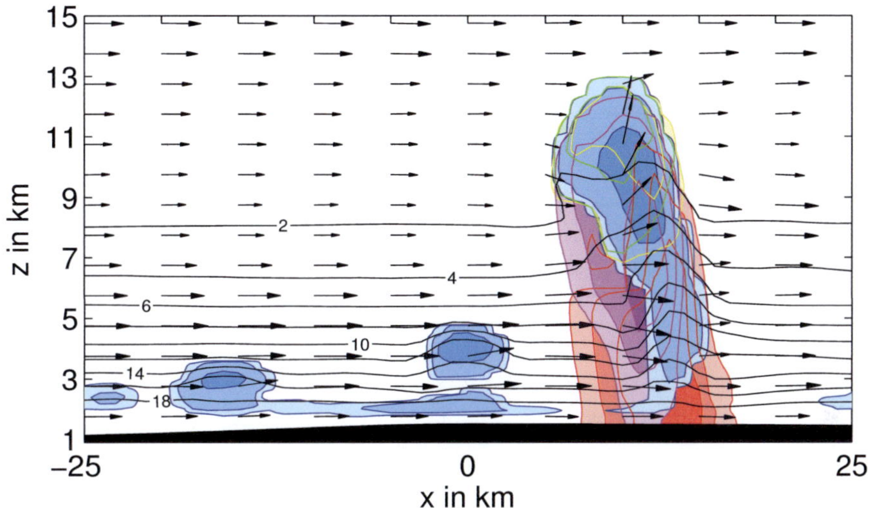

Abbildung 4.11: Wie Abb. 4.9, jedoch nach 7:30 Stunden.

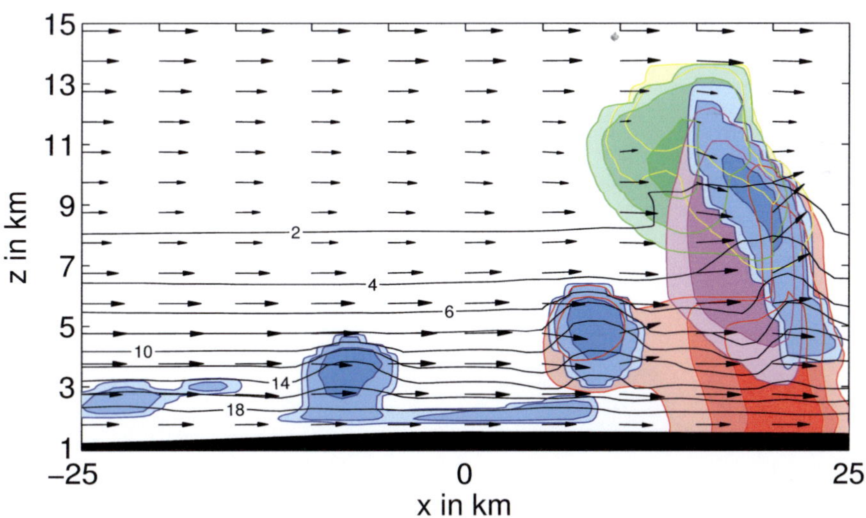

Abbildung 4.12: Wie Abb. 4.9, jedoch nach 7:40 Stunden.

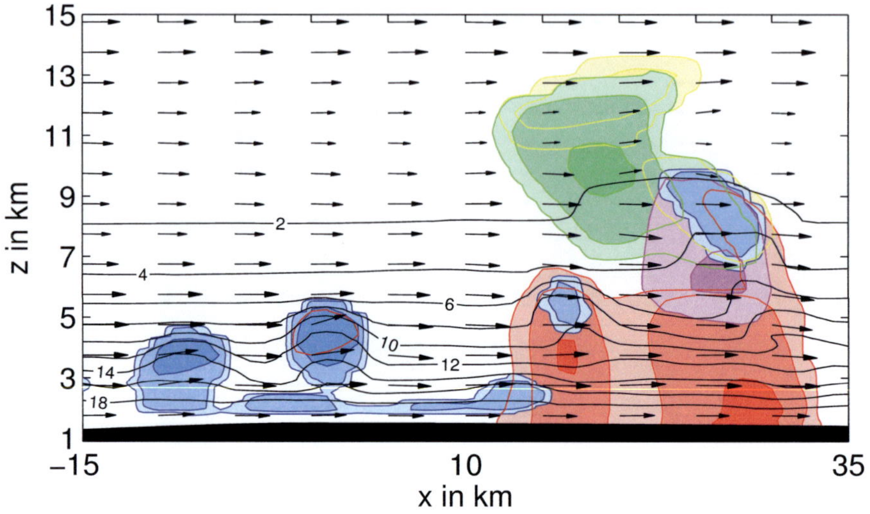

Abbildung 4.13: Wie Abb. 4.9, jedoch nach 7:50 Stunden.

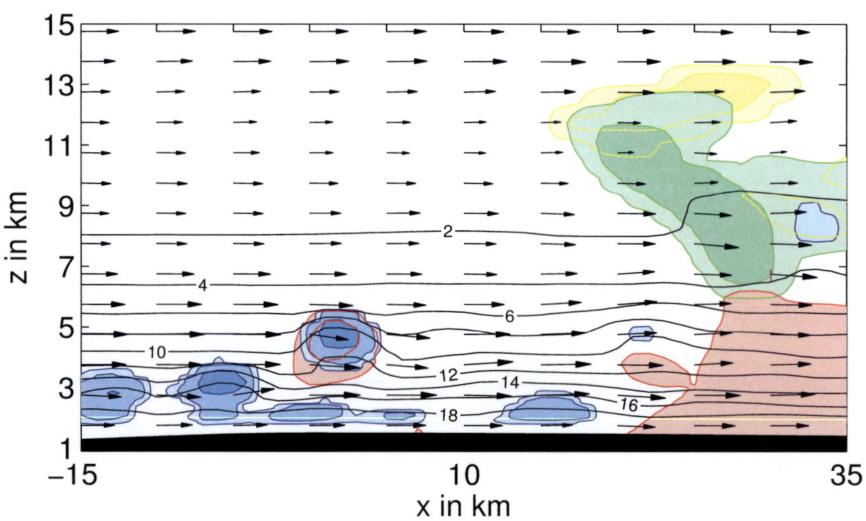

Abbildung 4.14: Wie Abb. 4.9, jedoch nach 8:00 Stunden.

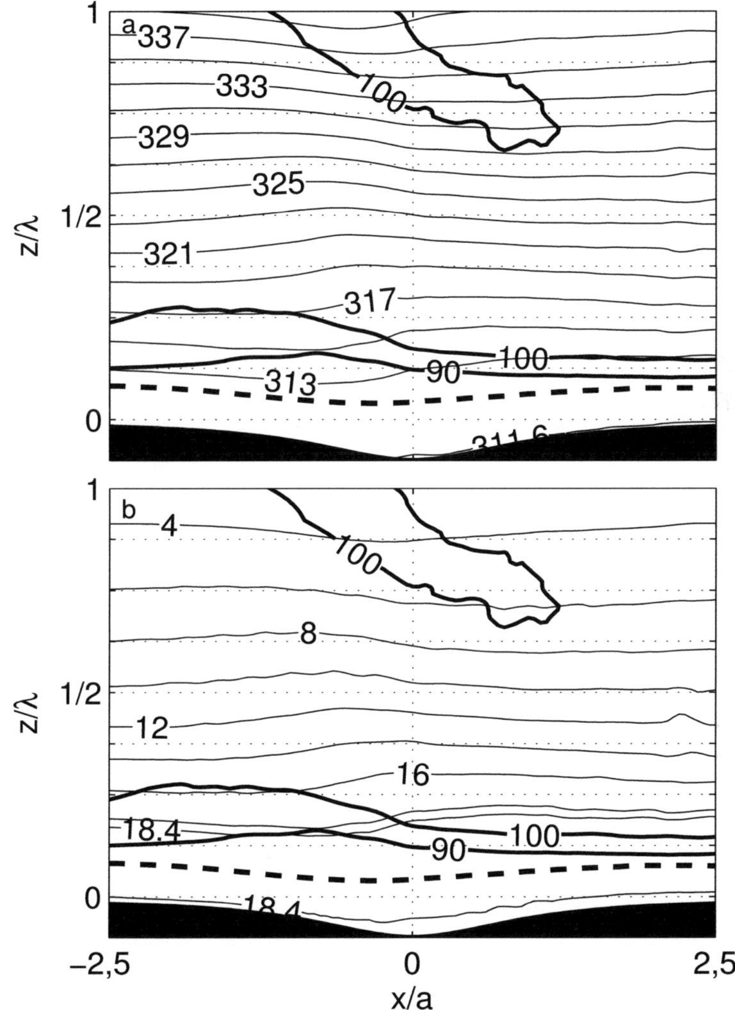


Abbildung 4.15: Wie Abb. 4.4, jedoch für die Simulation 4A3 nach 9:50 Stunden Simulationszeit in der Fläche $y = -8\,\mathrm{km}$.

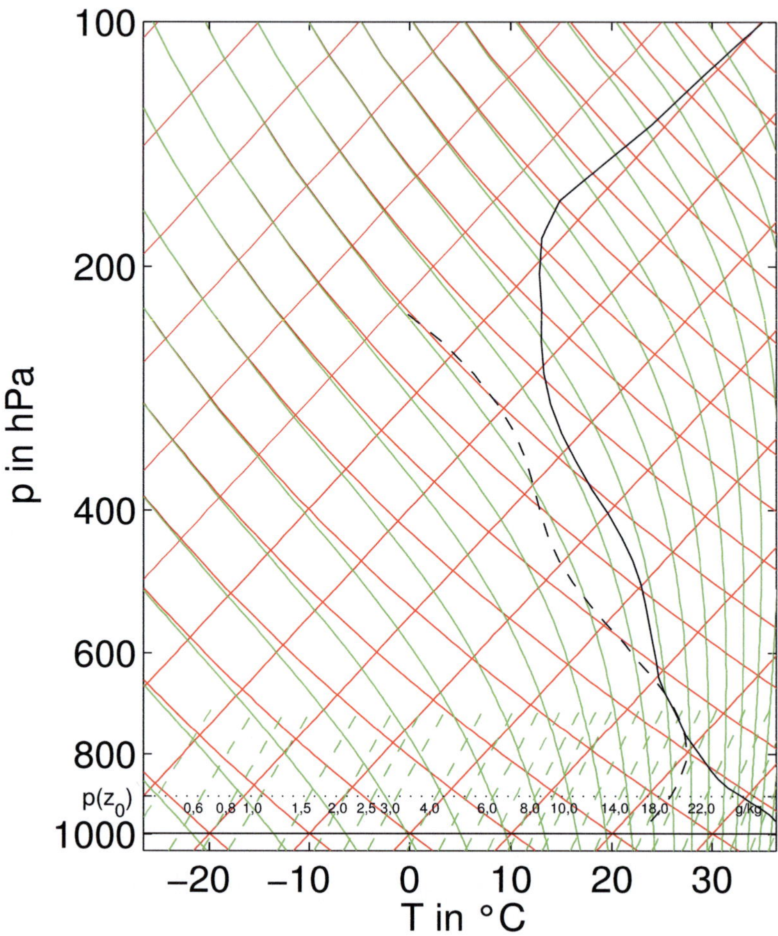


Abbildung 4.16: Wie Abb. 4.5, jedoch für die Simulation 4A3 nach 9:50 Stunden Simulationszeit in $x = 0$, $y = -8$ km.

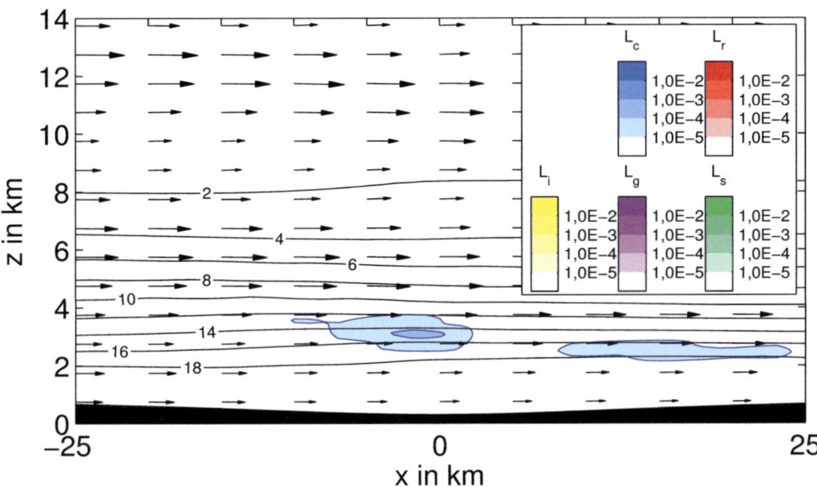

Abbildung 4.17: Wie Abb. 4.6, jedoch für die Simulation 4A3 nach 9:50 Stunden Simulationszeit in der Fläche $y = -8\,\text{km}$.

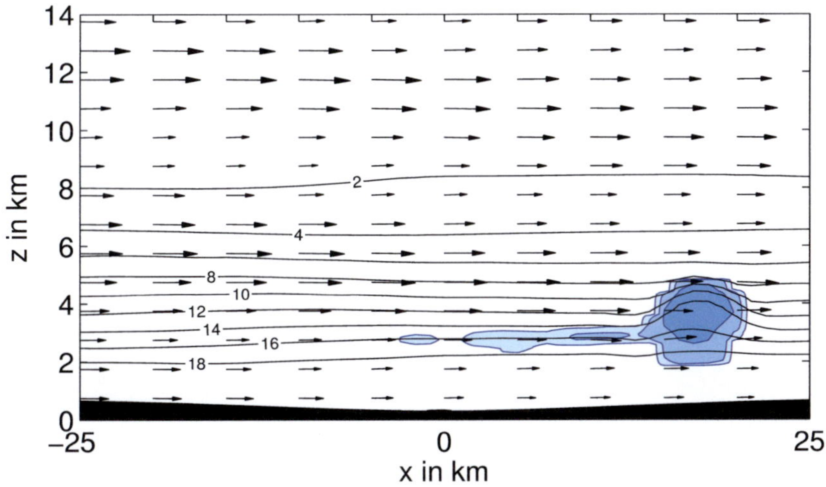

Abbildung 4.18: Wie Abb. 4.17, jedoch nach 10:20 Stunden.

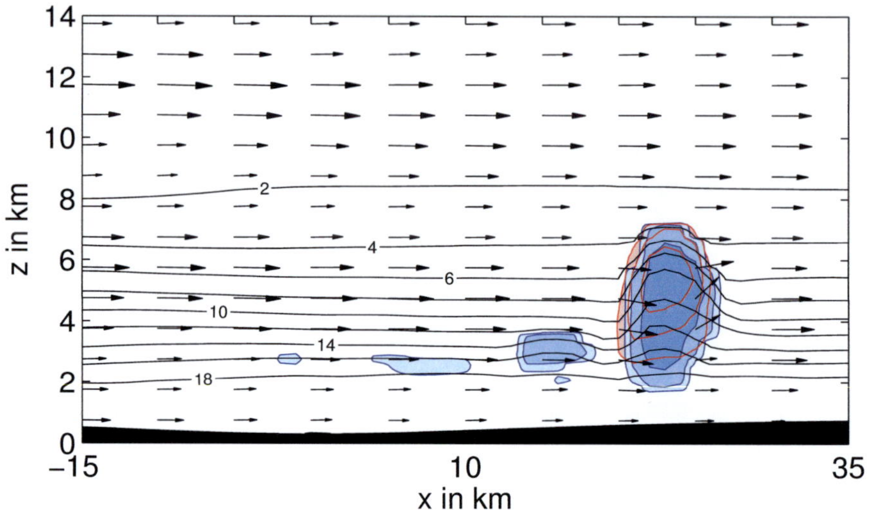

Abbildung 4.19: Wie Abb. 4.17, jedoch nach 10:30 Stunden.

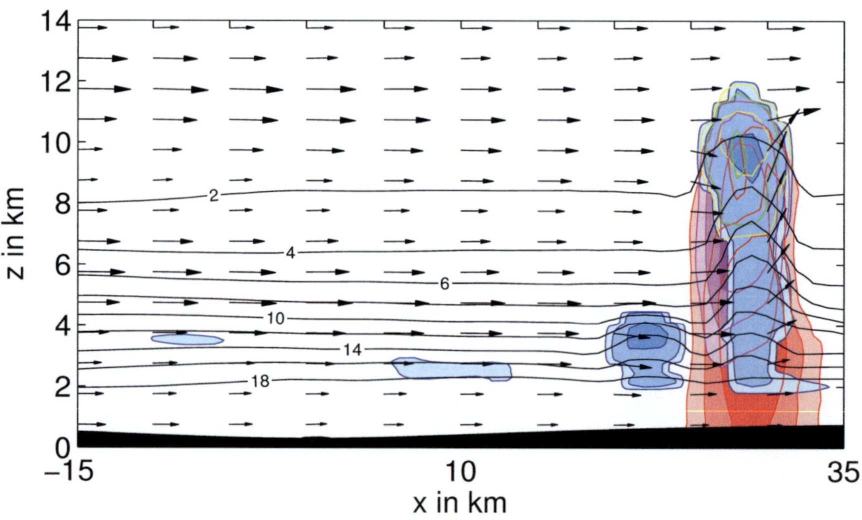

Abbildung 4.20: Wie Abb. 4.17, jedoch nach 10:40 Stunden.

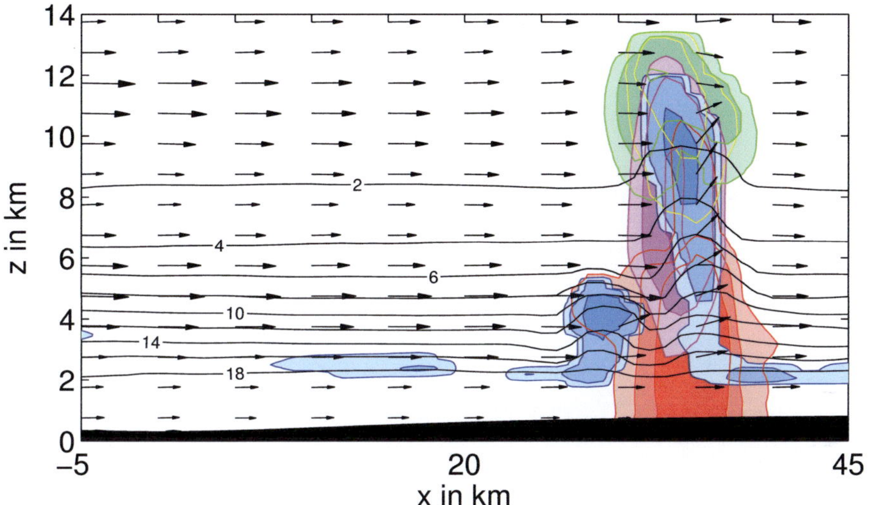

Abbildung 4.21: Wie Abb. 4.17, jedoch nach 10:50 Stunden.

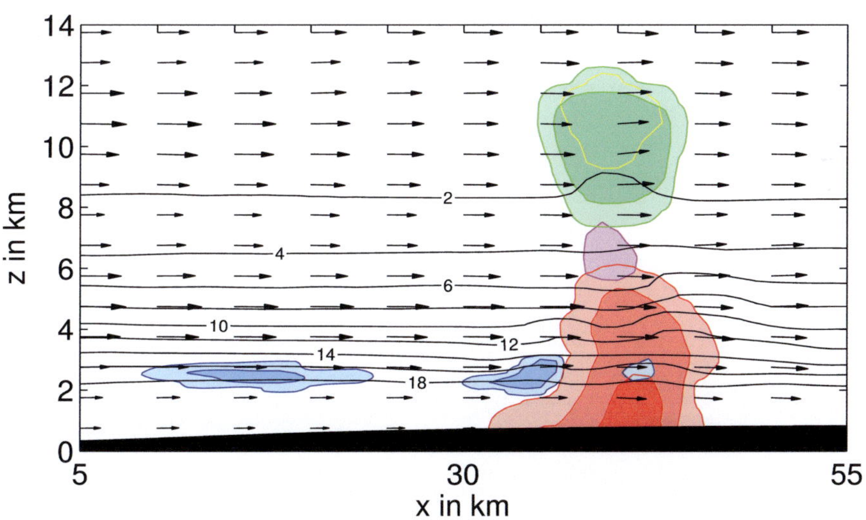

Abbildung 4.22: Wie Abb. 4.17, jedoch nach 11:00 Stunden.

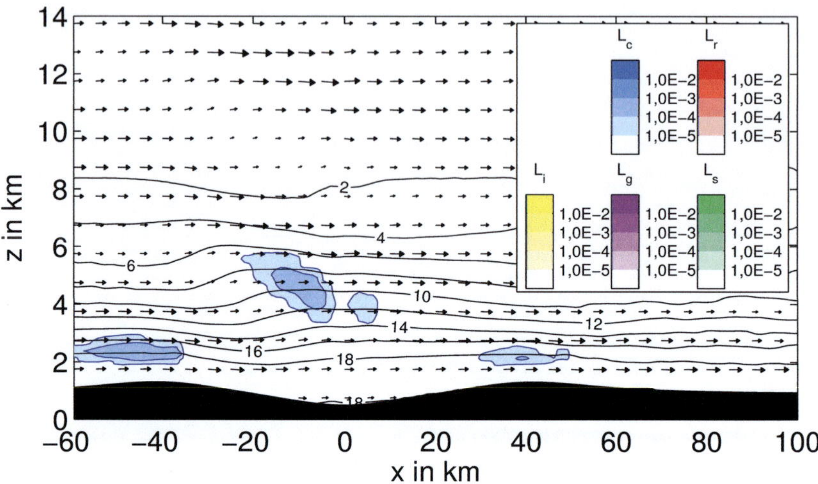

Abbildung 4.23: Wie Abb. 4.6, jedoch für die Simulation 4A4 nach 16:00 Stunden Simulationszeit in der Fläche $y = -11\,\mathrm{km}$.

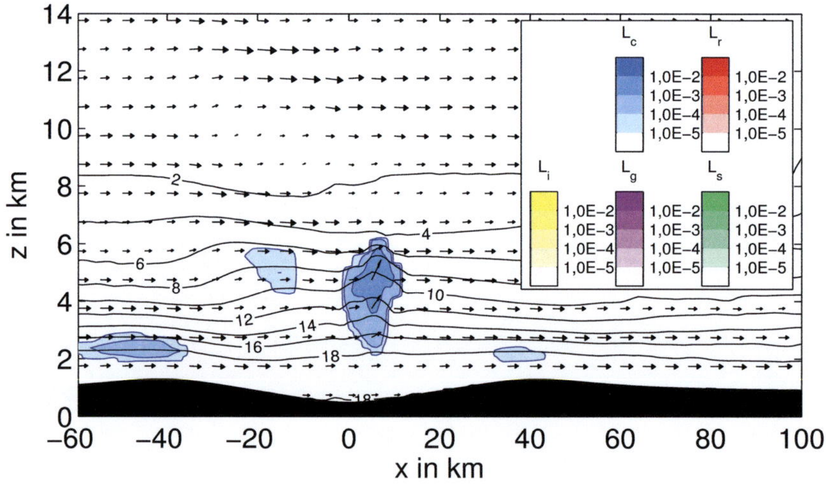

Abbildung 4.24: Wie Abb. 4.23, jedoch nach 16:20 Stunden.

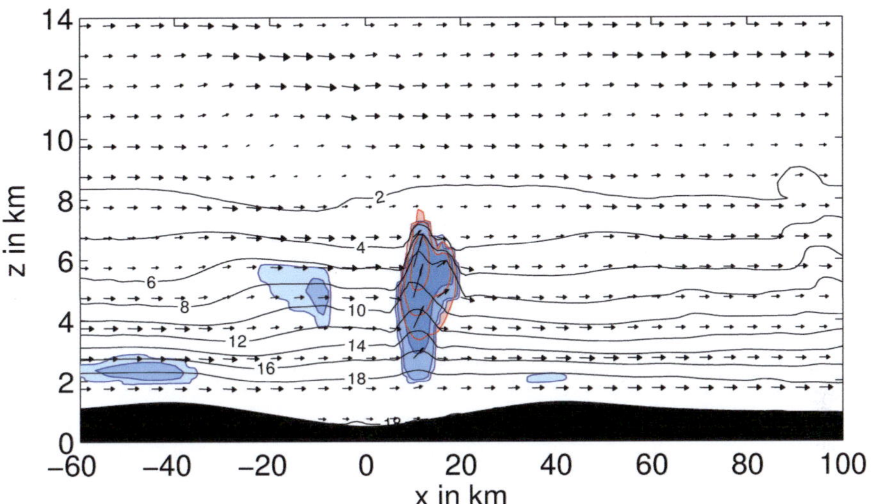

Abbildung 4.25: Wie Abb. 4.23, jedoch nach 16:30 Stunden.

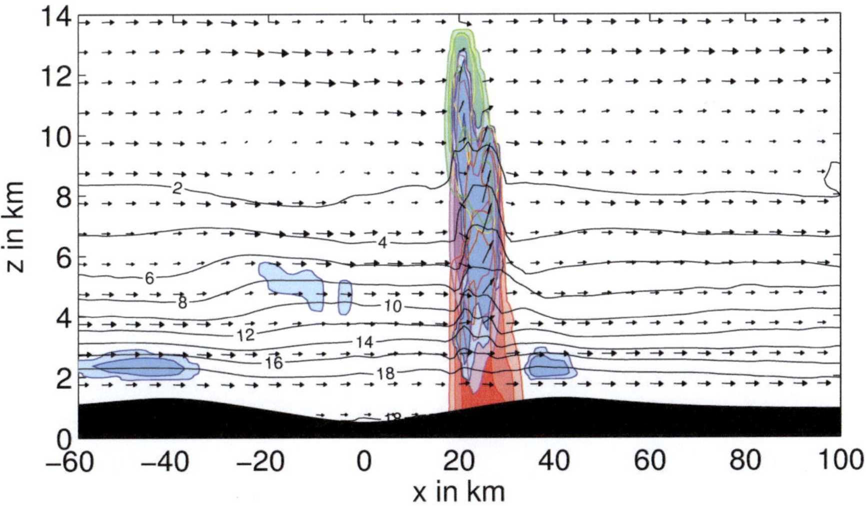

Abbildung 4.26: Wie Abb. 4.23, jedoch nach 16:50 Stunden.

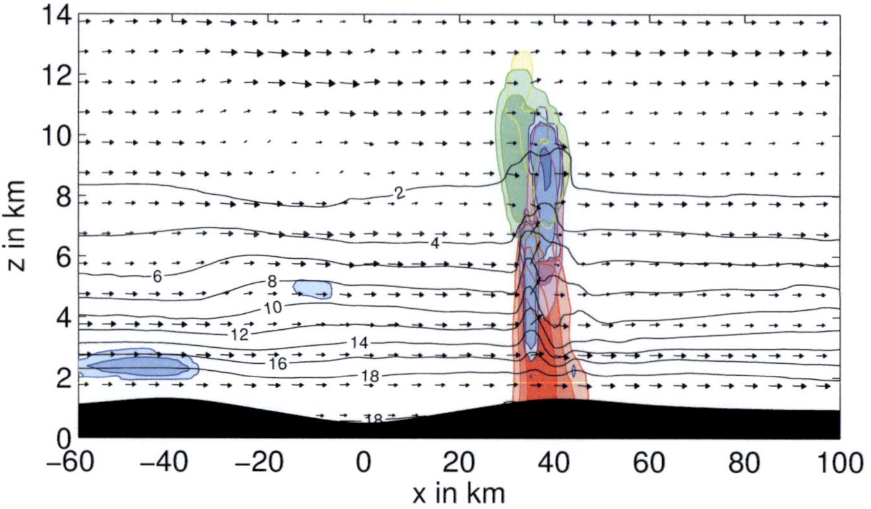

Abbildung 4.27: Wie Abb. 4.23, jedoch nach 17:10 Stunden.

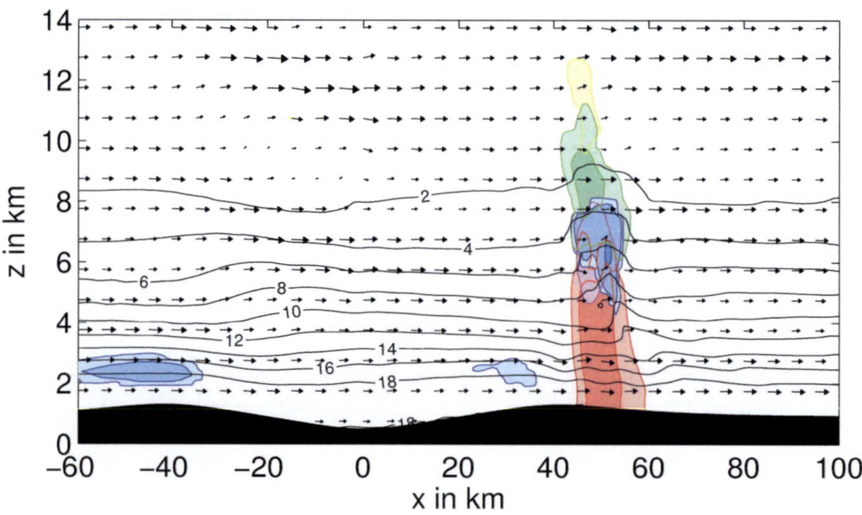

Abbildung 4.28: Wie Abb. 4.23, jedoch nach 17:30 Stunden.

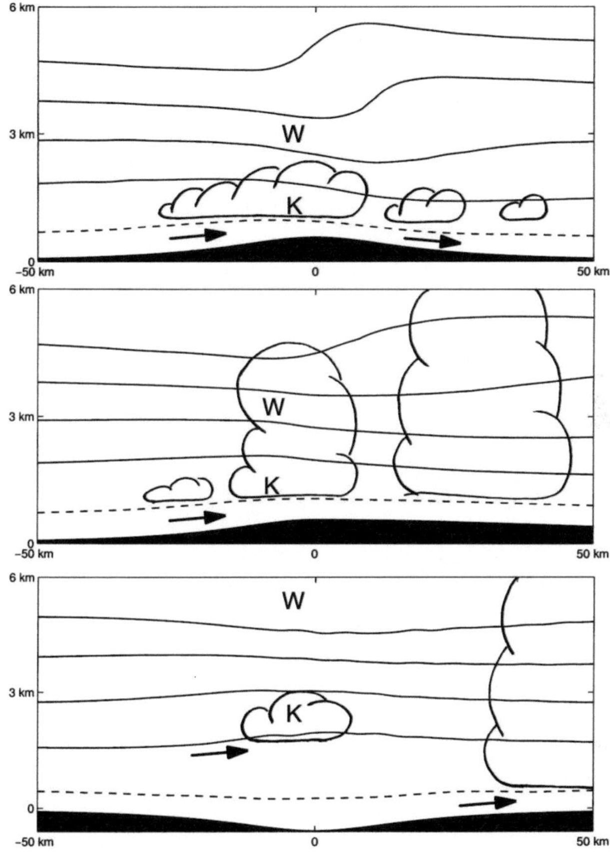

Abbildung 4.29: Flache Konvektion über einem symmetrischen Hügel (oben) sowie flache und hochreichende Konvektion über einem asymmetrischen Hügel mit flachem Leehang (mittig) sowie über einem Tal (unten). Stromlinien für Gebirgswellen mit einer vertikalen Wellenlänge von 6,3 km sind durch die durchgezogenen Linien angedeutet, die Grenzfläche zwischen konvektiver Grenzschicht und freier Atmosphäre durch die gestrichelten Linien. Die Buchstaben K und W geben die Orte stärkster Abkühlung bzw. stärkster Erwärmung in der Wellenströmung wieder.

### 4.3.3 Simulation mit symmetrischem Tal

Die Simulation 4A3 zeigt ebenfalls wiederholte Ausbildung hochreichender konvektiver Wolken, in diesem Fall über einem symmetrischen Tal. Der Beginn der Wolkenentwicklung ist nach 9:50 Stunden Simulationszeit festzustellen. Zu diesem Zeitpunkt ist die Gebirgswelle über dem Tal in den Abbildungen 4.15 und 4.16 deutlich zu erkennen. Über der Talsohle ist die Luft in einer Schicht oberhalb der konvektiven Grenzschicht gesättigt, so dass eine stratiforme Wellenwolke in einer Höhe von etwa 3 km entsteht (Abb. 4.17). Oberhalb dieser Wolke ist die Luft nahezu feuchtstabil geschichtet. Konvektive Entwicklung setzt daher erst 30 Minuten später ein, zu einem Zeitpunkt, an dem die Wolke bereits 20 km von der Talsohle entfernt, also etwas außerhalb des Einflussbereiches der Welle liegt (Abb. 4.18). Der weitere Verlauf der Wolkenentwicklung entspricht wiederum demjenigen einer typischen Einzelzelle (Abb. 4.19 bis 4.22). Im Gegensatz zur Strömung über einem symmetrischen Hügel, in der sich die stratiformen Wellenwolken im leeseitigen Abwind tendenziell auflösen, herrscht über dem Leehang des Tales schwache Hebung vor, die die konvektive Wolkenbildung unterstützt. Außerdem ist die bodennahe Windgeschwindigkeit im Lee des Tales deutlich kleiner als im Lee der Hügel, so dass die Niederschlagszone insgesamt eher unterhalb des Ambosses verbleibt als in der Simulation über einem asymmetrischen Hügel.

### 4.3.4 Eine weitere Simulation

Auch im Fall 4A4 eines Berg-Tal-Berg-Systems liegen die Regionen mit Wolkenbildung in den Hebungsgebieten der Gebirgswelle, zum einen direkt über den luvseitigen Hängen bzw. Hügelkuppen und zum anderen etwas höher über und leicht stromaufwärts der Talsohle (Abb. 4.23). Wie Abb. 4.24 zeigt, entwickelt sich die Wellenwolke über dem Tal zu einem Cumulus. Im weiteren Verlauf zeigen die Schichtwolken an den Bergkuppen nur eine schwache Veränderung, während die konvektive Wolke über dem Tal zu einer hochreichenden Einzelzelle wird (Abbildungen 4.25 bis 4.28).

Wie in der Simulation 4A1 wird eine vertikale Entwicklung der Schichtwolken über den Berghängen durch die oberhalb der Wolken erhöhte Stabilität in der Gebirgswelle unterdrückt (hier nicht weiter dargestellt). Außerdem verdunsten die Wolkentropfen der Schichtwolken in der leeseitig der Hügel absinkenden Luft, was sich in der Stationarität der Wolken bemerkbar macht. Die Abbildungen 4.23 bis 4.25 zeigen, dass auch die Einzelzelle über der Talsohle in eine Region mit verstärktem Absinken in mittlerer Höhe transportiert wird. Aufgrund der rückwärtigen Neigung der Phasenlinie in der Gebirgswelle (vgl. Abschnitt 3.2.5) liegt unterhalb dieser Region verstärkten Absinkens jedoch eine bodennahe Region verstärkter Hebung. Die konvektive Wolke entwickelt genügend Auftrieb, um sich innerhalb von 50 Minuten zu einer hochreichenden Einzelzelle über dem windzugewandten Hang des stromabwärts gelegenen Hügels auszubilden (Abb. 4.26). Wie die Abbildungen 4.27 und 4.28 zeigen, wandert die Einzelzelle innerhalb von insgesamt 90 Minuten bis über die Kuppe des windabgewandten Hügels hinaus. Sie geht erst im Lee des Hügels in ihre Zerfallsphase über.

## 4.3.5 Zusammenfassung

Die Simulationen 4A zeigen charakteristische Auswirkungen von Gebirgswellenströmungen auf die Entwicklung konvektiver Wolken. Die Ergebnisse aus den Simulationen sind in drei Skizzen in Abb. 4.29 zusammengefasst. Im oberen Teil der Abbildung ist flache Konvektion über einem symmetrischen Hügel skizziert, im mittleren Teil ist die Entwicklung von Einzelzellen über einem Hügel mit flachem Leehang dargestellt und die untere Skizze zeigt die Wolkenentwicklung über einem Tal. In allen drei Skizzen erfolgt die Anströmung von links.

Sowohl über den Hügeln als auch über dem Tal treten Regionen auf, in denen die Umgebungstemperatur aufgrund der Gebirgswellenströmung absinkt und die spezifische Feuchte zunimmt, so dass Kondensation eintreten und Schichtwolken oder flache Cumuli entstehen können. Über den Hügeln liegen die Regionen stärkster Abkühlung (K) in Bodennähe, über dem Tal in einer Höhe von etwas weniger als einer halben vertikalen Wellenlänge. In größerer Höhe schließen Regionen an, in denen die Lufttemperatur gegenüber dem Grundzustand erhöht und die spezifische Feuchte verringert ist. Die Luft erwärmt sich über den Hügeln in der Höhe einer halben vertikalen Wellenlänge am stärksten, über dem Tal in einer Höhe von etwas weniger als einer vertikalen Wellenlänge. Diese Regionen sind in Abb. 4.29 mit (W) gekennzeichnet. Durch die bodennahe Abkühlung der Luft und die darüberliegende Erwärmung stabilisiert sich die Luftschicht jeweils, so dass hochreichende Konvektion direkt über dem entsprechenden Hindernis unterbunden wird. Dies ist in der oberen und in der unteren Skizze zu erkennen. Wenn die Amplitude der Gebirgswelle und damit die Erwärmung in der

Höhe nur schwach ausfällt, ist die Stabilisierung zu gering, so dass aus der flachen Konvektion ungehindert hochreichende Konvektion entstehen kann. Dieser Fall tritt über dem asymmetrischen Hügel auf und ist in der mittleren Skizze dargestellt. Hier findet stromabwärts der Hügelkuppe außerdem nur sehr schwaches leeseitiges Absinken in der bodennahen Strömung statt. Im Unterschied dazu herrschen im Lee des symmetrischen Hügels (obere Skizze) verstärkte bodennahe Abwinde vor, aufgrund derer sich die flachen konvektiven Wolken, die über dem Hügel entstanden sind, auflösen, sobald sie über den Leehang gelangen. Wenn die bodennahe Luft über dem Leehang eines Tales hingegen angehoben wird (untere Skizze), kann dies dazu führen, dass aus den Schichtwolken über dem Tal hochreichende Konvektion entsteht, sobald sich die Wolken über dem Leehang des Tales befinden.

Die in Abb. 4.29 zusammengestellten Ergebnisse sind für atmosphärische Bedingungen repräsentativ, in denen mit mäßiger Konvektion zu rechnen ist. Weitere, hier nicht dargestellte Simulationsergebnisse zeigen, dass vergleichbare Resultate auch in Strömungsregimen mit mäßiger bis starker Konvektion auftreten. Bei starker bis sehr starker Konvektion tritt der Welleneffekt in den Hintergrund. Hier wird nicht mehr beobachtet, dass die Ausbildung hochreichender Konvektion aufgrund von Stabilisierungseffekten in Gebirgswellen unterdrückt wird. Gewitterwolken entstehen dann in allen Simulationen bereits über den Hügeln und Tälern.

# Kapitel 5

# Schlussbetrachtungen

## 5.1 Zusammenfassung

Die vorliegende Arbeit leistet einen Beitrag zur Klärung der Wechselwirkungen von orographisch induzierten Strömungsphänomenen mit konvektiven Wolken. Auf der Grundlage von Simulationen mit dem mesoskaligen Atmosphärenmodell KAMM2 wird speziell die Auswirkung von Gebirgswellen auf eine Entwicklung konvektiver Wolken untersucht.

Die Simulationen werden unter idealisierten Grundzustandsbedingungen durchgeführt, für die die Wolkenentwicklung zunächst über ebenem Gelände betrachtet wird. Der Grundzustand ist jeweils durch eine vertikal konstante Windgeschwindigkeit sowie durch eine konstante Stabilität in der freien Troposphäre, die durch eine feste Brunt-Väisälä-Frequenz vorgegeben wird, gekennzeichnet. Die Brunt-Väisälä-Frequenzen werden so gewählt, dass die Simulationen entsprechend ihrer CAPE-Werte in drei verschiedene Regime mäßiger bis sehr starker Konvektion eingeteilt werden können. Unter mäßigen konvektiven Bedingungen entstehen bei CAPE-Werten von etwas mehr als 1000 J/kg flache, nichtregnende Cumuli. Unter mäßigen bis starken konvektiven Bedingungen bei CAPE-Werten von etwas mehr als 2000 J/kg zeigen die Simulationen typische Einzelzellen. Unter Bedingungen für sehr starke Konvektion mit CAPE-Werten um 4000 J/kg entstehen Multizellen. Für einen quantitativen Vergleich der Ergebnisse mit Literaturwerten wird die von Weisman und Klemp (1982) definierte Effektivität $S = w_{max}/\sqrt{2\text{CAPE}}$ verwendet, wobei $w_{max}$ die in den Simulationen erzielte maximale Vertikalgeschwindigkeit ist. Gegenüber entsprechenden Werten von Weisman und Klemp (1982) fällt die Effektivität der hier simulierten Einzelzellen sowie der primären Zellen etwas kleiner aus, die Effektivität der sekundären Zellen entspricht den Literaturangaben.

Unter denselben Bedingungen werden Simulationen auch bei einer vertikalen Geschwindigkeitsscherung des Grundstroms durchgeführt. Qualitativ unterscheiden sich die Ergebnisse bei mäßiger bis starker Konvektion von denen, die bei höhenkonstanter Geschwindigkeit des Grundstroms erzielt werden, nur unwesentlich. Wie auch Weisman und Klemp (1982) zeigen, nimmt jedoch die Effektivität der Einzelzellen mit zunehmender vertikaler Windgeschwindigkeitsscherung deutlich ab. Unter Bedingungen für sehr starke Konvektion entstehen wiederum Multizellen, wobei nun die Vorticitydynamik wichtig wird. Gegenüber den mit vertikal konstanter Windgeschwindigkeit durchgeführten Simulationen führt die veränderte Wolkendynamik zu einer deutlich länger andauernden Aktivität der primären Gewitterzellen. Die Effektivität der primären Zellen erreicht fast die von Weisman und Klemp (1982) angegebenen Werte, bei den sekundären Zellen stimmen die hier erzielten Werte mit den Literaturangaben gut überein.

Einen Schwerpunkt der vorliegenden Arbeit bilden analytische Rechnungen und Modellsimulationen zu Gebirgswellen über quasi-zweidimensionalen Hügeln und Tälern. Ausgehend von der linearen, nach Boussinesq approximierten Gebirgswellengleichung für hydrostatische Strömungen, wird eine Beziehung für die welleninduzierte Störung der potentiellen Temperatur formuliert. Dieser Formulierung entsprechend variiert die potentielle Temperatur über einem orographischen Hindernis mit der Höhe periodisch. In einer Luftschicht direkt über einem Hügel nimmt die potentielle Temperatur ab, in einer darüber liegenden Schicht nimmt sie wieder zu. Dies führt zu einer Stabilisierung der Strömung über dem Hügel. Über einem Tal findet in der unteren Atmosphäre hingegen eine Labilisierung statt, erst in größerer Höhe wirkt der Gebirgswelleneffekt stabilisierend auf die Strömung. Es wird gezeigt, wie sich aufgrund der Störung der potentiellen Temperatur in einer Gebirgswelle auch der Beitrag zur konvektiv verfügbaren potentiellen Energie (CAPE) in ausgewählten Höhenintervallen gegenüber der ungestörten Atmosphäre ändert. Bei vertikal konstanter Geschwindigkeit $U$ und Brunt-Väisälä-Frequenz $N$ des Grundzustandes sind die Extrema der welleninduzierten Störung der CAPE durch $\mathrm{CAPE}'_{\mathrm{ext}} = 2U^2|Nh/U|$ gegeben, wobei $h$ die Höhe des überströmten Hindernisses darstellt.

Die analytische Lösung für die Störung der CAPE wird verwendet, um Ergebnisse numerischer Simulationen quasi-stationärer Gebirgswellen über glockenförmigen Hügeln und Tälern bei verschiedenen Höhen $h$ der Hindernisse und konstantem $N$ und $U$ des Grundzustandes zu validieren. Es zeigt sich, dass die analytischen Rechnungen von den Simulationen bei dimensionslosen Höhen $|Nh/U| \leq 0,5$ sowohl bei einer Gleitbedingung als auch bei einer Haftbedingung am unteren Rand des Modells recht gut wiedergeben werden. In den simulierten Fällen zeigen die Gebirgswellen insgesamt ein lineares oder schwach nichtlineares Verhalten, es treten noch keine Staupunkte in der Strömung auf. Weitere Simulationen zeigen, dass die Amplituden von Gebirgswellen über Hügeln und Tälern deutlichen Änderungen unterliegen, wenn das Aspektverhältnis $a_u/a_d$ zwischen den charakteristischen Längen des stromaufwärts und des stromabwärts liegenden Hanges von 1 abweicht. Im Besonderen zeigen systematische Simulationen von Gebirgswellen über glockenförmigen Hügeln, dass die Störung der CAPE mit kleiner werdendem Aspektverhältnis, also bei zunehmender charakteristischer Länge des Leehanges, schwächer wird. Diese Abnahme der Störung der CAPE ist zudem abhängig von der Stabilität der Atmosphäre, also vom Wert der Brunt-Väisälä-Frequenz der ungestörten Strömung. Beispielsweise ist über einem symmetrischen Hügel der Höhe $h = 500\,\mathrm{m}$ für $N = 0,01\,\mathrm{s}^{-1}$ und $U = 10\,\mathrm{m/s}$ $\mathrm{CAPE}'_{\mathrm{ext}} = 100\,\mathrm{J/kg}$. Über einem Hügel mit viermal längerem Leehang, also bei $a_u/a_d = 0,25$, liegt der Extremwert der Störung der CAPE noch bei $74\,\mathrm{J/kg}$.

Ergänzend zu den Simulationen mit konstanter Windgeschwindigkeit $U$ und Brunt-Väisälä-Frequenz $N$ des Grundzustandes werden Simulationen durchgeführt, in denen die Atmosphäre durch drei übereinander liegende Luftschichten mit eigenen Brunt-Väisälä-Frequenzen approximiert wird. Die unterste Luftschicht repräsentiert eine konvektive Grenzschicht, in der die Brunt-Väisälä-Frequenz Null ist, die mittlere Schicht bleibt wie gehabt und in der obersten Schicht wird die Brunt-Väisälä-Frequenz so gewählt, dass die Temperatur mit der Höhe nahezu konstant ist, so dass diese Schicht einer Tropopausenregion entspricht. Aus den Simulationsergebnissen wird die Konvektive Hemmung (CIN) über den Hindernissen bei verschiedener Grenzschichtfeuchte bestimmt. Die Ergebnisse zeigen je nach Feuchtegehalt der Grenzschicht und Ausprägung der Gebirgswellen unterschiedliches Verhalten der konvektiven Hemmung. So ist festzustellen, dass die konvektive Hemmung bei geringer Grenzschichtfeuchte in einer Gebirgswelle mit einer vertikalen Wellenlänge von 6,3 km über Hügeln tendenziell größer ist als in der ungestörten Atmosphäre stromauf der Hügel. Bei zunehmender Grenzschichtfeuchte bzw. größerer vertikaler Wellenlänge der Gebirgswellen fällt die konvektive Hemmung jeweils im Luv der Hügel deutlich ab und erreicht im Lee maximale Werte, so dass davon auszugehen ist, dass eine Initiierung konvektiver Wolken durch die Gebirgswellenströmung vor allem luvseitig der Hügel gefördert und leeseitig verhindert wird. Über Tälern zeigt sich ein entgegengesetzter Effekt, d. h. die CIN ist in der Regel im Luv etwas größer und im Lee etwas kleiner als in der ungestörten Atmosphäre. Zusätzliche Simulationen einer Strömung über einer hintereinander angeordneten Abfolge eines Hügels, eines Tales und eines weiteren Hügels zeigen, dass sich die Minima der CIN, die in einer ruhigen Atmosphäre über den Hügelkuppen liegen, in einer Gebirgswellenströmung deutlich ins Luv der Hügel bzw. sogar bis in den Bereich der Talsohle verlagern.

Die Entwicklung konvektiver Wolken in Gebirgswellenströmungen wird für mäßige konvektive Bedingungen bei CAPE-Werten von etwas mehr als 1000 J/kg dargestellt. In den Simulationen entstehen Wolken vorwiegend in den Regionen welleninduzierter Abkühlung oberhalb der Hügel und Täler. Den Ergebnissen zufolge hängt die weitere Entwicklung der Wellenwolken zum einen entscheidend von der welleninduzierten Stabilisierung in den Luftschichten über den Wolken und zum andern auch davon ab, ob sich die Wolken im Lee der Hindernisse in absinkender Luft befinden oder nicht. Über einem symmetrischen Hügel, bei einer deutlichen welleninduzierten Stabilisierung der Luft oberhalb des Hügels und ausgeprägtem leeseitigem Absinken entsteht keine hochreichende Konvektion, während über einem asymmetrischen Hügel mit verlängertem Leehang und damit schwächerer welleninduzierter Stabilisierung und geringerem leeseitigem Absinken bei sonst gleichen Bedingungen typische Einzelzellen beobachtet werden. Über einem Tal entwickeln sich die Wellenwolken in einem schwachen Hebungsgebiet über dem Leehang des Tals in einiger Entferung stromabwärts der Talsohle zu konvektiven Einzelzellen. Nicht dargestellte Simulationen zeigen, dass die beiden beschriebenen Effekte (a) der welleninduzierten Stabilisierung und (b) des leeseitigen Absinkens auch noch bei mäßiger bis starker Konvektion zu einer Unterbindung konvektiver Wolkenbildung über symmetrischen Hügeln führen können, bei starker bis sehr starker Konvektion verlieren die Effekte an Bedeutung. Gewitterwolken entstehen dann in allen Simulationen.

## 5.2 Diskussion und Ausblick

Aufgrund der Vielzahl an orographisch induzierten Prozessen, die in einer stark gegliederten Mittelgebirgsregion oftmals gleichzeitig auftreten und die Ausbildung konvektiver Wolken beeinflussen, ist es häufig nicht möglich,

Ort, Zeitpunkt und Ausprägung einzelner Wolken mit der gewünschten Genauigkeit zu prognostizieren. Um die Auswirkung orographischer Effekte auf die Wolkenbildung besser zu verstehen, sind daher detaillierte Bewertungen der entsprechenden Prozesse und ihrer Wechselwirkung mit konvektiven Wolken notwendig. Da die Wirkungsweisen einzelner Prozesse in realitätsnahen Fallstudien aufgrund der hohen Komplexität der Vorgänge oftmals nicht isoliert betrachtet und ausgewertet werden können, wurde der Schwerpunkt der vorliegenden Arbeit auf die Durchführung stark idealisierter Studien zu einem speziellen Phänomen, der Wechselwirkung von Gebirgswellen mit konvektiven Wolken, gelegt. Die Ergebnisse legen nahe, dass der Gebirgswelleneffekt vor allem durch eine Veränderung der Auslösebedingungen konvektiver Wolken gegenüber einer Situation ohne Gebirgswellen zum Ausdruck kommt. Außerdem reicht die durch Gebirgswellen induzierte Veränderung der Stabilität und der Windverhältnisse bodennaher Luftschichten aus, um den Lebenszyklus konvektiver Wolken über orographischen Hindernissen maßgeblich zu beeinflussen. Um jedoch zu einer ausführlicheren und realistischeren Einschätzung zu gelangen, ist eine Fortsetzung der Studien notwendig. Dabei sollte zunächst auch bei den Gebirgswellenströmungen der Einfluss einer vertikalen Geschwindigkeitsscherung des Grundstroms untersucht werden, außerdem sollte die Entwicklung der konvektiven Grenzschicht und ihr Einfluss beispielsweise durch Simulationen von Tagesgängen realistischer umgesetzt werden. Damit ließen sich für geeignete Bedingungen erste Vergleiche der Ergebnisse aus Modellsimulationen konvektiver Wolken in Gebirgswellenströmungen mit entsprechenden Beobachtungen durchführen.

# Anhang A

# Das mesoskalige Simulationsmodell KAMM2

## A.1 Grundgleichungen

KAMM2 ist ein vollkompressibles, nicht-hydrostatisches Strömungsmodell, das speziell zur Simulation mesoskaliger Prozesse am Institut für Meteorologie und Klimaforschung in Karlsruhe entwickelt wurde. Das Gleichungssystem zeichnet sich dadurch aus, dass die quasilinearen Modellgleichungen in einen Grundzustand, einen Referenzzustand und Abweichungen davon aufgesplittet werden. Der Referenzzustand ist quasi-stationär, geostrophisch, hydrostatisch, trocken und frei von Wärmequellen, der Grundzustand ist zudem ruhend. Für den Grundzustand gelten daher die hydrostatische Grundgleichung und die Zustandsgleichung in der Form

$$0 = -\frac{1}{\rho_0} \, \nabla p_0 - \mathbf{g} \tag{A.1}$$

$$p_0 = \rho_0 \, R_l \, T_0 \tag{A.2}$$

mit der Dichte $\rho_0$ und dem Druck $p_0$ des Grundzustands, der Schwerebeschleunigung $\mathbf{g}$ und der spezifischen Gaskonstanten für trockene Luft $R_l$. Aus den Forderungen folgt, dass sich die Temperatur $T_0$ des Grundzustands nur linear mit der Höhe ändern kann. Zur Initialisierung des Grundzustands werden daher Druck und Temperatur in einem Referenzniveau sowie ein linearer Temperaturgradient vorgegeben.

Den Referenzzustand beschreiben die folgenden Gleichungen

$$0 = -\frac{1}{\rho_0}\,\nabla p_g - \frac{\rho_g}{\rho_0}\,\mathbf{g} - 2\,\boldsymbol{\Omega} \times \mathbf{v}_g \tag{A.3}$$

$$\frac{\rho_g}{\rho_0} = \frac{p_g}{p_0} - \frac{T_g}{T_0} \tag{A.4}$$

Hier sind $\rho_g$, $p_g$, $T_g$ und $\mathbf{v_g}$ Dichte, Druck, Temperatur und Windvektor des Referenzzustands und $\boldsymbol{\Omega}$ der Vektor der Winkelgeschwindigkeit der Erde. Zur Initialisierung des geostrophischen Referenzzustands werden entsprechende Wind- und Temperaturfelder Vorgegeben, die beispielsweise aus einem Radiosondenaufstieg abgeleitet werden.

Die prognostischen Gleichungen für die Reynolds-gemittelten Komponenten des Windvektors $\bar{\mathbf{v}} = (\bar{u}, \bar{v}, \bar{w})$ und der Abweichungen der Temperatur $\bar{T}$ und des Druckes $\bar{p}$ vom Referenzzustand, die in KAMM2 programmiert sind, lauten

$$\frac{\partial \bar{\mathbf{v}}}{\partial t} + \bar{\mathbf{v}} \cdot \nabla \bar{\mathbf{v}} + \nabla \cdot \overline{\mathbf{v}'\mathbf{v}'} = -\frac{1}{\rho_0}\,\nabla \bar{p} - \frac{\bar{\rho}}{\rho_0}\,\mathbf{g} - 2\,\boldsymbol{\Omega} \times (\bar{\mathbf{v}} - \mathbf{v}_g) \tag{A.5}$$

$$\frac{\partial \bar{T}}{\partial t} + \bar{\mathbf{v}} \cdot \nabla \bar{T} + \nabla \cdot \overline{\mathbf{v}'T'} + \bar{\mathbf{v}} \cdot \nabla (T_0 + T_g) =$$
$$\frac{1}{\rho_0 c_v}\,(l_{wd}\bar{I}_w + l_{ed}\bar{I}_e + \bar{Q}) - \frac{R_f}{c_v}\,T_0\,\nabla \cdot \bar{\mathbf{v}} \tag{A.6}$$

$$\frac{\partial \bar{p}}{\partial t} + \bar{\mathbf{v}} \cdot \nabla \bar{p} + \nabla \cdot \overline{\mathbf{v}'p'} - \rho_0 \bar{\mathbf{v}} \cdot \mathbf{g} =$$
$$\frac{R_f}{c_v}\,(l_{wd}\bar{I}_w + l_{ed}\bar{I}_e + \bar{Q}) - \frac{c_p}{c_v}\,p_0\,\nabla \cdot \bar{\mathbf{v}} \tag{A.7}$$

Zusätzlich berechnet man $\bar{\rho}$ aus der diagnostischen Zustandsgleichung

$$\frac{\bar{\rho}}{\rho_0} = \frac{\bar{p}}{p_0} - \frac{\bar{T}}{T_0} - \left(\frac{R_d}{R_l} - 1\right)\frac{\bar{\rho}_d}{\rho_0} + \frac{\bar{\rho}_w}{\rho_0} + \frac{\bar{\rho}_e}{\rho_0} \tag{A.8}$$

$R_f$ bezeichnet die spezifische Gaskonstante der feuchten Luft, $R_d$ die von Wasserdampf, $c_p$ und $c_v$ sind die spezifischen Wärmen bei konstantem Druck bzw. Volumen, $l_{wd}$ und $l_{ed}$ die Umwandlungswärmen bei Phasenübergängen von Wasserdampf zu Wasser bzw. zu Eis. Die Partialdichten von Wasserdampf $\bar{\rho}_d$, von Flüssigwasser $\bar{\rho}_w$ und von Eis $\bar{\rho}_e$ sowie die Phasenflüsse $\bar{I}_w$ und $\bar{I}_e$ werden im Wolkenmodul von Seifert (2002) berechnet (siehe unten). Eine Spezifizierung weiterer Wärmequellen $\bar{Q}$ wird hier nicht vorgenommen. Zur Ableitung der Gleichungen sei auf Förstner und Adrian (1998), Baldauf (2003) sowie auf Seifert (2002) verwiesen.

## A.2 Turbulenzparametrisierung

Die turbulenten Flüsse werden nach einer Schließung 1,5ter Ordnung parametrisiert. Dazu werden die Impuls- und Wärmeflüsse durch

$$\overline{\mathbf{v}'\mathbf{v}'} = -K_m \left( \nabla\bar{\mathbf{v}} + \bar{\mathbf{v}}\nabla - \frac{2}{3}\nabla \cdot \bar{\mathbf{v}}\mathbf{E} \right) \tag{A.9}$$

$$\overline{\mathbf{v}'T'} = -K_h\nabla\bar{T} \tag{A.10}$$

ausgedrückt. $\mathbf{E}$ ist der Einheitstensor. Druckkorrelationen der Form $\overline{\mathbf{v}'p'}$ werden nicht berücksichtigt. In diesen Ansätzen werden die Diffusionskoeffizienten $K_m$ und $K_h$ in Abhängigkeit von der turbulenten kinetischen Energie (TKE)

$$E = \frac{1}{2}\overline{\mathbf{v}' \cdot \mathbf{v}'} = \frac{1}{2}\overline{u'u' + v'v' + w'w'} \tag{A.11}$$

durch

$$K_m = c_\mu I_\mu E^{1/2} \tag{A.12}$$

$$K_h = \frac{K_m}{N_{Pr}} \tag{A.13}$$

mit $c_\mu = 0,55$ und einer turbulenten Prandtl-Zahl von $N_{Pr} = 1/3$ formuliert. Für den Mischungsweg $I_\mu$ wird ein modifizierter Ansatz von Blackadar und Tennekes (1968) mit $I_\infty = 100\,\mathrm{m}$ verwendet (siehe Baldauf, 2003; Seifert, 2002; Dotzek und Emeis, 1994).

Für die turbulente kinetische Energie wird eine zusätzliche prognostische Gleichung gelöst. Diese lautet

$$\frac{\partial E}{\partial t} + \bar{\mathbf{v}} \cdot \nabla E - \nabla \cdot (K_h\nabla E) = P + G - \epsilon \tag{A.14}$$

Hier bezeichnen $P$ den Scherungsterm, $G$ den Auftriebsterm und $\epsilon$ den Dissipationsterm. In Gl. (A.14) ist die turbulente Diffusion bereits über einen Gradientansatz parametrisiert. Die Terme auf der rechten Seite haben die folgende Form

$$P = \left( K_m \left( \frac{\partial \bar{v}_i}{\partial x_k} - \frac{2}{3} \frac{\partial \bar{v}_l}{\partial x_l} \right) + \frac{2}{3} E \right) \frac{\partial \bar{v}_i}{\partial x_k} \tag{A.15}$$

$$G = -gK_h \left( A_G \frac{1}{\bar{\theta}} \frac{\partial \bar{\theta}}{\partial z} - \frac{\partial \bar{q}_w}{\partial z} - \frac{\partial \bar{q}_e}{\partial z} \right) \tag{A.16}$$

$$\epsilon = c_\epsilon \frac{E^2}{K_m} \tag{A.17}$$

mit $c_\epsilon = 0,088$. $\bar{\theta}$ bezeichnet das Ensemblemittel der potentiellen Temperatur. Der Faktor $A_G$ lautet

$$A_G = \frac{1}{\bar{\theta}} \left( 1 + \frac{l_{wd}\bar{q}_d}{R_d\bar{T}} \right) \left( 1 + \frac{R_l l_{wd}^2 \bar{q}_d}{c_p R_d^2 \bar{T}^2} \right)^{-1} \tag{A.18}$$

Nach Seifert (2002) folgt die Berücksichtigung der Mischungsverhältnisse $\bar{q}_k = \bar{\rho}_k/\bar{\rho}_l$ mit $k = d, w, e$ (für Wasserdampf, Flüssigwasser und Eis) bei der Parametrisierung des Auftriebsterms den Arbeiten von Klemp und Wilhelmson (1978), die ein ähnliches TKE-Modell verwenden, allerdings mit einem lokalen Ansatz für den Mischungsweg.

## A.3  Grundgleichungen des Wolkenmoduls

Das von Seifert (2002) entwickelte Wolkenmodul basiert auf einem Zwei-Momenten-Verfahren, dem Bilanzgleichungen für die Anzahl- und Massendichten der Partikelensemble von Wolkentropfen (c), Regentropfen (r), Wolkeneis (i), Graupeln (g) und Schnee (s) zugrunde liegen. Diese werden durch eine weitere Bilanzgleichung für die Wasserdampfpartialdichte $\bar{\rho}_d$ ergänzt. Die Anzahldichten für die einzelnen Partikelensemble werden mit $N_k$ bezeichnet, die Massendichten mit $L_k$, wobei $k = c, r, i, g$ und $s$ ist. Es ist $\bar{\rho}_w \equiv L_c + L_r$ und $\bar{\rho}_e \equiv L_i + L_g + L_s$. Auf der rechten Seite der unten angegebenen Bilanzgleichung für die Wasserdampfpartialdichte $\bar{\rho}_d$ stehen die Quellterme für den Wasserdampf, die zu einem Phasenfluss $\bar{I}_d = -\bar{I}_w - \bar{I}_e$

beitragen. Dabei ist der Phasenfluss durch Prozesse, an denen Hydrometeore in flüssiger Form beteiligt sind, dem Term $-\bar{I}_w$ und der Phasenfluss durch Prozesse, an denen gefrorene Hydrometeore beteiligt sind, dem Term $-\bar{I}_e$ zuzurechnen. Die Bilanzgleichungen für die Wasserdampfpartialdichte und die Massendichten der Hydrometeore lauten unter Berücksichtigung der Nukleation (nuc), Kondensation/Verdunstung (cond), Deposition/Sublimation (dep), Verdunstung (eva), von homogenem bzw. heterogenem Gefrieren (freeze), Autokonversion (au), Akkreszenz (ac), Selbsteinfang (sc), Schmelzen (melt) sowie der Kollisionen, an denen Eispartikel beteiligt sind (coll), der Konversion der Eis- bzw. Schneepartikel nach Graupel (conv) und der Eismultiplikation (splint) wie folgt

$$
\frac{\partial \bar{\rho}_d}{\partial t} + \nabla \cdot (\bar{\mathbf{v}} \bar{\rho}_d) - \nabla \cdot (K_h \nabla \bar{\rho}_d) =
$$

$$
- \left.\frac{\partial L_c}{\partial t}\right|_{nuc} - \left.\frac{\partial L_i}{\partial t}\right|_{nuc} - \left.\frac{\partial L_c}{\partial t}\right|_{cond} - \left.\frac{\partial L_i}{\partial t}\right|_{dep} - \left.\frac{\partial L_s}{\partial t}\right|_{dep}
$$

$$
- \left.\frac{\partial L_g}{\partial t}\right|_{dep} - \left.\frac{\partial L_r}{\partial t}\right|_{eva} - \left.\frac{\partial L_s}{\partial t}\right|_{eva} - \left.\frac{\partial L_g}{\partial t}\right|_{eva} \tag{A.19}
$$

$$
\frac{\partial L_c}{\partial t} + \nabla \cdot (\bar{\mathbf{v}} L_c) - \nabla \cdot (K_h \nabla L_c) + \frac{\partial}{\partial z}(\bar{v}_{c,1} L_c) =
$$

$$
+ \left.\frac{\partial L_c}{\partial t}\right|_{nuc} + \left.\frac{\partial L_c}{\partial t}\right|_{cond} - \left.\frac{\partial L_r}{\partial t}\right|_{au} - \left.\frac{\partial L_r}{\partial t}\right|_{ac} + \left.\frac{\partial L_c}{\partial t}\right|_{freeze}
$$

$$
- \left.\frac{\partial L_i}{\partial t}\right|_{coll,ic} - \left.\frac{\partial L_s}{\partial t}\right|_{coll,sc} - \left.\frac{\partial L_g}{\partial t}\right|_{coll,gc} - \left.\frac{\partial L_i}{\partial t}\right|_{melt} \tag{A.20}
$$

$$
\frac{\partial L_r}{\partial t} + \nabla \cdot (\bar{\mathbf{v}} L_r) - \nabla \cdot (K_h \nabla L_r) + \frac{\partial}{\partial z}(\bar{v}_{r,1} L_r) = \left.\frac{\partial L_r}{\partial t}\right|_{freeze}
$$

$$
- \left.\frac{\partial L_i}{\partial t}\right|_{coll,ir} - \left.\frac{\partial L_s}{\partial t}\right|_{coll,sr} - \left.\frac{\partial L_g}{\partial t}\right|_{coll,gr} - \left.\frac{\partial L_s}{\partial t}\right|_{melt} - \left.\frac{\partial L_g}{\partial t}\right|_{melt,gc}
$$

$$
- \left.\frac{\partial L_g}{\partial t}\right|_{melt,gr} - \left.\frac{\partial L_g}{\partial t}\right|_{melt} + \left.\frac{\partial L_r}{\partial t}\right|_{au} + \left.\frac{\partial L_r}{\partial t}\right|_{ac} + \left.\frac{\partial L_r}{\partial t}\right|_{eva} \tag{A.21}
$$

$$\frac{\partial L_i}{\partial t} + \nabla \cdot (\bar{\mathbf{v}} L_i) - \nabla \cdot (K_h \nabla L_i) + \frac{\partial}{\partial z}(\bar{v}_{i,1} L_i) = \left. \frac{\partial L_i}{\partial t} \right|_{nuc}$$

$$+ \left. \frac{\partial L_i}{\partial t} \right|_{dep} - \left. \frac{\partial L_c}{\partial t} \right|_{freeze} + \left. \frac{\partial L_i}{\partial t} \right|_{coll,ii} + \left. \frac{\partial L_i}{\partial t} \right|_{coll,si} + \left. \frac{\partial L_i}{\partial t} \right|_{coll,gi}$$

$$+ \left. \frac{\partial L_i}{\partial t} \right|_{coll,ic} + \left. \frac{\partial L_i}{\partial t} \right|_{coll,ir} + \left. \frac{\partial L_i}{\partial t} \right|_{splint,sc} + \left. \frac{\partial L_i}{\partial t} \right|_{splint,sr} + \left. \frac{\partial L_i}{\partial t} \right|_{splint,gc}$$

$$+ \left. \frac{\partial L_i}{\partial t} \right|_{splint,gr} + \left. \frac{\partial L_i}{\partial t} \right|_{conv,icg} + \left. \frac{\partial L_i}{\partial t} \right|_{conv,irg} + \left. \frac{\partial L_i}{\partial t} \right|_{melt} \tag{A.22}$$

$$\frac{\partial L_s}{\partial t} + \nabla \cdot (\bar{\mathbf{v}} L_s) - \nabla \cdot (K_h \nabla L_s) + \frac{\partial}{\partial z}(\bar{v}_{s,1} L_s) =$$

$$+ \left. \frac{\partial L_s}{\partial t} \right|_{dep} - \left. \frac{\partial L_i}{\partial t} \right|_{coll,ii} - \left. \frac{\partial L_i}{\partial t} \right|_{coll,si} + \left. \frac{\partial L_s}{\partial t} \right|_{coll,gs}$$

$$+ \left. \frac{\partial L_s}{\partial t} \right|_{coll,sc} + \left. \frac{\partial L_s}{\partial t} \right|_{coll,sr} - \left. \frac{\partial L_i}{\partial t} \right|_{splint,sc} - \left. \frac{\partial L_i}{\partial t} \right|_{splint,sr}$$

$$+ \left. \frac{\partial L_s}{\partial t} \right|_{conv,scg} + \left. \frac{\partial L_s}{\partial t} \right|_{conv,srg} + \left. \frac{\partial L_s}{\partial t} \right|_{melt} + \left. \frac{\partial L_s}{\partial t} \right|_{eva} \tag{A.23}$$

$$\frac{\partial L_g}{\partial t} + \nabla \cdot (\bar{\mathbf{v}} L_g) - \nabla \cdot (K_h \nabla L_g) + \frac{\partial}{\partial z}(\bar{v}_{g,1} L_g) = \left. \frac{\partial L_g}{\partial t} \right|_{dep}$$

$$- \left. \frac{\partial L_r}{\partial t} \right|_{freeze} - \left. \frac{\partial L_i}{\partial t} \right|_{splint,gc} - \left. \frac{\partial L_i}{\partial t} \right|_{splint,gr} - \left. \frac{\partial L_i}{\partial t} \right|_{coll,gi} - \left. \frac{\partial L_s}{\partial t} \right|_{coll,gs}$$

$$+ \left. \frac{\partial L_g}{\partial t} \right|_{coll,gc} + \left. \frac{\partial L_g}{\partial t} \right|_{coll,gr} - \left. \frac{\partial L_i}{\partial t} \right|_{conv,icg} - \left. \frac{\partial L_i}{\partial t} \right|_{conv,irg} - \left. \frac{\partial L_s}{\partial t} \right|_{conv,scg}$$

$$- \left. \frac{\partial L_s}{\partial t} \right|_{conv,srg} + \left. \frac{\partial L_g}{\partial t} \right|_{melt,gc} + \left. \frac{\partial L_g}{\partial t} \right|_{melt,gr} + \left. \frac{\partial L_g}{\partial t} \right|_{melt} + \left. \frac{\partial L_g}{\partial t} \right|_{eva}$$

$$\tag{A.24}$$

Die Formulierung der mittleren Fallgeschwindigkeiten $\bar{v}_{k,1}$ (mit $k = c$, $r$, $i$, $g$ und $s$) für die Sedimentationsflüsse $\bar{v}_{k,1} L_k$ sowie der einzelnen Quellterme auf den rechten Seiten der Gleichungen wird ausführlich in Seifert (2002) behandelt und kann hier nicht wiedergegeben werden. Die Bilanzgleichungen für die Anzahldichten der Hydrometeore in den einzelnen Partikelklassen lauten

$$\frac{\partial N_c}{\partial t} + \nabla \cdot (\bar{\mathbf{v}} N_c) - \nabla \cdot (K_h \nabla N_c) + \frac{\partial}{\partial z}(\bar{v}_{c,0} N_c) =$$
$$+ \left.\frac{\partial N_c}{\partial t}\right|_{nuc} + \left.\frac{\partial N_c}{\partial t}\right|_{sc} - \frac{2}{x^*}\left.\frac{\partial L_r}{\partial t}\right|_{au} - \frac{1}{\bar{x}_c}\left.\frac{\partial L_r}{\partial t}\right|_{ac} + \left.\frac{\partial N_c}{\partial t}\right|_{freeze}$$
$$+ \left.\frac{\partial N_c}{\partial t}\right|_{coll,ic} + \left.\frac{\partial N_c}{\partial t}\right|_{coll,sc} + \left.\frac{\partial N_c}{\partial t}\right|_{coll,gc} - \left.\frac{\partial N_i}{\partial t}\right|_{melt} \qquad (A.25)$$

$$\frac{\partial N_r}{\partial t} + \nabla \cdot (\bar{\mathbf{v}} N_r) - \nabla \cdot (K_h \nabla N_r) + \frac{\partial}{\partial z}(\bar{v}_{r,0} N_r) = \left.\frac{\partial N_r}{\partial t}\right|_{sc} + \frac{2}{x^*}\left.\frac{\partial L_r}{\partial t}\right|_{au}$$
$$+ \frac{1}{\bar{x}_r}\left.\frac{\partial L_r}{\partial t}\right|_{ac} + \left.\frac{\partial N_r}{\partial t}\right|_{eva} + \left.\frac{\partial N_r}{\partial t}\right|_{freeze} + \left.\frac{\partial N_r}{\partial t}\right|_{coll,ir} + \left.\frac{\partial N_r}{\partial t}\right|_{coll,sr}$$
$$+ \left.\frac{\partial N_r}{\partial t}\right|_{coll,gr} - \left.\frac{\partial N_s}{\partial t}\right|_{melt} - \left.\frac{\partial N_g}{\partial t}\right|_{melt,gc} - \left.\frac{\partial N_g}{\partial t}\right|_{melt,gr} - \left.\frac{\partial N_g}{\partial t}\right|_{melt}$$
$$\qquad (A.26)$$

$$\frac{\partial N_s}{\partial t} + \nabla \cdot (\bar{\mathbf{v}} N_s) - \nabla \cdot (K_h \nabla N_s) + \frac{\partial}{\partial z}(\bar{v}_{s,0} N_s) = -\frac{1}{2}\left.\frac{\partial N_i}{\partial t}\right|_{coll,ii}$$
$$+ \left.\frac{\partial N_s}{\partial t}\right|_{coll,ss} + \left.\frac{\partial N_s}{\partial t}\right|_{coll,gs} - \left.\frac{\partial N_i}{\partial t}\right|_{splint,sc} - \left.\frac{\partial N_i}{\partial t}\right|_{splint,sr}$$
$$+ \left.\frac{\partial N_s}{\partial t}\right|_{conv,scg} + \left.\frac{\partial N_s}{\partial t}\right|_{conv,srg} + \left.\frac{\partial N_s}{\partial t}\right|_{melt} + \left.\frac{\partial N_s}{\partial t}\right|_{eva} \qquad (A.27)$$

$$\frac{\partial N_g}{\partial t} + \nabla \cdot (\bar{\mathbf{v}} N_g) - \nabla \cdot (K_h \nabla N_g) + \frac{\partial}{\partial z}(\bar{v}_{g,0} N_g) = \left.\frac{\partial N_g}{\partial t}\right|_{eva} - \left.\frac{\partial N_i}{\partial t}\right|_{splint,gc}$$
$$- \left.\frac{\partial N_i}{\partial t}\right|_{splint,gr} - \left.\frac{\partial N_i}{\partial t}\right|_{conv,icg} - \left.\frac{\partial N_i}{\partial t}\right|_{conv,irg} - \left.\frac{\partial N_s}{\partial t}\right|_{conv,scg}$$
$$- \left.\frac{\partial N_s}{\partial t}\right|_{conv,srg} + \left.\frac{\partial N_g}{\partial t}\right|_{melt,gc} + \left.\frac{\partial N_g}{\partial t}\right|_{melt,gr} + \left.\frac{\partial N_g}{\partial t}\right|_{melt} \qquad (A.28)$$

$$\frac{\partial N_i}{\partial t} + \nabla \cdot (\bar{\mathbf{v}} N_i) - \nabla \cdot (K_h \nabla N_i) + \frac{\partial}{\partial z}(\bar{v}_{i,0} N_i) = \left.\frac{\partial N_i}{\partial t}\right|_{nuc}$$

$$- \left.\frac{\partial N_c}{\partial t}\right|_{freeze} + \left.\frac{\partial N_i}{\partial t}\right|_{coll,ii} + \left.\frac{\partial N_i}{\partial t}\right|_{coll,si} + \left.\frac{\partial N_i}{\partial t}\right|_{coll,gi} + \left.\frac{\partial N_i}{\partial t}\right|_{splint,ic}$$

$$+ \left.\frac{\partial N_i}{\partial t}\right|_{splint,ir} + \left.\frac{\partial N_i}{\partial t}\right|_{splint,sc} + \left.\frac{\partial N_i}{\partial t}\right|_{splint,sr} + \left.\frac{\partial N_i}{\partial t}\right|_{splint,gc}$$

$$+ \left.\frac{\partial N_i}{\partial t}\right|_{splint,gr} + \left.\frac{\partial N_i}{\partial t}\right|_{conv,icg} + \left.\frac{\partial N_i}{\partial t}\right|_{conv,irg} + \left.\frac{\partial N_i}{\partial t}\right|_{melt} \tag{A.29}$$

In einigen Quelltermen treten die mittleren Massen der Partikelensemble auf. Diese werden als Quotienten der Anzahl- und Massendichten in der Form $\bar{x}_k = L_k/N_k$ mit $k = c, r, i, g$ und $s$ gebildet. $x^*$ bezeichnet die Trennmasse von Wolken- und Regentropfen. Für eine weitere Spezifikation der Quellterme sowie der Geschwindigkeiten $\bar{v}_{k,0}$ sei auch hier auf Seifert (2002) verwiesen.

## A.4 Die numerische Umsetzung

Die KAMM2-Gleichungen sind auf einem geländefolgenden Koordinatensystem umgesetzt. Als Rechengitter wird ein Arakawa-C-Gitter verwendet. Um Rechenzeit zu sparen, wird ein Zeitsplitting in einen Schallzeitschritt, einen Diffusionszeitschritt und einen Advektionszeitschritt vorgenommen und die Terme der partiellen Differentialgleichungen (A.5) bis (A.7) sowie der Gl. (A.14) entsprechend den einzelnen Zeitschritten zugeordnet. Die Maxima für die jeweiligen Zeitschritte werden durch die Courant-Bedingungen bestimmt. Die Zeitdiskretisierung für den Advektionszeitschritt wird nach dem Eulerschen Verfahren erster Ordnung durchgeführt. Um die partiellen Differentialgleichungen (A.19) bis (A.29) numerisch zu lösen, wird ein Operatorsplitting verwendet, d. h. die einzelnen Terme jeder Differentialgleichung werden innerhalb eines Advektionszeitschrittes nacheinander berechnet (Seifert, 2002). Damit hängt das Ergebnis der Simulation allerdings von der Reihenfolge ab, in der die mikrophysikalischen Prozesse angeordnet sind. Zur Behandlung der seitlichen Ränder wird in KAMM2 für die meisten Variablen die Sommerfeld-Ausstrahlungsrandbedingung verwendet, am Oberrand wird eine Rayleigh-Dämpfungsschicht angewandt. Am unteren Rand wird eine Gleit- oder eine Haftbedingung verwendet.

# Anhang B

# Abbildungen

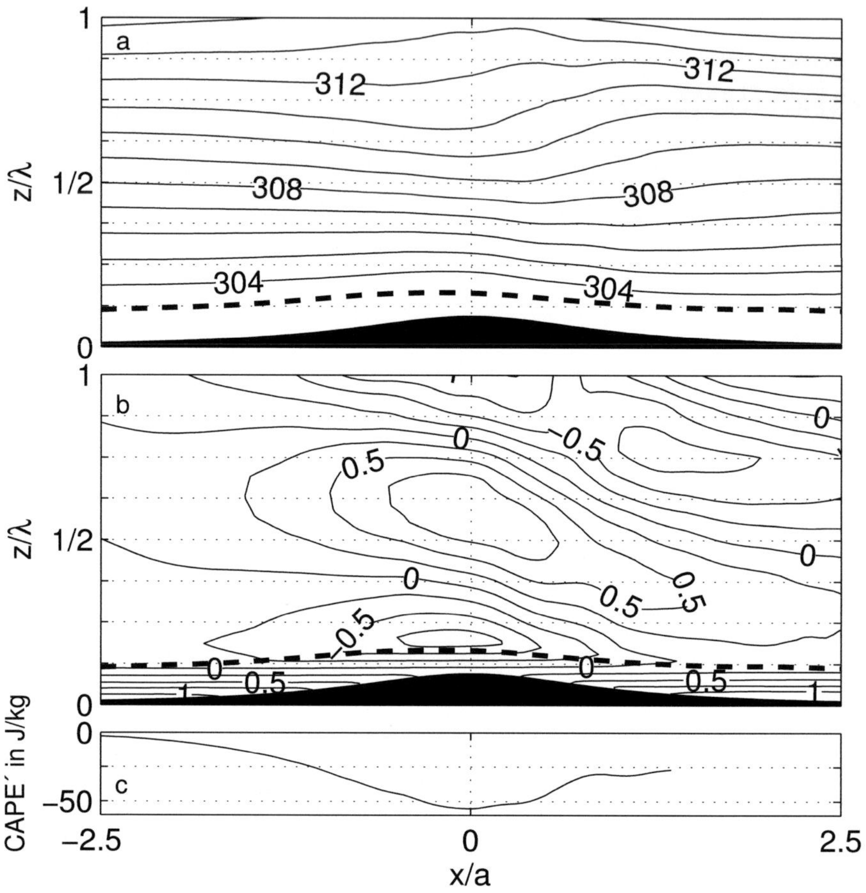


Abbildung B.1: (a) Potentielle Temperatur $\theta$ in K, (b) Störung der potentiellen Temperatur $\theta'$ in K und (c) Störung der CAPE im Intervall $(H_0, H_1)$ für die Konfiguration 3P0 nach 12 Stunden Simulationszeit. Die Orographie ist schwarz ausgefüllt dargestellt, die Grenzfläche zwischen konvektiver Grenzschicht und freier Troposphäre ist durch eine gestrichelte Line markiert.

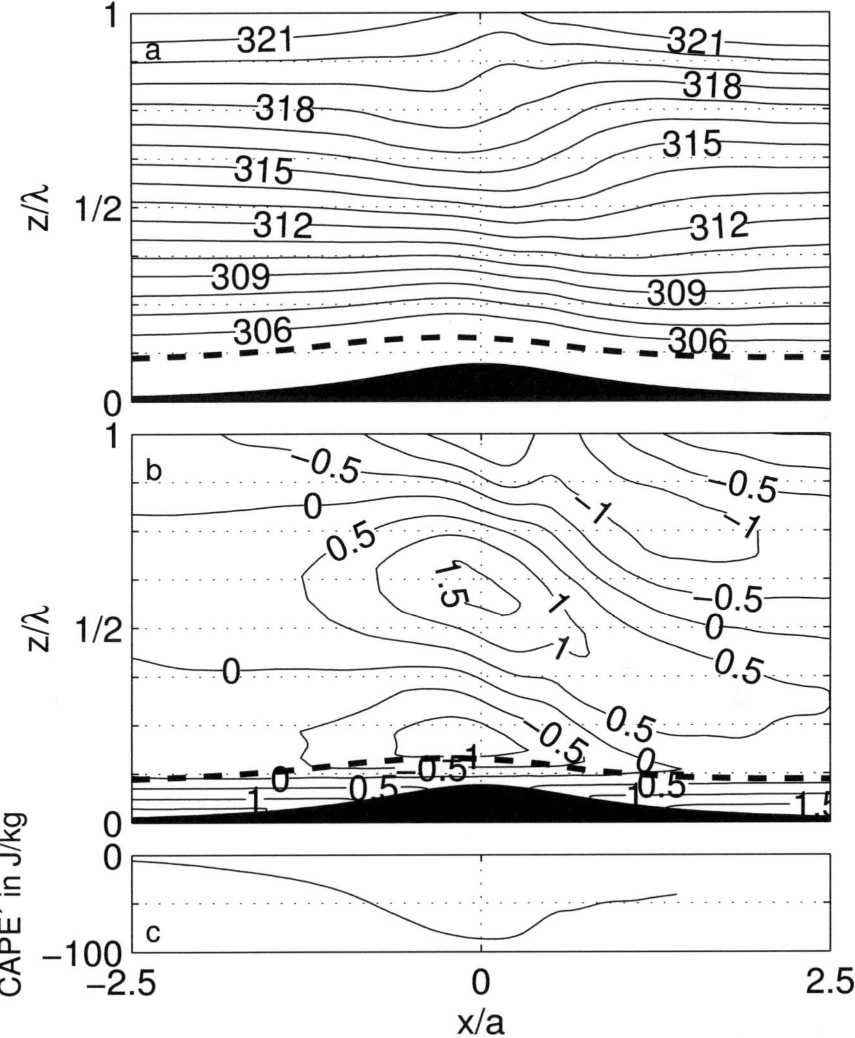



Abbildung B.2: Wie Abb. B.1, jedoch für die Konfiguration 3P1.

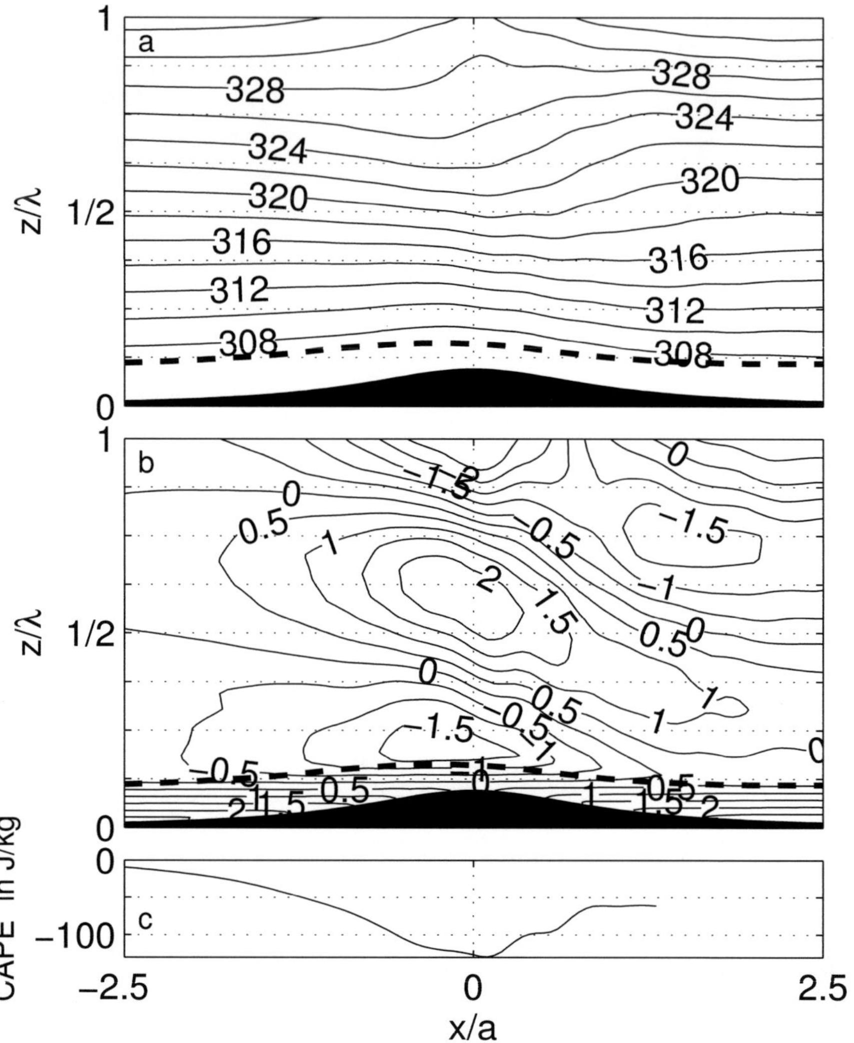

Abbildung B.3: Wie Abb. B.1, jedoch für die Konfiguration 3P2.

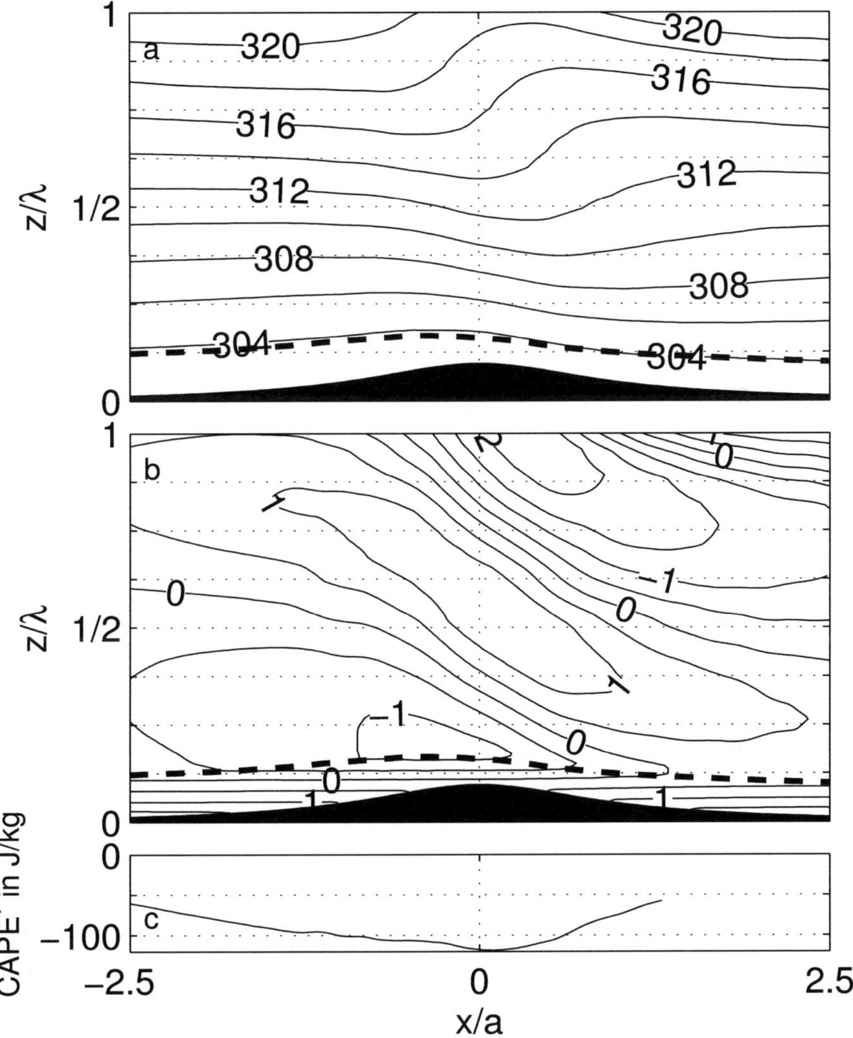



Abbildung B.4: Wie Abb. B.1, jedoch für die Konfiguration 3Q0.

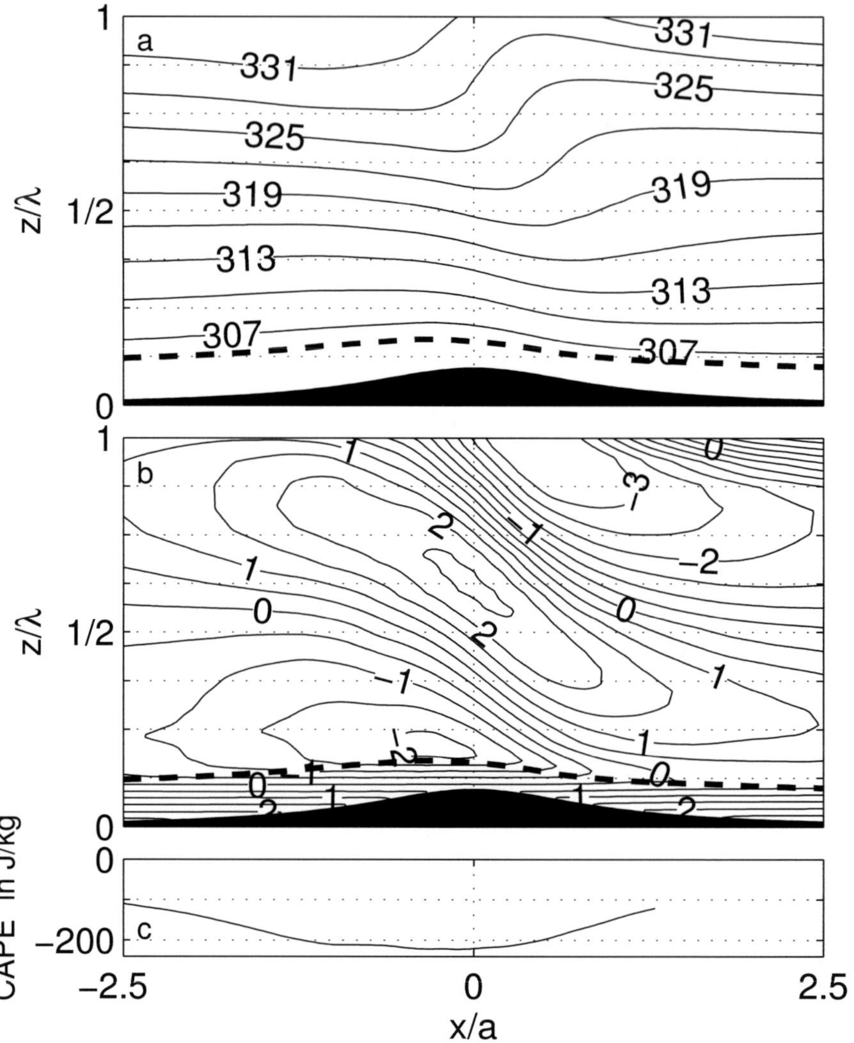

Abbildung B.5: Wie Abb. B.1, jedoch für die Konfiguration 3Q1.

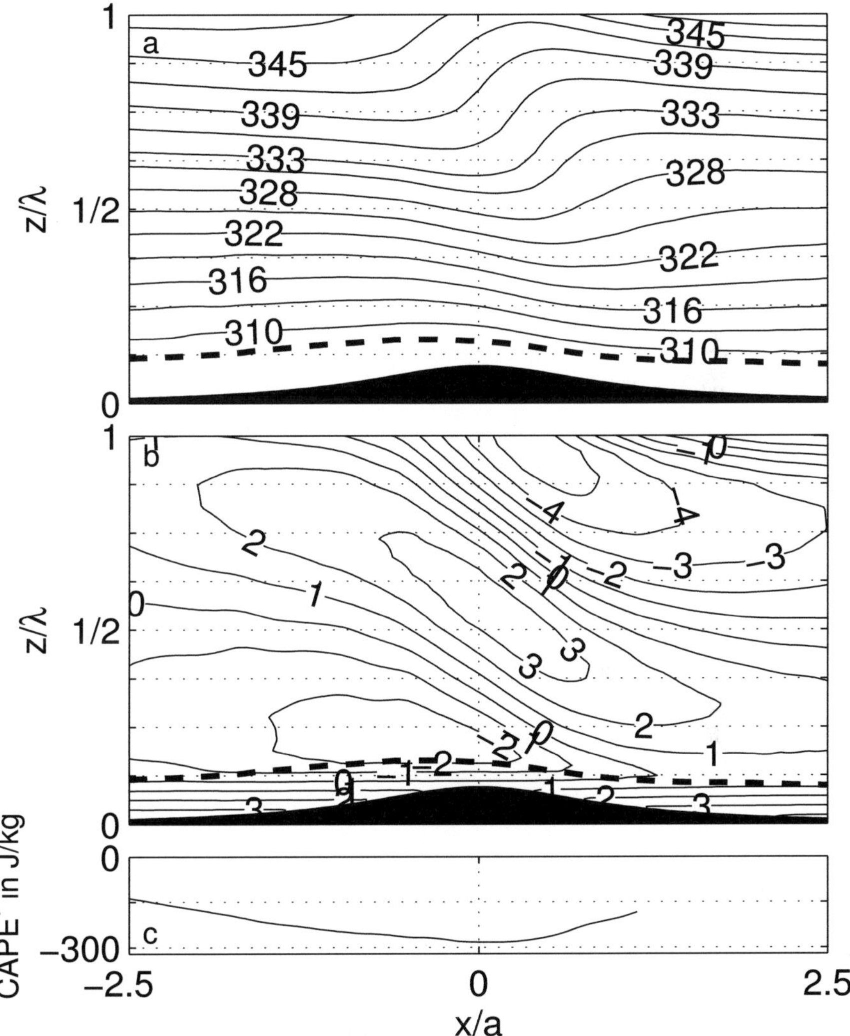

Abbildung B.6: Wie Abb. B.1, jedoch für die Konfiguration 3Q2.

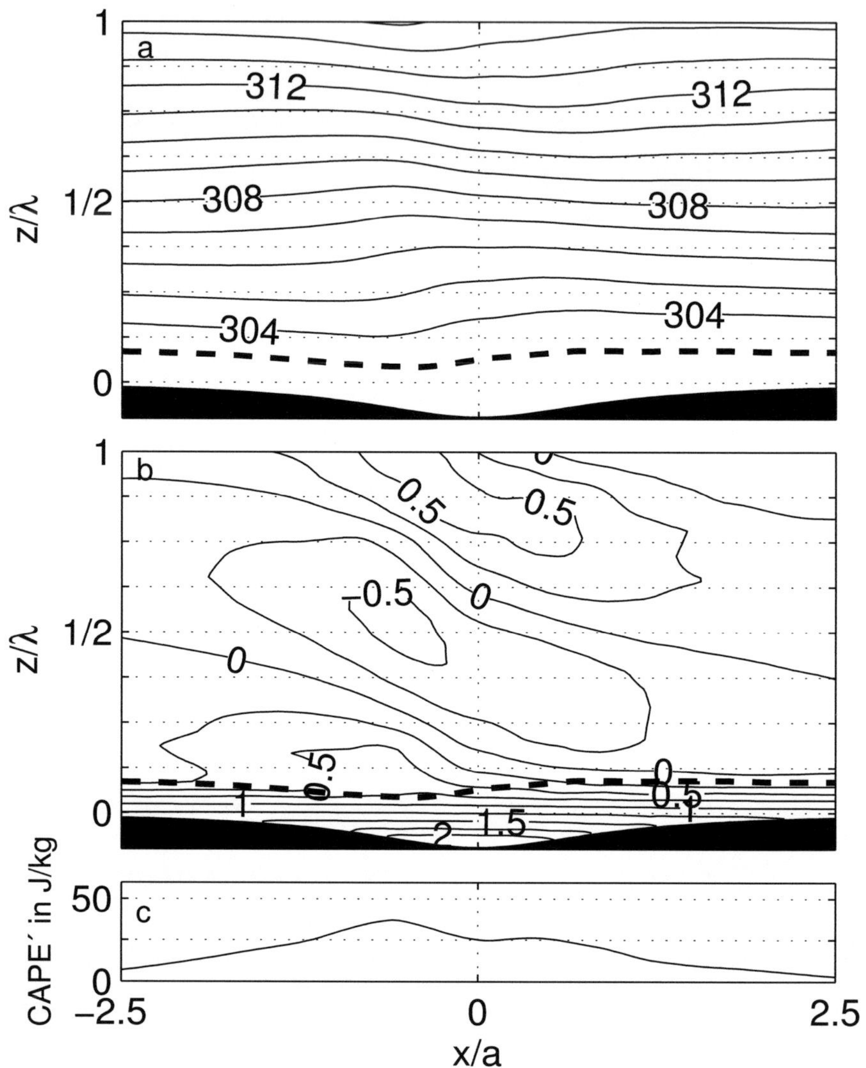

Abbildung B.7: Wie Abb. B.1, jedoch für die Konfiguration 3R0.

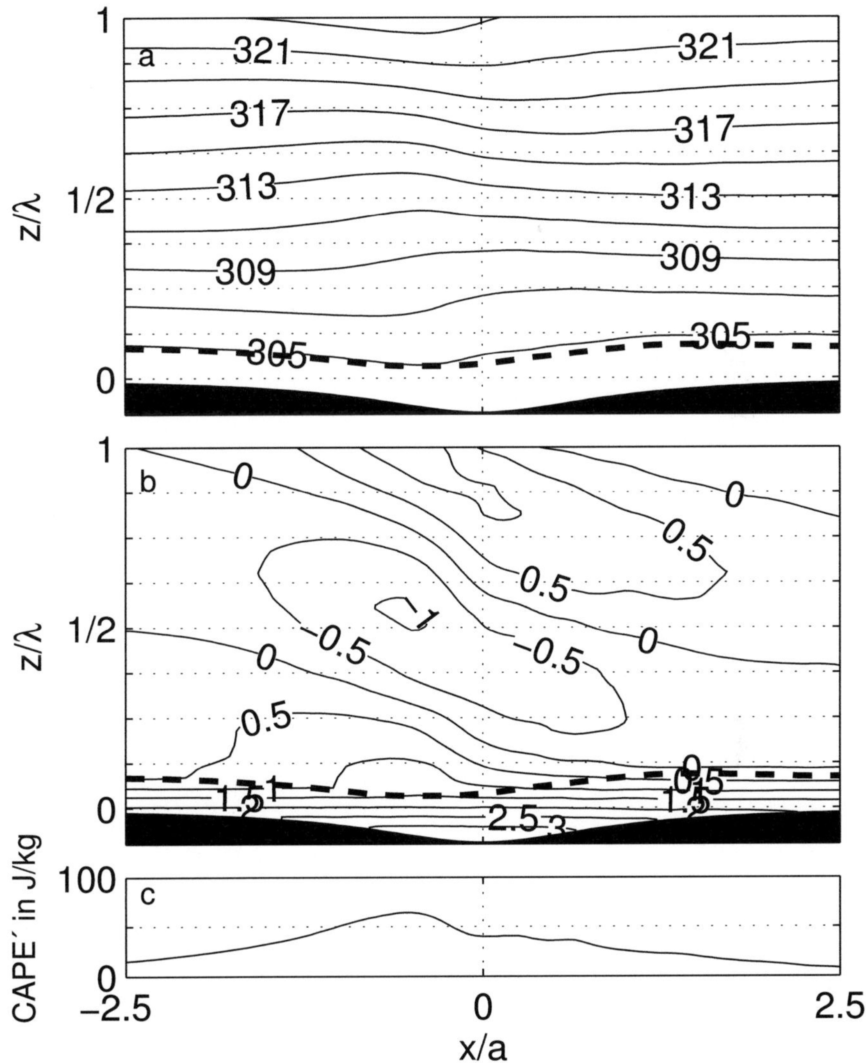


Abbildung B.8: Wie Abb. B.1, jedoch für die Konfiguration 3R1.

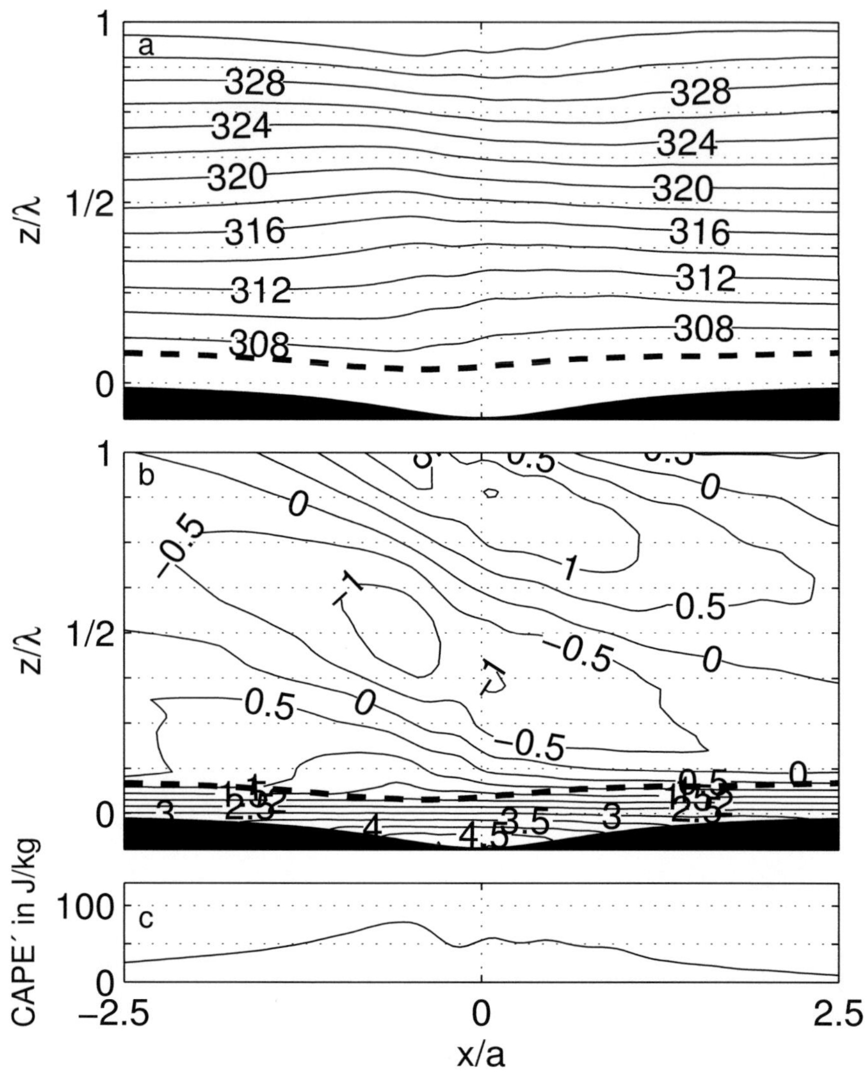



Abbildung B.9: Wie Abb. B.1, jedoch für die Konfiguration 3R2.

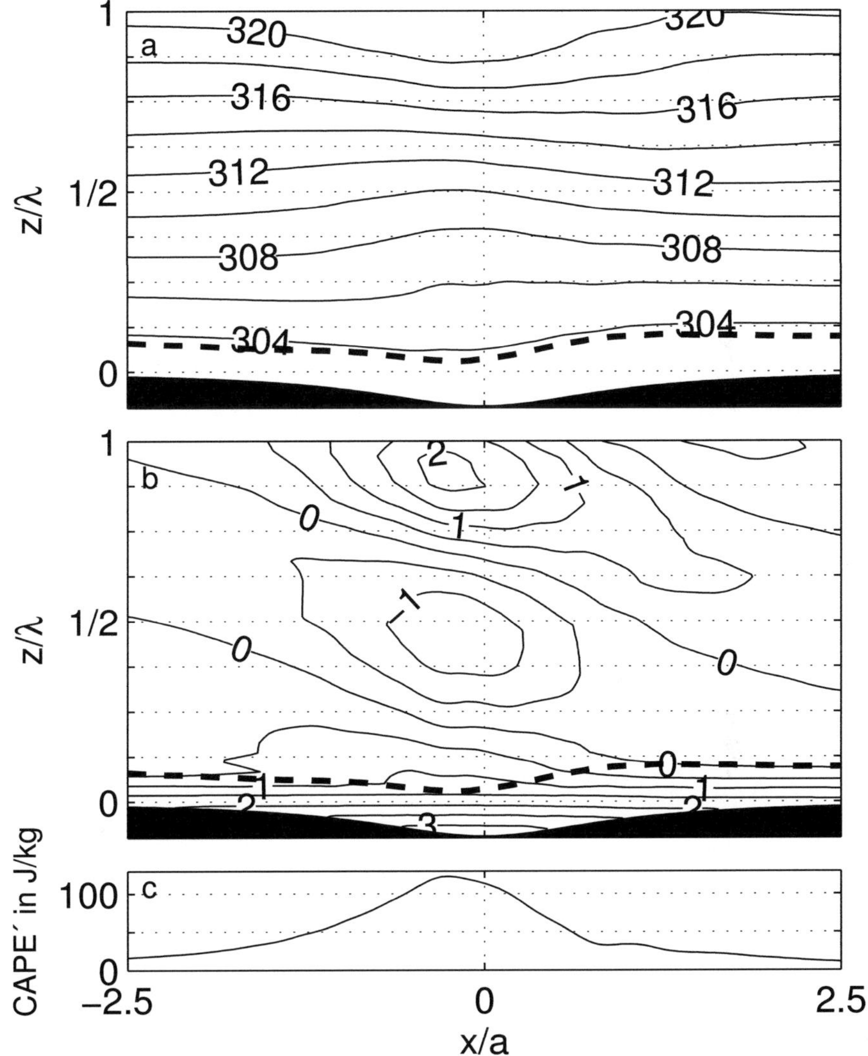

Abbildung B.10: Wie Abb. B.1, jedoch für die Konfiguration 3S0.

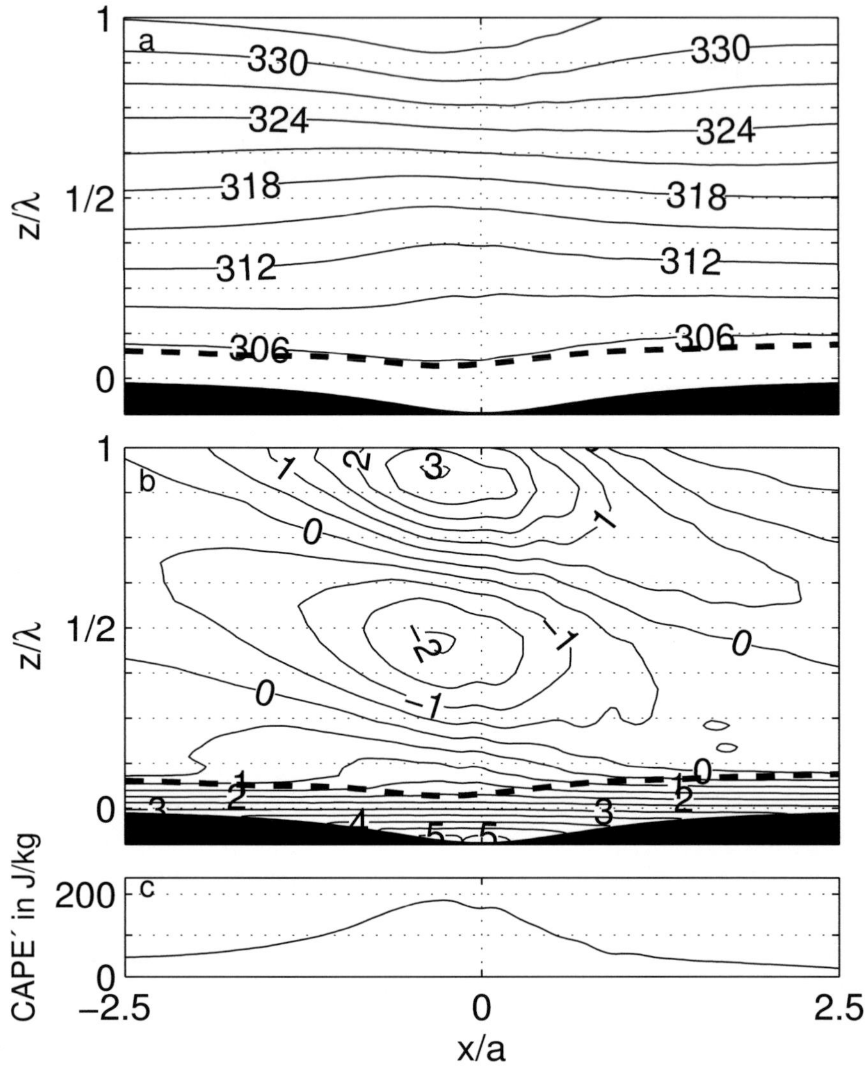

Abbildung B.11: Wie Abb. B.1, jedoch für die Konfiguration 3S1.

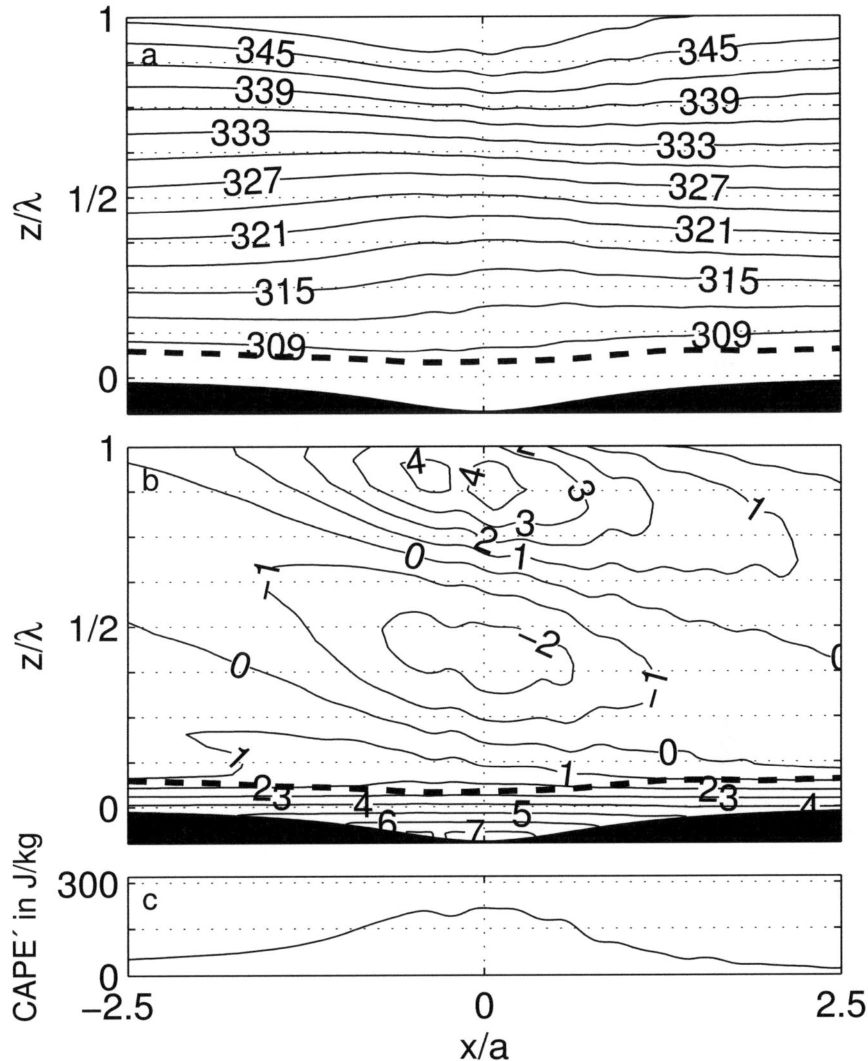



Abbildung B.12: Wie Abb. B.1, jedoch für die Konfiguration 3S2.

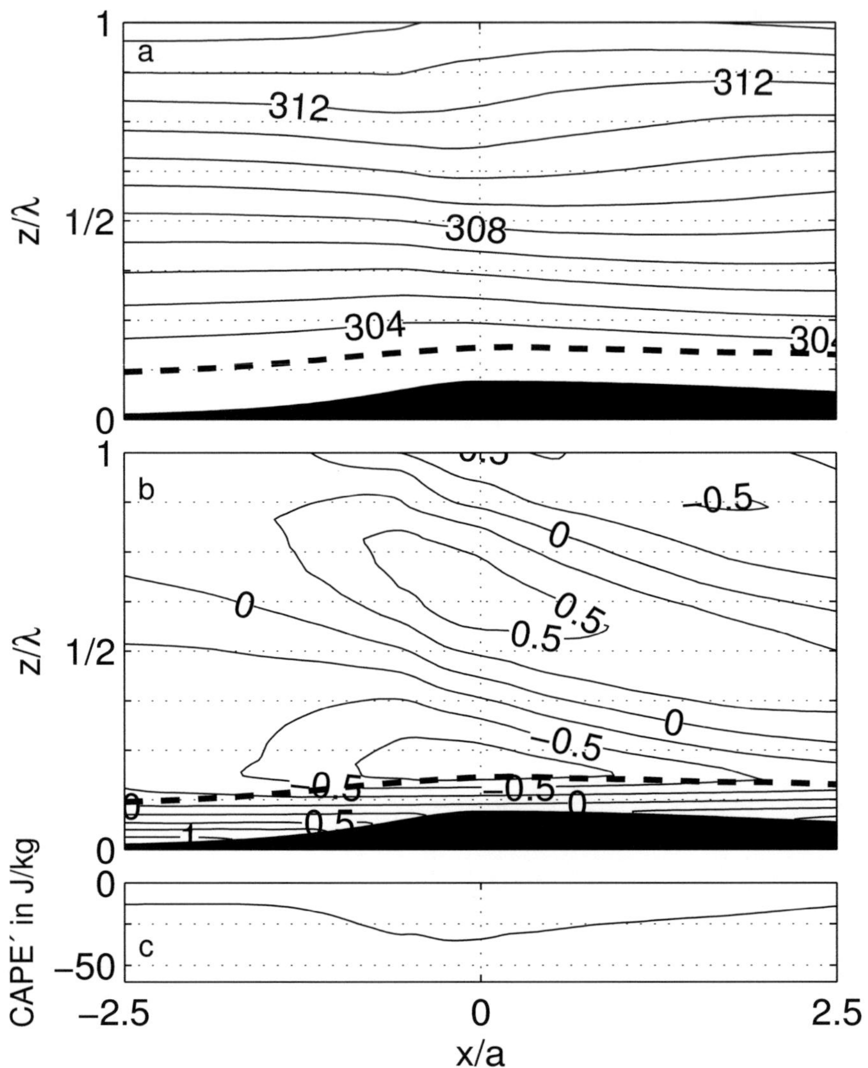

Abbildung B.13: Wie Abb. B.1, jedoch für die Konfiguration 3T0.

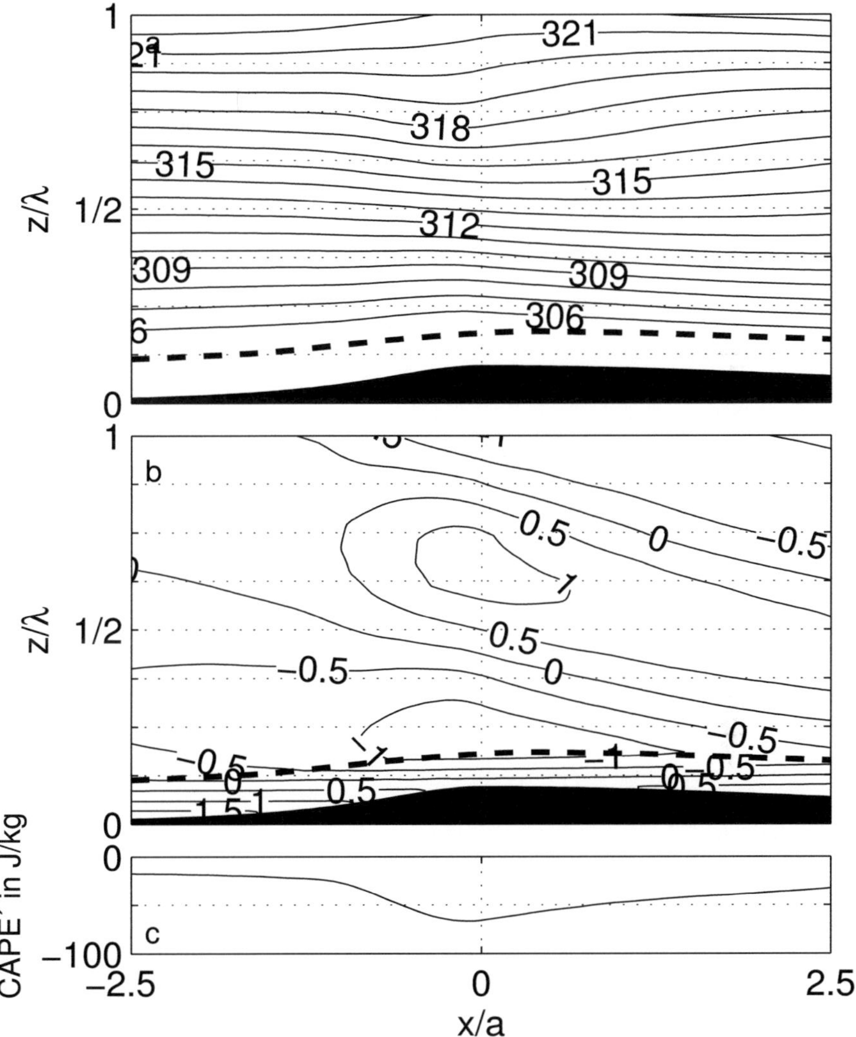

Abbildung B.14: Wie Abb. B.1, jedoch für die Konfiguration 3T1.

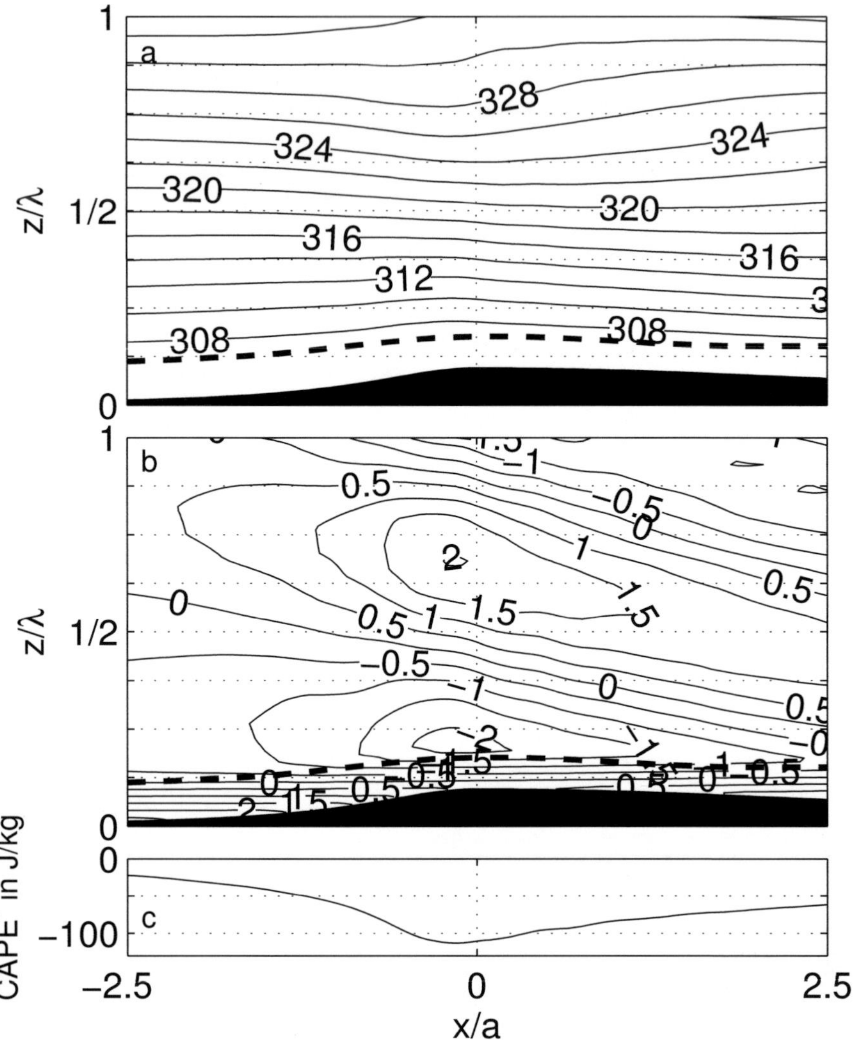

Abbildung B.15: Wie Abb. B.1, jedoch für die Konfiguration 3T2.

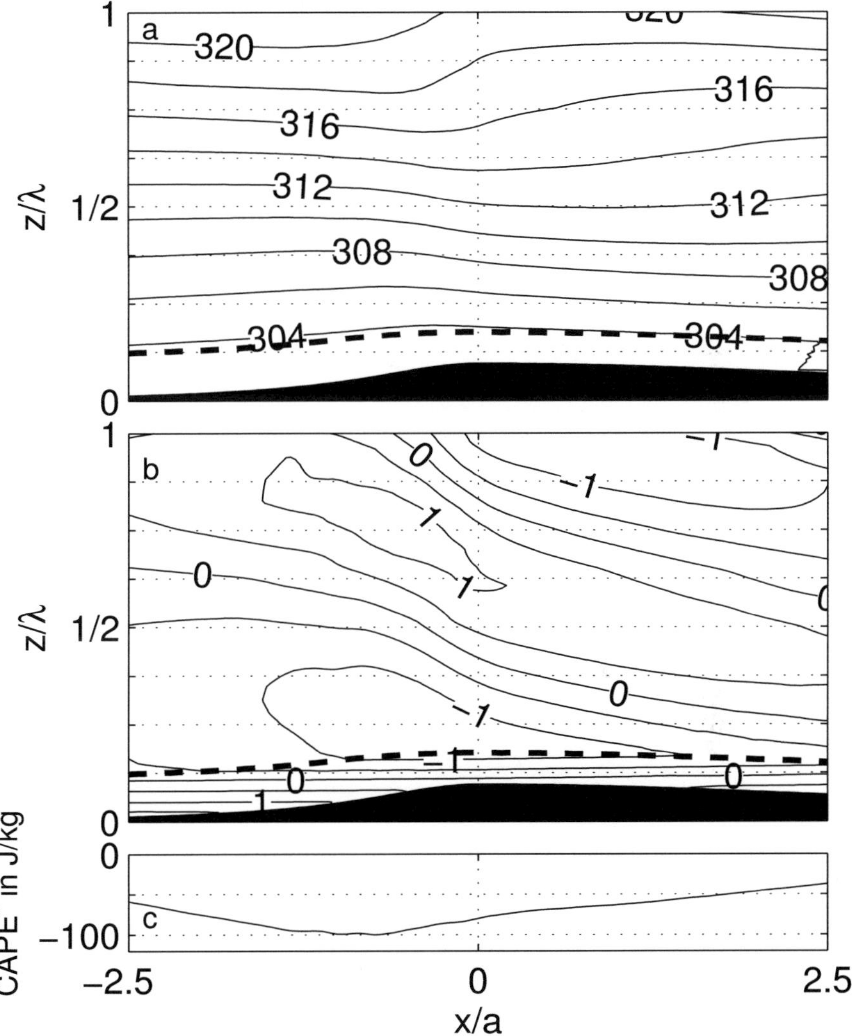

Abbildung B.16: Wie Abb. B.1, jedoch für die Konfiguration 3U0.

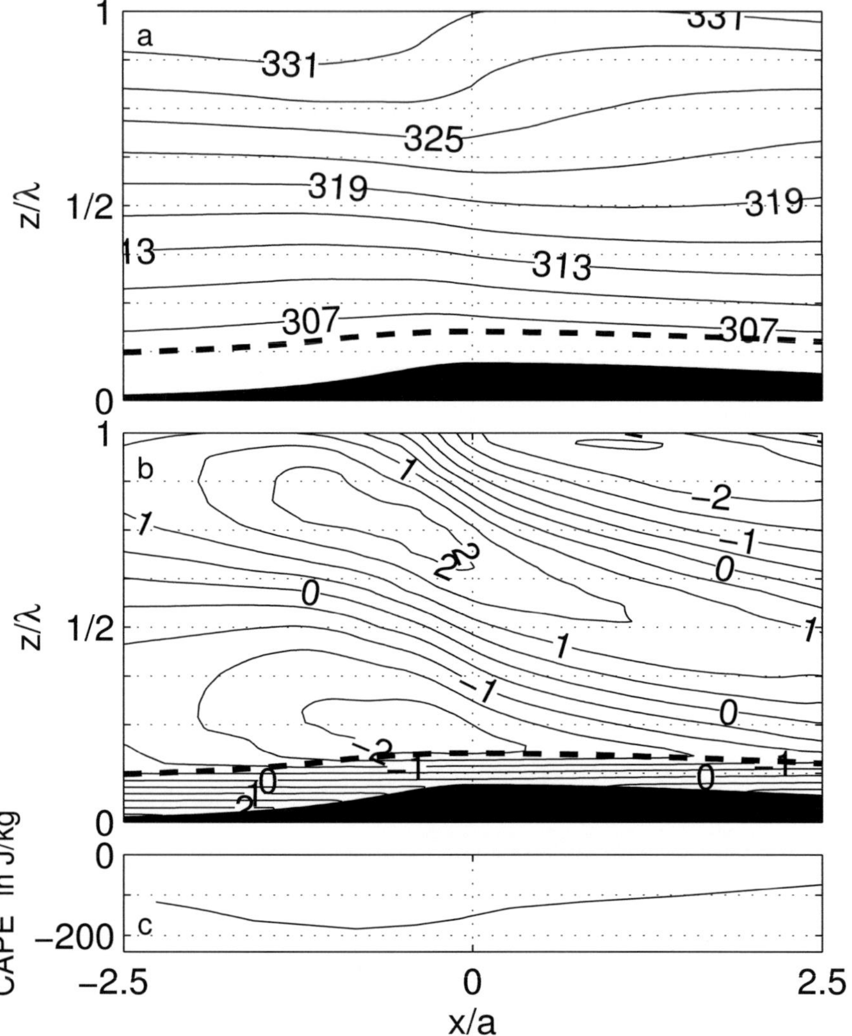

Abbildung B.17: Wie Abb. B.1, jedoch für die Konfiguration 3U1.

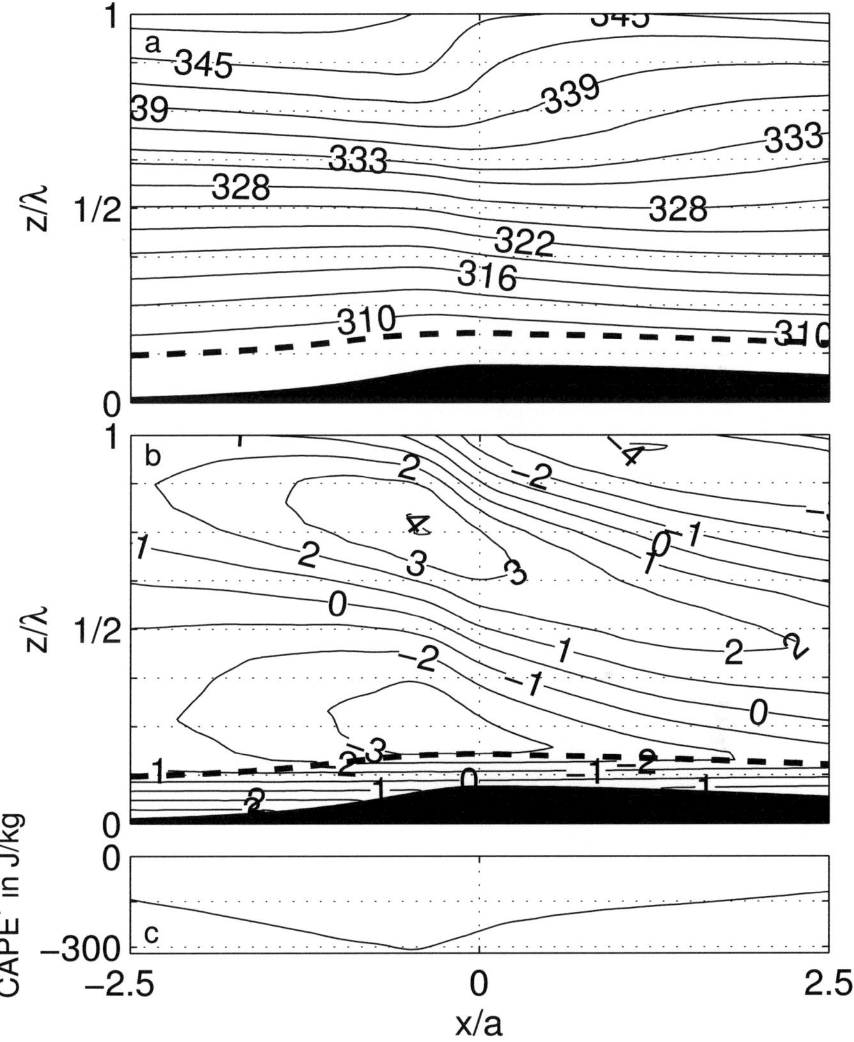

Abbildung B.18: Wie Abb. B.1, jedoch für die Konfiguration 3U2.

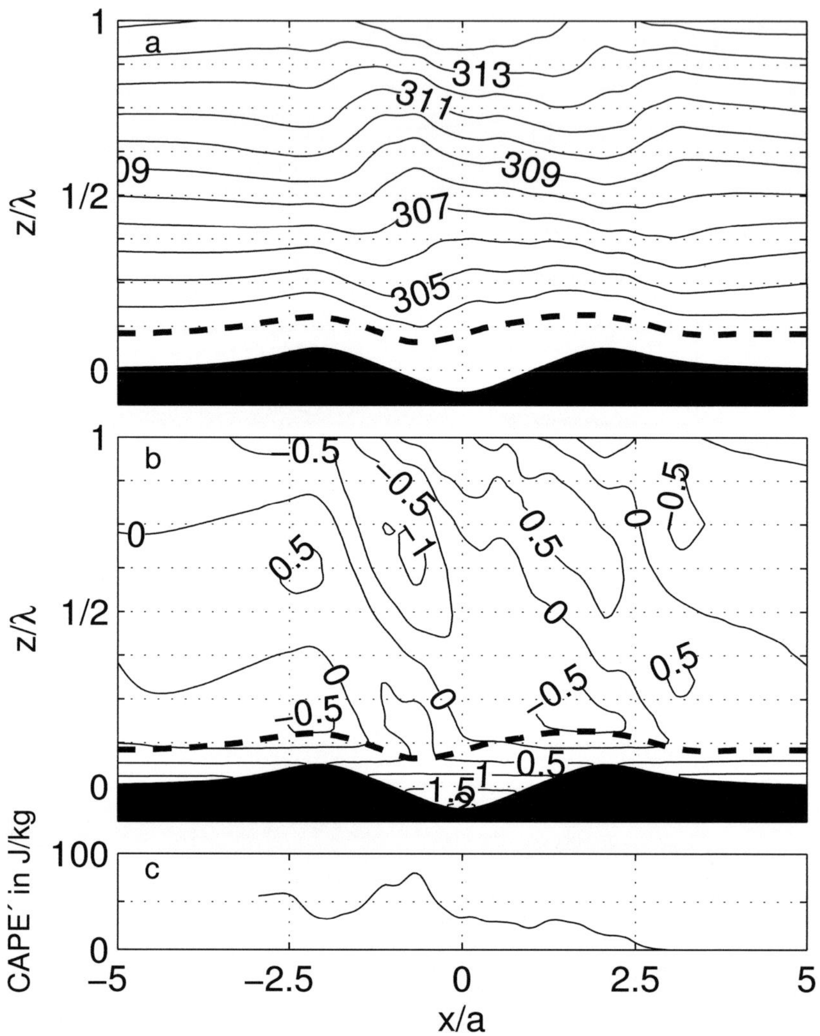

Abbildung B.19: Wie Abb. B.1, jedoch für die Konfiguration 3V0. In (c) ist die Störung der CAPE für das Intervall $\Pi_0$ angegeben. Vgl. auch Abb. 3.7.

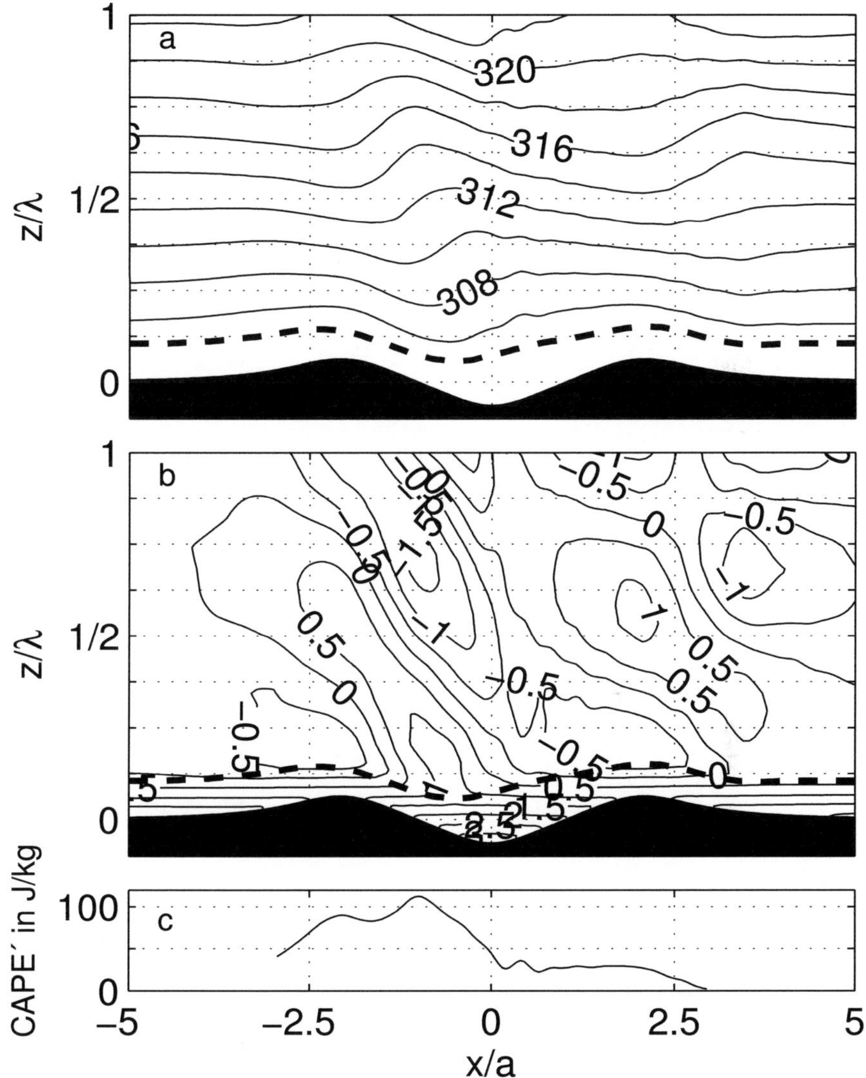

Abbildung B.20: Wie Abb. B.19, jedoch für die Konfiguration 3V1.

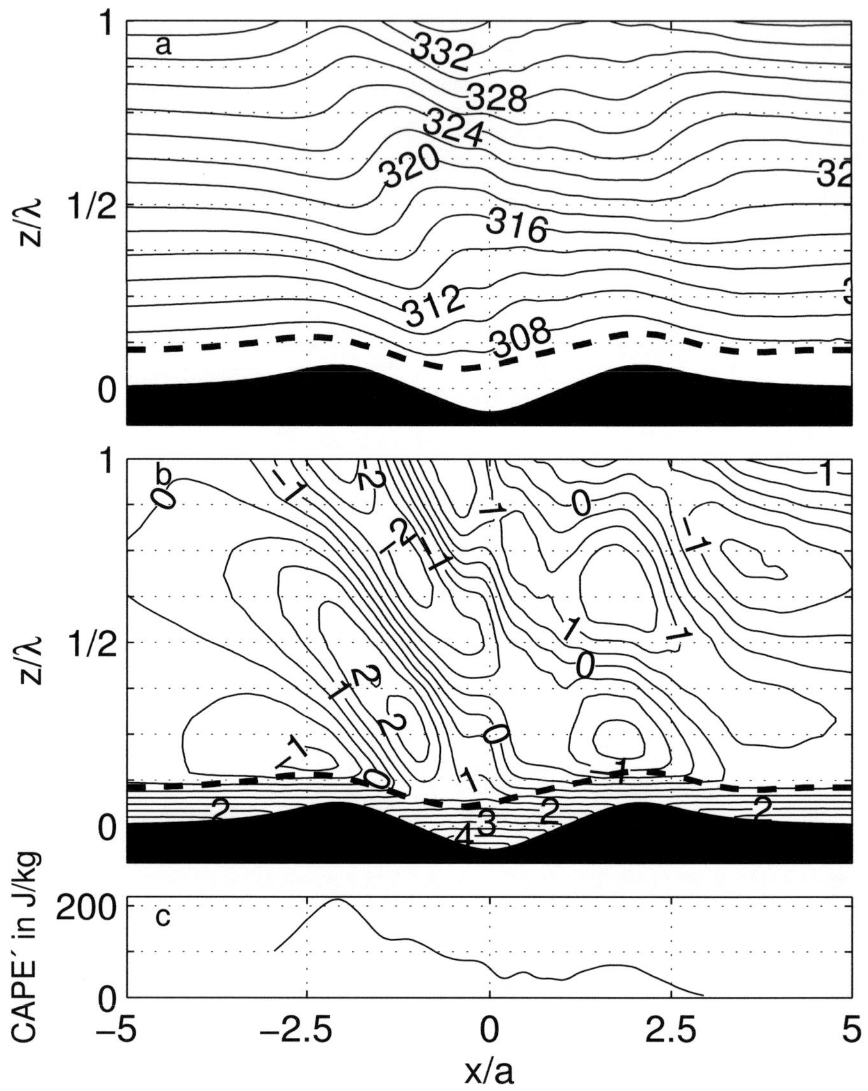



Abbildung B.21: Wie Abb. B.19, jedoch für die Konfiguration 3V2.

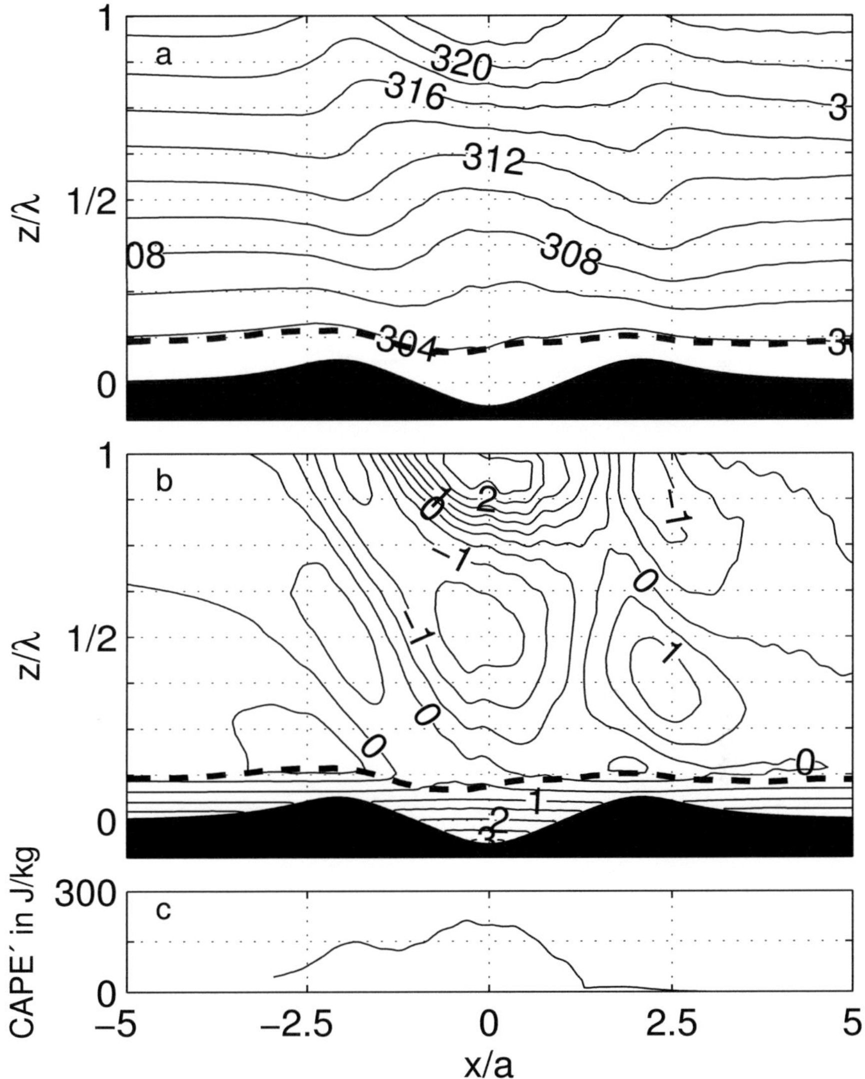

Abbildung B.22: Wie Abb. B.19, jedoch für die Konfiguration 3W0.

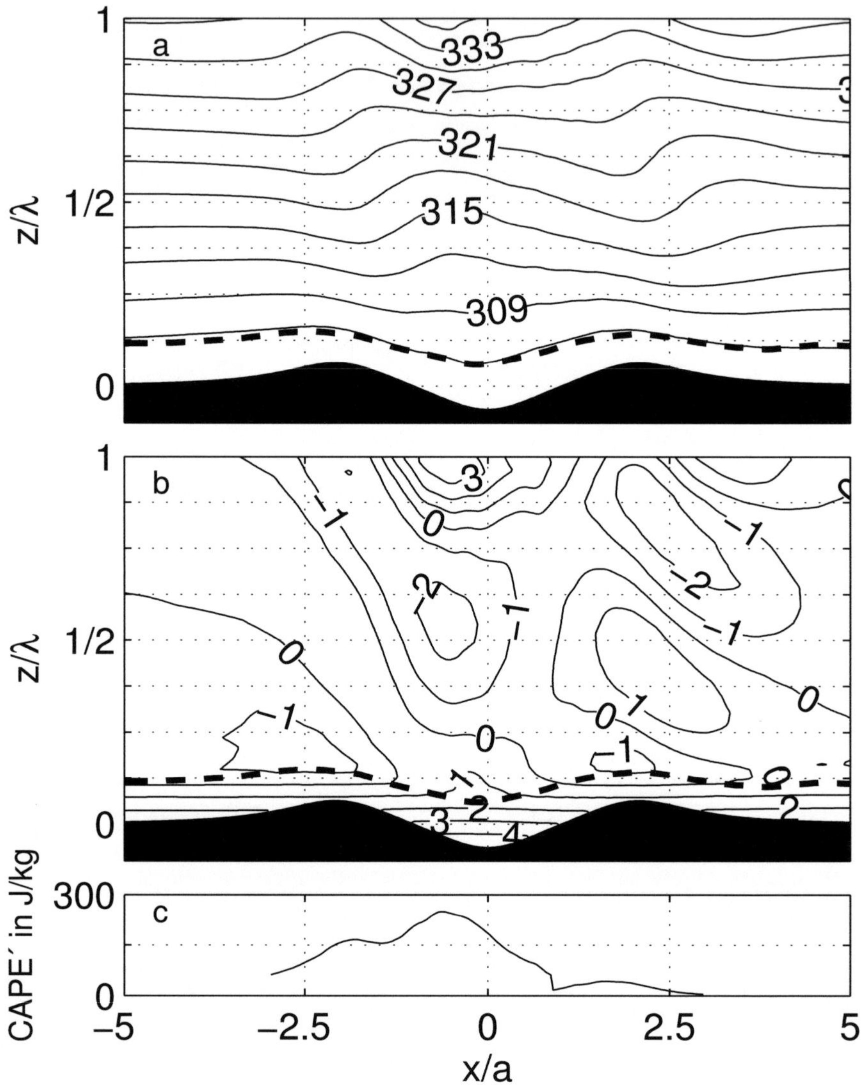

Abbildung B.23: Wie Abb. B.19, jedoch für die Konfiguration 3W1.

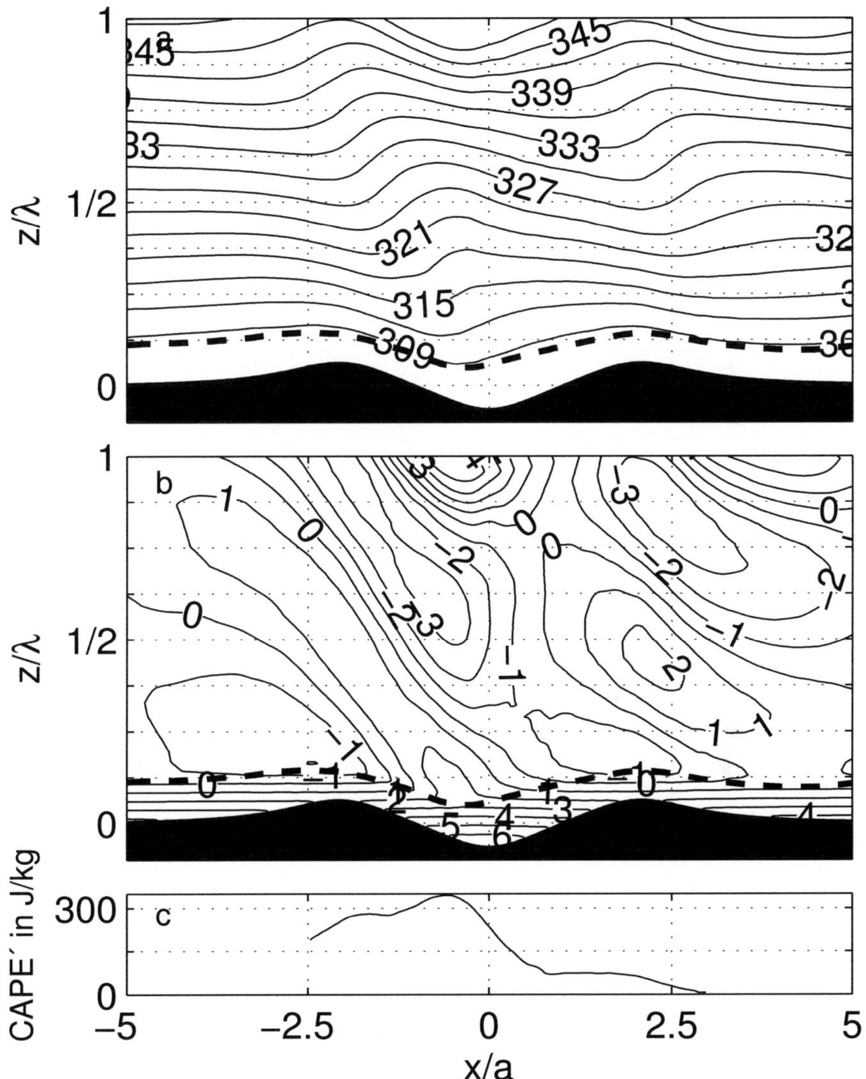



Abbildung B.24: Wie Abb. B.19, jedoch für die Konfiguration 3W2.

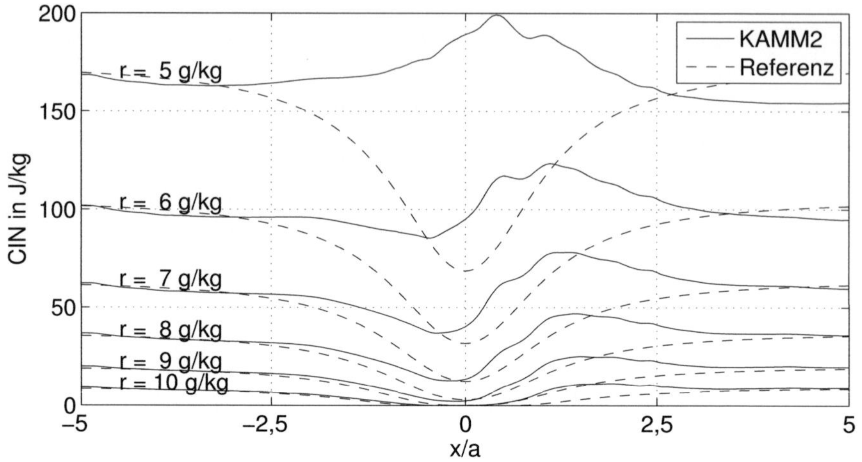



Abbildung B.25: CIN bei entsprechenden Werten des Mischungsverhältnisses $r$ in der konvektiven Grenzschicht für die Simulation 3P0 nach 12 Stunden Simulationszeit. Zum Vergleich ist die CIN einer ungestörten Referenzsituation eingetragen. Siehe dazu die Beschreibung im Text.

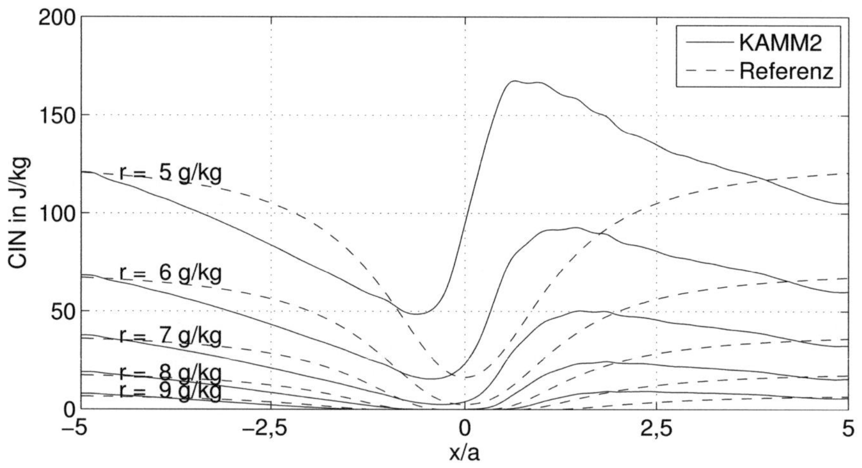



Abbildung B.26: Wie Abb. B.25, jedoch für die Konfiguration 3Q0.

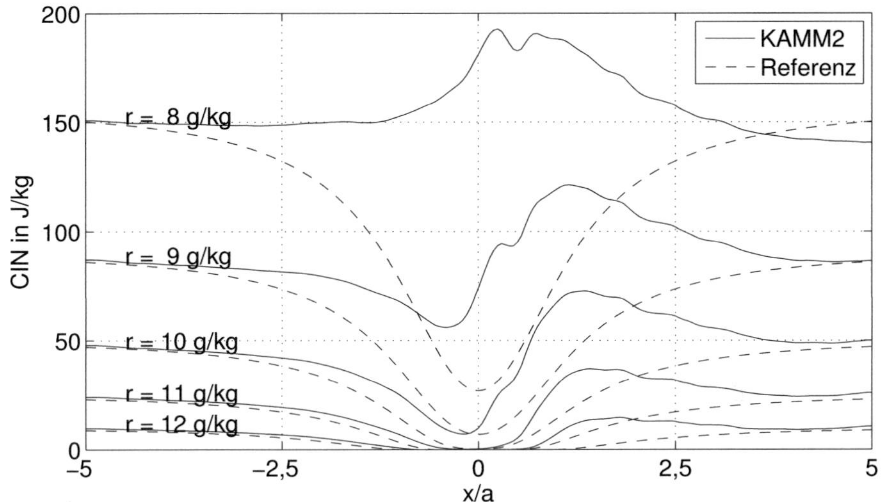



Abbildung B.27: Wie Abb. B.25, jedoch für die Konfiguration 3P1.

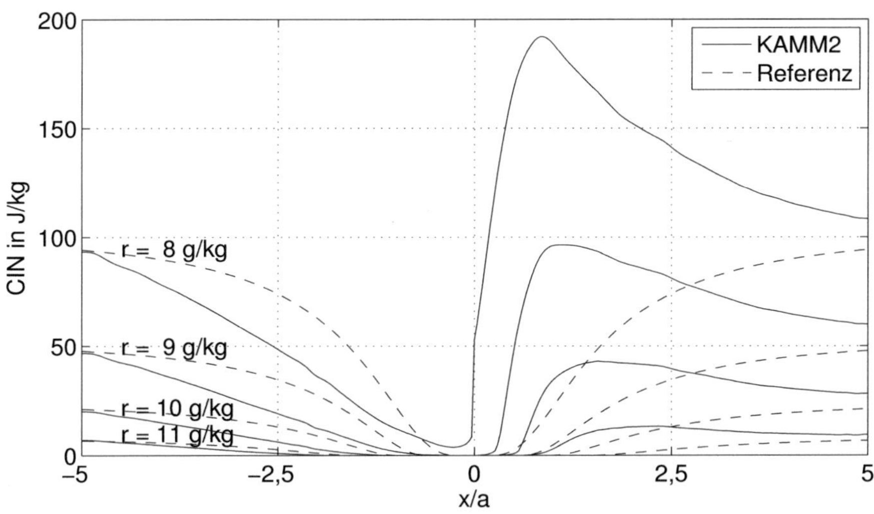



Abbildung B.28: Wie Abb. B.25, jedoch für die Konfiguration 3Q1.

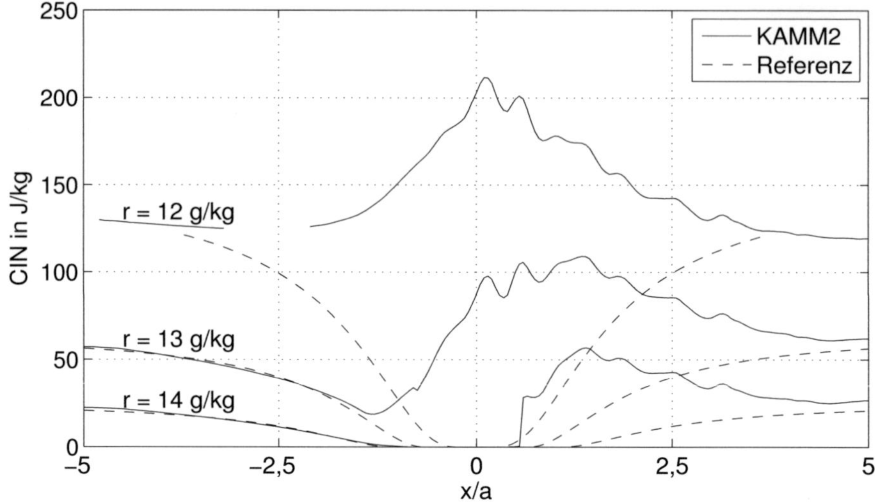

Abbildung B.29: Wie Abb. B.25, jedoch für die Konfiguration 3P2.

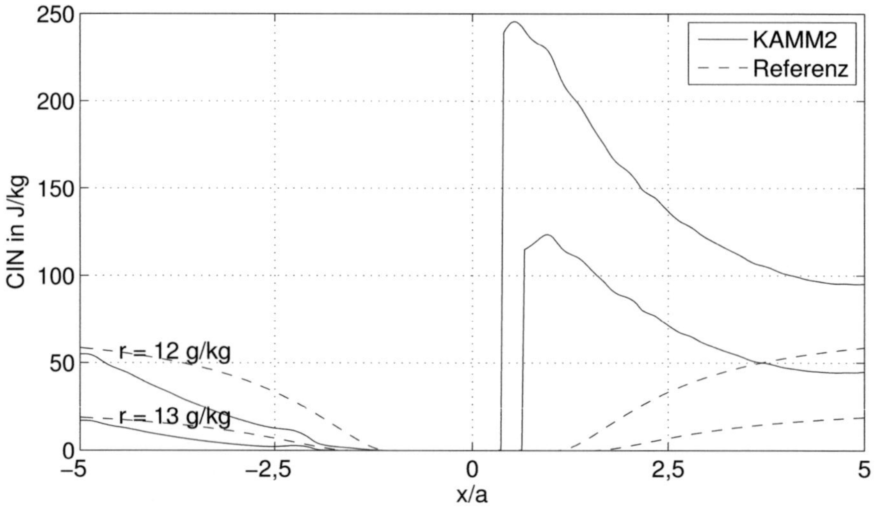

Abbildung B.30: Wie Abb. B.25, jedoch für die Konfiguration 3Q2.

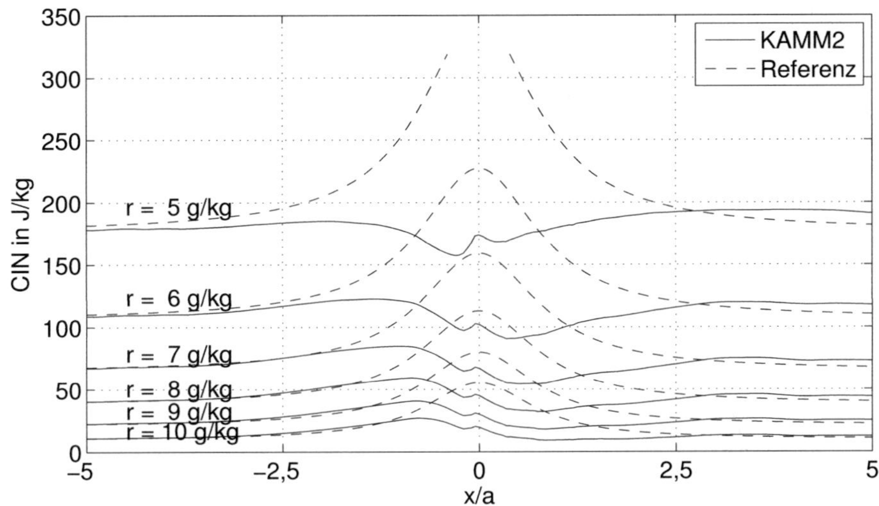

Abbildung B.31: Wie Abb. B.25, jedoch für die Konfiguration 3R0.

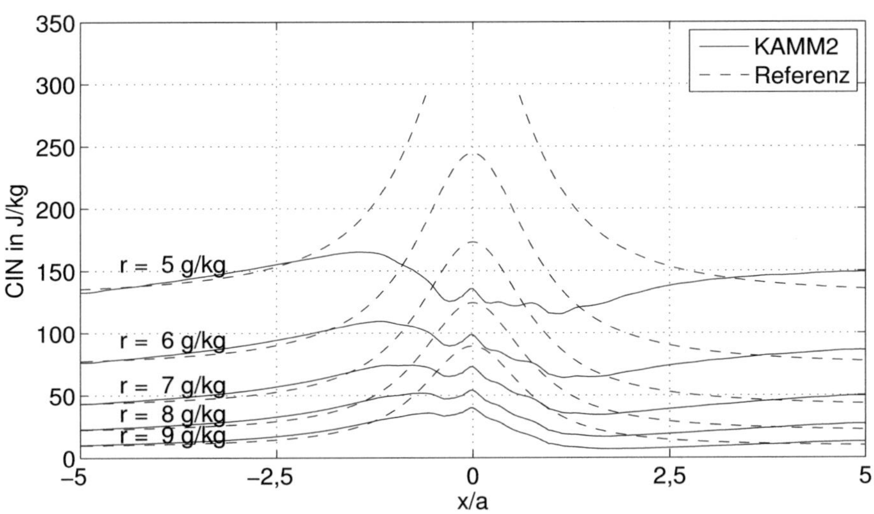

Abbildung B.32: Wie Abb. B.25, jedoch für die Konfiguration 3S0.

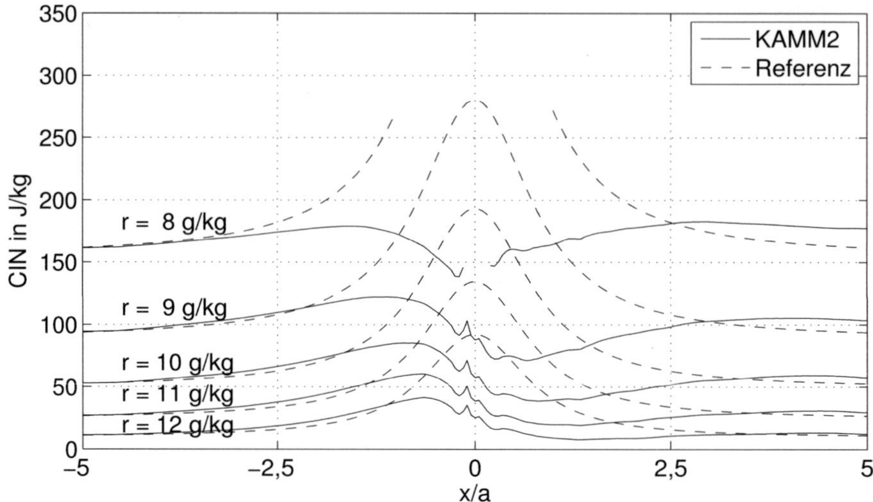

Abbildung B.33: Wie Abb. B.25, jedoch für die Konfiguration 3R1.

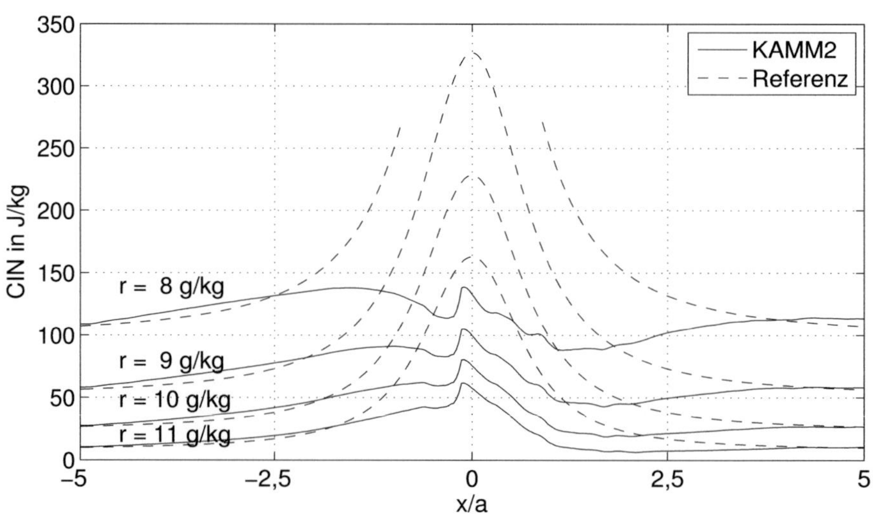

Abbildung B.34: Wie Abb. B.25, jedoch für die Konfiguration 3S1.

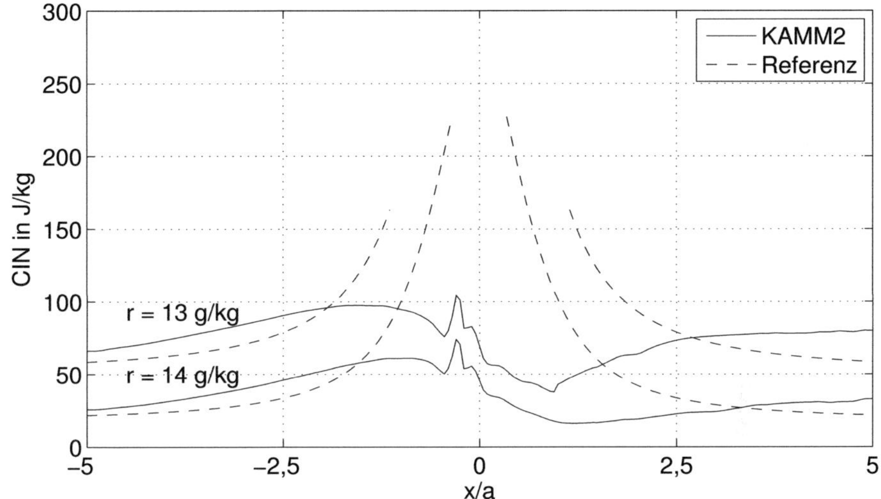

Abbildung B.35: Wie Abb. B.25, jedoch für die Konfiguration 3R2.

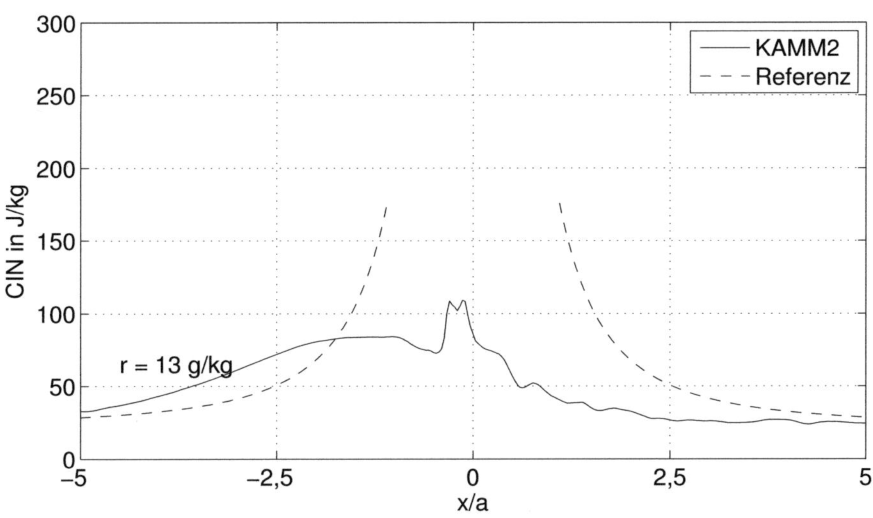

Abbildung B.36: Wie Abb. B.25, jedoch für die Konfiguration 3S2.

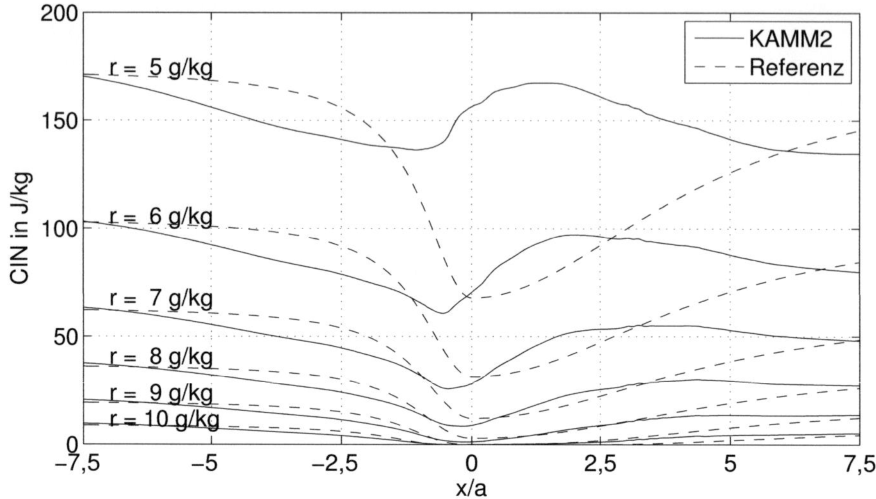

Abbildung B.37: Wie Abb. B.25, jedoch für die Konfiguration 3T0.

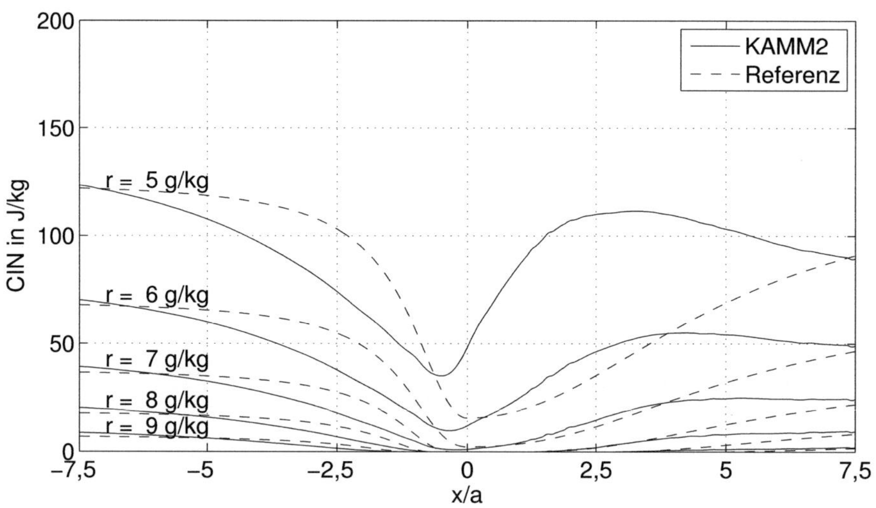

Abbildung B.38: Wie Abb. B.25, jedoch für die Konfiguration 3U0.

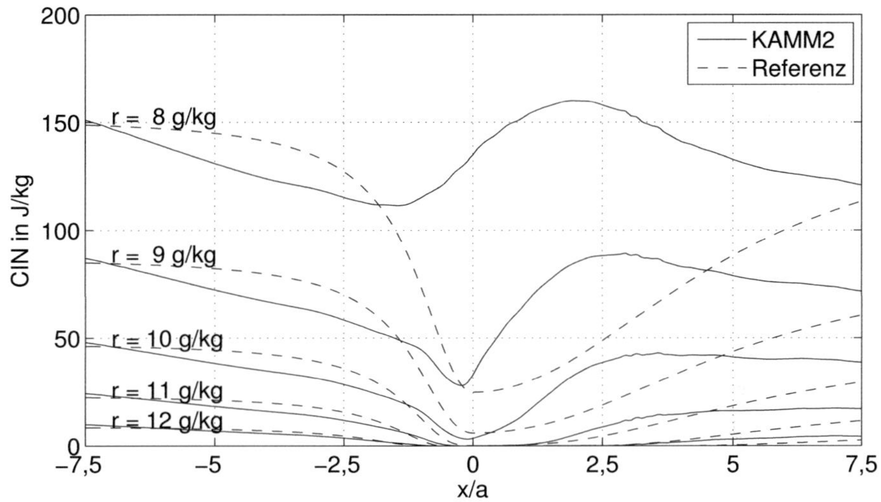


Abbildung B.39: Wie Abb. B.25, jedoch für die Konfiguration 3T1.

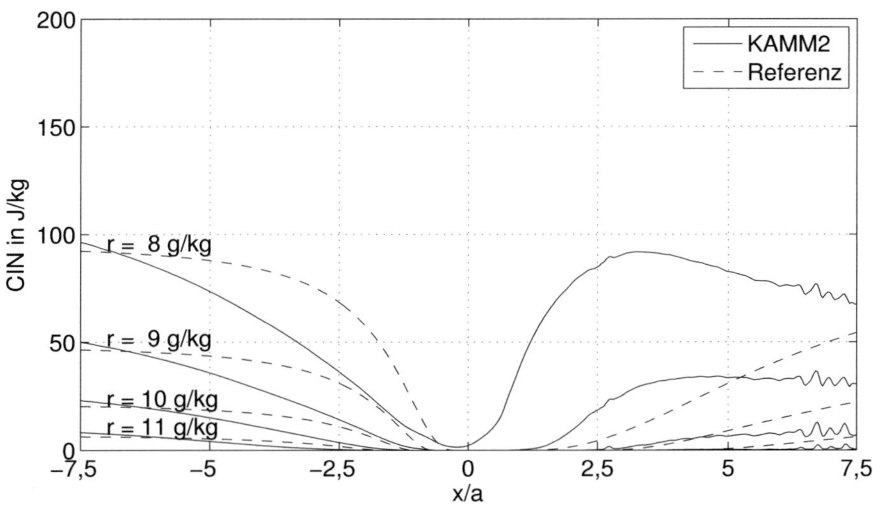


Abbildung B.40: Wie Abb. B.25, jedoch für die Konfiguration 3U1.

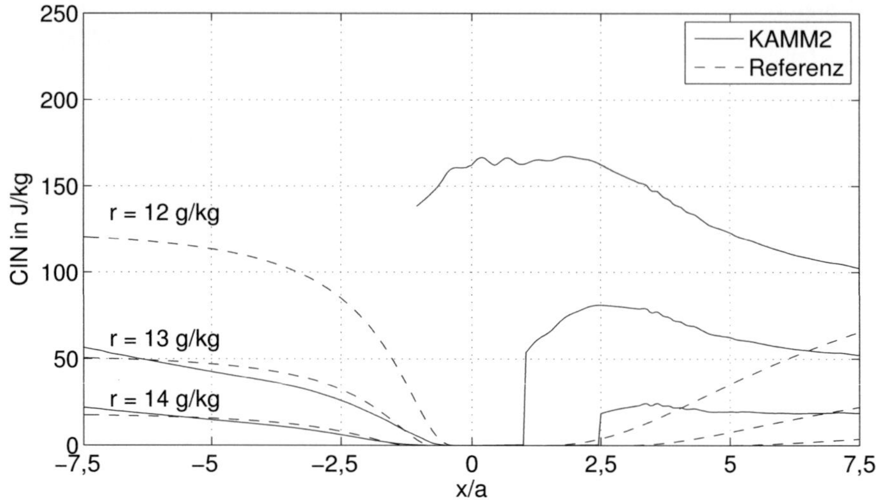

Abbildung B.41: Wie Abb. B.25, jedoch für die Konfiguration 3T2.

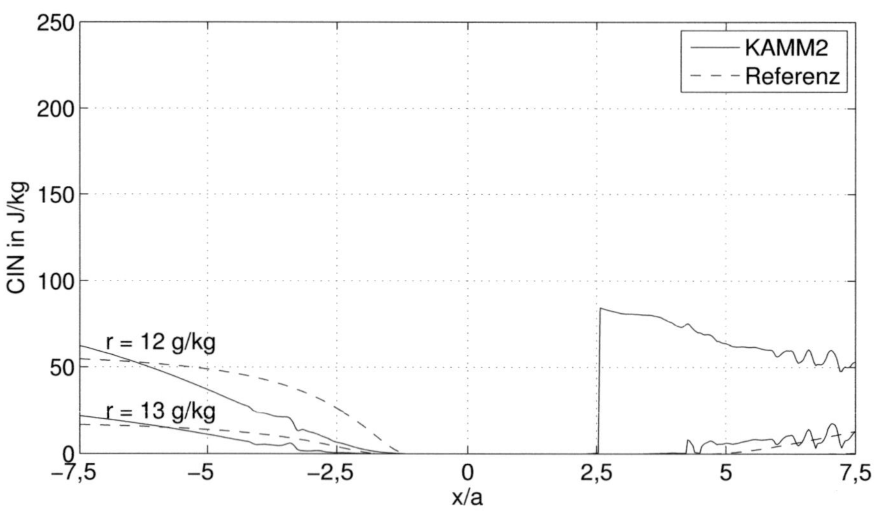

Abbildung B.42: Wie Abb. B.25, jedoch für die Konfiguration 3U2.

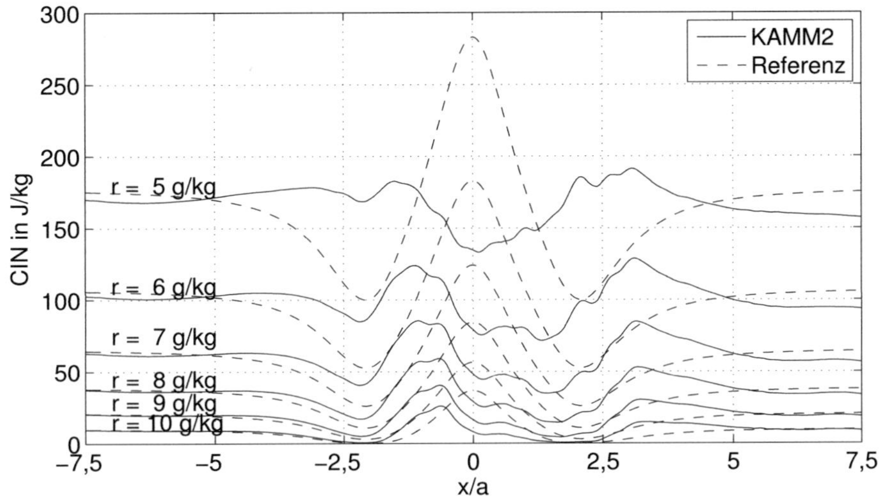

Abbildung B.43: Wie Abb. B.25, jedoch für die Konfiguration 3V0.

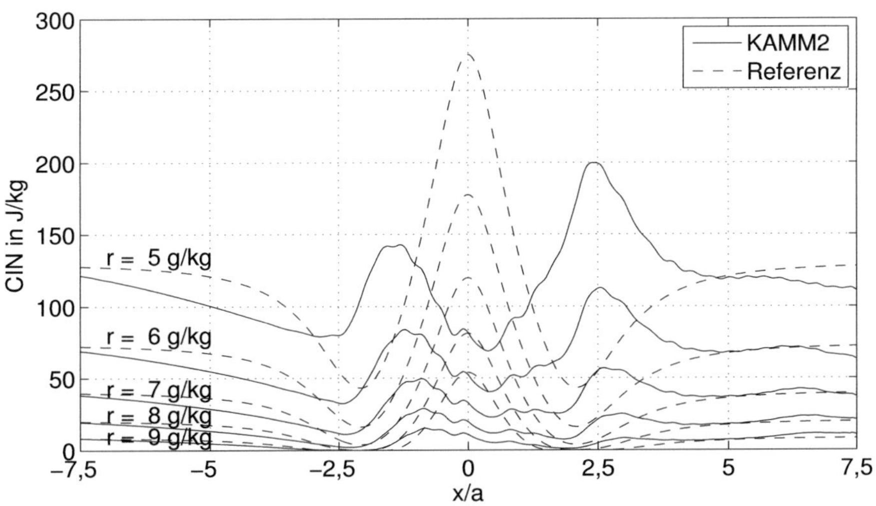

Abbildung B.44: Wie Abb. B.25, jedoch für die Konfiguration 3W0.

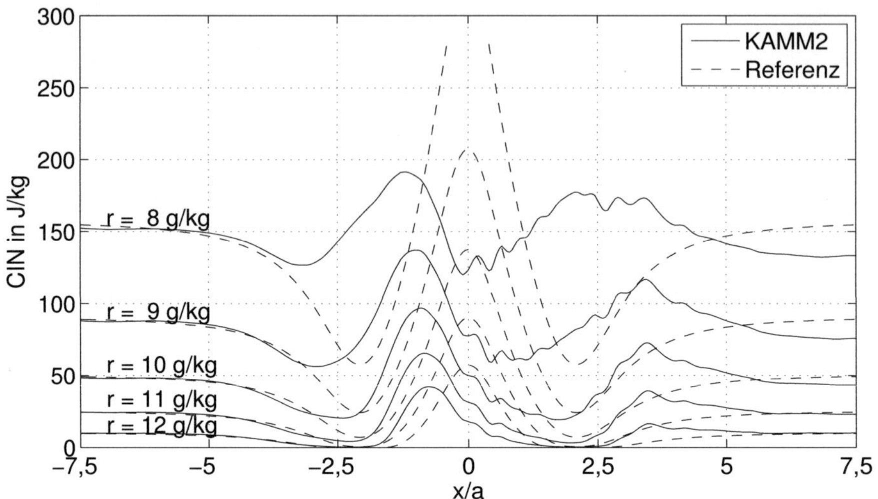

Abbildung B.45: Wie Abb. B.25, jedoch für die Konfiguration 3V1.

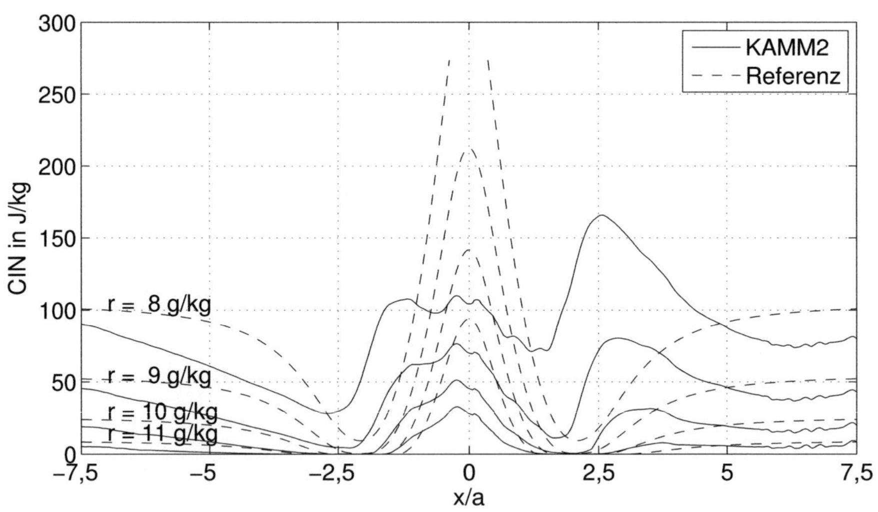

Abbildung B.46: Wie Abb. B.25, jedoch für die Konfiguration 3W1.

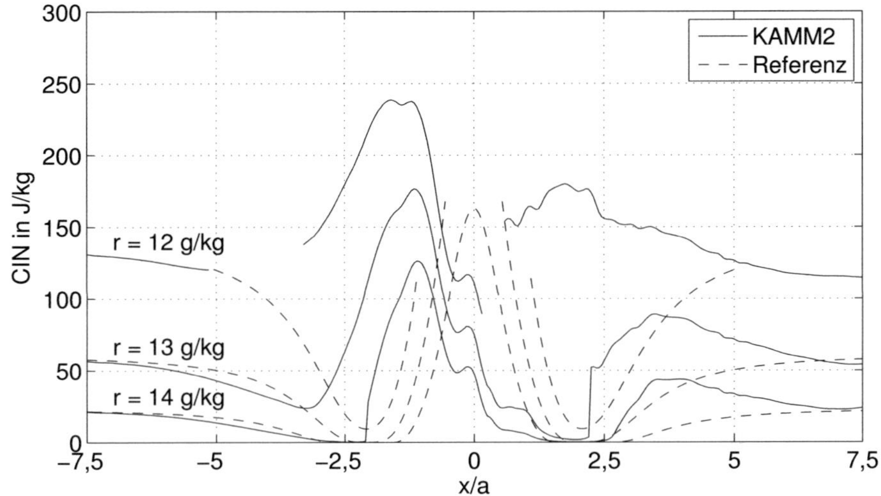

Abbildung B.47: Wie Abb. B.25, jedoch für die Konfiguration 3V2.

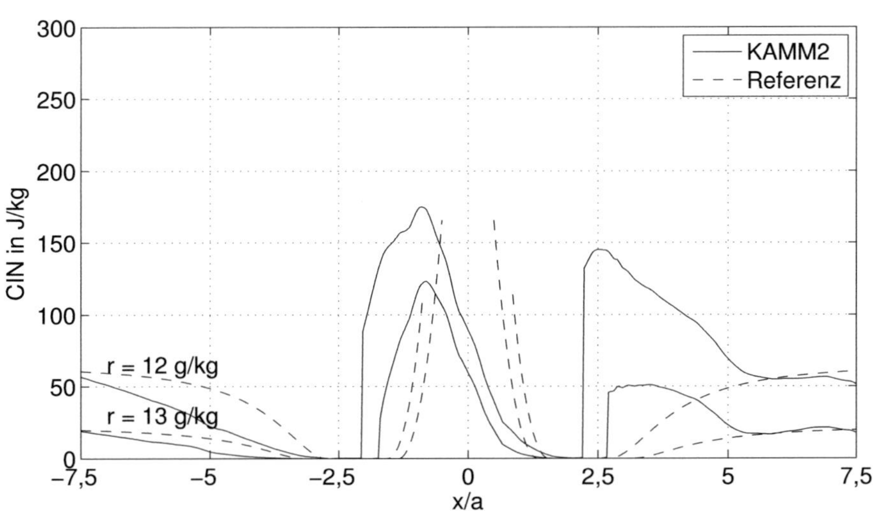

Abbildung B.48: Wie Abb. B.25, jedoch für die Konfiguration 3W2.

# Literaturverzeichnis


Adrian, G. (1994). *Zur Dynamik des Windfeldes über orographisch gegliedertem Gelände*, Berichte des Deutschen Wetterdienstes, Bd. 188. Selbst-
verlag des Deutschen Wetterdienstes, Offenbach am Main.

Atkinson, B. W. (1989). *Meso-Scale Atmospheric Circulations*. Academic
Press, San Diego.

Avissar, R. und Y. Liu (1996). Three-dimensional numerical study of shallow
convective clouds and precipitation induced by land surface forcing. *J.
Geophys. Res. 101*, D3, 7499–7518.

Avissar, R. und T. Schmidt (1998). An evaluation of the scale at which
ground-surface heat flux patchiness affects the convective boundary layer
using large-eddy simulations. *J. Atmos. Sci. 55*, 2666–2689.

Baines, P. G. (1995). *Topographic Effects in Stratified Flows*. Cambridge
Monographs on Mechanics. Cambridge University Press, Cambridge.

Baines, P. G. und H. Granek (1990). Hydraulic models of deep stratified flows over topography. *The Physical Oceanography of Sea Straits*,
(Hrsg.) L. J. Pratt, NATO ASI Series. Series C: Mathematical and Physical Sciences, Bd. 318. Kluwer Academic Publishers, Dordrecht, 245–269.

Baldauf, M. (2003). *Das Mesoskalige Simulationsmodell KAMM2*. Interner Bericht, Institut für Meteorologie und Klimaforschung, Universität
Karlsruhe / Forschungszentrum Karlsruhe.

Banta, R. M. (1984). Daytime boundary-layer evolution over mountainous
terrain. *Mon. Wea. Rev. 112*, 340–356.

Banta, R. M. (1990). The role of mountain flows in making clouds. *Atmospheric Processes over Complex Terrain*, (Hrsg.) W. Blumen, Meteor.
Monogr., Bd. 23, Kap. 9. Amer. Meteor. Soc., Boston, 229–283.

Barcilon, A., J. C. Jusem und S. Blumsack (1980). Pseudo-adiabatic flow over a two-dimensional ridge. *Geophys. Astrophys. Fluid Dyn. 16*, 19–33.

Barcilon, A., J. C. Jusem und P. G. Drazin (1979). On the two-dimensional, hydrostatic flow of a stream of moist air over a mountain ridge. *Geophys. Astrophys. Fluid Dyn. 13*, 125–140.

Barros, A. P. und D. P. Lettenmaier (1994). Dynamic modeling of orographically induced precipitation. *Rev. Geophys. 32*, 265–284.

Bauer, M. H., G. J. Mayr, I. Vergeiner und H. Pichler (2000). Strongly nonlinear flow over and around a three-dimensional mountain as a function of the horizontal aspect ratio. *J. Atmos. Sci. 57*, 3917–3991.

Benjamin, S. G. (1986). Some effects of surface heating and topography on the regional severe storm environment. Part II: Two-dimensional idealized experiments. *Mon. Wea. Rev. 114*, 330–343.

Benjamin, S. G. und T. N. Carlson (1986). Some effects of surface heating and topography on the regional severe storm environment. Part I: Three-dimensional simulations. *Mon. Wea. Rev. 114*, 307–329.

Beres, J. H. (2004). Gravity wave generation by a three-dimensional thermal forcing. *J. Atmos. Sci. 61*, 1805–1815.

Blackadar, A. K. und H. Tennekes (1968). Asymptotic similarity in neutral barotropic planetary boundary layers. *J. Atmos. Sci. 25*, 1015–1020.

Bluestein, H. B. und M. L. Weisman (2000). The interaction of numerically simulated supercells initiated along lines. *Mon. Wea. Rev. 1283128-3149*.

Bolton, D. (1980). The computation of equivalent potential temperature. *Mon. Wea. Rev. 108*, 1046–1053.

Bougeault, P., P. Binder, A. Buzzi, R. Dirks, R. Houze, J. Kuettner, R. B. Smith, R. Steinacker und H. Volkert (2001). The MAP special observing period. *Bull. Amer. Meteor. Soc. 82*, 433–462.

Browning, K. A., J. C. Fankhauser, J.-P. Chalon, P. J. Eccles, R. G. Strauch, F. H. Merrem, D. J. Musil, E. L. May und W. R. Sand (1976). Structure of an evolving hailstorm. Part V: Synthesis and implications for hail growth and hail suppression. *Mon. Wea. Rev. 104*, 603–610.

Buzzi, A. und L. Foschini (2000). Mesoscale meteorological features associated with heavy precipitation in the southern alpine region. *Meteorol. Atmos. Phys. 72*, 131–146.

Carruthers, D. J. und J. C. R. Hunt (1990). Fluid mechanics of airflow over hills: Turbulence, fluxes, and waves in the boundary layer. *Atmospheric Processes over Complex Terrain*, (Hrsg.) W. Blumen, Meteor. Monogr., Bd. 23, Kap. 5. Amer. Meteor. Soc., Boston, 83–103.

Chen, F. und R. Avissar (1994). Impact of land-surface moisture variability on local shallow convective cumulus and precipitation in large-scale models. *J. Appl. Meteor. 33*, 1382–1401.

Chen, S.-H. und Y.-L. Lin (2004). Orographic effects on a conditionally unstable flow over an idealized three-dimensional mesoscale mountain. *Meteorol. Atmos. Phys. 88*, 1–21.

Chen, S.-H. und Y.-L. Lin (2005). Effects of moist froude number and cape on a conditionally unstable flow over a mesoscale mountain ridge. *J. Atmos. Sci. 62*, 331–350.

Chu, C.-M. und Y.-L. Lin (2000). Effects of orography on the generation and propagation of mesoscale convective systems in a two-dimensional conditionally unstable flow. *J. Atmos. Sci. 57*, 3817–3837.

Clark, T. L. und W. R. Peltier (1977). On the evolution and stability of finite-amplitude mountain waves. *J. Atmos. Sci. 34*, 1715–1730.

Clark, T. L. und W. R. Peltier (1984). Critical level reflection and the resonant growth of nonlinear mountain waves. *J. Atmos. Sci. 41*, 3122–3134.

Colle, B. A. (2004). Sensitivity of orographic precipitation to changing ambient conditions and terrain geometries: An idealized modeling perspective. *J. Atmos. Sci. 61*, 588–606.

Davies, H. C. und C. Schär (1986). Diabatic modification of airflow over a mesoscale orographic ridge: A model study of the coupled response. *Q. J. Roy. Meteor. Soc. 112*, 711–730.

Davies-Jones, R. (1984). Streamwise vorticity: The origin of updraft rotation in supercell storms. *J. Atmos. Sci. 41*, 2991–3006.

Doswell III, C. A. (1996). What is a supercell? *Preprints 18th Conf. on Severe Local Storms*, 19-23 February 1996, San Francisco. Amer. Meteor. Soc., Boston, 641.

Dotzek, N. und S. Emeis (1994). *Dokumentation der Neuerungen an den KAMM3D Grenzschicht-Subroutines BDLYK, GERVAN, USTS3D und der $z_i$-Bestimmung ZIBEST*. Interner Bericht, Institut für Meteorologie und Klimaforschung, Universität / Forschungszentrum Karlsruhe.

Doyle, J. D. und D. R. Durran (2002). The dynamics of mountain-wave-induced rotors. *J. Atmos. Sci. 59*, 186–201.

Doyle, J. D. und D. R. Durran (2004). Recent developments in the theory of atmospheric rotors. *Bull. Amer. Meteor. Soc. 85*, 337–342.

Driedonks, A. G. M. (1982). Models and observations of the growth of the atmospheric boundary layer. *Boundary-Layer Meteor. 23*, 283–306.

Durran, D. R. (1986). Another look at downslope windstorms. Part I: The development of analogs to supercritical flow in an infinitely deep, continuously stratified fluid. *J. Atmos. Sci. 43*, 2527–2543.

Durran, D. R. (1990). Mountain waves and downslope winds. *Atmospheric Processes over Complex Terrain*, (Hrsg.) W. Blumen, Meteor. Monogr., Bd. 23, Kap. 4. Amer. Meteor. Soc., Boston, 59–81.

Durran, D. R. und J. B. Klemp (1982a). The effects of moisture on trapped mountain lee waves. *J. Atmos. Sci. 39*, 2490–2506.

Durran, D. R. und J. B. Klemp (1982b). On the effects of moisture on the Brunt-Väisälä frequency. *J. Atmos. Sci. 39*, 2152–2158.

Durran, D. R. und J. B. Klemp (1987). Another look at downslope winds. Part II: Nonlinear amplification beneath wave-overturning layers. *J. Atmos. Sci. 44*, 3402–3412.

Eckart, C. (1960). *Hydrodynamics of Oceans and Atmospheres*. Pergamon, Oxford.

Emanuel, K. A. (1994). *Atmospheric Convection*. Oxford University Press, Oxford.

Förstner, J. und G. Adrian (1998). *Dokumentation des kompressiblen meso-skaligen Modells KAMM2*. Interner Bericht, Institut für Meteorologie und Klimaforschung, Universität Karlsruhe / Forschungszentrum Karlsruhe.

Fuhrer, O. und C. Schär (2005). Embedded cellular convection in moist flow past topography. *J. Atmos. Sci. 62*, 2810–2828.

Fujita, T. und H. Grandoso (1968). Split of a thunderstorm into anticyclonic and cyclonic storms and their motion as determined from numerical model experiments. *J. Atmos. Sci. 25*, 416–439.

Gheusi, F. und J. Stein (2003). Small-scale rainfall mechanisms for an idealized convective southerly flow over the Alps. *Q. J. Roy. Meteor. Soc. 129*, 1819–1840.

Gopalakrishnan, S. G., S. B. Roy und R. Avissar (2000). An evaluation of the scale at which topographical features affect the convective boundary layer using large eddy simulations. *J. Atmos. Sci. 57*, 334–351.

Gossard, E. E. und W. H. Hooke (1975). *Waves in the Atmosphere*, Developments in Atmospheric Science, Bd. 2. Elsevier, Amsterdam.

Hoff, H. (1998). Klimaänderung und Wasserverfügbarkeit. *Warnsignal Klima*, (Hrsg.) L. Lozan, H. Graßl und P. Hupfer. „Wissenschaftliche Auswertungen", Hamburg, 318–324.

Houze, R. A. (1993). *Cloud Dynamics*, International Geophysics Series, Bd. 53. Academic Press, San Diego.

Hunt, J. C. R. und W. H. Snyder (1980). Experiments on stably and neutrally stratified flow over a model three-dimensional hill. *J. Fluid Mech. 96*, 671–704.

Huppert, H. E. und J. W. Miles (1969). Lee waves in a stratified flow. Part 3. Semi-elliptical obstacle. *J. Fluid Mech. 35*, 481–496.

Jiang, Q. (2003). Moist dynamics and orographic precipitation. *Tellus 55A*, 301–316.

Jiang, Q., J. D. Doyle und R. B. Smith (2006). Interaction between trapped waves and boundary layers. *J. Atmos. Sci. 63*, 617–633.

Kalthoff, N., H.-J. Binder, M. Kossmann, R. Vögtlin, U. Corsmeier, F. Fiedler und H. Schlager (1998). Temporal evolution and spatial variation of the boundary layer over complex terrain. *Atmos. Environ. 32*, 1179–1194.

Katzfey, J. J. (1995a). Simulation of extreme New Zealand precipitation events. Part I: Sensitivity to orography and resolution. *Mon. Wea. Rev. 123*, 737–754.

Katzfey, J. J. (1995b). Simulation of extreme New Zealand precipitation events. Part II: Mechanisms of precipitation development. *Mon. Wea. Rev. 123*, 755–775.

Kimura, F. und P. Manins (1988). Blocking in periodic valleys. *Boundary-Layer Meteor. 44*, 137–169.

Kirshbaum, D. J. und D. R. Durran (2004). Factors governing cellular convection in orographic precipitation. *J. Atmos. Sci. 61*, 682–698.

Kirshbaum, D. J. und D. R. Durran (2005a). Atmospheric factors governing banded orographic convection. *J. Atmos. Sci. 62*, 3758–3774.

Kirshbaum, D. J. und D. R. Durran (2005b). Observations and modeling of banded orographic convection. *J. Atmos. Sci. 62*, 1463–1479.

Klemp, J. B. (1987). Dynamics of tornadic thunderstorms. *Ann. Rev. Fluid Mech. 19*, 369–402.

Klemp, J. B. und D. K. Lilly (1975). The dynamics of wave-induced downslope winds. *J. Atmos. Sci. 32*, 320–339.

Klemp, J. B. und R. Rotunno (1983). A study of the tornadic region within a supercell thunderstorm. *J. Atmos. Sci. 40*, 359–377.

Klemp, J. B. und R. B. Wilhelmson (1978). The simulation of three-dimensional convective storm dynamics. *J. Atmos. Sci. 35*, 1070–1096.

Kossmann, M. (1998). *Einfluß orographisch induzierter Transportprozesse auf die Struktur der atmosphärischen Grenzschicht und die Verteilung von Spurengasen.* Dissertation, Institut für Meteorologie und Klimaforschung, Universität Karlsruhe / Forschungszentrum Karlsruhe.

Kossmann, M., R. Vögtlin, U. Corsmeier, B. Vogel, F. Fiedler, H.-J. Binder, N. Kalthoff und F. Beyrich (1998). Aspects of the convective boundary layer structure over complex terrain. *Atmos. Environ. 32*, 1323–1348.

Kunz, M. (2003). *Simulation von Starkniederschlägen mit langer Andauer über Mittelgebirgen.* Dissertation, Institut für Meteorologie und Klimaforschung, Universität Karlsruhe / Forschungszentrum Karlsruhe.

Lane, T. P. und M. J. Reeder (2001). Convectively generated gravity wave and their effect on the cloud environment. *J. Atmos. Sci. 58*, 2427–2440.

Lane, T. P., M. J. Reeder und T. L. Clark (2001). Numerical modeling of gravity wave generation by deep tropical convection. *J. Atmos. Sci. 58*, 1249–1274.

Laprise, R. und W. R. Peltier (1989a). The linear stability of nonlinear mountain waves: Implications for the understanding of severe downslope windstorms. *J. Atmos. Sci. 46*, 545–564.

Laprise, R. und W. R. Peltier (1989b). On the structural characteristics of steady finite-amplitude mountain waves over bell-shaped topography. *J. Atmos. Sci. 46*, 586–595.

Laprise, R. und W. R. Peltier (1989c). The structure and energetics of transient eddies in a numerical simulation of breaking mountain waves. *J. Atmos. Sci. 46*, 565–585.

Lemon, L. R. und C. A. Doswell III (1979). Severe thunderstorm evolution and mesocyclone structure as related to tornadogenesis. *Mon. Wea. Rev. 107*, 1184–1197.

Lilly, D. K. (1983). Dynamics of rotating thunderstorms. *Mesoscale Meteorology – Theories, Observations and Models*, (Hrsg.) D. K. Lilly und T. Gal-Chen, NATO ASI Series. Series C: Mathematical and Physical Sciences, Bd. 114. D. Reidel Publishing Company, Dordrecht, 531–543.

Lilly, D. K. (1986). The structure, energetics and propagation of rotating convective storms. Part I: Energy exchange with the mean flow. *J. Atmos. Sci. 43*, 113–125.

Lilly, D. K. und J. B. Klemp (1979). The effects of terrain shape on nonlinear hydrostatic mountain waves. *J. Fluid Mech. 95*, 241–261.

Lin, C.-Y. und C.-S. Chen (2002). A study of orographic effects on mountain-generated precipitation systems under weak synoptic forcing. *Meteorol. Atmos. Phys. 81*, 1–25.

Lin, Y.-L. (1986). Calculation of airflow over an isolated heat source with application to the dynamics of V-shaped clouds. *J. Atmos. Sci. 43*, 2736–2751.

Lin, Y.-L., S. Chiao, T.-A. Wang, M. L. Kaplan und R. P. Weglarz (2001). Some common ingredients for heavy orographic rainfall. *Wea. Forecasting 16*, 633–660.

Lin, Y.-L., R. L. Deal und M. S. Kulie (1998). Mechanisms of cell regeneration, development, and propagation within a two-dimensional multicell storm. *J. Atmos. Sci. 55*, 1867–1886.

Lin, Y.-L. und L. E. Joyce (2001). A further study of the mechanisms of cell regeneration, propagation, and development within two-dimensional multicell storms. *J. Atmos. Sci. 58*, 2957–2988.

Lin, Y.-L. und R. B. Smith (1986). Transient dynamics of airflow near a local heat source. *J. Atmos. Sci. 43*, 40–49.

Lin, Y.-L. und T.-A. Wang (1996). Flow regimes and transient dynamics of two-dimensional stratified flow over an isolated mountain ridge. *J. Atmos. Sci. 53*, 139–158.

Long, R. R. (1953). Some aspects of the flow of stratified fluids. I. A theoretical investigation. *Tellus 5*, 42–58.

Long, R. R. (1955). Some aspects of the flow of stratified fluids. III. Continuous density gradients. *Tellus 7*, 341–357.

Lynn, B. H. und W.-K. Tao (2001). A parameterization for the triggering of landscape-generated moist convection. Part II: Zero-order and first-order closure. *J. Atmos. Sci. 58*, 593–607.

Lynn, B. H., W.-K. Tao und F. Abramopoulos (2001). A parameterization for the triggering of landscape-generated moist convection. Part I: Analysis of high-resolution model results. *J. Atmos. Sci. 58*, 575–592.

Lynn, B. H., W.-K. Tao und P. J. Wetzel (1998). A study of landscape-generated deep moist convection. *Mon. Wea. Rev. 126*, 928–942.

Lyra, G. (1940). Über den Einfluß von Bodenerhebungen auf die Strömung einer stabil geschichteten Atmosphäre. *Beitr. Phys. fr. Atmos. 26*, 197–206.

Mayr, G. J. und A. Gohm (2000). 2D airflow over a double bell-shaped mountain. *Meteorol. Atmos. Phys. 72*, 13–27.

McCaul Jr., E. W. und C. Cohen (2002). The impact on simulated storm structure and intensity of variations in the mixed layer and moist layer depths. *Mon. Wea. Rev. 130*, 1722–1748.

McCaul Jr., E. W., C. Cohen und C. Kirkpatrick (2005). The sensitivity of simulated storm structure, intensity, and precipitation efficiency to environmental temperature. *Mon. Wea. Rev. 133*, 3015–3037.

McCaul Jr., E. W. und M. L. Weisman (2001). The sensitivity of simulated supercell structure and intensity to variations in the shapes of environmental buoyancy and shear profiles. *Mon. Wea. Rev. 129*, 664–687.

McNider, R. T. und F. J. Kopp (1990). Specification of the scale and magnitude of thermals used to initiate convection in cloud models. *J. Appl. Meteor. 29*, 99–104.

Miglietta, M. M. und A. Buzzi (2001). A numerical study of moist stratified flows over isolated topography. *Tellus 53A*, 481–499.

Miglietta, M. M. und R. Rotunno (2005). Simulations of moist nearly neutral flow over a ridge. *J. Atmos. Sci. 62*, 1410–1427.

Miglietta, M. M. und R. Rotunno (2006). Further results on moist nearly neutral flow over a ridge. *J. Atmos. Sci. 63*, 2881–2897.

Miles, J. W. (1968). Lee waves in a stratified flow. Part 1. Thin barrier. *J. Fluid Mech. 32*, 549–567.

Miles, J. W. und H. E. Huppert (1968). Lee waves in a stratified flow. Part 2. Semi-circular obstacle. *J. Fluid Mech. 33*, 803–814.

Miles, J. W. und H. E. Huppert (1969). Lee waves in a stratified flow. Part 4. Perturbation approximations. *J. Fluid Mech. 35*, 497–525.

Noppel, H. (1999). *Untersuchungen des Wärmetransports durch die Hangwindzirkulation auf regionaler Skala.* Dissertation, Institut für Meteorologie und Klimaforschung, Universität Karlsruhe / Forschungszentrum Karlsruhe.

Ólafsson, H. und P. Bougeault (1997). The effect of rotation and surface friction on orographic drag. *J. Atmos. Sci. 54*, 193–210.

Orlanski, I. (1975). A rational subdivision of scales for atmospheric processes. *Bull. Amer. Meteor. Soc. 56*, 527–530.

Orville, H. D. (1965). A numerical study of the initiation of cumulus clouds over mountainous terrain. *J. Atmos. Sci. 22*, 684–699.

Orville, H. D. (1968). Ambient wind effects on the initiation and development of cumulus clouds over mountains. *J. Atmos. Sci. 25*, 385–403.

Peltier, W. R. und T. L. Clark (1979). The evolution and stability of finite-amplitude mountain waves. Part II: Surface wave drag and severe downslope windstorms. *J. Atmos. Sci. 36*, 1498–1529.

Peltier, W. R. und T. L. Clark (1983). Nonlinear mountain waves in two and three spatial dimensions. *Q. J. Roy. Meteor. Soc. 109*, 527–548.

Peng, M. S. und W. T. Thompson (2003). Some aspects of the effect of surface friction on flows over mountains. *Q. J. Roy. Meteor. Soc. 129*, 2527–2557.

Phillips, D. S. (1984). Analytical surface pressure and drag for linear hydrostatic flow over three-dimensional elliptical mountains. *J. Atmos. Sci. 41*, 1073–1084.

Pierrehumbert, R. T. und B. Wyman (1985). Upstream effects of mesoscale mountains. *J. Atmos. Sci. 42*, 977–1003.

Queney, P. (1948). The problem of airflow over mountains: A summary of theoretical studies. *Bull. Amer. Meteor. Soc. 29*, 16–26.

Romero, R., C. A. Doswell III und C. Ramis (2000). Mesoscale numerical study of two cases of long-lived quasi-stationary convective systems over Eastern Spain. *Mon. Wea. Rev. 128*, 3731–3751.

Rotunno, R. (1981). On the evolution of thunderstorm rotation. *Mon. Wea. Rev. 109*, 577–586.

Rotunno, R. und R. Ferretti (2001). Mechanisms of intense alpine rainfall. *J. Atmos. Sci. 58*, 1732–1749.

Rotunno, R., V. Grubišić und P. K. Smolarkiewicz (1999). Vorticity and potential vorticity in mountain wakes. *J. Atmos. Sci. 56*, 2796–2810.

Rotunno, R. und J. B. Klemp (1982). The influence of the shear-induced pressure gradient on thunderstorm motion. *Mon. Wea. Rev. 110*, 136–151.

Rotunno, R. und J. B. Klemp (1985). On the rotation and propagation of simulated supercell thunderstorms. *J. Atmos. Sci. 42*, 271–291.

Roy, S. B., C. P. Weaver, D. S. Nolan und R. Avissar (2003). A preferred scale for landscape forced mesoscale circulations? *J. Geophys. Res. 108*, D22, 8854, doi:10.1029/2002JD003097.

Schär, C. und D. R. Durran (1997). Vortex formation and vortex shedding in continuously stratified flows past isolated topography. *J. Atmos. Sci. 54*, 534–554.

Schär, C. und R. B. Smith (1993). Shallow-water flow past isolated topography. Part I: Vorticity production and wake formation. *J. Atmos. Sci. 50*, 1373–1400.

Schneidereit, M. und C. Schär (2000). Idealised numerical experiments of alpine flow regimes and southside precipitation events. *Meteorol. Atmos. Phys. 72*, 233–250.

Scinocca, J. F. und W. R. Peltier (1993). The instability of Long's stationary solution and the evolution toward severe downslope windstorm flow. Part I: Nested grid numerical simulations. *J. Atmos. Sci. 50*, 2245–2263.

Scorer, R. S. (1949). Theory of waves in the lee of mountains. *Q. J. Roy. Meteor. Soc. 75*, 41–56.

Seifert, A. (2002). *Parametrisierung wolkenmikrophysikalischer Prozesse und Simulation konvektiver Mischwolken.* Dissertation, Institut für Meteorologie und Klimaforschung, Universität Karlsruhe / Forschungszentrum Karlsruhe.

Seifert, A. und K. D. Beheng (2006). A two-moment cloud microphysics parameterization for mixed-phase clouds. Part 1: Model description. *Meteorol. Atmos. Phys. 92*, 45–66.

Sheppard, P. A. (1956). Airflow over mountains. *Q. J. Roy. Meteor. Soc. 82*, 528–529.

Smith, R. B. (1979). The influence of mountains on the atmosphere. *Advances in Geophysics*, (Hrsg.) B. Saltzman, Bd. 21. Academic Press, London, 87–230.

Smith, R. B. (1980). Linear theory of stratified hydrostatic flow past an isolated mountain. *Tellus 32*, 348–364.

Smith, R. B. (1985). On severe downslope winds. *J. Atmos. Sci. 42*, 2597–2603.

Smith, R. B. (1988). Linear theory of stratified flow past an isolated mountain in isosteric coordinates. *J. Atmos. Sci. 45*, 3889–3896.

Smith, R. B. (1989a). Hydrostatic airflow over mountains. *Advances in Geophysics*, (Hrsg.) B. Saltzman, Bd. 31. Academic Press, London, 1–41.

Smith, R. B. (1989b). Mountain-induced stagnation points in hydrostatic flow. *Tellus 41A*, 270–274.

Smith, R. B. (1990). Why can't stably stratified air rise over high ground? *Atmospheric Processes over Complex Terrain*, (Hrsg.) W. Blumen, Meteor. Monogr., Bd. 23. Amer. Meteor. Soc., Boston, 105–107.

Smith, R. B. und I. Barstad (2004). A linear theory of orographic precipitation. *J. Atmos. Sci. 61*, 1377–1391.

Smith, R. B. und S. Grønås (1993). Stagnation points and bifurcation in 3-D mountain airflow. *Tellus 45A*, 28–43.

Smith, R. B., Q. Jiang und J. D. Doyle (2006). A theory of gravity wave absorption by a boundary layer. *J. Atmos. Sci. 63*, 774–781.

Smith, R. B. und Y.-L. Lin (1982). The addition of heat to a stratified airstream with application to the dynamics of orographic rain. *Q. J. Roy. Meteor. Soc. 108*, 353–378.

Smolarkiewicz, P. K. und R. Rotunno (1989). Low Froude number flow past three-dimensional obstacles. Part I: Baroclinically generated lee vortices. *J. Atmos. Sci. 46*, 1154–1164.

Smolarkiewicz, P. K. und R. Rotunno (1990). Low Froude number flow past three-dimensional obstacles. Part II: Upwind flow reversal zone. *J. Atmos. Sci. 47*, 1498–1511.

Snyder, W. H., R. S. Thompson, R. E. Eskridge, R. E. Lawson, I. P. Castro, J. T. Lee, J. C. R. Hunt und Y. Ogawa (1985). The structure of strongly stratified flow over hills: Dividing-streamline concept. *J. Fluid Mech. 152*, 249–288.

Souza, E. P. und N. O. Rennó (2000). Convective circulations induced by surface heterogeneities. *J. Atmos. Sci. 57*, 2915–2922.

Stein, J. (1992). Investigation of the regime diagram of hydrostatic flow over a mountain with a primitive equation model. Part I: Two-dimensional flows. *Mon. Wea. Rev. 120*, 2962–2976.

Stein, J. (2004). Exploration of some convective regimes over the alpine orography. *Q. J. Roy. Meteor. Soc. 130*, 481–502.

Stull, R. B. (1988). *An Introduction to Boundary Layer Meteorology*. Kluwer Academic Publishers, Dordrecht.

Thompson, R. S., M. S. Shipman und J. W. Rottman (1991). Moderately stable flow over a three-dimensional hill. A comparison of linear theory with laboratory measurements. *Tellus 43A*, 49–63.

Tian, W. und D. J. Parker (2002). Two-dimensional simulations of orographic effects on mesoscale boundary-layer convection. *Q. J. Roy. Meteor. Soc. 128*, 1929–1952.

Tian, W. und D. J. Parker (2003). A modeling study and scaling analysis of orographic effects on boundary layer shallow convection. *J. Atmos. Sci.* *60*, 1981–1991.

Tian, W., D. J. Parker und C. A. D. Kilburn (2003). Observations and numerical simulations of atmospheric cellular convection over mesoscale topography. *Mon. Wea. Rev.* *131*, 222–235.

Tripoli, G. J. und W. R. Cotton (1989a). Numerical study of an observed orogenic mesoscale convective system. Part I: Simulated genesis and comparison with observations. *Mon. Wea. Rev.* *117*, 273–304.

Tripoli, G. J. und W. R. Cotton (1989b). Numerical study of an observed orogenic mesoscale convective system. Part II: Analysis of governing dynamics. *Mon. Wea. Rev.* *117*, 305–328.

Wang, T.-A. und Y.-L. Lin (2000). Effects of shear and sharp gradients in static stability on two-dimensional flow over an isolated mountain ridge. *Meteorol. Atmos. Phys.* *75*, 69–99.

Weisman, M. L. und J. B. Klemp (1982). The dependence of numerically simulated convective storms on vertical windshear and buoyancy. *Mon. Wea. Rev.* *110*, 504–520.

Weisman, M. L. und J. B. Klemp (1984). The structure and classification of numerically simulated convective storms in directionally varying wind shears. *Mon. Wea. Rev.* *112*, 2479–2498.

Wicker, L. J. und R. B. Wilhelmson (1995). Simulation and analysis of tornado development and decay within a three-dimensional supercell thunderstorm. *J. Atmos. Sci.* *52*, 2675–2703.

Wilhelmson, R. B. und J. B. Klemp (1978). A numerical study of storm splitting that leads to long-lived storms. *J. Atmos. Sci.* *35*, 1974–1986.

Wurtele, M. G. (1957). The three-dimensional lee wave. *Beitr. Phys. Atmos.* *29*, 242–252.

Zängl, G. (2005). The impact of lee-side stratification on the spatial distribution of orographic precipitation. *Q. J. Roy. Meteor. Soc.* *131*, 1075–1091.

# Danksagung

Die vorliegende Arbeit wurde am Institut für Meteorologie und Klimaforschung der Universität (TH) Karlsruhe und des Forschungszentrums Karlsruhe durchgeführt. Die dazu nötigen Finanz- und Sachmittel wurden zu großen Teilen vom Forschungszentrum Karlsruhe bereitgestellt.

Sehr herzlich gedankt sei an erster Stelle meinem Referenten Herrn Prof. Dr. Klaus D. Beheng. Mit motivierenden Anregungen, durch vielseitige und konstruktive Begleitung und manchmal sicher auch mit etwas Geduld hat er ganz wesentlich zum Erfolg der Arbeit beigetragen.

Für die Übernahme des Korreferats und das Interesse an dieser Arbeit bedanke ich mich ganz herzlich bei Frau Prof. Dr. Sarah Jones.

Zentrales Werkzeug der Arbeit war das Atmosphärenmodell KAMM2 mit Wolkenmodul, welches zu beherrschen mir in der Einarbeitungsphase vor allem Dr. Axel Seifert, Dr. Michael Baldauf und Jochen Förstner beibrachten. Vielen Dank dafür. Lieber Axel, ganz besonders Deine handwerkliche, vor allem jedoch Deine engagierte inhaltliche Unterstützung waren für mich unverzichtbar.

Zahlreiche Fragen zu KAMM2 konnten in Gesprächen mit Dr. Ralph Lux geklärt werden, inhaltlich sehr fruchtbar waren die Diskussionen mit den KollegInnen Dr. Ulrich Blahak und Dr. Heike Noppel. Auch an diese drei ein ganz herzliches Dankeschön für die gelungene Zusammenarbeit.

Mein Dank gilt ebenfalls Herrn Dr. Jan Handwerker. Ohne ihn würde in der Arbeitsgruppe überhaupt nichts funktionieren. Nicht einmal die deutsche Sprache beherrschten wir hier in Westbayern dann richtig.

Für die Beseitigung unvermeidlicher Rechnerprobleme und Stimmungstiefs war Gabi Klinck verantwortlich. Vielen Dank liebe Gabi.

Auch bei meinen Zimmerkollegen Ingo Bertram und Tim Peters möchte ich mich für viele interessante Gespräche sowie ihren Beitrag zu einer regen Arbeitsatmosphäre bedanken. Dank auch allen weiteren KollegInnen und MitarbeiterInnen des Instituts für eine engagierte Zusammenarbeit.

Für Unterstützung aus privatem Umfeld danke ich ganz besonders Anke Petschenka und Matthias Krehl, die mir während der ganzen Zeit zur Seite standen und eine unverzichtbare Hilfe waren, wenn es mal geklemmt hat.

Ganz besonderer Dank gilt wie immer meinem Bruder Tilmann Straub und meinen Eltern Volker und Ursula Straub. Diese Arbeit möchte ich meiner Mutter widmen, die den Abschluss meiner Dissertation leider nicht mehr miterleben konnte.

**Wissenschaftliche Berichte des Instituts für Meteorologie und Klimaforschung der Universität Karlsruhe**

**Bisher erschienen:**

Nr. 1:    Fiedler, F., Prenosil, T.:
          Das MESOKLIP-Experiment. (Mesoskaliges Klimaprogramm im Oberrheintal).
          August 1980

Nr. 2:    Tangermann-Dlugi, G.:
          Numerische Simulationen atmosphärischer Grenzschichtströmungen über langgestreckten mesoskaligen Hügelketten bei neutraler thermischer Schichtung.
          August 1982

Nr. 3:    Witte, N.:
          Ein numerisches Modell des Wärmehaushalts fließender Gewässer unter Berücksichtigung thermischer Eingriffe.
          Dezember 1982

Nr. 4:    Fiedler, F. und Höschele, K. (Hrsg.):
          Prof. Dr. Max Diem zum 70. Geburtstag.
          Februar 1983 (vergriffen)

Nr. 5:    Adrian, G.:
          Ein Initialisierungsverfahren für numerische mesoskalige Strömungsmodelle.
          Juli 1985

Nr. 6:    Dorwarth, G.:
          Numerische Berechnung des Druckwiderstandes typischer Geländeformen.
          Januar 1986

Nr. 7:    Vogel, B., Adrian, G., Fiedler, F.:
          MESOKLIP-Analysen der meteorologischen Beobachtungen von mesoskaligen Phänomenen im Oberrheingraben.
          November 1987

Nr. 8:    Hugelmann, C.-P.:
          Differenzenverfahren zur Behandlung der Advektion.
          Februar 1988

Nr. 9:    Hafner, T.:
          Experimentelle Untersuchungen zum Druckwiderstand der Alpen.
          April 1988

Nr. 10:    Corsmeier, U.:
           Analyse turbulenter Bewegungsvorgänge in der maritimen atmo-
           sphärischen Grenzschicht.
           Mai 1988

Nr. 11:    Walk, O. and Wieringa, J.(eds):
           Tsumeb Studies of the Tropical Boundary-Layer Climate.
           Juli 1988

Nr. 12:    Degrazia, G. A.:
           Anwendung von Ähnlichkeitsverfahren auf die turbulente Diffusion
           in der konvektiven und stabilen Grenzschicht.
           Januar 1989

Nr. 13:    Schädler, G.:
           Numerische Simulationen zur Wechselwirkung zwischen Landober-
           flächen und atmophärischer Grenzschicht.
           November 1990

Nr. 14:    Heldt, K.:
           Untersuchungen zur Überströmung eines mikroskaligen Hindernis-
           ses in der Atmosphäre.
           Juli 1991

Nr. 15:    Vogel, H.:
           Verteilungen reaktiver Luftbeimengungen im Lee einer Stadt – Nu-
           merische Untersuchungen der relevanten Prozesse.
           Juli 1991

Nr. 16:    Höschele, K.(ed.):
           Planning Applications of Urban and Building Climatology – Pro-
           ceedings of the IFHP / CIB-Symposium Berlin, October 14 - 15,
           1991.
           März 1992

Nr. 17:    Frank, H.P.:
           Grenzschichtstruktur in Fronten.
           März 1992

Nr. 18:    Müller, A.:
           Parallelisierung numerischer Verfahren zur Beschreibung von
           Ausbreitungs- und chemischen Umwandlungsprozessen in der at-
           mosphärischen Grenzschicht.
           Februar 1996

Nr. 19:    Lenz, C.-J.:
           Energieumsetzungen an der Erdoberfläche in gegliedertem Gelände.
           Juni 1996

Nr. 20:   Schwartz, A.:
          Numerische Simulationen zur Massenbilanz chemisch reaktiver Sub-
          stanzen im mesoskaligen Bereich.
          November 1996

Nr. 21:   Beheng, K.D.:
          Professor Dr. Franz Fiedler zum 60. Geburtstag.
          Januar 1998

Nr. 22:   Niemann, V.:
          Numerische Simulation turbulenter Scherströmungen mit einem
          Kaskadenmodell.
          April 1998

Nr. 23:   Koßmann, M.:
          Einfluß orographisch induzierter Transportprozesse auf die Struktur
          der atmosphärischen Grenzschicht und die Verteilung von Spuren-
          gasen.
          April 1998

Nr. 24:   Baldauf, M.:
          Die effektive Rauhigkeit über komplexem Gelände – Ein Störungs-
          theoretischer Ansatz.
          Juni 1998

Nr. 25:   Noppel, H.:
          Untersuchung des vertikalen Wärmetransports durch die Hangwind-
          zirkulation auf regionaler Skala.
          Dezember 1999

Nr. 26:   Kuntze, K.:
          Vertikaler Austausch und chemische Umwandlung von Spurenstof-
          fen über topographisch gegliedertem Gelände.
          Oktober 2001

Nr. 27:   Wilms-Grabe, W.:
          Vierdimensionale Datenassimilation als Methode zur Kopplung
          zweier verschiedenskaliger meteorologischer Modellsysteme.
          Oktober 2001

Nr. 28:   Grabe, F.:
          Simulation der Wechselwirkung zwischen Atmosphäre, Vegetation
          und Erdoberfläche bei Verwendung unterschiedlicher Parametrisie-
          rungsansätze.
          Januar 2002

Nr. 29:   Riemer, N.:
          Numerische Simulationen zur Wirkung des Aerosols auf die tropo-
          sphärische Chemie und die Sichtweite.
          Mai 2002

Nr. 30:   Braun, F. J.:
          Mesoskalige Modellierung der Bodenhydrologie.
          Dezember 2002

Nr. 31:   Kunz, M.:
          Simulation von Starkniederschlägen mit langer Andauer über Mit-
          telgebirgen.
          März 2003

Nr. 32:   Bäumer, D.:
          Transport und chemische Umwandlung von Luftschadstoffen im
          Nahbereich von Autobahnen – numerische Simulationen.
          Juni 2003

Nr. 33:   Barthlott, C.:
          Kohärente Wirbelstrukturen in der atmosphärischen Grenzschicht.
          Juni 2003

Nr. 34:   Wieser, A.:
          Messung turbulenter Spurengasflüsse vom Flugzeug aus.
          Januar 2005

Nr. 35:   Blahak, U.:
          Analyse des Extinktionseffektes bei Niederschlagsmessungen mit ei-
          nem C-Band Radar anhand von Simulation und Messung.
          Februar 2005

Nr. 36:   Bertram, I.:
          Bestimmung der Wasser- und Eismasse hochreichender konvektiver
          Wolken anhand von Radardaten, Modellergebnissen und konzeptio-
          neller Betrachtungen.
          Mai 2005

Nr. 37:   Schmoeckel, J.:
          Orographischer Einfluss auf die Strömung abgeleitet aus Sturm-
          schäden im Schwarzwald während des Orkans „Lothar".
          Mai 2006

Nr. 38:   Schmitt, C.:
          Interannual Variability in Antarctic Sea Ice Motion. Interannuelle
          Variabilität antarktischer Meereis-Drift.
          Mai 2006

Nr. 39:    Hasel, M.:
           Strukturmerkmale und Modelldarstellung der Konvektion über Mit-
           telgebirgen.
           Juli 2006

**Ab Band 40 erscheinen die Wissenschaftlichen Berichte des Instituts für Me-
teorologie und Klimaforschung im Karlsruher Universitätsverlag online unter
der Internetadresse:**

           http://www.uvka.de/

**Auf Wunsch sind beim Karlsruher Universitätsverlag auch gedruckte Exem-
plare erhältlich („print on demand").**

Nr. 40:    Lux, R.:
           Modellsimulationen zur Strömungsverstärkung von orographischen
           Grundstrukturen bei Sturmsituationen.
           Mai 2007

Nr. 41:    Straub, W.:
           Der Einfluss von Gebirgswellen auf die Initiierung und Entwicklung
           konvektiver Wolken.
           März 2008